高职高专**名校名师精品**
“十三五”规划教材

U0265034


Network Operating Sy
Windows Server

# Windows Server
# 网络操作系统项目教程

**微课版**


杨云 徐培镟 ◉ 主编
吴敏 王春身 ◉ 副主编



人 民 邮 电 出 版 社
北 京

图书在版编目（CIP）数据

Windows Server网络操作系统项目教程 ： 微课版 / 杨云，徐培镟主编. -- 北京 ： 人民邮电出版社，2021.1（2024.6重印）
高职高专名校名师精品“十三五”规划教材
ISBN 978-7-115-54641-8

Ⅰ. ①W… Ⅱ. ①杨… ②徐… Ⅲ. ①Windows操作系统－网络服务器－高等职业教育－教材 Ⅳ. ①TP316.86

中国版本图书馆CIP数据核字(2020)第148228号

## 内 容 提 要

本书采用“项目导向、任务驱动”的方式，着眼实践应用，以企业真实案例为基础，采用“纸质教材+电子活页”的形式全面、系统地介绍了 Windows Server 2016 网络操作系统在企业中的应用。

本书包含 13 个项目，内容包括认识网络操作系统、规划与安装 Windows Server 2016、部署与管理 Active Directory 域服务、管理用户账户和组、管理文件系统与共享资源、配置与管理基本磁盘和动态磁盘、配置与管理 DNS 服务器、配置与管理 DHCP 服务器、配置与管理 Web 服务器、配置与管理 FTP 服务器、配置与管理 VPN 服务器、配置与管理 NAT 服务器、配置与管理证书服务器。

本书结构合理，知识点全面，实例丰富，语言通俗易懂，易教易学。本书提供知识点微课和实训项目慕课，读者可以随时扫描书中二维码学习。

本书可以作为高职高专院校计算机应用专业和计算机网络技术专业理论与实践一体化教材，也可以作为 Windows Server 2016 系统管理和网络管理工作者的指导书。

◆ 主　　编　杨　云　徐培镟
副 主 编　吴　敏　王春身
责任编辑　马小霞
责任印制　王　郁　马振武

◆ 人民邮电出版社出版发行　　北京市丰台区成寿寺路 11 号
邮编　100164　　电子邮件　315@ptpress.com.cn
网址　https://www.ptpress.com.cn
涿州市京南印刷厂印刷

◆ 开本：787×1092　1/16
印张：18.5　　　　2021 年 1 月第 1 版
字数：474 千字　　　　2024 年 6 月河北第 14 次印刷

定价：59.80 元

读者服务热线：(010)81055256　印装质量热线：(010)81055316
反盗版热线：(010)81055315
广告经营许可证：京东市监广登字 20170147 号

# 前言 PREFACE

党的二十大报告指出“科技是第一生产力、人才是第一资源、创新是第一动力”。大国工匠和高技能人才作为人才强国战略的重要组成部分，在现代化国家建设中起着重要的作用。高等职业教育肩负着培养大国工匠和高技能人才的使命，近几年得到了迅速发展和普及。

网络强国是国家的发展战略。自主可控的网络技能型人才培养显得尤为重要，国产服务器操作系统的应用是重中之重。

**1. 编写背景**

《Windows Server 2012 网络操作系统项目教程（第 4 版）》是“十二五”职业教育国家规划教材，也是浙江省普通高校“十三五”新形态教材。该教材自 2016 年 7 月出版以来，已重印 15 次，销量达到 4 万余册。

鉴于未来几年中 Windows Server 2016 将逐渐替代 Windows Server 2012，成为企业应用的首选 Windows 服务器操作系统，以及目前 Windows Server 2016 教材比较缺乏的现状，根据教育部发布的《教育信息化 2.0 行动计划》精品在线开放课程建设、“三教”改革及金课建设要求，结合计算机领域发展及广大读者的反馈意见，在保留原书特色的基础上，将版本升级到 Windows Server 2016，采用“纸质教材+电子活页”的形式对教材进行全面修订。

**2. 本书特点**

本书共包含 13 个项目，最大的特色是“易教易学”，音、视频等配套教学资源丰富。

（1）以“立德树人”为核心，书中无缝嵌入课程思政内容。融入了核高基与国产操作系统、中国计算机的主奠基者、图灵奖、国家最高科学技术奖、IPv4 的根服务器、国产操作系统“银河麒麟”“雪人计划”、中国的“龙芯”等中国计算机领域发展的重要事件和重要人物，鞭策学生努力学习，引导学生树立正确的世界观、人生观和价值观，帮助学生成为德、智、体、美、劳全面发展的社会主义建设者和接班人。

（2）本书是校企深度融合、“双元”合作开发的“项目导向、任务驱动”的项目式教材。

① 行业专家、微软金牌讲师、教学名师、专业负责人等跨地区跨学校联合编写教材。主编杨云教授是省级教学名师、微软系统工程师。编者既有教学名师，又有行业企业的工程师、金牌讲师。

② 采用基于工作过程导向的“教、学、做”一体化的编写方式。

③ 教材内容对接职业标准和企业岗位需求，产教融合，书证融通、课证融通。

④ 项目来自企业，并由业界专家参与拍摄配套的项目视频，充分体现了产教的深度融合和校企“双元”的合作开发。综合性实训项目也由微软工程师录制。

（3）遵循“三教”改革精神，创新教材形态，采用“纸质教材+电子活页”的形式对本书进行全面修订。

① 利用互联网技术扩充教材内容，在纸质教材外增加教学资源包，包含视频、音频、作业、试卷、拓展资源、主题讨论、16 个扩展项目实训视频等数字资源，从而实现纸质教材三年一修订、电子活页随时增减和修订的目标。

② 本书融合了互联网新技术，以嵌入二维码的纸质教材为载体，嵌入各种数字资源，将教材、课堂、教学资源、教法四者融合，实现了线上线下有机结合，是翻转课堂、混合课堂改革的理想教材。

（4）打造“教、学、做、导、考”一体化教材，提供一站式“课程整体解决方案”。

① 电子活页、教材、微课和实训项目视频为“教”和“学”提供最大便利。

② 授课计划、项目指导书、电子教案、PPT 课件、课程标准、试卷、拓展提升资源、项目任务单、实训指导书、5GB 以上的视频、16 个扩展项目的完整资料，为教师备课、学生预习、教师授课、学生实训、课程考核提供一站式“课程整体解决方案”。

③ 利用 QQ 群实现 24 小时在线答疑，分享教学资源和教学心得。

作者将向订购本书的读者赠送教材外 16 个扩展项目的学习视频。PPT 课件、习题解答等必备资料可到人民邮电出版社人邮教育社区（http://www.ryjiaoyu.com）免费下载使用。订购图书的读者将得到全套教学资源包（加入 QQ 群，ID 为 189934741；添加 QQ，号为 68433059）。

**3. 教学大纲**

本书的参考学时为 72 学时，其中实训为 40 学时。各项目的参考学时参见下面的学时分配表。

| 项目 | 课程内容 | 学时分配 | |
|---|---|---|---|
| | | 讲授 | 实训 |
| 项目 1 | 认识网络操作系统 | 2 | |
| 项目 2 | 规划与安装 Windows Server 2016 | 2 | 4 |
| 项目 3 | 部署与管理 Active Directory 域服务 | 4 | 4 |
| 项目 4 | 管理用户账户和组 | 2 | 2 |
| 项目 5 | 管理文件系统与共享资源 | 2 | 2 |
| 项目 6 | 配置与管理基本磁盘和动态磁盘 | 2 | 2 |
| 项目 7 | 配置与管理 DNS 服务器 | 2 | 2 |
| 项目 8 | 配置与管理 DHCP 服务器 | 2 | 2 |
| 项目 9 | 配置与管理 Web 服务器 | 4 | 4 |
| 项目 10 | 配置与管理 FTP 服务器 | 2 | 2 |
| 项目 11 | 配置与管理 VPN 服务器 | 2 | 2 |
| 项目 12 | 配置与管理 NAT 服务器 | 2 | 2 |
| 项目 13 | 配置与管理证书服务器 | 4 | 4 |
| | 综合实训 1～3（微软工程师录制） | | 8 |
| 学时总计 | | 32 | 40 |

另外，本书配有电子活页，可供教师讲授 32 学时，实训 40 学时，请向编者索取，或登录人民邮电出版社人邮教育社区（www.ryjiaoyu.com）索取。

**4. 其他**

本书由杨云、徐培镟担任主编，吴敏、王春身担任副主编，感谢魏尧和贺斌给予的支持和帮助。

编者

2023 年 5 月于泉城

# 目录 *CONTENTS*

## 项目7



## 项目8



## 项目9



## 项目10

## 项目 11



## 项目 12



## 项目 13

# 项目1
# 认识网络操作系统

某高校组建了学校的校园网，购进了满足需要的服务器。那么如何选择一种既安全又易于管理的网络操作系统呢？

在校园网的建设中，推荐使用微软公司推出的 Windows Server 2016 网络操作系统作为服务器的首选操作系统。Windows Server 2016 是 X64 位网络操作系统，自带 Hyper-V。Hyper-V 技术先进，能够满足客户的各种需求。因此，Windows Server 2016 是中小企业信息化建设的首选服务器操作系统。

本书从企业需求出发，以 Windows Server 2016 网络操作系统为主线进行讲解。

## 本项目学习要点

- 了解网络操作系统的概念
- 掌握网络操作系统的功能与特性
- 了解典型的网络操作系统
- 掌握网络操作系统的选用原则

## 1.1 项目基础知识

### 1.1.1 网络操作系统概述

操作系统（Operating System，OS）是计算机系统中负责提供应用程序运行环境以及用户操作环境的系统软件，同时也是计算机系统的核心与基石。它的职责包括对硬件的直接监管、对各种计算机资源（如内存、处理器时间等）的管理，以及提供诸如作业管理之类的面向应用程序的服务等。

微课 1-1 认识网络操作系统

网络操作系统（Network Operating System，NOS）除了能实现单机操作系统的全部功能外，还具备管理网络中的共享资源、实现用户通信以及方便用户使用网络等功能，是网络的心脏和灵魂。所以，网络操作系统可以理解为网络用户与计算机网络之间的接口，是计算机网络中管理一台或多台主机的软硬件资源、支持网络通信、提供网络服务的程序集合。

通常，计算机的操作系统上会安装很多网络软件，包括网络协议软件、网络通信软件和网络操作系统等。网络协议软件主要是指物理层和链路层的一些接口约定；网络通信软件管理各计算机之间的信息传输。

计算机网络依据国际标准化组织（International Organization for Standardization，ISO）的开放系统互连（Open System Interconnect，OSI）参考模型分成 7 个层次，用户的数据首先按应用类别打包成应用层的协议数据包，接着该协议数据包根据需要和协议组合成表示层的协议数据包，然后依次成为会话层、传输层、网络层的协议数据包，再封装成数据链路层的帧，并在发送端最终形成物理层的比特流，最后通过物理传输介质进行传输。至此，整个网络数据通信工作只完成了三分之一。在目的地，和发送端相似的是，需将经过网络传输的比特流逆向解释成协议数据包，逐层向上传递解释为各层对应原协议数据单元，最终还原成网络用户所需的并能够为最终网络用户所理解的数据。而在这些数据抵达目的地之前，还需在网络中进行几上几下的解释和封装。

可想而知，一个网络用户若要亲自处理如此复杂的细节问题，所谓的计算机网络大概只能待在实验室里，根本不可能像现在这样无处不在。为了方便用户，使网络用户真正用得上网络，计算机需要一个直观、简单、具有抽象功能，并能屏蔽所有通信处理细节的环境，这就是所谓的网络操作系统。

### 1.1.2 认识网络操作系统的功能与特性

操作系统的功能通常包括处理器管理、存储器管理、设备管理、文件系统管理，以及为方便用户使用操作系统而向用户提供的用户接口。网络操作系统除了提供上述资源管理功能和用户接口外，还提供网络环境下的通信、网络资源管理、网络应用等特定功能。它能够协调网络中各种设备的动作，向客户提供尽量多的网络资源，包括文件和打印机、传真机等外围设备，并确保网络中数据和设备的安全性。

**1. 网络操作系统的功能**

（1）共享资源管理

网络操作系统能够对网络中的共享资源（硬件和软件）实施有效的管理，协调用户对共享资源的使用，并保证共享数据的安全性和一致性。

（2）网络通信

网络通信是网络最基本的功能，其任务是在源主机和目的主机之间实现无差错的数据传输。为此，网络操作系统采用标准的网络通信协议实现以下主要功能。

- 建立和拆除通信链路：这是为通信双方建立的一条暂时性的通信链路。
- 传输控制：对传输过程中的数据进行必要的控制。
- 差错控制：对传输过程中的数据进行差错检测和纠正。
- 流量控制：控制传输过程中的数据流量。
- 路由选择：为所传输的数据选择一条适当的传输路径。

（3）网络服务

网络操作系统在前两个功能的基础上为用户提供了多种有效的网络服务，如电子邮件服务，文件传输、存取和管理服务（如文件传输服务），共享硬盘服务和共享打印服务。

（4）网络管理

网络管理最主要的任务是安全管理，一般通过存取控制来确保存取数据的安全性，以及通过容错技术来保证系统发生故障时数据能够安全恢复。此外，网络操作系统还能对网络性能进行监视，并对使用情况进行统计，以便为提高网络性能、进行网络维护和计费等提供必要的信息。

（5）互操作能力

在客户机/服务器模式的局域网（Local Area Network，LAN）环境下的互操作，是指连接在服务器上的多种客户机不仅能与服务器通信，还能以透明的方式访问服务器上的文件系统；在互连网络环境下的互操作，是指不同网络间的客户机不仅能通信，而且能以透明的方式访问其他网络的文件服务器。

**2. 网络操作系统的特性**

（1）客户机/服务器模式

客户机/服务器（Client/Server，C/S）模式是近年来比较流行的应用模式，它把应用划分为客户端和服务器端，客户端把服务请求提交给服务器端，服务器端负责处理请求，并把处理结果返回至客户端。如 Web 服务、大型数据库服务等都是典型的客户机/服务器模式。

基于标准浏览器访问数据库时，中间往往还需加入 Web 服务器，运行 ASP 或 Java 平台，通常称为三层模式，也称为浏览器/服务器（Browser/Server，B/S）模式。它是客户机/服务器模式的特例，只是客户端基于标准浏览器，无须安装特殊软件。

（2）32 位网络操作系统

32 位网络操作系统采用 32 位内核进行系统调度和内存管理，支持 32 位设备驱动器，使得网络操作系统和设备间的通信更为迅速。随着 64 位处理器的诞生，许多厂家已推出了支持 64 位处理器的网络操作系统。

（3）抢先式多任务

网络操作系统一般采用微内核类型结构设计。微内核始终保持对系统的控制，并给应用程序分配时间段，控制其运行。在指定的时间结束时，微内核抢先运行进程并将控制移交给下一个进程。以微内核为基础，可以引入大量的特征和服务，如集成安全子系统、抽象的虚拟化硬件接口、多协议网络支持以及集成化的图形界面管理工具等。

（4）支持多种文件系统

有些网络操作系统还支持多文件系统，具有良好的兼容性，可实现对系统升级的平滑过渡。例如，Windows Server 2016 支持文件配置表（File Allocation Table，FAT）、高性能文件系统（High Performance File System，HPFS）及其本身的新技术文件系统（New Technology File System，NTFS）。NTFS 是 Windows 自己的文件系统，它支持文件的多属性连接以及长文件名到短文件名的自动映射，使得 Windows Server 2016 支持大容量的硬盘空间，这样既增加了安全性，又便于管理。

（5）Internet 支持

今天，Internet 已经成为网络的一个总称，网络的范围（局域网或广域网）与专用性越来越模糊，专用网络与 Internet 网络标准日趋统一。因此，各品牌网络操作系统都集成了许多标准化应用，如 Web 服务、文件传输协议（File Transfer Protocol，FTP）服务、网络管理服务等，甚至是 E-mail。各种类型的网络几乎都连接到了 Internet 上，对内、对外均按 Internet 标准提供服务。

（6）并行性

有的网络操作系统支持群集系统，可以实现在网络的每个节点处为用户建立虚拟处理器，各节点机并行执行。一个用户的作业被分配到不同节点机上，网络操作系统管理这些节点机协作完成用户的作业。

（7）开放性

随着 Internet 的产生与发展，不同结构、不同网络操作系统的网络需要实现互连，因此，网络操作系统必须支持标准化的通信协议“如传输控制协议/网际协议（Transmission Control Protocol/Internet Protocol，TCP/IP）、NetBios 增强用户接口（NetBios Enhanced User Interface，NetBEUI）等”和应用协议“如超文本传输协议（HyperText Transfer Protocol，HTTP）、简单邮件传输协议（Simple Mail Transfer Protocol，SMTP）、简单网络管理协议（Simple Network Management Protocol，SNMP）等”，支持与多种客户端操作系统平台的连接。只有保证系统的开放性和标准性，使系统具有良好的兼容性、迁移性、可升级性、可维护性等，才能保证厂家在激烈的市场竞争中生存，并最大限度地保障用户的投资。

（8）可移植性和伸缩性

目前，网络操作系统一般都支持广泛的硬件产品，不仅支持 Intel 系列处理器，而且可运行在精简指令集计算机（Reduced Instruction Set Computing，RISC）芯片（如 DEC Alpha、MIPSR4400、Motorola PowerPC 等）上。网络操作系统往往还支持多处理器技术，如支持对称多处理（Symmetrical Multi-Processing，SMP）技术，支持的处理器个数从 1 到 32 不等，或者更多，这使得系统具有很好的伸缩性。

（9）高可靠性

网络操作系统是运行在网络核心设备（如服务器）上的管理网络并提供服务的关键软件。它必须具有高可靠性，能够保证系统 365 天、24 小时全天不间断地工作。如果由于某些情况（如访问过载）系统总是崩溃或服务停止，用户是无法忍受的，因此，网络操作系统必须具有良好的稳定性。

（10）安全性

为了保证系统和系统资源的安全性、可用性，网络操作系统往往集成用户权限管理、资源管理等功能。例如，为每种资源都定义自己的存取控制表（Access Control List，ACL），定义各个用户对某个资源的存取权限，且使用用户安全标识符（Security Identifiers，SID）唯一区别用户。

（11）容错性

网络操作系统能提供多级系统容错能力，包括日志式的容错特征列表、可恢复文件系统、磁盘镜像、磁盘扇区备用以及对不间断电源（Uninterruptible Power System，UPS）的支持。强大的容错性是系统可靠运行（可靠性）的保障。

（12）图形化界面

目前，网络操作系统的研发者非常注重系统的图形用户界面（Graphical User Interface，GUI）开发。良好的图形用户界面可以为用户提供直观、美观、便捷的操作接口。

### 1.1.3 认识典型的网络操作系统

网络操作系统是用于网络管理的核心软件，目前得到广泛应用的网络操作系统有 UNIX、Linux、NetWare、Windows NT Server、Windows 2000 Server 和 Windows Server 2003/2008/

2012/2016 等。下面介绍 UNIX 和 Linux 两种网络操作系统。

**1. UNIX**

UNIX 是一个通用的、交互作用的分时系统，最早版本是由美国电报电话公司（AT&T）贝尔实验室的肯 · 汤普森和丹尼斯 · 里奇共同研制的，目的是在贝尔实验室内创造一种进行程序设计研究和开发的良好环境。

1969 年至 1970 年，肯 · 汤普森首先在 PDP-7 计算机上实现了 UNIX 网络操作系统。最初的 UNIX 版本是用汇编语言编写的。不久，肯 · 汤普森用一种较高级的 B 语言重写了该系统。1973 年，丹尼斯 · 里奇又用 C 语言对 UNIX 进行了重写。目前使用较多的是 1992 年发布的 UNIX SVR 4.2。

UNIX 是为多用户环境设计的，即所谓的多用户网络操作系统，其内建 TCP/IP 支持。该协议已经成为 Internet 中通信的事实标准。UNIX 发展历史悠久，具有分时操作、稳定、安全等优秀的特性，适用于几乎所有的大型机、中型机、小型机，也可用于工作组级服务器。在中国，一些特殊行业，尤其是拥有大型机、中型机、小型机的企业，一直沿用 UNIX 网络操作系统。

**2. Linux**

Linux 是一种在 PC 上执行的、类似 UNIX 的网络操作系统。1991 年，第一个 Linux 网络操作系统由芬兰赫尔辛基大学的年轻学生林纳斯 · 托瓦兹发布，它是一个完全免费的网络操作系统。在遵守自由软件联盟协议下，用户可以自由地获取程序及其源代码，并能自由地使用它们，包括修改和复制等。Linux 网络操作系统提供了一个稳定、完整、多用户、多任务和多进程的运行环境。Linux 网络操作系统是网络时代的产物，在 Internet 上经过了众多技术人员的测试和除错，并不断被扩充。

Linux 具有以下特点。

- 完全遵循 POSLX 标准，并扩展支持所有具有 AT&T 和 BSD UNIX 特性的网络操作系统。
- 真正的多任务、多用户系统，内置网络支持，能与 NetWare、Windows Server、OS/2、UNIX 等无缝连接，网络效能在各种 UNIX 测试评比中速度最快，同时支持 FAT16、FAT32、NTFS、Ext2FS、ISO 9600 等多种文件系统。
- 可运行于多种硬件平台上，包括 Alpha、Sun Sparc、Power/PC、MIPS 等处理器，对各种新型外围硬件，可以从分布于全球的众多程序员那里迅速得到支持。
- 对硬件要求较低，可在较低档的计算机上获得很好的性能。特别值得一提的是 Linux 出色的稳定性，其运行时间往往可以以“年”计算。
- 有广泛的应用程序支持。
- 设备独立性。Linux 是具有设备独立性的网络操作系统。由于用户可以免费得到 Linux 的内核源代码，因此可以修改其内核源代码，以适应新增加的外围设备。
- 安全性。Linux 采取了许多安全技术措施，包括对读和写进行权限控制、带保护的子系统、审计跟踪、核心授权等，这为网络多用户环境中的用户提供了必要的安全保障。
- 良好的可移植性。Linux 是一种可移植的网络操作系统，能够在微型计算机到大型计算机的任何环境和任何平台上运行。

### 1.1.4 网络操作系统的选用原则

网络操作系统对于网络的应用、性能有着至关重要的影响。选择一个合适的网络操作系统，既能实现建设网络的目标，又能省钱、省力，提高系统的效率。

网络操作系统的选择要从网络应用出发，分析所设计的网络到底需要提供什么服务，然后分析各种网络操作系统提供这些服务的性能与特点，最后确定使用何种网络操作系统。网络操作系统的选择一般遵循以下原则。

**1. 标准化**

网络操作系统的设计、提供的服务应符合国际标准，尽量减少使用企业专用标准，这有利于系统的升级和应用的迁移，最大限度、最长时间地保障用户的投资。采用符合国际标准开发的网络操作系统可以保证异构网络的兼容性，即在一个网络中存在多个操作系统时，能够充分实现资源的共享和服务的互容。

**2. 可靠性**

网络操作系统是保护网络核心设备服务器正常运行、提供关键任务服务的软件系统。它应具有健壮、可靠、容错性高等特点，能提供 365 天、24 小时的服务。因此，选择技术先进、产品成熟、应用广泛的网络操作系统，可以保证其具有良好的可靠性。

微软公司的网络操作系统一般只用在中低档服务器中，其在稳定性和可靠性方面比 UNIX 要逊色很多；而 UNIX 主要用于大、中、小型机上，其特点是稳定性及可靠性高。

**3. 安全性**

网络环境更加易于计算机病毒的传播和黑客攻击，为保证网络操作系统不易受到侵扰，应选择强大的、能提供各种级别安全管理（如用户管理、文件权限管理、审核管理等）的网络操作系统。

各个网络操作系统都自带安全服务，例如，UNIX、Linux 网络操作系统提供了用户账号、文件系统权限和系统日志文件；NetWare 提供了 4 级安全系统，即登录安全、权限安全、属性安全和服务安全；Windows Server 2008/2012/2016 提供了用户账号管理、文件系统权限、Registry 保护、审核、性能监视等基本安全机制。

从网络安全性来看，Novell NetWare 网络操作系统的安全保护机制较为完善和科学；UNIX 的安全性也是有口皆碑的；Windows Server 2008/2012/2016 则存在安全漏洞，主要包括服务器/工作站安全漏洞和网络浏览器安全漏洞两部分。当然微软公司也在不断推出补丁来逐步解决这个问题。微软底层软件对用户的开放性，一方面使得在其上开发高性能的应用成为可能，另一方面也为非法访问入侵开了方便之门。

**4. 网络应用服务的支持**

网络操作系统应能提供全面的网络应用服务，如 Web 服务、FTP 服务、域名系统（Domain Name System，DNS）服务等，并能良好地支持第三方应用系统，从而保证提供完整的网络应用。

**5. 易用性**

用户应选择易管理、易操作的网络操作系统，提高管理效率，降低管理复杂性。

现在有些用户对新技术十分敏感和好奇，在网络建设过程中往往忽略对实际应用的要求，盲目追求新产品、新技术。计算机技术发展极快，10 年以后，计算机、网络技术会发展成什么样，谁都无法预测。面对今天越来越热的网络市场，不要盲目追求新技术、新产品，一定要从自己的实际需要出发，建立一套既能真正适合当前实际应用需要、又能保证今后顺利升级的网络。

在实际的网络建设中，用户在选择网络操作系统时还应考虑以下因素。

（1）要考虑成本因素。成本因素是选择网络操作系统的一个主要因素。如果用户拥有雄厚的财力和强大的技术支持，当然可以选择安全性更高的网络操作系统。但如果不具备这些条件，就应该从实际出发，根据现有的财力、技术维护力量，选择经济适用的网络操作系统。同时，考虑到成本因素，选择网络操作系统时，也要和现有的网络硬件环境相结合，在财力有限的情况下，尽量不购买需要花费更多人力和财力进行硬件升级的网络操作系统。

在软件的购买成本上，免费的 Linux 当然更有优势；NetWare 由于适应性较差，仅能在 Intel 等少数几种处理器硬件系统上运行，对硬件的要求较高，可能会带来很高的硬件扩充费用。但对一个网络来说，购买网络操作系统的费用只是整个成本的一小部分，网络管理的大部分费用是技术维护的费用，人员费用在运行一个网络操作系统的花费中占到 70%。所以网络操作系统越容易管理和配置，其运行成本越低。一般来说，Windows Server 2008/2012/2016 比较简单易用，适合技术维护力量较薄弱的网络环境；而 UNIX 由于其命令比较难懂，易用性则稍差些。

（2）要考虑网络操作系统的可集成性因素。可集成性就是网络操作系统对硬件及软件的容纳能力，因此平台无关性对网络操作系统来说非常重要。一般在构建网络时，很多用户具有不同的硬件及软件环境，而网络操作系统作为这些不同环境集成的管理者，应该尽可能多地管理各种软硬件资源。例如，NetWare 硬件适应性较差，所以其可集成性就比较差；UNIX 一般都是针对自己的专用服务器和工作站进行优化，其兼容性也较差；而 Linux 对 CPU 的支持比 Windows Server 2008/2012/2016 要好得多。

（3）可扩展性是选择网络操作系统时要考虑的另外一个因素。可扩展性就是对现有系统的扩充能力。当用户的应用需求增大时，网络处理能力也要随之增加、扩展，这样可以保证用户早期的投资不浪费，也为用户网络以后的发展打好基础。对于对称多处理技术的支持表明，网络操作系统可以在有多个处理器的系统中运行，这是拓展现有网络能力所必需的。

当然，选择时最重要的还是要和自己的网络环境结合起来。如中小型企业在网站建设中，多选用 Windows Server 2008/2012/2016；做网站服务器和邮件服务器时多选用 Linux；而在工业控制、生产企业、证券系统的环境中，多选用 Novell NetWare；在安全性要求很高的情况下，如金融、银行、军事等领域及大型企业网络，则推荐选用 UNIX。

总之，选择网络操作系统时要充分考虑其自身的可靠性、易用性、安全性及网络应用的需要。

## 1.2 习题

**一、填空题**

1. 操作系统是________与计算机之间的接口，网络操作系统可以理解为________与计算机网络之间的接口。

2. 网络通信是网络最基本的功能，其任务是在________和________之间实现无差错的数据传输。

3. Web 服务、大型数据库服务等都是典型的________模式。

4. 基于微软 NT 技术构建的网络操作系统现在已经发展了 7 代：________、________、________、________、________、________、________。

**二、简答题**

1. 网络操作系统有哪些基本的功能与特性？

2. 常用的网络操作系统有哪些？各自的特点是什么？

3. 选择网络操作系统构建计算机网络环境应考虑哪些问题？

## 1.3 项目实训 熟练使用 VMware

### 一、实训目的

- 熟练使用 VMware。
- 掌握 VMware 的详细配置与管理方法。
- 掌握使用 VMware 安装 Windows Server 2016 网络操作系统的方法。

### 二、项目环境

公司新购进一台服务器，硬盘空间为 500GB。已经安装了 Windows 10 操作系统，计算机名为 client1。Windows Server 2016 的镜像文件已保存在硬盘上。拓扑图如图 1-1 所示。

图 1-1　Windows Server 2016 拓扑图

### 三、项目要求

本项目实训要求如下。

在 Windows 10 操作系统上安装 VMware Workstation 12Pro，并在 VMware 中安装虚拟机 win2016-1，其网络操作系统为 Windows Server 2016 数据中心版，服务器的硬盘空间约为 500GB。安装要求如下。

① 主磁盘分区 C：300GB；主磁盘分区 D：100GB；主磁盘分区 E：100GB。

② 要求 win2016-1 的安装分区大小为 60GB，文件系统格式为 NTFS，计算机名为 win2016-1，管理员密码为 P@ssw0rd1，服务器的 IP 地址为 192.168.10.1，子网掩码为 255.255.255.0，DNS 服务器的 IP 地址为 192.168.10.1，默认网关的 IP 地址为 192.168.10.1，属于工作组 COMP。

③ 设置不同的虚拟机网络连接模式，测试物理主机与虚拟机之间的通信状况。

④ 为 win2016-1 添加第 2 块网卡和第 2 块硬盘。

⑤ 利用快照功能快速恢复到初始安装节点。

⑥ 利用克隆功能生成两个网络操作系统 win2016-2、win2016-3，并使用 C:\Windows\System32\sysprep 命令重整克隆生成的网络操作系统。

### 四、做一做

根据项目实训视频进行项目的实训，检查学习效果。

# 项目2 规划与安装Windows Server 2016

某高校组建了学校的校园网，需要架设一台具有 Web、FTP、DNS、DHCP 等功能的服务器来为校园网用户提供服务，现需要选择一种既安全又易于管理的网络操作系统。

在完成该项目之前，首先应当选定网络中计算机的组织方式；其次根据 Microsoft 系统的要求确定每台计算机应当安装的版本；此后还要对安装方式、安装磁盘的文件系统格式、安装启动方式等进行选择；最终才能开始系统的安装过程。

## 本项目学习要点

- 了解不同版本的 Windows Server 2016 系统的安装要求
- 了解并掌握安装 Windows Server 2016 的方法
- 掌握配置 Windows Server 2016 的方法
- 掌握添加与管理角色的方法

## 2.1 项目基础知识

Windows Server 2016 是微软于 2016 年 10 月 13 日正式发布的服务器操作系统。它在整体的设计风格与功能上更加接近 Windows 10 操作系统。

### 2.1.1 Windows Server 2016 的版本

Windows Server 2016 有 4 个版本，即 Windows Server 2016 Essentials edition（精华版）、Windows Server 2016 Standard edition（标准版）、Windows Server 2016 Datacenter edition（数据中心版）和 Microsoft Hyper-V Server 2016 版。

#### 1. Windows Server 2016 Essentials edition

Windows Server 2016 Essentials edition 是专为小型企业而设计的。它对应于 Windows

Server 早期版本中的 Windows Small Business Server。此版本最多可容纳 25 个用户和 50 台设备。它支持两个处理器内核和高达 64GB 的随机存取存储器（Random Access Memory，RAM）。它不支持 Windows Server 2016 的许多功能，包括虚拟化。

### 2. Windows Server 2016 Standard edition

Windows Server 2016 Standard edition 是为具有很少或没有虚拟化功能的物理服务器环境设计的。它提供了 Windows Server 2016 网络操作系统可用的许多角色和功能。此版本最多支持 64 个插槽和最多 4TB 的 RAM。它包括最多两个虚拟机的许可证，并且支持 Nano 服务器安装。

### 3. Windows Server 2016 Datacenter edition

Windows Server 2016 Datacenter edition 专为高度虚拟化的基础架构设计，包括私有云和混合云环境。它提供 Windows Server 2016 网络操作系统可用的所有角色和功能。此版本最多支持 64 个插槽，最多 640 个处理器内核和最多 4TB 的 RAM。它为在相同硬件上运行的虚拟机提供了无限的基于虚拟机的许可证。它还包括新功能，如存储空间直通和存储副本，以及新的受防护的虚拟机和软件定义的数据中心场景所需的功能。

### 4. Microsoft Hyper-V Server 2016

Microsoft Hyper-V Server 2016 作为运行虚拟机的独立虚拟化服务器，包括 Windows Server 2016 中虚拟化的所有新功能。主机操作系统没有许可成本，但每个虚拟机必须单独获得许可。此版本最多支持 64 个插槽和最多 4TB 的 RAM，并支持加入域。除了有限的文件服务功能，它不支持其他 Windows Server 2016 角色。此版本没有 GUI，但有一个显示配置任务菜单的用户界面。

## 2.1.2 Windows Server 2016 的最低安装需求

支持 Windows Server 2012 的服务器也支持 Windows Server 2016。它的最低配置要求如下。

- 中央处理器（Central Processing Unit，CPU）：最少 1.4GHz 的 64 位处理器；支持 NX 或 DEP；支持 CMPXCHG16B、LAHF/SAHF 与 PrefetchW；支持 SLAT（EPT 或 NPT）。
- RAM：“包含桌面体验的服务器”最少需 2GB。
- 硬盘：最少 32GB 硬盘空间，不支持已经淘汰的 IDE 硬盘（PATA 硬盘）。

## 2.1.3 安装选项

微课 2-1 安装与规划 Windows Server 2016

Windows Server 2016 提供以下 3 种安装选项。

（1）包含桌面体验的服务器。它会安装标准的图形用户界面，并支持所有的服务与工具。由于包含图形用户界面，因此用户可以通过友好的图形化接口与管理工具来管理服务器。这是我们通常选择的选项。

（2）Server Core。安装完成后的环境没有窗口管理接口，因此只能使用命令提示符（command prompt）、Windows PowerShell 或通过远程计算机来管理此台服务器。有些服务在 Server Core 模式下并不被支持。除非有图形化接口或特殊服务的使用需求，否则这是微软建议的安装选项。

（3）Nano Server。类似于 Server Core，但明显较小，只支持 64 位应用程序与工具。它没有本地登录功能，只能通过远程管理来访问此服务器，已针对私有云和数据中心进行了优化。比起其他选项，它占用的磁盘空间更小、配置速度更快，而且所需的更新和重新启动次数更少。

### 2.1.4 Windows Server 2016 的安装方式

Windows Server 2016 有多种安装方式，分别适用于不同的环境，选择合适的安装方式可以提高工作效率。除了全新安装外，还有升级安装、远程安装及服务器核心安装。

**1. 全新安装**

全新安装利用包含 Windows Server 2016 的 U 盘来启动计算机，并执行 U 盘中的安装程序。若磁盘内已经有旧版 Windows 网络操作系统，也可以先启动此系统，然后插入 U 盘来执行其中的安装程序；也可以直接执行 Windows Server 2016 ISO 文件内的安装程序。

**2. 升级安装**

Windows Server 2016 的任何版本都不能在 32 位计算机上进行安装或升级。遗留的 32 位服务器要想运行 Windows Server 2016，当前服务器必须升级到 64 位。

在开始升级 Windows Server 2016 之前，要确保断开一切 USB 或串口设备，Windows Server 2016 安装程序会发现并识别它们，在检测过程中会发现 UPS 系统等此类问题。你可以先安装传统监控，然后连接 USB 或串口设备。

**3. 软件升级的限制**

Windows Server 2016 的升级过程也存在一些软件限制。例如，不能从一种语言升级到另一种语言，不能从 Windows Server 2016 零售版本升级到调试版本，不能从 Windows Server 2016 预发布版本直接升级到其他版本。在这些情况下，你需要卸载干净原版本再进行安装。从一个服务器核心升级到 GUI 安装模式是不被允许的，反过来同样不可行。但是一旦安装了 Windows Server 2016，就可以在各模式之间自由切换了。

**4. 通过 Windows 部署服务远程安装**

如果网络中已经配置了 Windows 部署服务，则通过网络远程安装也是一种不错的选择。但需要注意的是，采取这种安装方式必须确保计算机网卡具有预启动执行环境（Preboot execution Environment，PXE）芯片，支持远程启动功能。否则，就需要使用 rbfg.exe 程序生成启动 U 盘来启动计算机进行远程安装。

在利用 PXE 功能启动计算机的过程中，根据提示信息按下引导键（一般为 F12 键），会显示当前计算机所使用的网卡的版本等信息，并提示用户按下键盘上的 F12 键，启动网络服务引导。

**5. 服务器核心安装**

服务器核心是从 Windows Server 2008 开始新推出的功能，如图 2-1 所示。确切地说，Windows Server 2016 的服务器核心是微软公司革命性的功能部件，是不具备图形界面的纯命令行服务器操作系统，只安装了部分应用和功能，因此会更加安全和可靠，同时降低了管理的复杂度。

使用磁盘阵列（Redundant Arrays of Independent Disks，RAID）卡实现磁盘冗余是大多数服务器常用的存储方案，既可以提高数据存储的安全性，又可以提高网络传输速度。带有 RAID 卡的服务器在安装和重新安装网络操作系统之前，往往需要配置 RAID。不同品牌和型号的服务器的配置方法略有不同，应注意查看服务器使用手册。对品牌服务器而言，也可以使用随机提供的安装向导光盘引导服务器，这样将会自动加载 RAID 卡和其他设备的驱动程序，并提供相应的

RAID 配置界面。

> **注意** 在安装 Windows Server 2016 时，必须在“您想将 Windows 安装在哪里”对话框中单击“加载驱动程序”超链接，打开图 2-2 所示的“选择要安装的驱动程序”对话框，为该 RAID 卡安装驱动程序。另外，RAID 的设置应当在安装网络操作系统之前进行。如果重新设置 RAID，将删除所有硬盘中的全部内容。

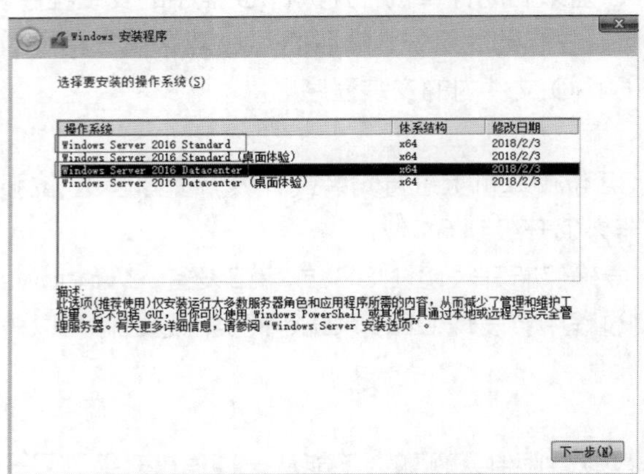


图 2-1 可选择非桌面体验版（服务器核心版）

图 2-2 加载 RAID 驱动程序

## 2.2 项目设计与准备

### 2.2.1 项目设计

微课 2-2 安装与配置 VM 虚拟机

在为学校选择网络操作系统时，首先推荐 Windows Server 2016 网络操作系统。而在安装 Windows Server 2016 网络操作系统时，根据教学环境的不同，可为“教”与“学”分别设计不同的安装方式。

**1. 在 VMware 中安装 Windows Server 2016**

① 物理主机安装了 Windows 10 操作系统，计算机名为 client1。

② Windows Server 2016 的 DVD-ROM 或镜像已准备好。

③ 硬盘大小 60GB。要求 Windows Server 2016 的安装分区大小为 55GB，文件系统格式为 NTFS，计算机名为 win2016-1，管理员密码为 P@ssw0rd1，服务器的 IP 地址为 192.168.10.1，子网掩码为 255.255.255.0，DNS 服务器的 IP 地址为 192.168.10.1，默认网关的 IP 地址为 192.168.10.254，属于工作组 COMP。

④ 要求配置桌面环境、关闭防火墙，放行 ping 命令。

⑤ 该网络拓扑图如图 2-3 所示。

**2. 使用 Hyper-V 安装 Windows Server 2016**

特别提醒，限于篇幅，有关 Hyper-V 的内容请读者查阅作者共享的电子资料。

角色：默认网关
主机名：win2016-0
IP 地址：192.168.10.254/24
网络操作系统：Windows Server 2016
工作组名：COMP

角色：物理主机
主机名：client1
IP 地址：192.168.10.100/24
操作系统：Windows 10

角色：独立服务器
主机名：win2016-1
IP 地址：192.168.10.1/24
网络操作系统：Windows Server 2016
工作组名：COMP

图 2-3　安装 Windows Server 2016 拓扑图

### 2.2.2　项目准备

① 满足硬件要求的计算机 1 台。

② Windows Server 2016 相应版本的安装光盘或镜像文件。

③ 用纸张记录安装文件的产品密钥（安装序列号）。规划启动盘的大小。

④ 在可能的情况下，在运行安装程序前用磁盘扫描程序扫描所有硬盘，检查硬盘错误并进行修复，否则安装程序运行时检查到有硬盘错误会很麻烦。

⑤ 如果想在安装过程中格式化 C 盘或 D 盘（建议安装过程中格式化用于安装 Windows Server 2016 系统的分区），需要备份 C 盘或 D 盘中有用的数据。

⑥ 导出电子邮件账户和通信簿：将“C:\Documents and Settings\Administrator（或自己的用户名）”中的“收藏夹”目录复制到其他盘，以备份收藏夹。全新安装不存在⑤和⑥这两个问题。

## 2.3　项目实施

Windows Server 2016 网络操作系统有多种安装方式。下面讲解如何安装与配置 Windows Server 2016。

为了方便教学，下面的安装操作使用 VMware 来完成。

### 任务 2-1　安装配置 VMware

**STEP 1** 成功安装 VMware Workstation 15.5 Pro 后的界面如图 2-4 所示。

图 2-4　虚拟机软件的管理界面

**STEP 2** 在图 2-4 中，单击“创建新的虚拟机”按钮，并在弹出的“新建虚拟机向导”对话框中选中“典型”单选按钮，如图 2-5 所示，然后单击“下一步”按钮。

**STEP 3** 选中“稍后安装操作系统。”单选按钮，如图 2-6 所示，然后单击“下一步”按钮。

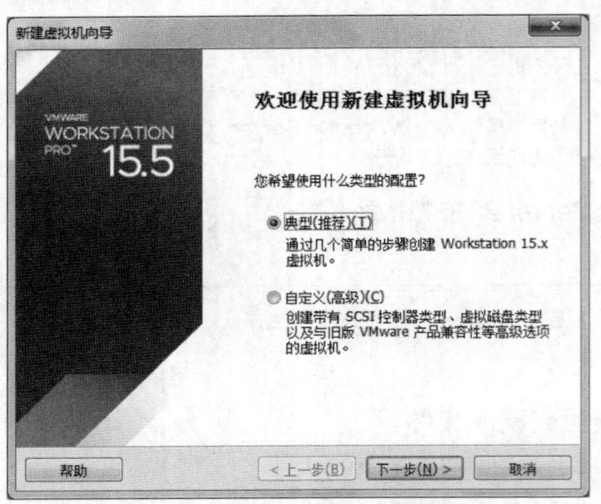

图 2-5 “新建虚拟机向导”对话框

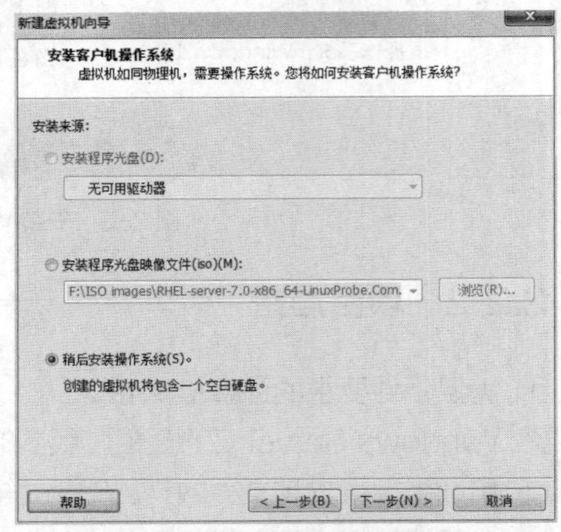

图 2-6 选择虚拟机的安装来源

> **注意** 请一定要选中“稍后安装操作系统”单选按钮，如果选中“安装程序光盘映像文件”单选按钮，并把下载好的 Windows Server 2016 系统的镜像选中，虚拟机会通过默认的安装策略为您部署最精简的系统，而不会再向您询问安装设置的选项。

**STEP 4** 在图 2-7 中，将客户机操作系统的类型选择为“Microsoft Windows”，版本为“Windows Server 2016”，然后单击“下一步”按钮。

**STEP 5** 填写“虚拟机名称”字段，并在选择安装位置之后单击“下一步”按钮，如图 2-8 所示。注意，安装位置一定要提前规划好，并建好供安装的文件夹。

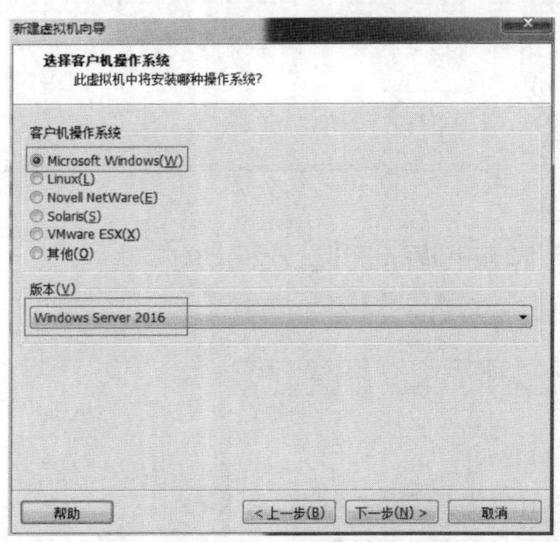

图 2-7 选择操作系统的版本

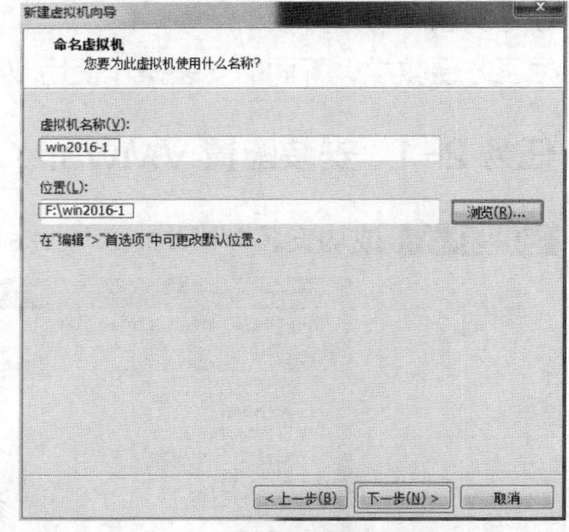

图 2-8 命名虚拟机及设置安装路径

**STEP 6** 虚拟机系统“最大磁盘大小”默认值为 60.0GB，为了后期工作方便，建议设置硬盘大小为 200GB，如图 2-9 所示，然后单击“下一步”按钮。

**STEP 7** 在图 2-10 中单击“自定义硬件”按钮。

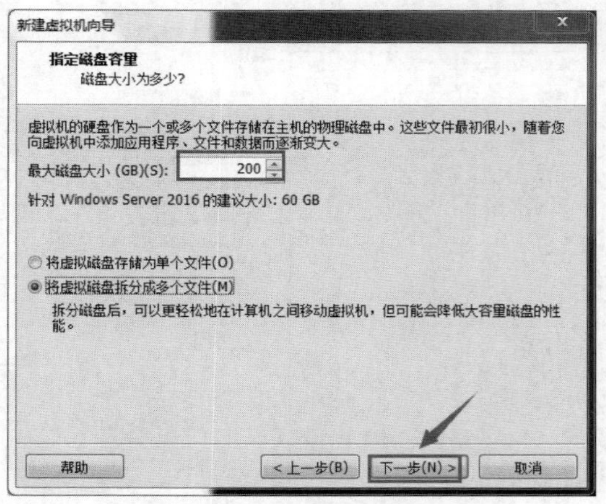


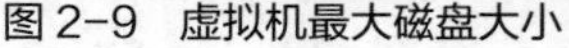
图 2-9　虚拟机最大磁盘大小

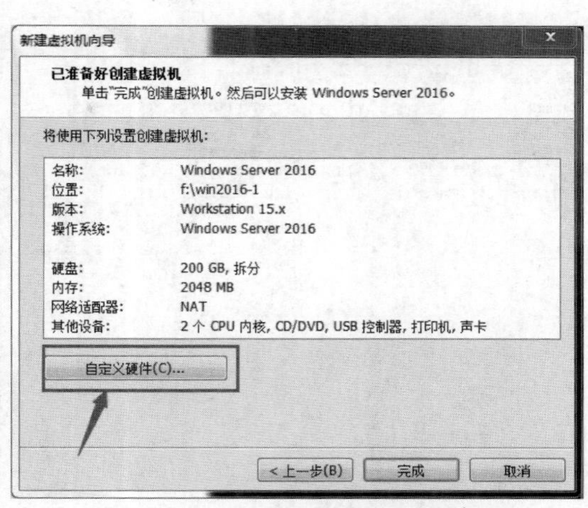


图 2-10　虚拟机的配置界面

**STEP 8** 在随后出现的图 2-11 所示的界面中，建议将虚拟机系统内存的可用量设置为 2GB，最低不应低于 1GB。根据宿主机的性能设置 CPU 处理器的数量以及每个处理器的核心数量（不能超过宿主机的处理器的核心数），并开启虚拟化功能，然后单击“关闭”按钮，如图 2-12 所示。注意，“虚拟化 CPU 性能计数器”一般不要选择，很多计算机不支持。

图 2-11　设置虚拟机的内存量

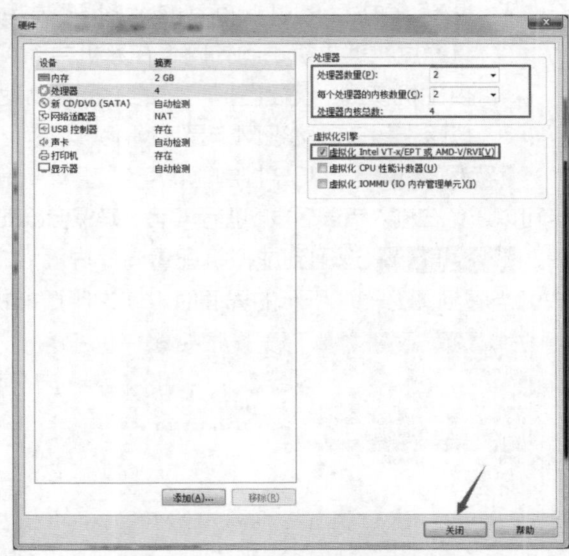


图 2-12　设置虚拟机的处理器参数

**STEP 9** 光驱设备此时应在“使用 ISO 映像文件”中选中了下载好的 Windows Server 2016 系统镜像文件，如图 2-13 所示。

**STEP 10** VMware 为用户提供了 3 种可选的网络连接模式，分别为桥接模式、网络地址转换（Network Address Translation，NAT）模式与仅主机模式。由于本例宿主机是通过路由器自动获取 IP 地址等信息连接到 Internet 的，所以，为了使虚拟机也能上网，选择“桥接模式”，如图 2-14 所示。（选择何种网络连接模式很重要，在每个实训前一定要规划好！请读者特别注意后面每个项目中涉及的网络连接模式。）

图 2-13　设置虚拟机的光驱设备

图 2-14　设置虚拟机的网络适配器

- 桥接模式：相当于在物理主机与虚拟机网卡之间架设了一座桥梁，从而可以通过物理主机的网卡访问外网。
- NAT 模式：让 VMware 的网络服务发挥路由器的作用，使得通过虚拟机软件模拟的主机可以通过物理主机访问外网，在真机中 NAT 虚拟机网卡对应的物理网卡是 VMnet8。
- 仅主机模式：仅让虚拟机内的主机与物理主机通信，不能访问外网，在真机中仅主机模式模拟网卡对应的物理网卡是 VMnet1。

**STEP 11** 把 USB 控制器、声卡、打印机等不需要的设备统统移除掉，如图 2-15 所示。移除声卡可以避免在输入错误后发出提示声音，确保自己在今后的实验中思绪不被打扰。然后单击“关闭”按钮。

**STEP 12** 返回到虚拟机配置向导界面后，单击“完成”按钮。虚拟机的安装和配置顺利完成。当看到图 2-16 所示的界面时，就说明虚拟机已经配置成功了。

图 2-15　最终的虚拟机配置情况

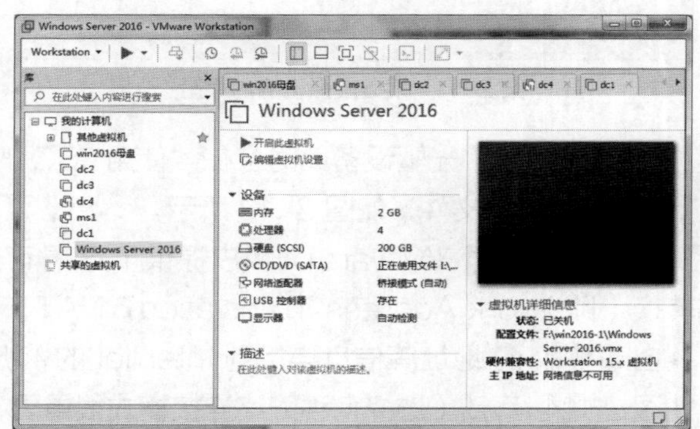
图 2-16　虚拟机配置成功的界面

## 任务 2-2 认识固件类型：UEFI

在图 2-17 中，单击“选项”→“高级”选项，可以看到固件类型默认选择的是“UEFI”。那么 UEFI 到底是什么呢？较之传统的固件基本输入输出系统（Basic Input Output System，BIOS）有什么优点呢？

统一可扩展固件接口（Unified Extensible Firmware Interface，UEFI）规范提供并定义了固件和操作系统之间的软件接口。UEFI 取代了 BIOS，增强了可扩展固件接口（Extensible Firmware Interface，EFI），并为操作系统和启动时的应用程序和服务提供了操作环境。

了解 UEFI，需要从 BIOS 说起。BIOS 主要负责开机时检测硬件功能和引导操作系统启动；而 UEFI 则是用于操作系统自动从预启动的操作环境加载到一种操作系统上，从而节省开机时间，如图 2-18 所示。

图 2-17 选择固件类型：UEFI

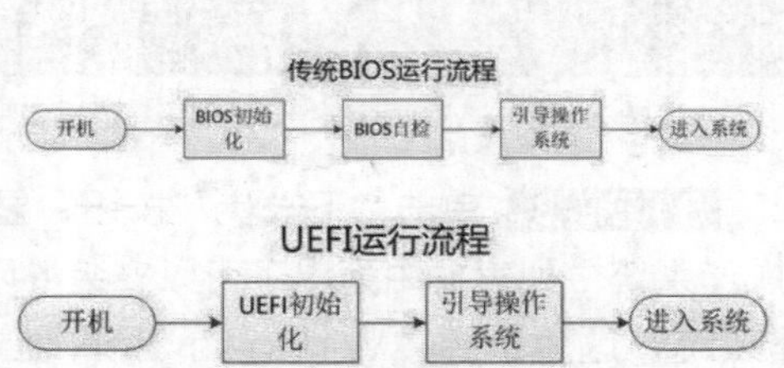


图 2-18 UEFI 与 BIOS 运行流程

UEFI 启动是一种新的主板引导项，它被看作 BIOS 的继任者。UEFI 最主要的特点是图形界面，更有利于用户对象图形化的操作选择。

如今很多新品计算机都支持 UEFI 启动模式，有的计算机甚至都已抛弃 BIOS 而仅支持 UEFI 启动。不难看出 UEFI 正在取代传统的 BIOS 启动。

## 任务 2-3 安装 Windows Server 2016 网络操作系统

微课 2-3 安装 Windows Server 2016

安装网络操作系统时，计算机的 CPU 需要支持虚拟化技术（Virtualization Technology，VT）。VT，指的是让单台计算机能够分割出多个独立资源区，并让每个资源区按照需要模拟出系统的一项技术，其本质就是通过中间层实现计算机资源的管理和再分配，让系统资源的利用率最大化。其实只要计算机不是五六年前买的，价格不低于 4000 元，它的 CPU 一般是会支持 VT 的。如果开启虚拟机后依然提示“CPU 不支持 VT 技术”等报错信息，请重启计算机并进入 BIOS 中把 VT 虚拟化功能开启即可。

使用 Windows Server 2016 的引导光盘进行安装是最简单的安装方式。在安装过程中，需要用户干预的地方不多，只需掌握几个关键点即可顺利完成安装。需要注意的是，如果当前服务器没有安装 SCSI 设备或者 RAID 卡，则可以略过相应步骤。

**STEP 1** 启动安装过程以后，显示图 2-19 所示的“Windows 安装程序”窗口，首先需要选择安装语言及设置输入法。

**STEP 2** 单击“下一步”按钮，接着出现询问是否立即安装 Windows Server 2016 的窗口，单击“现在安装”按钮。在图 2-20 所示的界面中输入产品密钥后单击“下一步”按钮，或者单击“我没有产品密钥”按钮（批量授权或评估版免此步骤）。

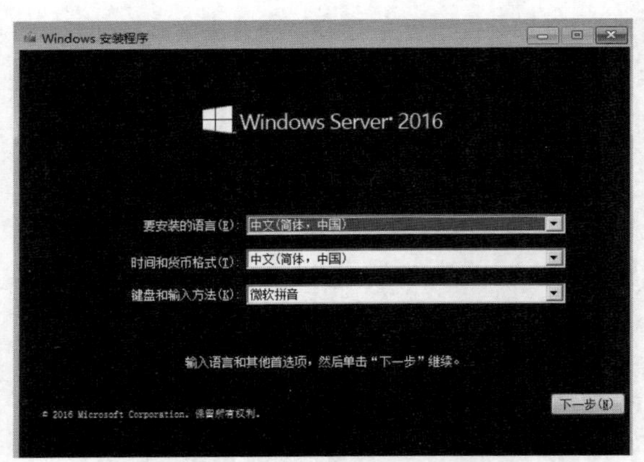


图 2-19 “Windows 安装程序”窗口

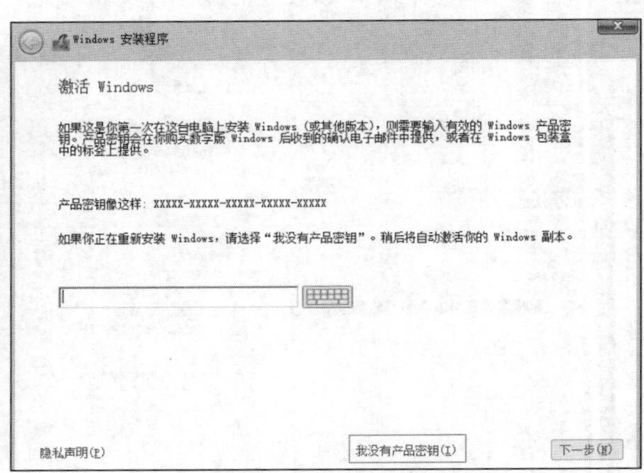


图 2-20 “现在安装”界面

**STEP 3** 单击“下一步”按钮，显示图 2-21 所示的“选择要安装的操作系统”对话框。“操作系统”列表框中列出了可以安装的网络操作系统。这里选择“Windows Server 2016 Datacenter（桌面体验）”，安装 Windows Server 2016 数据中心版。也可以安装标准版。

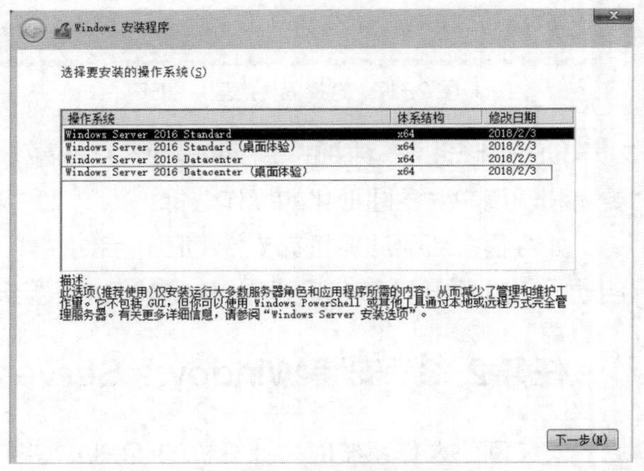


图 2-21 “选择要安装的操作系统”对话框

**STEP 4** 单击“下一步”按钮，选择“我接受许可条款”接受许可协议，单击“下一步”按钮，出现图 2-22 所示的“您想进行何种类型的安装？”对话框。其中“升级”用于从 Windows Server 2012 系列升级到 Windows Server 2016，且如果当前计算机没有安装网络操作系统，则该项不可用；“自定义（高级）”用于全新安装。

**STEP 5** 单击“自定义（高级）”按钮，显示图 2-23 所示的“你想将 Windows 安装在哪里？”对话框，显示当前计算机硬盘上的分区信息。如果服务器安装有多块硬盘，则会依次显示为磁盘 0、磁盘 1、磁盘 2……

**STEP 6** 对硬盘进行分区，单击“新建”按钮，在“大小”文本框中输入分区大小，如 100000MB，如图 2-23 所示。单击“应用”按钮，弹出图 2-24 所示的自动创建额外分区的对话框。单击“确定”

按钮，完成系统分区（第 1 个分区）和主磁盘分区（第 2 个分区）的创建。其他分区照此操作。

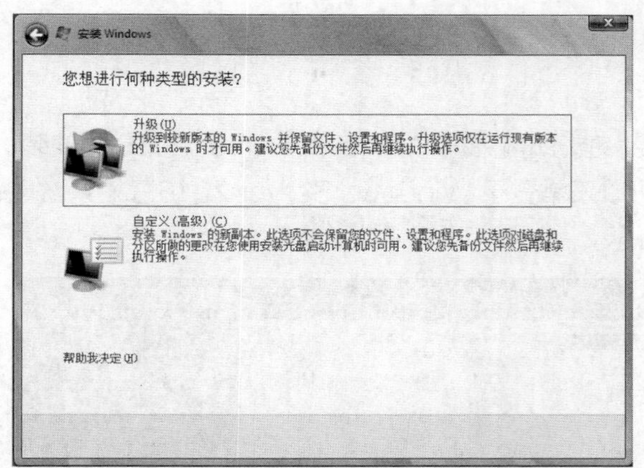


图 2-22 “您想进行何种类型的安装？”对话框

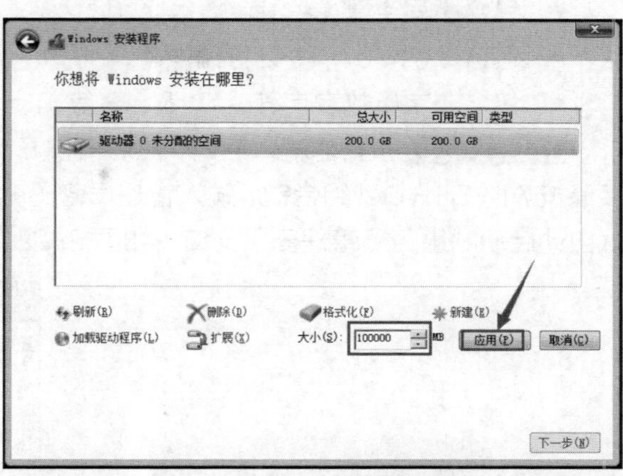


图 2-23 “你想将 Windows 安装在哪里？”对话框

**STEP 7** 完成分区创建后的图形界面如图 2-25 所示。

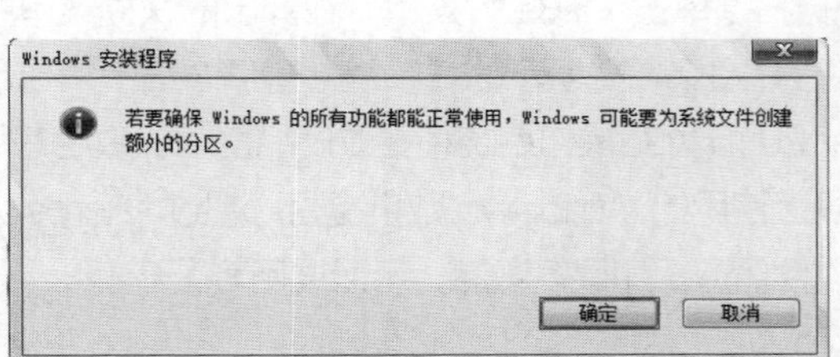


图 2-24 创建额外分区的提示信息

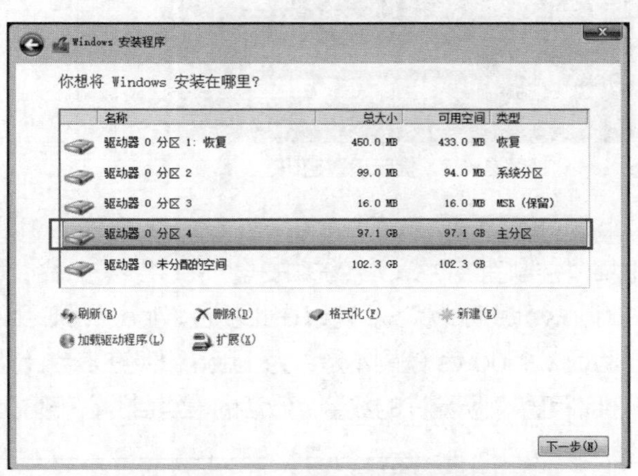


图 2-25 完成分区创建后的图形界面

**STEP 8** 选择“分区 4”来安装操作系统，单击“下一步”按钮，显示图 2-26 所示的“正在安装 Windows”对话框，开始复制文件并安装 Windows。

**STEP 9** 在安装过程中，系统会根据需要自动重新启动。在安装完成之前，要求用户设置 Administrator 的密码，如图 2-27 所示。

对于账户密码，Windows Server 2016 的要求非常严格，无论是管理员账户还是普通账户，都要求必须设置强密码。除必须满足“至少 6 个字符”和“不包含 Administrator 或 admin”的要求外，还需至少满足以下 4 个条件中的两个。

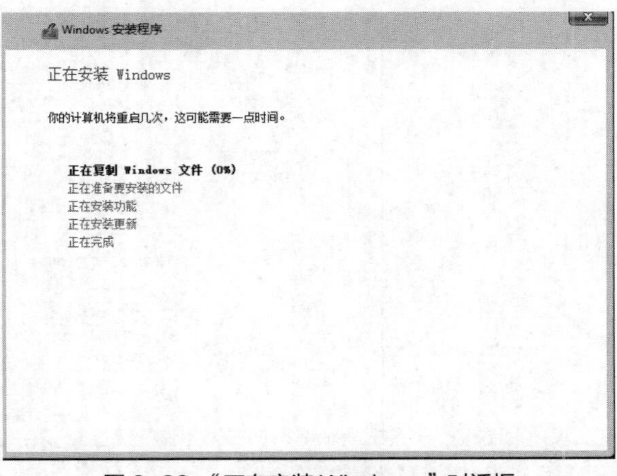


图 2-26 “正在安装 Windows”对话框

- 包含大写字母（A、B、C 等）。
- 包含小写字母（a、b、c 等）。
- 包含数字（0、1、2 等）。
- 包含非字母数字字符（#、&、~等）。

**STEP 10** 按要求输入密码，然后再按 Enter 键，即可完成 Windows Server 2016 的安装。接着按 Alt+Ctrl+Del 组合键，输入管理员密码就可以正常登录 Windows Server 2016 了。系统默认自动启动“服务器管理器”窗口，如图 2-28 所示。

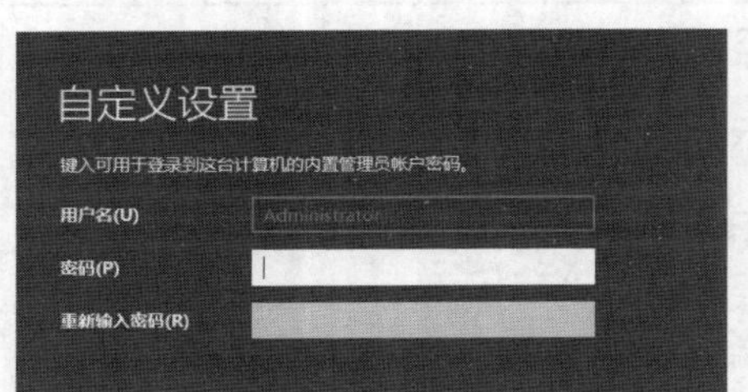


图 2-27 提示设置密码

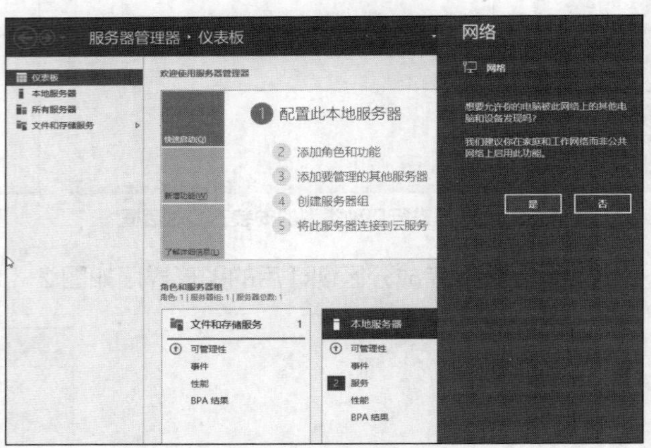


图 2-28 “服务器管理器”窗口

**STEP 11** 激活 Windows Server 2016。用鼠标右键单击“开始”菜单，在弹出的快捷菜单中选择“控制面板”→“系统和安全”→“系统”命令，打开图 2-29 所示的“系统”窗口。右下角显示 Windows 激活的状况，可以在此激活 Windows Server 2016 网络操作系统和更改产品密钥。激活有助于验证 Windows 的副本是否为正版，以及在多台计算机上使用的 Windows 数量是否已超过 Microsoft 软件许可条款所允许的数量。激活的最终目的在于防止软件伪造。如果不激活，可以试用 60 天。

图 2-29 “系统”窗口

**STEP 12** 选择 VMware 菜单栏中的"虚拟机"→"安装 VMware Tools"命令，然后在计算机资源管理器中双击"DVD 驱动器（d:）VMware Tools"，按照向导完成驱动程序的安装后，自动重启计算机。

**STEP 13** 以管理员身份登录计算机 win2016-1，选择 VMware 菜单栏中的"虚拟机"→"快照"→"拍摄快照"命令,制作计算机安装成功的初始快照，以备后面实训后将系统恢复到初始状态。至此，Windows Server 2016 网络操作系统安装完成，现在就可以使用了。

## 任务 2-4 配置 Windows Server 2016 网络操作系统

在安装完成后，应先进行一些基本配置，如计算机名、IP 地址、配置自动更新等，这些均可在"服务器管理器"窗口中完成。

微课 2-4 配置 Windows Server 2016（一）

### 1. 更改计算机名

Windows Server 2016 在安装过程中不需要设置计算机名，而是使用由系统随机配置的计算机名。但系统配置的计算机名不仅冗长，而且不便于标记。因此，为了更好地标识和识别服务器，应将其更改为易记或有一定意义的名称。

**STEP 1** 用鼠标右键单击"开始"菜单，在弹出的快捷菜单中依次选择"控制面板"→"系统安全"→"管理工具"→"服务器管理器"命令，或者直接单击左下角的"服务器管理器"按钮，打开"服务器管理器"窗口，再单击左侧的"本地服务器"按钮，如图 2-30 所示。

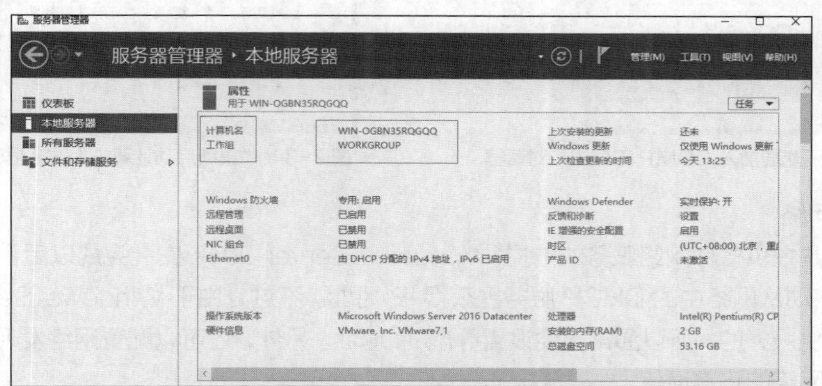


图 2-30 "服务器管理器-本地服务器"窗口

**STEP 2** 直接单击"计算机名"和"工作组"后面的名称，对计算机名和工作组名进行修改即可。先单击计算机名，出现修改计算机名的对话框，如图 2-31 所示。

**STEP 3** 单击"更改"按钮，显示图 2-32 所示的"计算机名/域更改"对话框。在"计算机名"文本框中键入新的名称，如 dcl。在"工作组"文本框中可以更改计算机所处的工作组。

**STEP 4** 单击"确定"按钮，显示"欢迎加入 COMP 工作组"对话框，如图 2-33 所示。单击"确定"按钮，显示"重新启动计算机"对话框，提示必须重新启动计算机才能应用更改，如图 2-34 所示。

**STEP 5** 单击"确定"按钮，回到"系统属性"对话框，再单击"关闭"按钮，关闭"系统属性"对话框。接着出现对话框，提示必须重新启动计算机以应用更改。

**STEP 6** 单击"立即重新启动"按钮，即可重新启动计算机，并应用新的计算机名。若单击"稍后重新启动"按钮，则不会立即重新启动计算机。

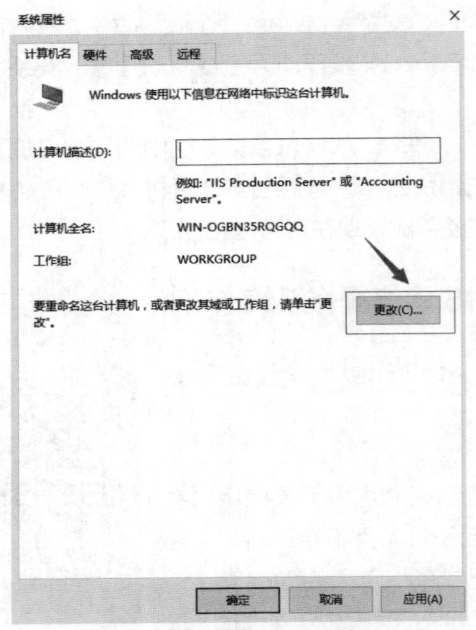


图 2-31 “系统属性”对话框

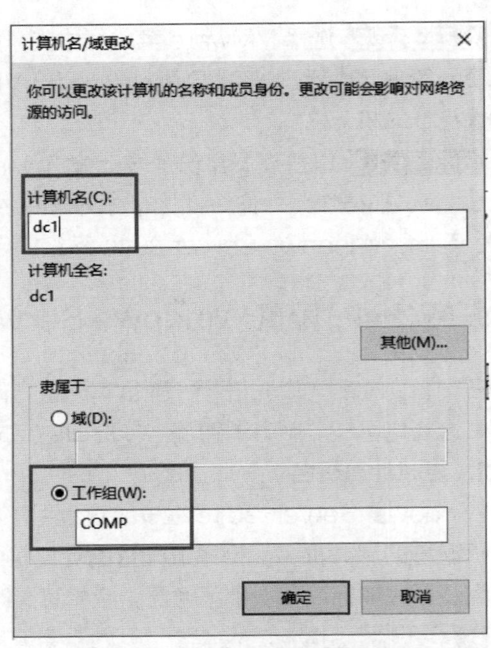


图 2-32 “计算机名/域更改”对话框

图 2-33 “欢迎加入 COMP 工作组”对话框

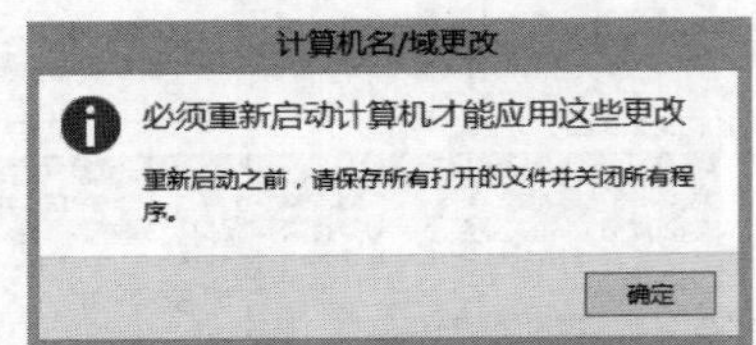


图 2-34 “重新启动计算机”对话框

### 2. 配置网络

网络配置是提供各种网络服务的前提。Windows Server 2016 安装完成以后，默认为自动获取 IP 地址，自动从网络中的 DHCP 服务器获得 IP 地址。不过，由于 Windows Server 2016 是用来为网络提供服务的，所以通常需要设置静态 IP 地址。另外，还可以配置网络发现、文件共享等功能，实现与网络的正常通信。

（1）配置 TCP/IP。

**STEP 1** 用鼠标右键单击桌面右下角任务托盘区域中的网络连接图标，在弹出的快捷菜单中选择“网络和共享中心”命令，打开图 2-35 所示的“网络和共享中心”窗口。

**STEP 2** 单击“Ethernet0”按钮，打开“Ethernet0 状态”对话框，如图 2-36 所示。

**STEP 3** 单击“属性”按钮，显示图 2-37 所示的“Ethernet0 属性”对话框。Windows Server 2016 中包含 IPv6 和 IPv4 两个版本的 Internet 协议，并且默认都已启用。

**STEP 4** 在“此连接使用下列项目”选项框中单击“Internet 协议版本 4（TCP/IPv4）”选项，单击“属性”按钮，显示图 2-38 所示的“Internet 协议版本 4（TCP/ IPv4）属性”对话框。选中“使用下面的 IP 地址”单选按钮，分别键入为该服务器分配的 IP 地址、子网掩码、默认网关和 DNS 服务器。如果要通过 DHCP 服务器获取 IP 地址，则保留默认的“自动获得 IP 地址”选项。

**STEP 5** 单击“确定”按钮，保存所做的修改。

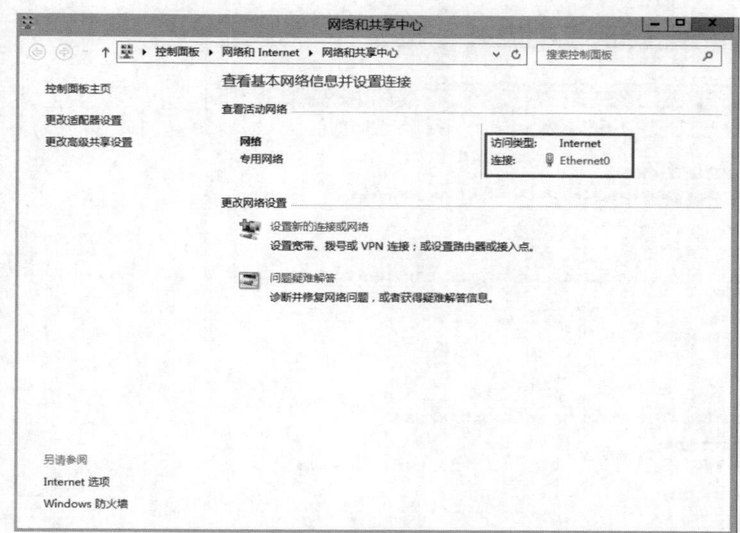


图 2-35 “网络和共享中心”窗口

Ethernet0 状态

常规

连接

IPv4 连接: Internet

IPv6 连接: 无 Internet 访问权限

媒体状态: 已启用

持续时间: 00:06:01

速度: 1.0 Gbps

详细信息(E)...

活动

已发送 — — 已接收

字节: 4,673 | 1,212

属性(P) 禁用(D) 诊断(G)

关闭(C)

图 2-36 “Ethernet0 状态”对话框

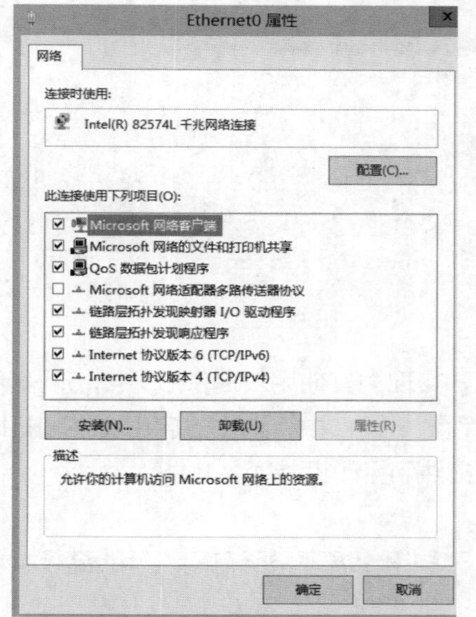


图 2-37 “Ethernet0 属性”对话框

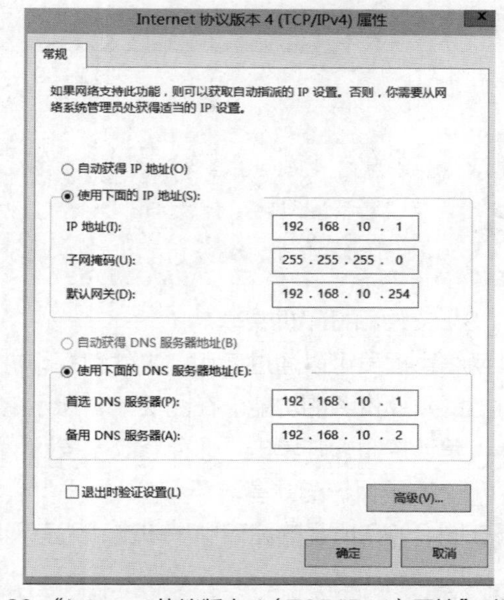


图 2-38 “Internet 协议版本 4（TCP/IPv4）属性”对话框

（2）启用网络发现。

微课 2-5 配置 Windows Server 2016（二）

Windows Server 2016 的“网络发现”功能用来控制局域网中计算机和设备的发现与隐藏。如果启用“网络发现”功能，则可以显示当前局域网中发现的计算机，也就是“网络邻居”功能。同时，其他计算机也可以发现当前计算机。如果禁用“网络发现”功能，则既不能发现其他计算机，当前计算机也不能被发现。不过，关闭“网络发现”功能时，其他计算机仍可以通过搜索或指定计算机名、IP 地址的方式访问到该计算机，但不会显示在其他用户的“网络邻居”中。

为了便于计算机之间的互相访问，可以启用此功能。在图 2-35 所示的“网络和共享中心”窗口中，单击“更改高级共享设置”按钮，出现图 2-39 所示的“高级共享设置”窗口，选中“启用网络发现”单选按钮，并单击“保存修改”按钮，即可启用“网络发现”功能。

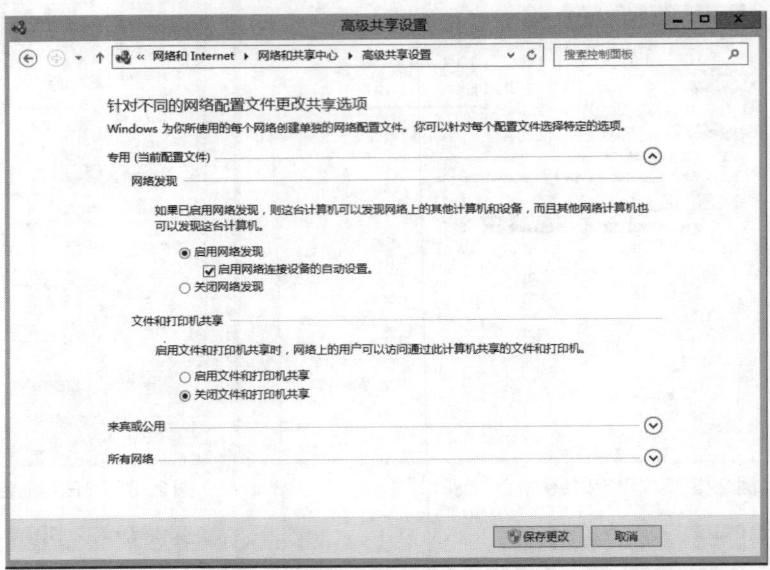

图 2-39 “高级共享设置”窗口

**提示** 如果重启后仍无法启用网络共享，这时请保证运行了 Function Discovery Resource Publication、UPnPDevice Host 和 SSDP Discovery 三个服务。注意按顺序手动启动这三个服务后，将其都改为自动启动。

（3）文件和打印机共享。

网络管理员可以通过启用“文件和打印机共享”功能，实现为其他用户提供服务或访问其他计算机上的共享资源的功能。在图 2-39 所示的“高级共享设置”窗口中，选中“启用文件和打印机共享”单选按钮，并单击“保存修改”按钮，即可启用“文件和打印机共享”功能。

（4）密码保护的共享。

在图 2-39 所示的窗口中，单击“所有网络”右侧的⊙按钮，展开“所有网络”的高级共享设置，如图 2-40 所示。

- 可以启用“共享以便可以访问网络的用户可以读取和写入公用文件夹中的文件”功能。
- 如果启用“密码保护共享”功能，则其他用户必须使用当前计算机上有效的用户账户和密码才可以访问共享资源。Windows Server 2016 默认启用该功能。

### 3. 配置虚拟内存

在 Windows 中，如果内存不够，系统会把内存中暂时不用的一些数据写到磁盘上，以腾出内存空间给别的应用程序使用；当系统需要这些数据时，再重新把数据从磁盘读回内存中。用来临时存放内存数据的磁盘空间称为虚拟内存。建议将虚拟内存的大小设为实际内存的 1.5 倍，虚拟内存太小会导致系统没有足够的内存运行程序，特别是当实际的内存不大时。下面是设置虚拟内存的具体步骤。

**STEP 1** 用鼠标右键单击“开始”菜单，在弹出的快捷菜单中选择“控制面板”→“系统和安全”→“系统”→“高级系统设置”命令，打开“系统属性”对话框，再单击“高级”选项卡，如图 2-41 所示。

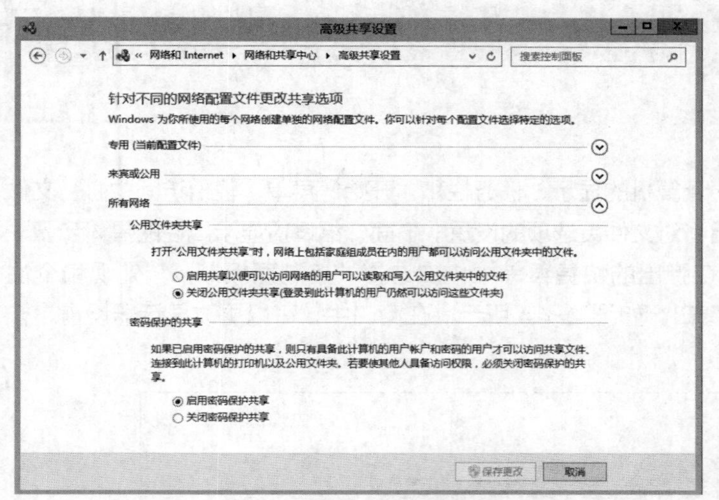


图 2-40 “所有网络”的高级共享设置

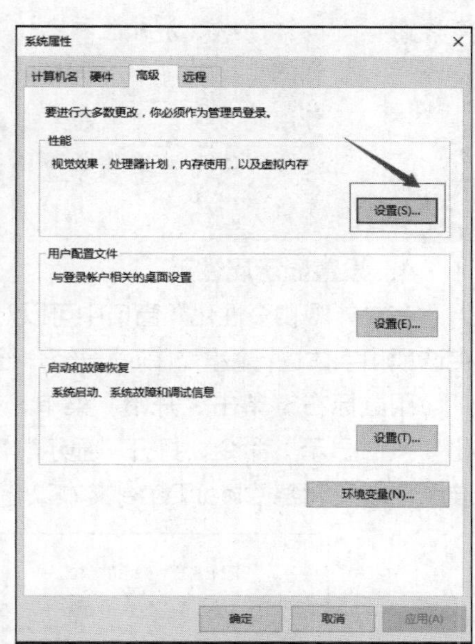


图 2-41 “系统属性”对话框

**STEP 2** 单击“设置”按钮，打开“性能选项”对话框，再单击“高级”选项卡，如图 2-42 所示。

**STEP 3** 单击“更改”按钮，打开“虚拟内存”对话框，如图 2-43 所示，取消勾选“自动管理所有驱动器的分页文件大小”复选框。选中“自定义大小”单选按钮，并设置初始大小为 4000MB，最大值为 6000MB，然后单击“设置”按钮。最后单击“确定”按钮并重启计算机，即可完成虚拟内存的设置。

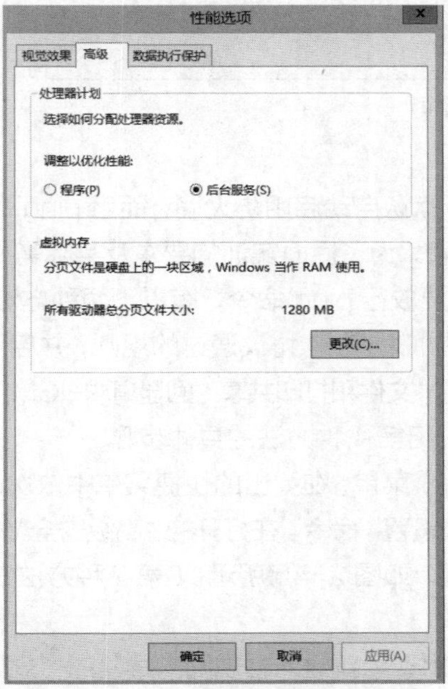

图 2-42 “性能选项”对话框

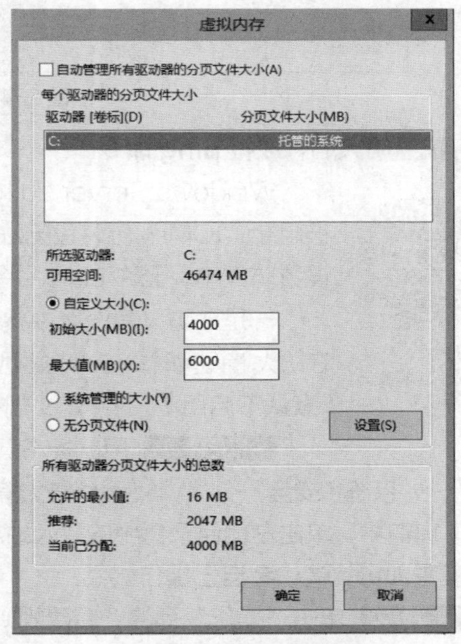


图 2-43 “虚拟内存”对话框

> **注意** 虚拟内存可以分布在不同的驱动器中，总的虚拟内存等于各个驱动器上的虚拟内存之和。如果计算机上有多个物理磁盘，建议把虚拟内存放在不同的磁盘上，以增强虚拟内存的读写性能。虚拟内存的大小可以自定义，即管理员手动指定，或者由系统自行决定。页面文件所使用的文件是根目录下的 pagefile.sys，不要轻易删除该文件，否则可能会导致系统崩溃。

### 4．设置显示属性

在“外观和个性化”窗口中可以对计算机的显示、任务栏和“开始”菜单、轻松访问中心、文件夹选项和字体进行设置。前面已经介绍了对文件夹选项的设置。下面介绍设置显示属性的具体步骤。

用鼠标右键单击“开始”菜单，在弹出的快捷菜单中依次选择“控制面板”→“外观和个性化”→“显示”命令，打开“显示”窗口，如图 2-44 所示。在窗口中，可以更改显示器设置、校准颜色以及调整 ClearType 文本。

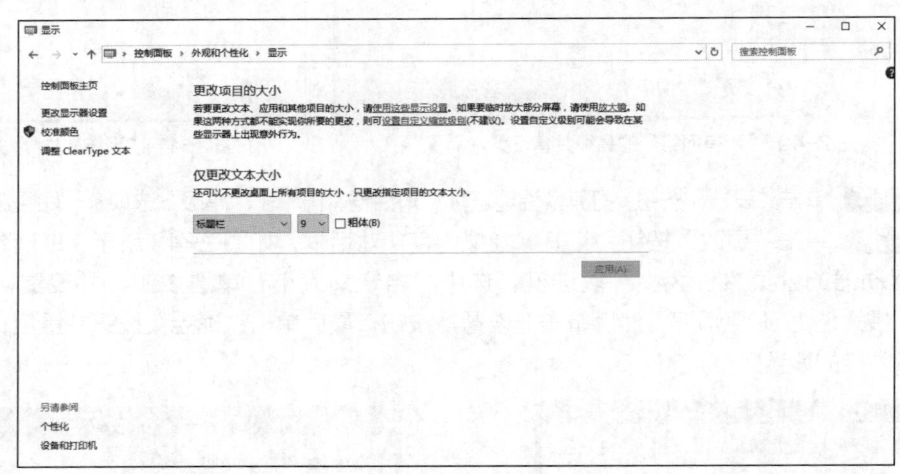


图 2-44 “显示”窗口

### 5．配置防火墙，放行 ping 命令

微课 2-6 配置 Windows Server 2016（三）

Windows Server 2016 安装后，默认自动启用防火墙，而且 ping 命令默认被阻止，ICMP 协议包无法穿越防火墙。为了后面实训的要求及实际需要，应该设置防火墙，允许 ping 命令通过。若要放行 ping 命令，有以下两种方法。

一是在防火墙设置中新建一条允许 ICMP v4 协议通过的规则，并启用；二是在防火墙设置时，在“入站规则”中启用“文件和打印共享（回显请求-ICMP v4-In）（默认不启用）”的预定义规则。下面介绍第 1 种方法的具体步骤。

**STEP 1** 用鼠标右键单击“开始”菜单，在弹出的快捷菜单中依次选择“控制面板”→“系统和安全”→“Windows 防火墙”→“高级设置”命令。在打开的“高级安全 Windows 防火墙”窗口中，单击左侧目录树中的“入站规则”选项，如图 2-45 所示。（第 2 种方法在此入站规则中设置即可，请读者自己操作。）

**STEP 2** 单击“操作”列的“新建规则”选项，出现“新建入站规则向导”的“规则类型”窗口，选中“自定义”单选按钮，如图 2-46 所示。

图 2-45 “高级安全 Windows 防火墙”窗口

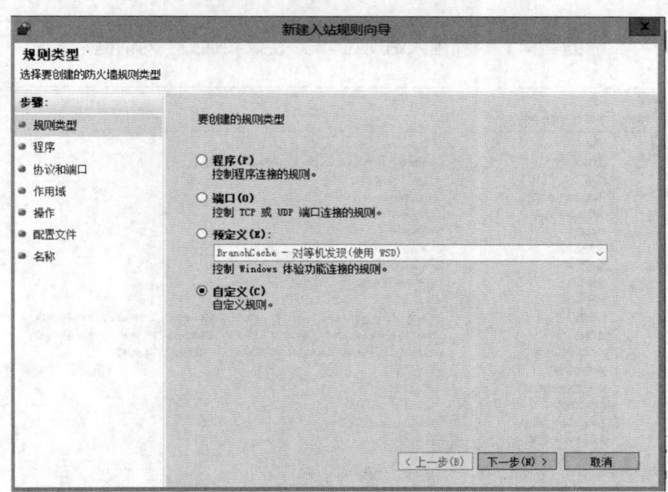

图 2-46 “新建入站规则向导-规则类型”窗口

**STEP 3** 单击“步骤”列的“协议和端口”选项，如图 2-47 所示。在“协议类型”下拉列表框中单击“ICMP v4”选项。

**STEP 4** 单击“下一步”按钮，在出现的对话框中选择应用于哪些本地 IP 地址和哪些远程 IP 地址。可以选中“任何 IP 地址”单选按钮。

**STEP 5** 继续单击“下一步”按钮，选择是否允许连接，此处选中“允许连接”单选按钮。

**STEP 6** 再次单击“下一步”按钮，选择何时应用本规则。

**STEP 7** 最后单击“下一步”按钮，输入本规则的名称，如 ICMP v4 协议规则。单击“完成”按钮，使新规则生效。

### 6. 查看系统信息

系统信息包括硬件资源、组件和软件环境等内容。用鼠标右键单击“开始”菜单，在弹出的快捷菜单中选择“控制面板”→“系统安全”→“管理工具”→“系统信息”命令，打开图 2-48 所示的“系统信息”窗口。

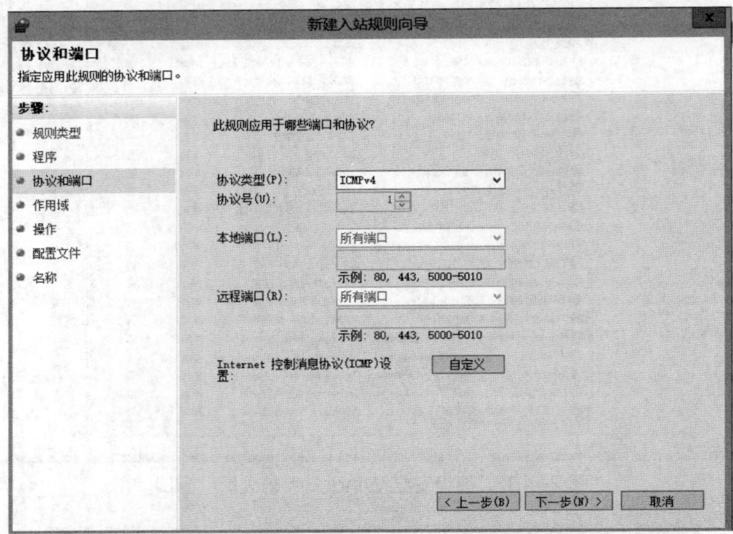

图 2-47 “新建入站规则向导-协议和端口”对话框

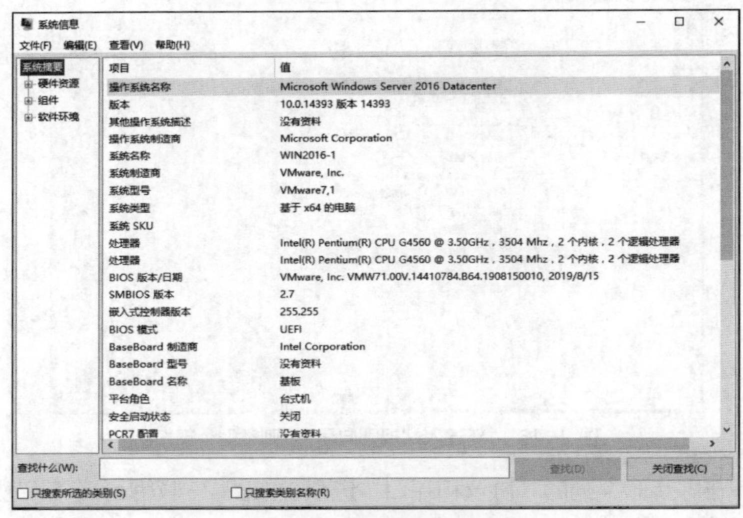

图 2-48 “系统信息”窗口

## 任务 2-5　使用 VMware 的快照和克隆功能

微课 2-7 使用 VMware 的快照和克隆功能

Windows Server 2016 安装完成后，可以使用 VMware 的快照和克隆功能，迅速恢复或生成新的计算机，给教学和实训带来极大便利。

**STEP 1** 将前面安装完成的 win2016-1 当作母盘，在 VMware 中选中 win2016-1 虚拟机，选择“虚拟机”→“快照”→“拍摄快照”命令，如图 2-49 所示。

**STEP 2** 按照向导生成快照 start1（一步步按向导完成即可，不再赘述）。

利用该快照可以随时恢复到系统安装成功的初始状态，对于反复完成实训或排除问题作用很大。

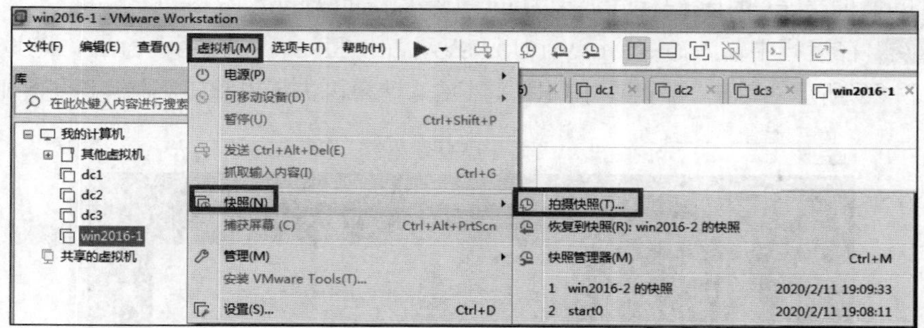


图 2-49　拍摄快照

**STEP 3** 选中 win2016-1 虚拟机，选择“虚拟机”→“管理”→“克隆”命令，如图 2-50 所示。

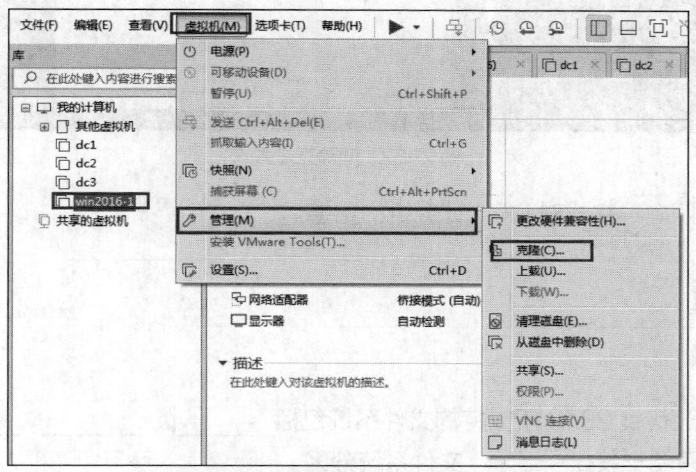


图 2-50　克隆 win2016-1 生成 DC4

**STEP 4** 在图 2-51 中填写新虚拟机的名称和位置，单击“完成”按钮，快速生成 DC4 计算机（新虚拟机的位置要提前规划好，如 f:\DC4）。

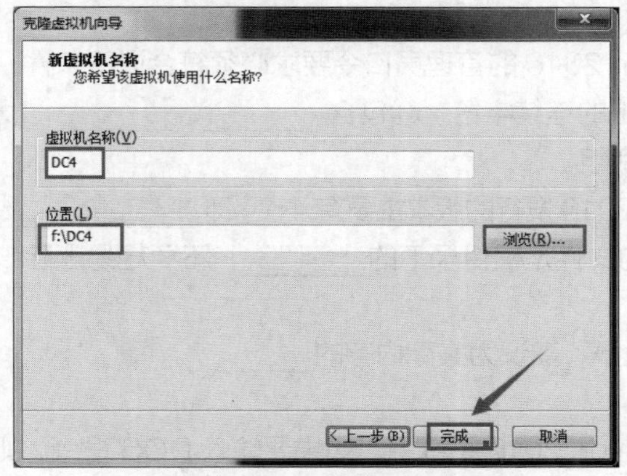


图 2-51　新虚拟机的名称和位置

**STEP 5** 克隆成功后，启动 DC4 虚拟机，以管理员身份登录计算机。注意，DC4 与 win2016-1 的管理员账户和密码相同，因为 DC4 是克隆而来的。

**STEP 6** 在运行中输入命令：c:\windows\system32\sysprep\sysprep，勾选“通用”复选框，如图 2-52 所示。单击“确定”按钮，对 DC4 计算机进行重整，消除克隆的影响。

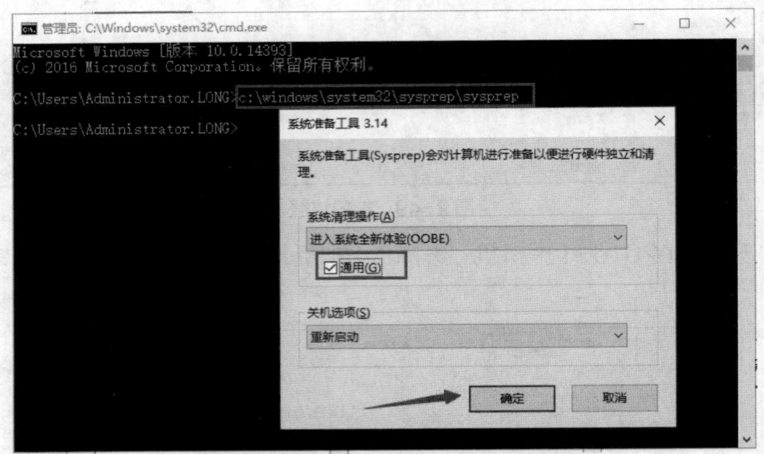


图 2-52　消除克隆影响

**STEP 7** 按照向导完成对 DC4 计算机的重整。

## 2.4 习题

**一、填空题**

1. Windows Server 2016 所支持的文件系统包括________、________、________。Windows Server 2016 系统只能安装在________文件系统分区。

2. Windows Server 2016 有多种安装方式，分别适用于不同的环境，选择合适的安装方式可以提高工作效率。除了常规的使用 DVD 启动的安装方式以外，还有________、________及________。

3. 安装 Windows Server 2016 时，内存至少不低于________，硬盘的可用空间不低于________，并且只支持________位版本。

4. Windows Server 2016 的管理员口令要求必须符合以下条件：①至少 6 个字符；②不包含用户账户名称中两个以上的连续字符；③包含________、________、大写字母（A ~ Z）、小写字母（a ~ z）4 组字符中的两组。

5. Windows Server 2016 发行的版本主要有 4 个，即________、________、________、________。

6. 页面文件所使用的文件是根目录下的________，不要轻易删除该文件，否则可能会导致系统崩溃。

7. 对于虚拟内存的大小，建议为实际内存的________。

**二、选择题**

1. 在 Windows Server 2016 系统中，如果要输入 DOS 命令，则在“运行”对话框中输入（　　）。

A. CMD　B. MMC　C. AUTOEXE　D. TTY

2. Windows Server 2016 系统安装时生成的 Documents and Settings、Windows 以及 Windows\System 32 文件夹是不能随意更改的，因为它们是（　　）。

A. Windows 的桌面

B. Windows 正常运行时所必需的应用软件文件夹

C. Windows 正常运行时所必需的用户文件夹

D. Windows 正常运行时所必需的系统文件夹

3. 有一台服务器的网络操作系统是 Windows Server 2008 R2，文件系统是 NTFS，无任何分区。现要求对该服务器进行 Windows Server 2016 的安装，保留原数据，但不保留网络操作系统，应使用下列方法（　　）进行安装才能满足需求。

A. 在安装过程中进行全新安装并格式化磁盘

B. 对原操作系统进行升级安装，不格式化磁盘

C. 做成双引导，不格式化磁盘

D. 重新分区并进行全新安装

4. 现要在一台装有 Windows Server 2008 R2 网络操作系统的计算机上安装 Windows Server 2016，并做成双引导系统。此计算机硬盘的大小是 200GB，有两个分区：C 盘 100GB，文件系统是 FAT；D 盘 100GB，文件系统是 NTFS。为使计算机成为双引导系统，下列哪个选项是最好的方法？（　　）

A. 安装时选择升级选项，并且选择 D 盘作为安装盘

B. 全新安装，选择 C 盘上与 Windows 相同的目录作为 Windows Server 2016 的安装目录

C. 升级安装，选择 C 盘上与 Windows 不同的目录作为 Windows Server 2016 的安装目录

D. 全新安装，且选择 D 盘作为安装盘

**三、简答题**

1. 简述 Windows Server 2016 系统的最低硬件配置需求。

2. 在安装 Windows Server 2016 前有哪些注意事项？

3. 请简述 Windows Server 2016 的版本及最低安装要求。

## 2.5 项目实训　配置 Windows Server 2016 网络操作系统

**一、实训目的**

- 掌握 Windows Server 2016 网络操作系统桌面环境的配置方法。
- 掌握 Windows Server 2016 网络操作系统防火墙的配置方法。
- 掌握 Windows Server 2016 网络操作系统控制台的应用。
- 掌握在 Windows Server 2016 网络操作系统中添加角色和功能的方法。

**二、项目环境**

公司新购进一台服务器，硬盘空间为 500GB。已经安装了 Windows 10 网络操作系统和 VMware Workstation Pro 15.5，计算机名为 client1。Windows Server 2016 网络操作系统的镜像文件已保存在硬盘上。网络拓扑图参照图 2-3。

### 三、项目要求

本项目实训要求如下。

（1）在 VMware 中安装 Widows Server 2016 网络操作系统的虚拟机。

（2）配置桌面环境。

- 更改计算机名。
- 虚拟内存大小设为实际内存的 2 倍。
- 配置网络：服务器的 IP 地址为 192.168.10.1/24，网关的 IP 地址为 192.168.10.254，首选 DNS 服务器的 IP 地址为 192.168.10.1。
- 设置显示属性。
- 查看系统信息。
- 利用“Windows 更新”更新 Windows Server 2016 网络操作系统为最新。

（3）关闭防火墙。

（4）使用规划放行 ping 命令。

（5）测试物理主机（client1）与虚拟机（win2016-1）之间的通信。分别演示 3 种网络连接模式下的通信情况，从而总结出 3 种连网方式的区别与应用场所。

（6）根据具体的虚拟机环境演示虚拟机连接到 Internet 的方法和技巧。

（7）使用管理控制台。

（8）添加角色和功能。

### 四、做一做

根据项目实训视频进行项目的实训，检查学习效果。

## 拓展阅读　核高基与国产操作系统

“核高基”就是“核心电子器件、高端通用芯片及基础软件产品”的简称，是中华人民共和国国务院于 2006 年发布的《国家中长期科学和技术发展规划纲要（2006—2020 年）》中与载人航天、探月工程并列的 16 个重大科技专项之一。近年来，一批国产基础软件的领军企业的强势发展给中国软件市场增添了几许信心，而“核高基”犹如助推器，给了国产基础软件更强劲的发展支持力量。

2008 年 10 月 21 日起，微软公司对盗版 Windows 和 Office 用户进行“黑屏”警告性提示。自该“黑屏事件”发生之后，我国大量的计算机用户将目光转移到 Linux 操作系统和国产办公软件上，国产操作系统和办公软件的下载量一时间以几倍的速度增长，国产 Linux 操作系统和办公软件的发展也引起了大家的关注。

中国国产软件尤其是基础软件的时代已经来临，我们期望未来不会再受类似“黑屏事件”的制约，也希望我国所有的信息化建设都能建立在“安全、可靠、可信”的国产基础软件平台上。

# 项目3 部署与管理Active Directory域服务

公司组建的单位内部的办公网络原来是基于工作组方式的，近期由于公司业务发展，人员激增，基于方便和网络安全管理的需要，考虑将基于工作组的网络升级为基于域的网络。现在需要将一台或多台计算机升级为域控制器，并将其他所有计算机加入域成为成员服务器，同时将原来的本地用户账户和组也升级为域用户和组进行管理。

## 本项目学习要点

- 掌握规划和安装局域网中活动目录的方法
- 掌握创建目录林根级域的方法
- 掌握安装额外域控制器的方法

## 3.1 项目基础知识

活动目录（Active Directory，AD）是 Windows Server 网络操作系统中非常重要的目录服务。活动目录用于存储网络上各种对象的有关信息，包括用户账户、组、打印机、共享文件夹等，并把这些数据存储在目录服务数据库中，便于管理员和用户查询及使用。活动目录具有安全、可扩展、可伸缩的特点，与域名系统（Domain Name System，DNS）集成在一起，可基于策略进行管理。

### 3.1.1 认识活动目录及意义

什么是活动目录呢？活动目录就是 Windows 网络中的目录服务（Directory Service），即活动目录域服务（Active Directory Domain Services，AD DS）。目录服务有两方面的内容：目录和与目录相关的服务。

微课 3-1 Active Directory 域服务

活动目录负责目录数据库的保存、新建、删除、修改与查询等服务，用户能很容易地在目录内寻找所需的数据。

AD DS 的适用范围非常广泛，它可以用在一台计算机、一个小型局域网络或数个广域网结合的环境中。它包含此范围中的所有对象，如文件、打印机、应用程序、服务器、域控制器和用户账户等。使用活动目录具有以下意义。

（1）简化管理。

（2）安全性。

（3）改进的性能与可靠性。

### 3.1.2 命名空间

命名空间（Name Space）是一个界定好的区域（Bounded Area），在此区域内，我们可以利用某个名称找到与此名称有关的信息。例如，一本电话簿就是一个命名空间，在这本电话簿内（界定好的区域内），可以利用姓名来找到此人的电话、地址与生日等数据。又如，Windows 操作系统的 NTFS 文件系统也是一个命名空间，在这个文件系统内，可以利用文件名来找到此文件的大小、修改日期与文件内容等数据。

AD DS 也是一个命名空间。利用 AD DS，可以通过对象名称来找到与此对象有关的所有信息。

在 TCP/IP 网络环境下，可利用 DNS 来解析主机名与 IP 地址的对应关系，例如，利用 DNS 来得到主机的 IP 地址。AD DS 也与 DNS 紧密地集成在一起，它的域名空间也是采用 DNS 架构的，因此，域是采用 DNS 格式来命名的，例如，可以将 AD DS 的域命名为 long.com。

### 3.1.3 对象和属性

AD DS 内的资源以对象（Objects）的形式存在，例如，用户、计算机等都是对象，而对象是通过属性（Attributes）来描述其特征的，也就是对象本身是一些属性的集合。例如，要为使用者张三建立一个账户，需新建一个对象类型（Object Class）为用户的对象（也就是用户账户），然后在此对象内输入张三的姓、名、登录名与地址等，其中的用户账户就是对象，而姓、名与登录名等就是该对象的属性。

### 3.1.4 容器

容器（Container）与对象类似，它也有自己的名称，也是一些属性的集合，不过容器内可以包含其他对象（如用户、计算机等），也可以包含其他容器。

组织单位是一个比较特殊的容器，其内可以包含其他对象与组织单位。组织单位也是应用组策略（Group Policy）和委派责任的最小单位。

AD DS 以层次式架构（Hierarchical）将对象、容器与组织单位等组合在一起，并将其存储到 AD DS 数据库内。

### 3.1.5 可重新启动的 AD DS

除了进入目录服务还原模式之外，Windows Server 2016 网络操作系统（后续内容中有关 Windows Server 2016 网络操作系统的讲解，同样适用于 Windows Server 2012 网络操作系统）等域控制器还提供可重新启动的 AD DS（Restartable AD DS）功能，也就是说，要执行 AD DS 数据库维护工作，只需要将 AD DS 服务停止即可，不需要重新启动计算机来进入目录服务还原模式，这样不但可以让 AD DS 数据库的维护工作更容易、更快速地完成，而且其他服务也不会被中断。完成维护工作后再重新启动 AD DS 服务即可。

在 AD DS 服务停止的情况下，只要还有其他域控制器在线，就仍然可以在这台 AD DS 服务停止的域控制器上利用域用户账户登录。若没有其他域控制器在线，则在这台 AD DS 服务已停止的域控制器上，默认只能够利用目录服务还原模式的系统管理员账户来进入目录服务还原模式。

### 3.1.6 Active Directory 回收站

在旧版 Windows 系统中，系统管理员若不小心将 AD DS 对象删除，其恢复过程耗时耗力，例如，误删组织单位，其内所有对象都会丢失，此时虽然系统管理员可以进入目录服务还原模式来恢复被误删的对象，但比较耗费时间，而且在进入目录服务还原模式这段时间内，域控制器会暂时停止对客户端提供服务。Windows Server 2016 网络操作系统具备 Active Directory 回收站功能，它让系统管理员不需要进入目录服务还原模式，就可以快速恢复被删除的对象。

### 3.1.7 AD DS 的复制模式

域控制器之间在复制 AD DS 数据库时，分为以下两种复制模式。

**1. 多主机复制模式**

AD DS 数据库内的大部分数据是采用多主机复制模式（Multi-Master Replication Model）进行复制的。在此模式下，可以直接更新任何一台域控制器内的 AD DS 对象，之后这个更新过的对象会被自动复制到其他域控制器。例如，在任何一台域控制器的 AD DS 数据库内添加一个用户账户后，此账户会自动被复制到域内的其他域控制器。

**2. 单主机复制模式**

AD DS 数据库内的少部分数据是采用单主机复制模式（Single-Master Replication Model）进行复制的。在此模式下，当用户提出修改对象数据的请求时，会由其中一台域控制器（称为操作主机）负责接收与处理此请求，也就是说，该对象是先在操作主机中被更新，再由操作主机将它复制给其他域控制器。例如，添加或删除一个域时，此变动数据会先被写入扮演域命名操作主机角色的域控制器内，再由它复制给其他域控制器。

### 3.1.8 认识活动目录的逻辑结构

活动目录结构是指网络中所有用户、计算机以及其他网络资源的层次关系，就像一个大型仓库中分出若干个小储藏间，每个小储藏间分别用来存放东西。通常活动目录的结构可以分为逻辑结构和物理结构，分别包含不同的对象。

微课 3-2 Active Directory 的结构

活动目录的逻辑结构非常灵活，目录中的逻辑单元通常包括架构、域、组织单位、域目录树、域目录林、站点和目录分区。

**1. 架构**

AD DS 对象类型与属性数据是定义在架构（Schema）内的，例如，它定义了用户对象类型内包含的属性（姓、名、电话等）、每一个属性的数据类型等信息。

隶属于 Schema Admins 组的用户可以修改架构内的数据，应用程序也可以自行在架构内添加其所需的对象类型或属性。在一个林内的所有域树共享相同的架构。

**2. 域**

域是在 Windows NT/2000/2003/2008/2012 网络环境中组建客户机/服务器网络的实现方式。域是由网络管理员定义的一组计算机集合，它实际上就是一个网络。在这个网络中，至少有一台称为域控制器的计算机充当服务器角色。在域控制器中保存着整个网络的用户账号及目录数据库，即活动目录。管理员可以修改活动目录的配置来实现对网络的管理和控制，如管理员可以在活动目录中为每个用户创建域用户账号，使他们可登录域并访问域的资源。同时，管理员也可以控制所有网络用户的行为，如控制用户能否登录、在什么时间登录、登录后能执行哪些操作等。而域中的客户计算机要访问域的资源，就必须先加入域，并通过管理员为其创建的域用户账号登录域，才能访问域的资源，同时也必须接受管理员的控制和管理。构建域后，管理员可以对整个网络实施集中控制和管理。

**3. 组织单位**

组织单位（Organizational Unit，OU）在活动目录中扮演特殊的角色，它是一个当普通边界不能满足要求时创建的边界。组织单位把域中的对象组织成逻辑管理组，而不是安全组或代表地理实体的组。组织单位是应用组策略和委派责任的最小单位。

组织单位是包含在活动目录中的容器对象。创建组织单位的目的是对活动目录对象进行分类。因此组织单位是可将用户、组、计算机和其他单元放入活动目录的容器，组织单位不能包括来自其他域的对象。

使用组织单位，用户可在组织单位中代表逻辑层次结构的域中创建容器，这样就可以根据组织模型管理网络资源的配置和使用。可授予用户对域中某个组织单位的管理权限，组织单位的管理员不需要具有域中任何其他组织单位的管理权。

**4. 域目录树**

当要配置一个包含多个域的网络时，应该将网络配置成域目录树结构，如图 3-1 所示。

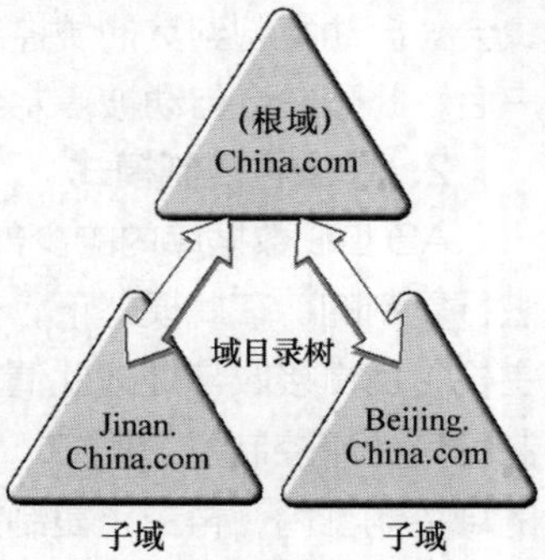

在图 3-1 所示的域目录树中，最上层的域名为 China.com，是这个域目录树的根域，也称为父域。下面两个域 Jinan.China.com 和 Beijing.China.com 是 China.com 域的子域。3 个域共同构成了这个域目录树。



图 3-1 域目录树

活动目录的域仍然采用 DNS 域的命名规则命名。在图 3-1 所示的域目录树中，两个子域的域名 Jinan.China.com 和 Beijing.China.com 中仍包含父域的域名 China.com，因此，它们的命名空间是连续的。这也是判断两个域是否属于同一个域目录树的重要条件。

在整个域目录树中，所有域共享同一个活动目录，即整个域目录树中只有一个活动目录，只不过这个活动目录分散地存储在不同的域中（每个域只负责存储和本域有关的数据），整体上形成一个大的分布式的活动目录数据库。在配置一个较大规模的企业网络时，可以配置为域目录树结构，例如，将企业总部的网络配置为根域，各分支机构的网络配置为子域，整体上形成一个域目录树，以实现集中管理。

**5. 域目录林**

如果网络的规模比前面提到的域目录树还要大，甚至包含了多个域目录树，就可以将网络配置为域目录林（也称森林）结构。域目录林由一个或多个域目录树组成，如图 3-2 所示。域目录林中的每个域目录树都有唯一的命名空间，它们之间并不是连续的，这一点从图 3-2 的两个目录树中可以看到。

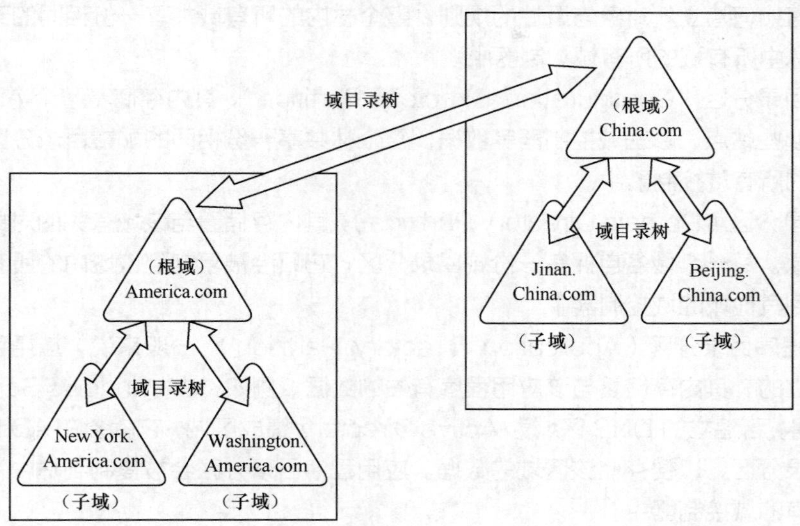


图 3-2　域目录林

整个域目录林中也存在一个根域，这个根域是域目录林中最先安装的域。在图 3-2 所示的域目录林中，因为 China.com 是最先安装的，所以这个域是域目录林的根域。

**注意**　在创建域目录林时，组成域目录林的两个域目录树的树根之间会自动创建相互的、可传递的信任关系。由于有了双向的信任关系，域目录林中的每个域中的用户都可以访问其他域的资源，也可以从其他域登录到本域中。

### 6. 站点

站点由一个或多个 IP 子网组成，这些子网通过高速网络设备连接在一起。站点往往由企业的物理位置分布情况决定，可以依据站点结构配置活动目录的访问和复制拓扑关系，使得网络更有效地连接，并且可使复制策略更合理、用户登录更快速。活动目录中的站点与域是两个完全独立的概念，一个站点中可以有多个域，多个站点也可以位于同一个域中。

活动目录站点和服务可以使用站点提高大多数配置目录服务的效率。使用活动目录站点和服务来发布站点，并提供有关网络物理结构的信息，从而确定如何复制目录信息和处理服务的请求。计算机站点是根据其在子网或一组已连接好子网中的位置指定的，子网用来为网络分组，类似于生活中使用邮政编码划分地址。划分子网可方便地发送有关网络与目录连接的物理信息，而且同一子网中计算机的连接情况通常优于不同网络中计算机的连接情况。

使用站点的意义主要有以下 3 点。

（1）提高了验证过程的效率。

（2）平衡了复制频率。

（3）可提供有关站点链接信息。

### 7. 目录分区

AD DS 数据库被逻辑地分为下面 4 个目录分区（Directory Partition）。

（1）架构目录分区（Schema Directory Partition）。它存储着整个林中所有对象与属性的定义数据，也存储着如何建立新对象与属性的规则。整个林内的所有域共享一份相同的架构目录分区，它会被复制到林中所有域的所有域控制器中。

（2）配置目录分区（Configuration Directory Partition）。其内存储着整个 AD DS 的结构，如有哪些域、哪些站点、哪些域控制器等数据。整个林共享一份相同的配置目录分区，它会被复制到林中所有域的所有域控制器中。

（3）域目录分区（Domain Directory Partition）。其内存储着与该域有关的对象，如用户、组与计算机等对象。每一个域各自拥有一份域目录分区，它只会被复制到该域内的所有域控制器中，而不会被复制到其他域的域控制器中。

（4）应用程序目录分区（Application Directory Partition）。一般来说，应用程序目录分区是由应用程序建立的，其内存储着与该应用程序有关的数据。例如，由 Windows Server 2016 扮演的 DNS 服务器，若建立的 DNS 区域为 Active Directory 集成区域，它就会在 AD DS 数据库内建立应用程序目录分区，以便存储该区域的数据。应用程序目录分区会被复制到林中特定的域控制器中，而不是所有的域控制器中。

### 3.1.9 认识活动目录的物理结构

活动目录的物理结构与逻辑结构是彼此独立的两个概念。逻辑结构侧重于网络资源的管理，而物理结构则侧重于网络的配置和优化。物理结构的 3 个重要概念是域控制器、只读域控制器和全局编录服务器。

**1. 域控制器**

域控制器是指安装了活动目录的 Windows Server 2016 的服务器，它保存了活动目录信息的副本。域控制器管理目录信息的变化，并把这些变化复制到同一个域中的其他域控制器上，使各域控制器上的目录信息同步。域控制器负责用户的登录过程以及其他与域有关的操作，如身份鉴定、目录信息查找等。一个域可以有多个域控制器，规模较小的域可以只有两个域控制器，一个实际应用，另一个用于容错性检查，规模较大的域则使用多个域控制器。

域控制器没有主次之分，采用多主机复制模式，每一个域控制器都有一个可写入的目录副本，这为目录信息容错带来了无尽的好处。尽管在某个时刻，不同的域控制器中的目录信息可能有所不同，但一旦活动目录中的所有域控制器执行同步操作，最新的变化信息就会一致。

**2. 只读域控制器**

只读域控制器（Read-Only Domain Controller，RODC）的 AD DS 数据库只可以被读取、不可以被修改，也就是说，用户或应用程序无法直接修改 RODC 的 AD DS 数据库。RODC 的 AD DS 数据库的内容只能够从其他可读写的域控制器中复制过来。RODC 主要是设计给远程分公司的网络使用的，因为一般来说，远程分公司的网络规模比较小、用户人数比较少，此网络的安全措施或许并不如总公司完备，也可能缺乏 IT 技术人员，因此采用 RODC 可避免因其 AD DS 数据库被破坏而影响到整个 AD DS 环境。

**3. 全局编录服务器**

尽管活动目录支持多主机复制模式，然而由于复制引起通信流量以及网络潜在的冲突，变化的传播并不一定能够顺利进行，因此有必要在域控制器中指定全局编录（Global Catalog，GC）服务器以及操作主机。全局编录是一个信息仓库，包含活动目录中所有对象的部分属性，是在查询过程中访问最为频繁的属性。利用这些信息，可以定位任何一个对象实际所在的位置。全局编录服务器是一个域控制器，它保存了全局编录的一份副本，并执行对全局编录的查询操作。全局编录服务器可以提高活动目录中大范围内对象检索的性能，例如，在域林中查询所有的打印机操作。如果没有全局编录服务器，那么必须调动域林中每一个域的查询过程。如果域中只有一个域控制器，那么它就是全局编录服务器。如果有多个域控制器，那么管理员必须把一个域控制器配置为全局编录服务器。

## 3.2 项目设计与准备

### 3.2.1 项目设计

下面利用图 3-3 来说明如何建立第 1 个林中的第 1 个域（根域）。我们将安装一台 Windows Server 2016 的服务器，然后将其升级为域控制器并建立域；也将架设此域的第 2 台域控制器（Windows Server 2016）、第 3 台域控制器（Windows Server 2016）、第 4 台域控制器（Windows Server 2016）和一台加入域的成员服务器（Windows Server 2016），如图 3-3 所示。

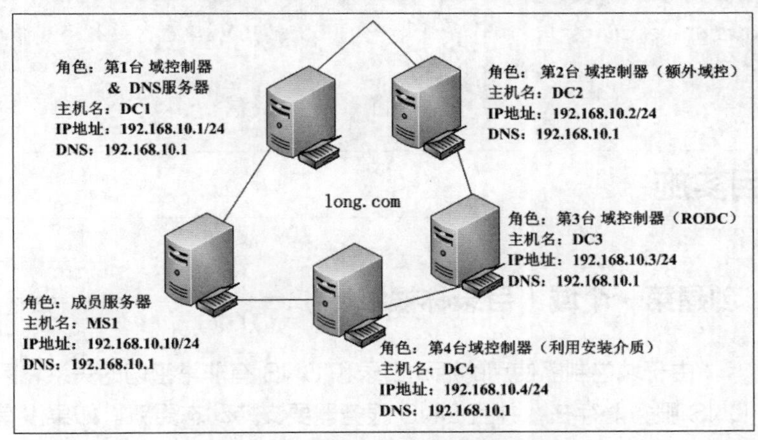


图 3-3　AD DS 网络规划拓扑图

**提示**　建议利用 VMware Workstation 或 Windows Server 2016 Hyper-V 等提供虚拟环境的软件来搭建图 3-3 中的网络环境。若复制（克隆）现有虚拟机，则要记得执行 c:\windows\system32\sysprep\Sysprep.exe 命令并勾选“通用”复选框，因为要对新克隆的计算机进行重整后才能正常使用。为了不相互干扰，VMware 的虚拟机的网络连接模式采用“仅主机模式”。

### 3.2.2 项目准备

要将图 3-3 左上角的服务器 DC1 升级为域控制器（安装 Active Directory 域服务），因为它是第一台域控制器，所以这个升级操作会同时完成下面的工作。

- 建立第一个新林。
- 建立此新林中的第一个域树。
- 建立此新域树中的第一个域。
- 建立此新域中的第一台域控制器。
- 计算机名称 DC1 自动更改为 DC1.long.com。

换句话说，在建立图 3-3 中的第一台域控制器 DC1.long.com 时，会同时建立此域控制器所隶属的域 long.com、域 long.com 所隶属的域树，而域 long.com 也是此域树的根域。由于是第一个域树，因此它同时会建立一个新林，林名就是第一个域树根域的域名 long.com，域 long.com 就是整个林的林根域。

我们将通过新建服务器角色的方式，将图 3-3 中左上角的服务器 DC1.long.com 升级为网络中的第一台域控制器。

**注意** 超过一台计算机参与部署环境时，一定要保证各计算机间的通信畅通，否则无法进行后续的工作。当使用 ping 命令测试失败时，有两种可能：一种是计算机间的配置确实存在问题，如 IP 地址、子网掩码等；另一种情况也可能是本地计算机间的通信是畅通的，但由于防火墙等阻挡了 ping 命令的执行。第 2 种情况可以参考前面项目 2 中的“任务 2-4 配置 Windows Server 2016 网络操作系统”中的“5.配置防火墙，放行 ping 命令”相关的内容进行相应的处理，或者关闭防火墙。

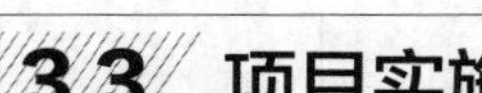

## 3.3 项目实施

### 任务 3-1 创建第一个域（目录林根级域）

微课 3-3 创建第一个域（目录林根级域）

由于域控制器使用的活动目录和 DNS 有非常密切的关系，因此网络中要求有 DNS 服务器存在，并且 DNS 服务器要支持动态更新。如果没有 DNS 服务器存在，可以在创建域时一起把 DNS 安装上。这里假设图 3-3 中的 DC1 服务器尚未安装 DNS，并且是该域林中的第 1 台域控制器。

#### 1. 安装 Active Directory 域服务

活动目录在整个网络中的重要性不言而喻。经过 Windows Server 2008 和 Windows Server 2012 的不断完善，Windows Server 2016 中的活动目录服务功能更加强大，管理更加方便。在 Windows Server 2016 系统中安装活动目录时，需要先安装 Active Directory 域服务，然后将此服务器提升为域控制器，从而完成活动目录的安装。

Active Directory 域服务的主要作用是存储目录数据并管理域之间的通信，包括用户登录处理、身份验证和目录搜索等。

**STEP 1** 先在图 3-3 中左上角的服务器 DC1 上安装 Windows Server 2016，将其计算机名称设置为 DC1，IPv4 地址等按图 3-3 所示的信息进行配置（图 3-3 中采用 TCP/IPv4）。注意将计算机名称设置为 DC1 即可，等升级为域控制器后，它会被自动改为 DC1.long.com。

**STEP 2** 以管理员用户身份登录到 DC1，依次选择“开始”→“Windows 管理工具”→“服务器管理器”命令（也可以依次选择“开始”→“控制面板”→“系统和安全”→“管理工具”→“服务器管理器”命令），单击“添加角色和功能”按钮，打开图 3-4 所示的“添加角色和功能向导”窗口。

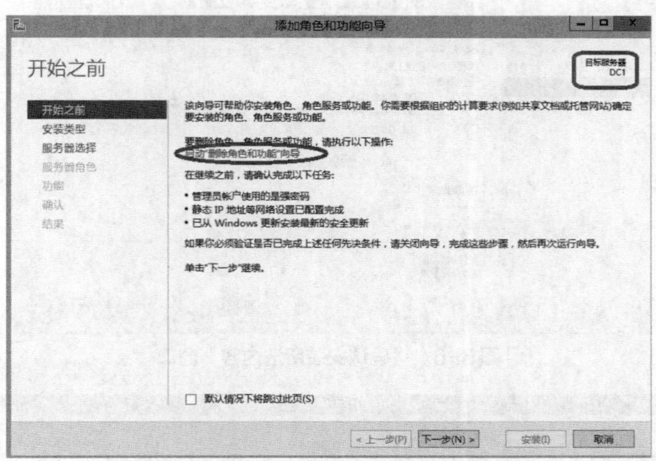


图 3-4 “添加角色和功能向导”窗口

**提示** 请读者注意图 3-4 所示的“启动‘删除角色和功能’向导”按钮。如果安装完 AD 服务后需要删除该服务角色，则单击“启动‘删除角色和功能’向导”按钮，删除 Active Directory 域服务即可。

**STEP 3** 持续单击“下一步”按钮，直到显示图 3-5 所示的“选择服务器角色”窗口时，勾选“Active Directory 域服务”复选框，单击“添加功能”按钮。

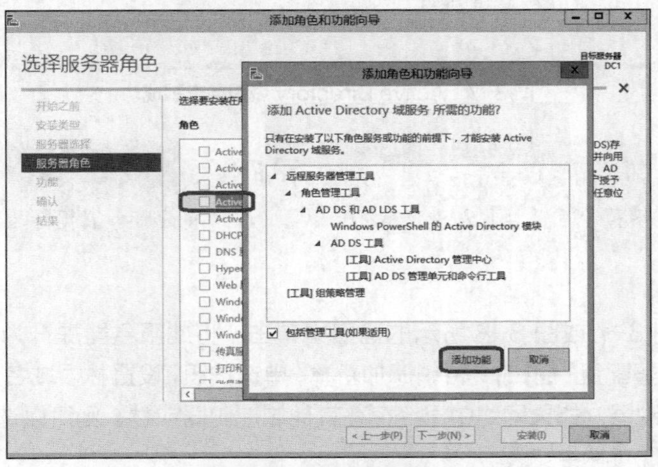


图 3-5 选择服务器角色

**STEP 4** 持续单击“下一步”按钮，直到显示图 3-6 所示的“确认安装所选内容”窗口。

**STEP 5** 单击“安装”按钮即可开始安装。安装完成后显示图 3-7 所示的安装结果，提示“Active Directory 域服务”已经安装成功。

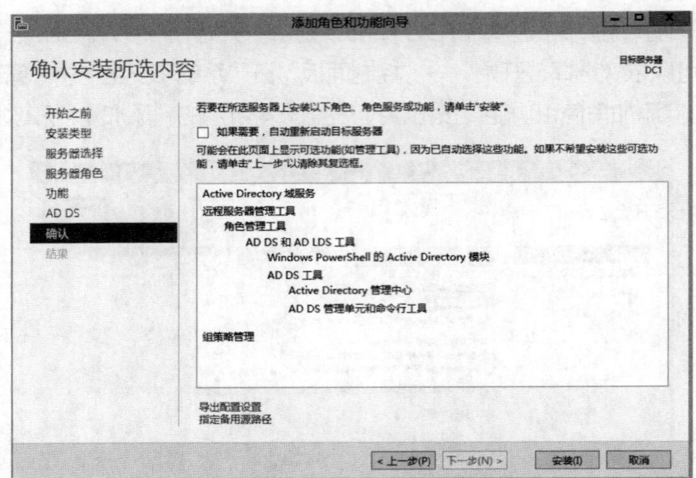

图 3-6 “确认安装所选内容”窗口

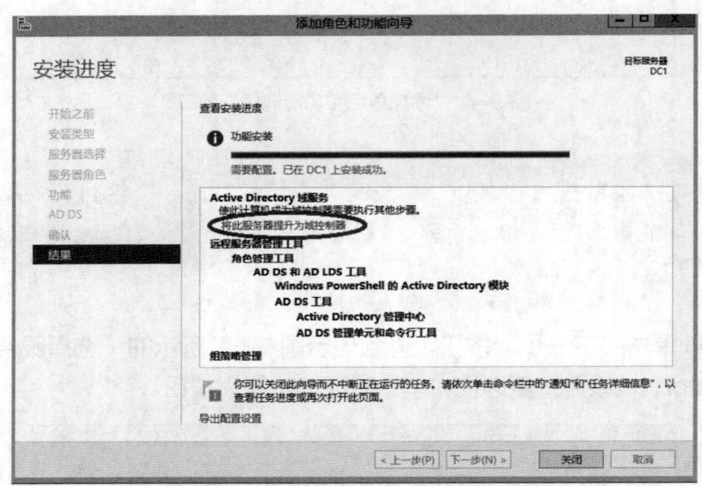

图 3-7 Active Directory 域服务安装成功

**提示** 如果在图 3-7 所示的窗口中直接单击“关闭”按钮，则之后要将其提升为域控制器，请单击图 3-8 所示的服务器管理器右上方的旗帜符号，再单击“将此服务器提升为域控制器”按钮。

### 2. 安装活动目录

**STEP 1** 在图 3-7 或图 3-8 所示的窗口中单击“将此服务器提升为域控制器”按钮，显示图 3-9 所示的“部署配置”窗口，选中“添加新林”单选按钮，设置林根域名（本例为 long.com），创建一台全新的域控制器。如果网络中已经存在其他域控制器或林，则可以选中“将新域添加到现有林”单选按钮，在现有林中安装。

“选择部署操作”选项区中的 3 个选项的具体含义如下。

- 将域控制器添加到现有域：可以向现有域添加第 2 台或更多域控制器。
- 将新域添加到现有林：在现有林中创建现有域的子域。
- 添加新林：新建全新的域。

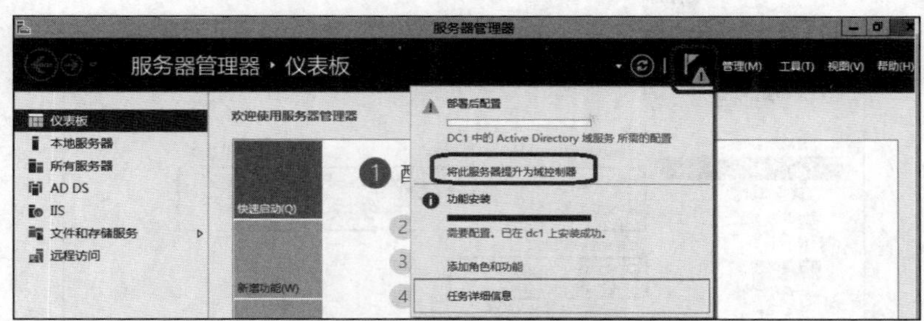


图 3-8 “将此服务器提升为域控制器”

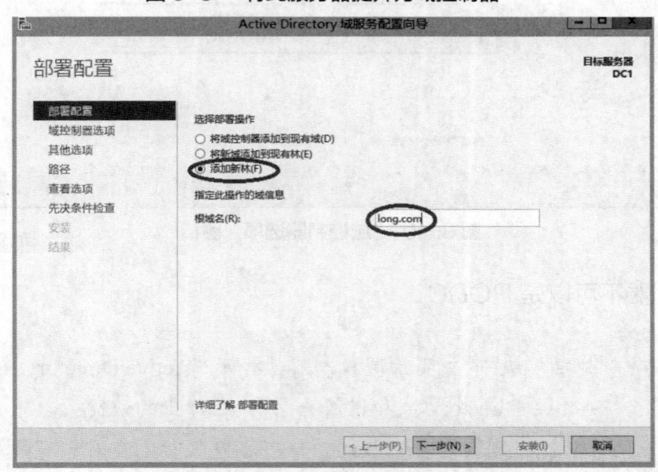


图 3-9 “部署配置”窗口

> **提示** 网络既可以配置一台域控制器，也可以配置多台域控制器，以分担用户的登录和访问。多个域控制器可以一起工作，并会自动备份用户账户和活动目录数据，即使部分域控制器瘫痪，网络访问仍然不受影响，从而提高网络的安全性和稳定性。

**STEP 2** 单击“下一步”按钮，显示图 3-10 所示的“域控制器选项”窗口。

① 设置林功能级别和域功能级别。不同的林功能级别可以向下兼容不同平台的 Active Directory 服务功能。选择“Windows Server 2008”可以提供 Windows Server 2008 网络操作系统平台以上的所有 Active Directory 功能；选择“Windows Server 2016”可提供 Windows Server 2016 网络操作系统平台以上的所有 Active Directory 功能。用户可以根据自己实际的网络环境选择合适的功能级别。设置不同的域功能级别主要是为了兼容不同平台下的网络用户和子域控制器，在此只能设置“Windows Server 2016”版本的域控制器。

② 设置目录服务还原模式密码。由于有时需要备份和还原活动目录，且还原时（启动系统时按 F8 键）必须进入“目录服务还原模式”下，所以此处要求输入“目录服务还原模式”时使用的密码。由于该密码和管理员密码可能不同，所以一定要牢记该密码。

③ 指定域控制器功能。因为默认在此服务器上直接安装 DNS 服务器，所以该向导将自动创建 DNS 区域委派。无论 DNS 服务是否与 AD DS 集成，都必须将其安装在部署的 AD DS 目录林根级域的第一个域控制器上。

④ 第一台域控制器需要扮演全局编录服务器的角色。

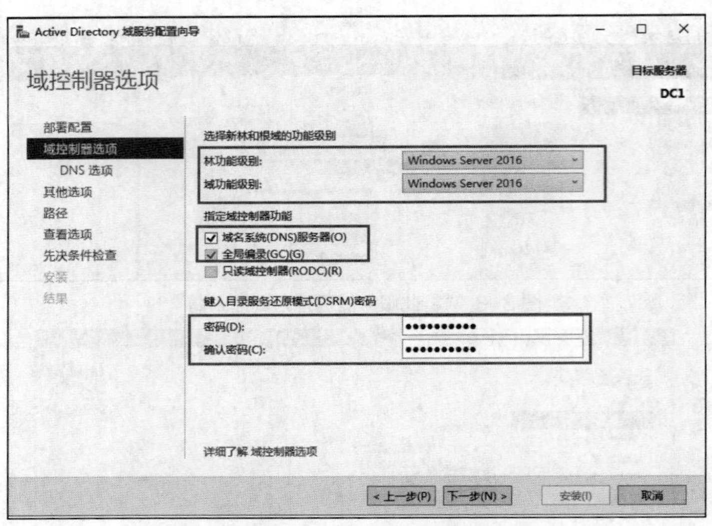


图 3-10 “域控制器选项”窗口

⑤ 第一台域控制器不可以是 RODC。

**提示** 安装后若要设置“林功能级别”，登录域控制器，打开“Active Directory 域和信任关系”窗口，用鼠标右键单击“Active Directory 域和信任关系”，在弹出的快捷菜单中单击“提升林功能级别”，选择相应的林功能级别即可。正版的软件可在包装盒上查看到有效序列号。

**STEP 3** 单击“下一步”按钮，显示图 3-11 所示的警告信息，目前不会有影响，因此不必理会它，直接单击“下一步”按钮。

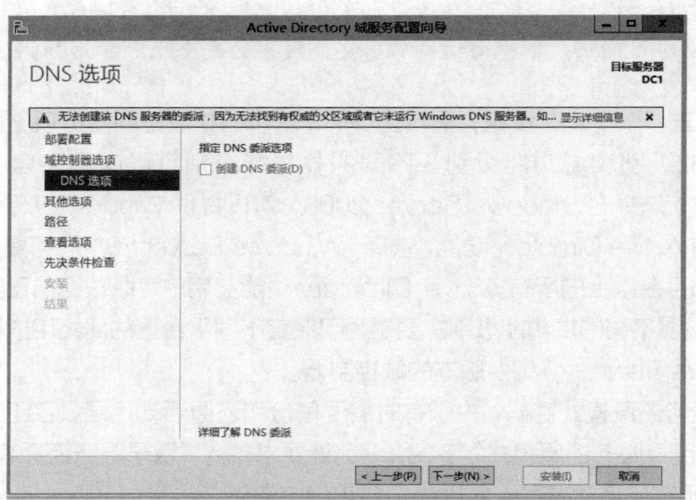


图 3-11 “DNS 选项”窗口

**STEP 4** 在图 3-12 所示的窗口中会自动为此域设置一个 NetBIOS 名称，也可以更改此名称。如果此名称已被占用，安装程序会自动指定一个建议名称。完成后单击“下一步”按钮。

**STEP 5** 显示图 3-13 所示的“路径”窗口，可以单击“浏览”按钮 ... 更改为其他路径。其中，“数据库文件夹”用来存储互动目录数据库，“日志文件文件夹”用来存储活动目录的变化日志，以便于日常管理和维护。需要注意的是，“SYSVOL 文件夹”必须保存在 NTFS 格式的分区中。完成后单击“下一步”按钮。

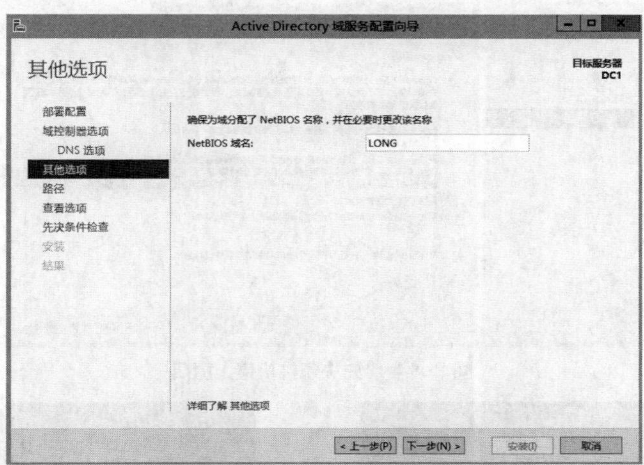

图 3-12 “其他选项”窗口

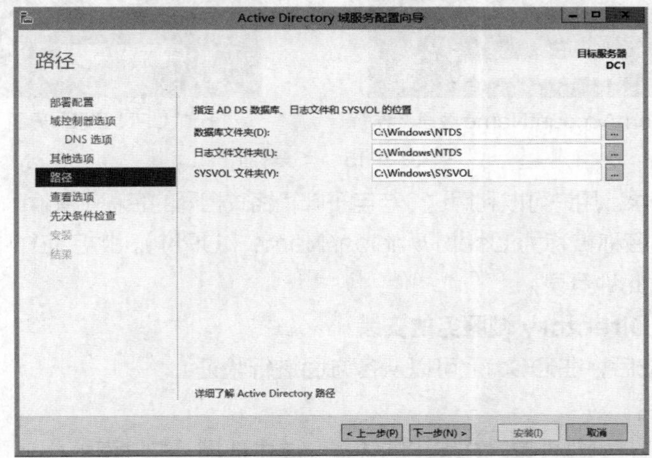

图 3-13 指定 AD DS 数据库、日志文件和 SYSVOL 的位置

**STEP 6** 出现“查看选项”窗口，单击“下一步”按钮。

**STEP 7** 在图 3-14 所示的“先决条件检查”窗口中，如果顺利通过检查，就直接单击“安装”按钮，否则要先按提示排除问题。安装完成后会自动重新启动计算机。

**STEP 8** 重新启动计算机，升级为 Active Directory 域控制器之后，必须使用域用户账户登录，格式为“域名\用户账户”，如图 3-15（a）所示。选择左下角的其他用户可以更换登录用户，如图 3-15（b）所示。

- 用户名 SamAccountName 登录。用户也可以利用此名称（如 long\administrator）来登录，其中 long 是 NetBIOS 名。同一个域中，此名称必须是唯一的。Windows NT、Windows 98 等旧版操作系统不支持 UPN，因此在这些计算机上登录时，只能使用此登录名。图 3-15（a）所示即为此种登录。

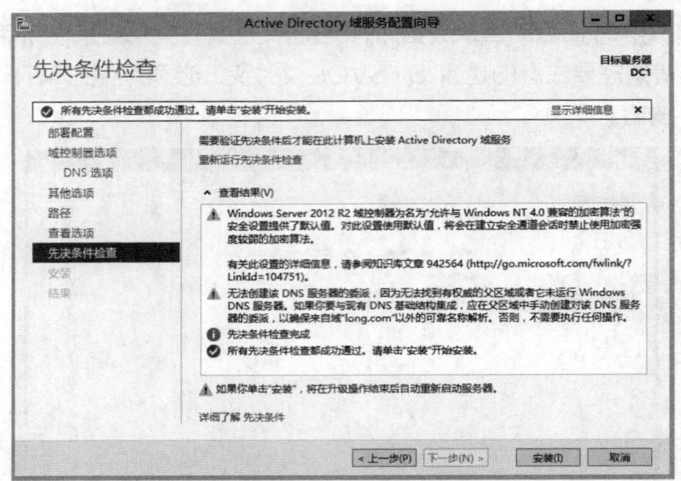


图 3-14 “先决条件检查”窗口

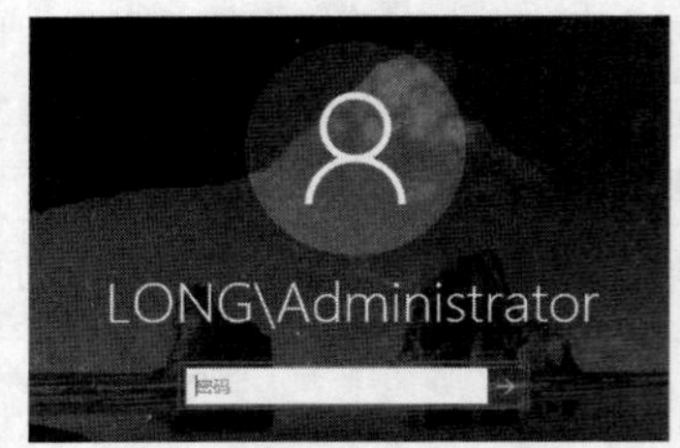

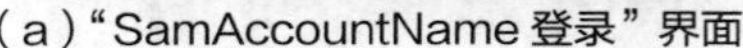

（a）“SamAccountName 登录”界面　　　（b）“UPN 登录”界面

图 3-15　登录界面

- 用户 UPN 登录。用户可以利用这个与电子邮箱格式相同的名称（administrator@long.com）来登录域，此名称被称为 User Principal Name（UPN）。此名在林中是唯一的。图 3-15（b）所示即为此种登录。

### 3. 验证 Active Directory 域服务的安装

活动目录安装完成后，在 DC1 上可以从各方面进行验证。

（1）查看计算机名。

用鼠标右键单击“开始”菜单，在弹出的快捷菜单中选择“控制面板”→“系统和安全”→“系统”→“高级系统设置”命令，打开“系统属性”对话框，再单击“计算机名”选项卡，可以看到计算机已经由工作组成员变成了域成员，而且是域控制器。计算机名称已经变为“DC1.long.com”了。

（2）查看管理工具。

活动目录安装完成后，会添加一系列的活动目录管理工具，包括“Active Directory 用户和计算机”“Active Directory 站点和服务”“Active Directory 域和信任关系”等。选择“开始”→“Windows 管理工具”，可以在“管理工具”中找到这些管理工具的快捷方式。在“服务器管理器”的“工具”菜单中也会增加这些管理工具。

（3）查看活动目录对象。

单击“开始”→“Windows 管理工具”→“Active Directory 用户和计算机”命令，或者通过选择“服务器管理器”→“工具”命令，打开“Active Directory 用户和计算机”控制台，可以看到企业的域名为 long.com。单击该域，窗口右侧的详细信息窗格中会显示域中的各个容器，其中包括一些内置容器，主要有以下几种。

- built-in：存放活动目录域中的内置组账户。
- computers：存放活动目录域中的计算机账户。
- users：存放活动目录域中的一部分用户和组账户。
- Domain Controllers：存放域控制器的计算机账户。

（4）查看 Active Directory 数据库。

Active Directory 数据库文件保存在%SystemRoot%\Ntds（本例为 C:\windows\ntds）文件夹中，主要的文件如下。

- Ntds.dit：数据库文件。
- Edb.chk：检查点文件。
- Temp.edb：临时文件。

（5）查看 DNS 记录。

为了让活动目录正常工作，需要 DNS 服务器的支持。活动目录安装完成后，重新启动 DC1 时会向指定的 DNS 服务器注册 SRV 记录。

依次选择“开始”→“Windows 管理工具”→“DNS”命令，或者在服务器管理器窗口中选择右上方的“工具”→“DNS”命令，打开“DNS 管理器”窗口。一个注册了 SRV 记录的 DNS 服务器如图 3-16 所示。

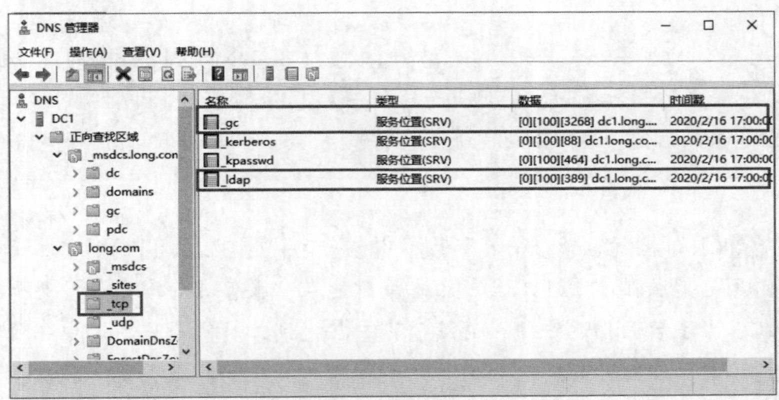

图 3-16　注册了 SRV 记录

如果因为域成员本身的设置有误或者网络问题，造成它们无法将数据注册到 DNS 服务，则可以在问题解决后重新启动这些计算机或利用以下方法来手动注册。

- 如果某域成员计算机的主机名与 IP 地址没有正确注册到 DNS 服务器，可到此计算机上运行 ipconfig /registerdns 命令来手动注册，完成后再到 DNS 服务器检查是否已有正确记录。例如，域成员主机名为 DC1.long.com，IP 地址为 192.168.10.1，则检查区域 long.com 内是否有 DC1 的主机记录、其 IP 地址是否为 192.168.10.1。
- 如果发现域控制器并没有将其扮演的角色注册到 DNS 服务器内，也就是并没有类似图 3-16 所示的_tcp 等文件夹与相关记录，可到此域控制器上选择“开始”→“Windows 管理工具”→“服务”命令，打开图 3-17 所示的“服务”窗口，选中 Netlogon 服务，并单击鼠标右键，在弹出的快捷菜单中选择“重新启动”命令来注册。具体操作也可以使用以下命令。

```
net stop netlogon
net start netlogon
```

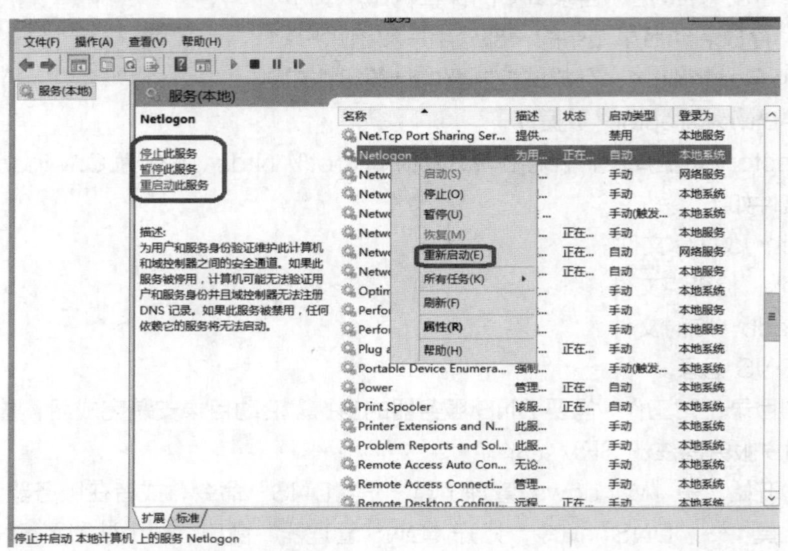

图 3-17　重新启动 Netlogon 服务

**试一试**　SRV 记录手动添加无效。将注册成功的 DNS 服务器中的 long.com 域下面的 SRV 记录删除一些，试着在域控制器上使用上面的命令恢复 DNS 服务器中被删除的内容（使用命令后，单击鼠标右键，在弹出的快捷菜单中选择“刷新”命令即可）。成功了吗？

**提示**　“服务器管理器”控制台的“工具”菜单中包含了“管理工具”的所有工具，因此，一般情况下，凡是集成在“管理工具”的工具都能在“服务器管理器”控制台的“工具”菜单中找到。为了后面描述方便，后续项目中在提到工具时会采用其中一种方式且会简略表述。请读者从此刻开始，对如何打开“管理工具”和“服务器管理器”要熟练掌握、了然于心。

## 任务 3-2　将 MS1 加入 long.com 域

微课 3-4 将 MS1 加入 long.com 域（并验证）

下面再将 MS1（IP:192.168.10.10/24）独立服务器加入 long.com 域，将 MS1 提升为 long.com 的成员服务器。MS1 与 DC1 的虚拟机网络连接模式都是“仅主机模式”，步骤如下。

**STEP 1**　在 MS1 服务器上，确认“本地连接”属性中的 TCP/IP 首选 DNS 指向了 long.com 域的 DNS 服务器，即 192.168.10.1。

**STEP 2**　用鼠标右键单击“开始”菜单，在弹出的快捷菜单选择“控制面板”→“系统和安全”→“系统”→“高级系统设置”命令，弹出“系统属性”

对话框，选择“计算机名”选项卡，单击“更改”按钮，弹出“计算机名/域更改”对话框，在“隶属于”选项区中，选中“域”单选按钮，并输入要加入的域的名称 long.com，单击“确定”按钮。

**STEP 3** 输入有权限加入该域的账户名称和密码，确定后重新启动计算机即可。例如，输入该域控制器 DC1.long.com 的管理员账户和密码，如图 3-18 所示。

**STEP 4** 加入域后，其完整计算机名的后缀就会附上域名，即图 3-19 所示的 MS1.long.com。单击“关闭”按钮，按照界面提示重新启动计算机。

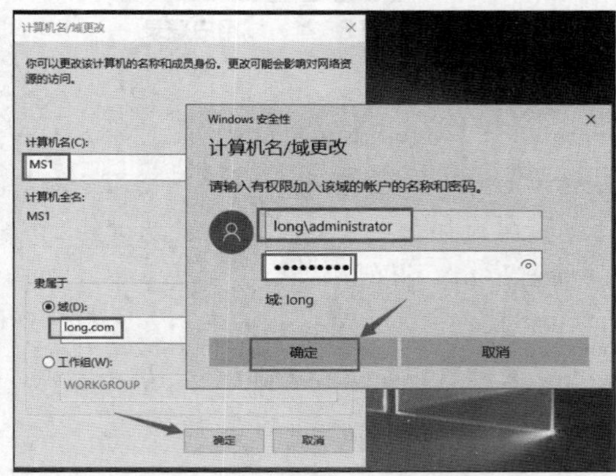


图 3-18　将 MS1 加入 long.com 域

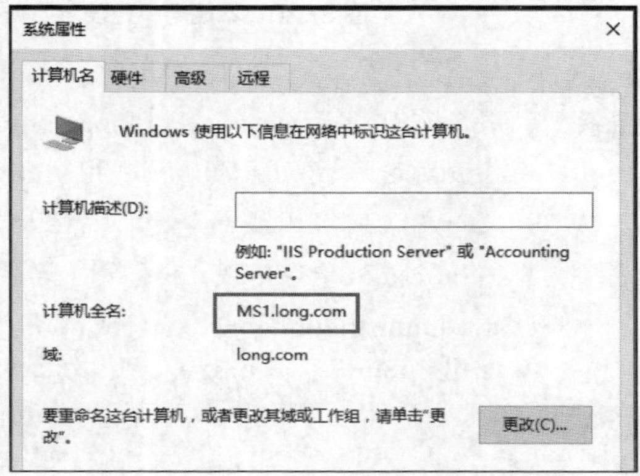


图 3-19　加入 long.com 域后的系统属性

**提示** ① Windows 10 操作系统的计算机加入域中的步骤和 Windows Server 2016 网络操作系统加入域中的步骤相同。

② 这些被加入域的计算机，其计算机账户会被创建在 Computers 窗口内。

## 任务 3-3　利用已加入域的计算机登录

除了利用本地账户登录，也可以在已经加入域的计算机上利用本地域用户账户登录。

### 1. 利用本地账户登录

在 MS1 登录界面中按 Ctrl+Alt+Del 组合键后，出现图 3-20 所示的界面，图中默认让用户利用本地系统管理员 Administrator 的身份登录，因此只要输入 Administrator 的密码就可以登录。

此时，系统会利用本地安全性数据库来检查账户与密码是否正确，如果正确，就可以成功登录，也可以访问计算机内的资源（若有权限），不过无法访问域内其他计算机的资源，除非在连接其他计算机时再输入有权限的用户名与密码。

### 2. 利用域用户账户登录

如果要利用域系统管理员 Administrator 的身份登录，则单击图 3-20 所示左下角的“其他用户”链接，打开图 3-21 所示的“其他用户”登录框，输入域系统管理员的账户（long\administrator）与密码，单击“登录”按钮→进行登录。

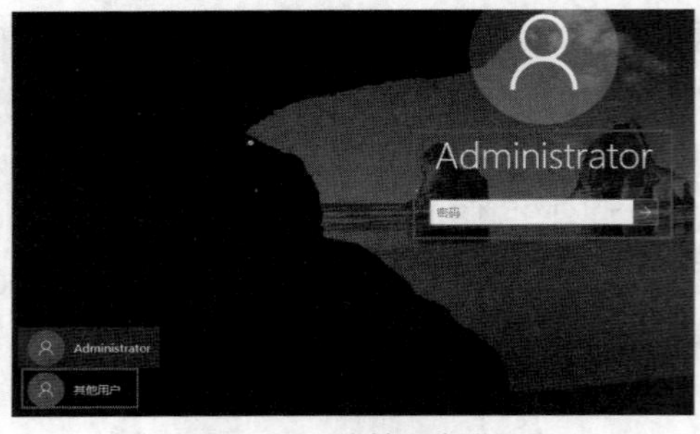


图 3-20　本地用户登录

图 3-21　域用户登录

**注意**　账户名前面要附加域名，如 long.com\administrator 或 long\administrator，此时账户与密码会被发送给域控制器，并利用 Active Directory 数据库来检查账户与密码是否正确，如果正确，就可以成功登录，并且可以直接连接域内任何一台计算机并访问其中的资源（如果被赋予权限），不需要手动输入用户名与密码。当然，也可以用 UPN 登录，形如 administrator@long.com。

在图 3-21 中，如何利用本地用户登录？输入用户名“MS1\administrator”及相应密码可以吗？

## 任务 3-4　安装额外的域控制器与 RODC

一个域内若有多台域控制器，便可以拥有下面的优势。

- 改善用户登录的效率。若同时有多台域控制器来对客户端提供服务，就可以分担用户身份验证（账户与密码）的负担，提高用户登录的效率。
- 容错功能。若有域控制器故障，此时仍然可以由其他正常的域控制器来继续提供服务，因此对用户的服务并不会停止。

在安装额外域控制器（Additional Domain Controller）时，需要将 AD DS 数据库由现有的域控制器复制到这台新的域控制器。然而若数据库非常庞大，则这个复制操作势必会增加网络负担，尤其是这台新域控制器位于远程网络内时。系统提供了两种复制 AD DS 数据库的方式。

- 通过网络直接复制。若 AD DS 数据库庞大，此方法会增加网络负担、影响网络效率。
- 通过安装介质。需要事先到一台域控制器内制作安装介质（Installation Media），其中包含 AD DS 数据库；接着将安装介质复制到 U 盘、CD、DVD 等媒体或共享文件夹内；然后在安装额外域控制器时，要求安装向导到这个媒体或共享文件夹内读取安装介质内的 AD DS 数据库。这种方式可以大幅降低对网络造成的负担。若在安装介质制作完成之后，现有域控制器的 AD DS 数据库内有新变动数据，则这些少量数据会在完成额外域控制器的安装后，再通过网络自动复制过来。

下面说明如何将图 3-22 中右上角的 DC2 升级为常规额外域控制器（可写域控制器），将右下角的 DC3 升级为 RODC。其中 DC2 为域 long.com 的成员服务器，DC3 为独立服务器。

### 1．利用网络直接复制安装额外控制器

DC1、DC2 和 DC3 的网络连接模式都是“仅主机模式”，首先要保证 3 台服务器通信畅通。

**STEP 1** 先在图 3-22 中的服务器 DC2 与 DC3 上安装 Windows Server 2016，IPv4 地址等按照图 3-22 所示的信息来设置（图 3-22 中采用 TCP/IPv4），同时将 DC2 加入域 long.com。

注意将计算机名称分别设置为 DC2 与 DC3 即可，等升级为域控制器后，它们会自动被改为 DC2.long.com 与 DC3.long.com。

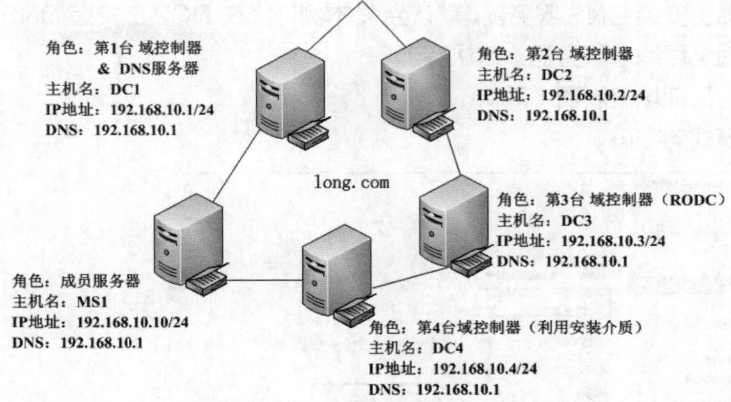


图 3-22 long.com 域的网络拓扑

**STEP 2** 在 DC2 上安装 Active Directory 域服务。操作方法与安装第 1 台域控制器的方法完全相同。安装完 Active Directory 域服务后，单击“将此服务器提升为域控制器”按钮，开始活动目录的安装。

**STEP 3** 当显示“部署配置”窗口时，选中“将域控制器添加到现有域”单选按钮，在“域”项下面直接输入“long.com”，或者单击“选择”按钮进行“域”的选择操作。单击“更改”按钮，弹出“Windows 安全性”对话框，需要指定可以通过相应主域控制器验证的用户账户凭据，该用户账户必须是 Domain Admins 组，拥有域管理员权限。例如，根域控制器的管理员账户 long\administrator，如图 3-23 所示。

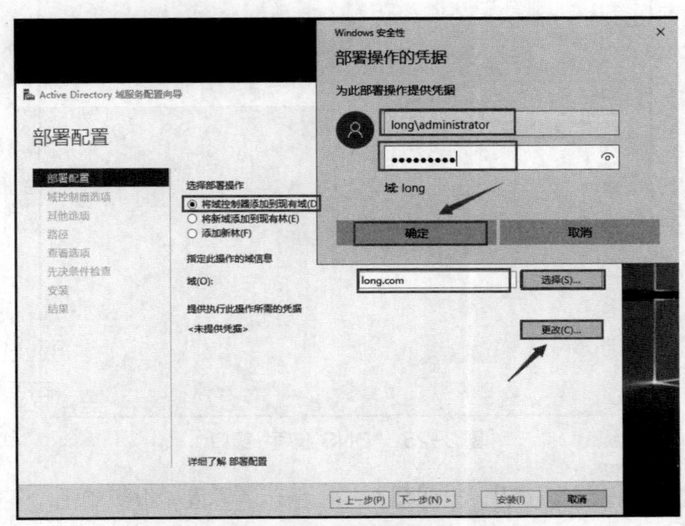


图 3-23 “部署配置”窗口

**注意** 只有 Enterprise Admins 或 Domain Admins 内的用户有权建立其他域控制器。若现在登录的账户不隶属于这两个组（例如，现在登录的账户为本机 Administrator），则需另外指定有权力的用户账户，如图 3-23 所示。

**STEP 4** 单击“下一步”按钮，显示图 3-24 所示的“域控制器选项”窗口。

① 选择是否在此服务器上安装 DNS 服务器（默认会），本例选择在 DC2 上安装 DNS 服务器。

② 选择是否将其设定为全局编录服务器（默认会）。

③ 选择是否将其设置为只读域控制器（默认不会）。

④ 设置目录服务还原模式的密码。

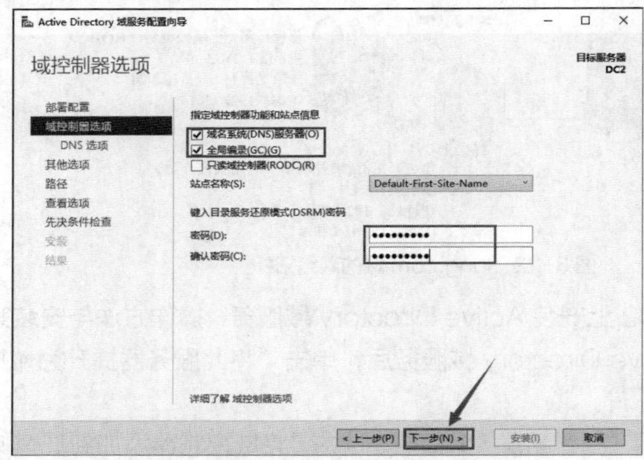


图 3-24 “域控制器选项”窗口

**STEP 5** 单击“下一步”按钮，出现图 3-25 所示的界面，不勾选“更新 DNS 委派”复选框。注意，如果不存在 DNS 委派却勾选此复选框了，则在后面将会报错。

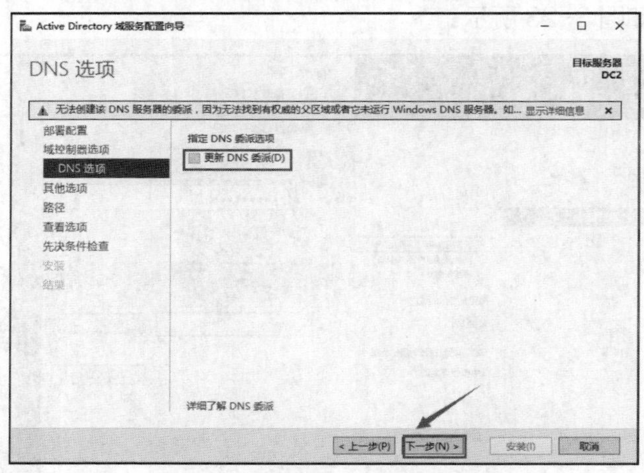


图 3-25 “DNS 选项”窗口

**STEP 6** 单击“下一步”按钮，出现图 3-26 所示的界面，继续单击“下一步”按钮，会直接从其他任何一台域控制器复制 AD DS 数据库。

**STEP 7** 在图 3-27 中可直接单击“下一步”按钮。

- 数据库文件夹。用来存储 AD DS 数据库。
- 日志文件文件夹。用来存储 AD DS 数据库的变更日志，此日志文件可被用来修复 AD DS 数据库。
- SYSVOL 文件夹。用来存储域共享文件（如组策略相关的文件）。

**STEP 8** 在“查看选项”窗口中单击“下一步”按钮。

**STEP 9** 在图 3-28 中，若顺利通过检查，就直接单击“安装”按钮，否则请根据界面提示先排除问题。

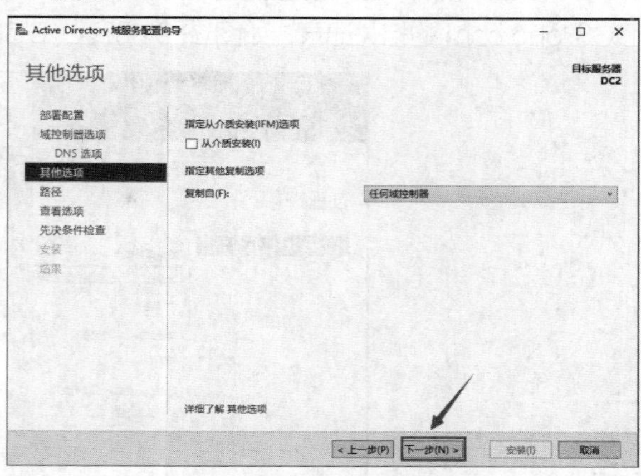

图 3-26 “其他选项”窗口

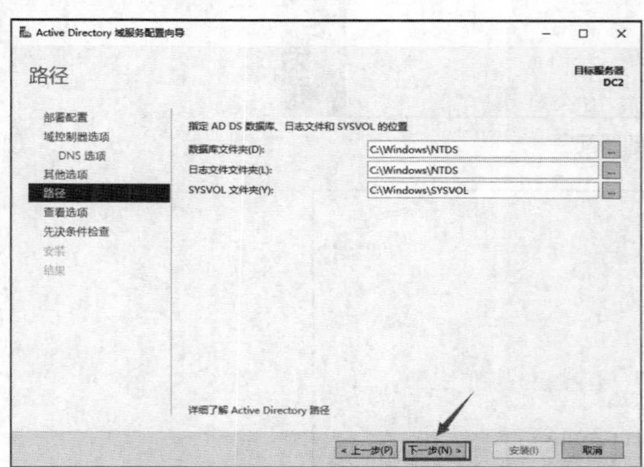

图 3-27 “路径”窗口

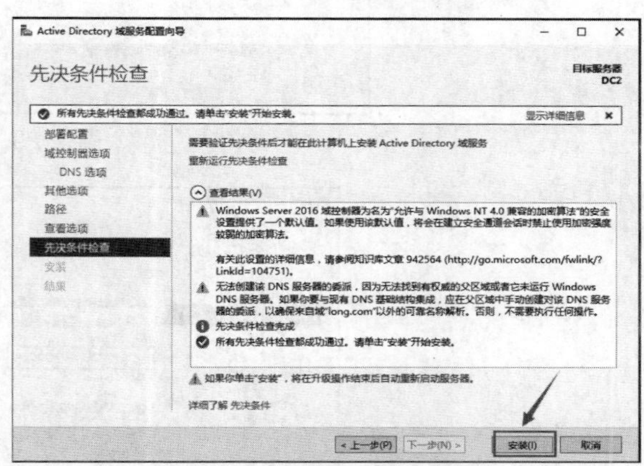

图 3-28 “先决条件检查”窗口

**STEP 10** 安装完成后会自动重新启动计算机，请重新登录。

**2. 利用网络直接复制安装 RODC**

在 DC3 上安装 RODC，DC3 为独立服务器。DC2 和 DC3 的网络连接模式都是“仅主机模式”，首先要保证两台服务器通信畅通。

微课 3-6 安装额外的域控制器与 RODC（二）

**STEP 1** 在 DC3 上安装 Active Directory 域服务。操作方法与安装第 1 台域控制器的方法完全相同。安装完 Active Directory 域服务后，单击“将此服务器提升为域控制器”按钮，开始活动目录的安装。

**STEP 2** 当显示“部署配置”窗口时，选中“将域控制器添加到现有域”单选按钮，在“域”项下面直接输入“long.com”，或者单击“选择”按钮进行“域”的选择操作。单击“更改”按钮，弹出“Windows 安全性”对话框，需要指定可以通过相应主域控制器验证的用户账户凭据，该用户账户必须是 Domain Admins 组，拥有域管理员权限。例如，根域控制器的管理员账户 long\administrator，如图 3-29 所示。

**STEP 3** 单击“下一步”按钮，显示图 3-30 所示的“域控制器选项”窗口，勾选“只读域控制器（RODC）”复选框，单击“下一步”按钮，直到安装成功，自动重新启动计算机。

**STEP 4** 依次选择“开始”→“Windows 管理工具”→“DNS”命令，分别打开 DC1、

DC2、DC3 的 DNS 服务器管理器，检查 DNS 服务器内是否有域控制器 DC2.long.com 与 DC3.long.com 的相关记录，如图 3-31 所示（DC2、DC3 上的 DNS 服务器类似）。

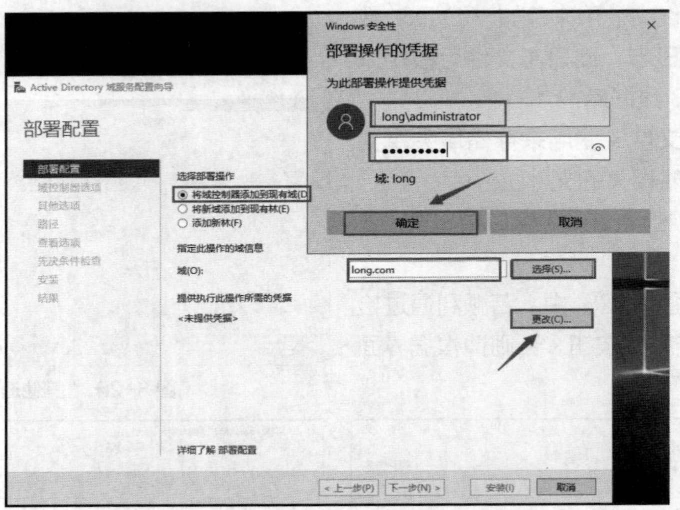


图 3-29 部署配置

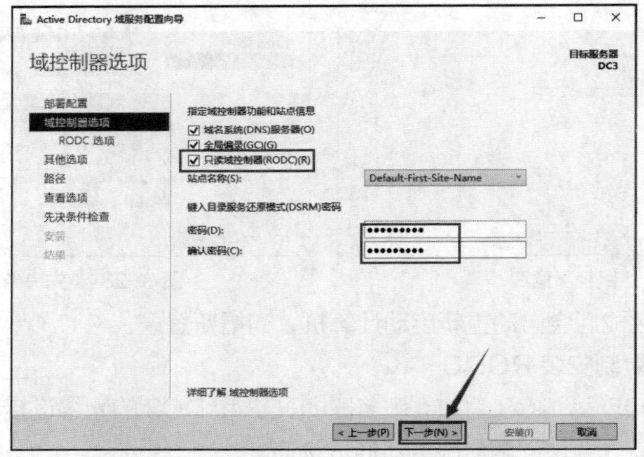


图 3-30 “域控制器选项”-勾选“只读域控制器（RODC）”复选框

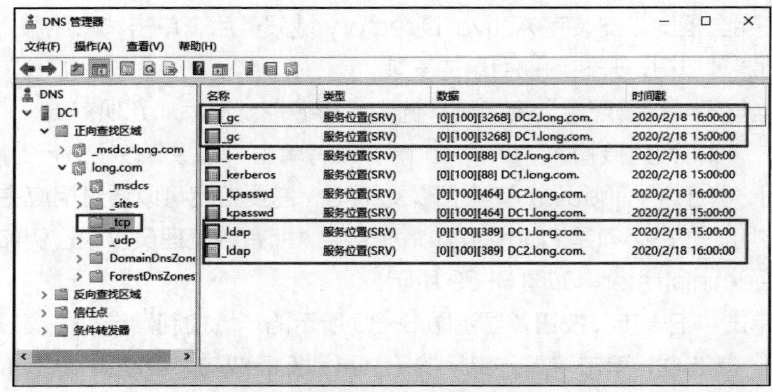


图 3-31 检查 DNS 服务器

这两台域控制器的 AD DS 数据库内容是从其他域控制器复制过来的，而原本这两台计算机内的本地用户账户会被删除。

**注意** 在服务器 DC1（第一台域控制器）升级成为域控制器之前，原本位于本地安全性数据库内的本地账户会在升级后被转移到 Active Directory 数据库内，而且是被放置到 Users 容器内，并且这台域控制器的计算机账户会被放置到 Domain Controllers 组织单位内，其他加入域的计算机账户默认会被放置到 Computers 容器内。

只有在创建域内的第一台域控制器时，该服务器原来的本地账户才会被转移到 Active Directory 数据库，其他域控制器（如本例中的 DC2、DC3）原来的本地账户并不会被转移到 Active Directory 数据库，而是被删除。

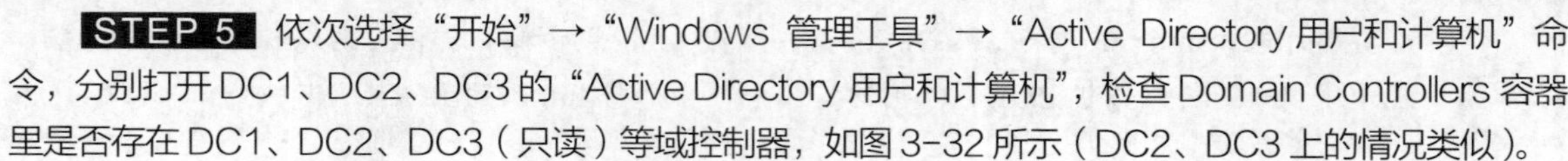

**STEP 5** 依次选择“开始”→“Windows 管理工具”→“Active Directory 用户和计算机”命令，分别打开 DC1、DC2、DC3 的“Active Directory 用户和计算机”，检查 Domain Controllers 容器里是否存在 DC1、DC2、DC3（只读）等域控制器，如图 3-32 所示（DC2、DC3 上的情况类似）。

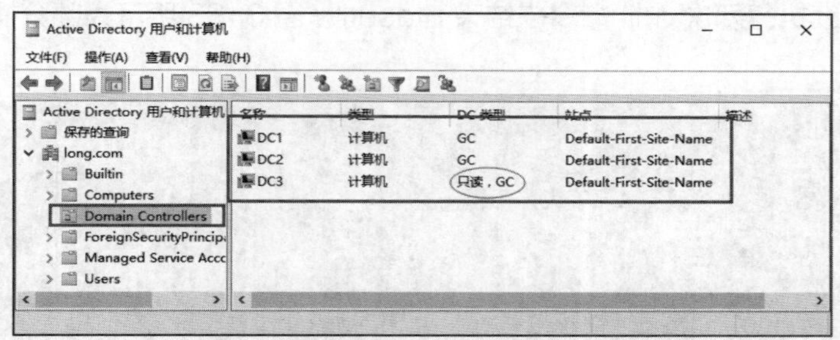


图 3-32 Active Directory 用户和计算机

### 3. 利用安装介质来安装额外域控制器

先到一台域控制器上制作安装介质（Installation Media），也就是将 AD DS 数据库存储到安装介质内，并将安装介质复制到 U 盘或共享文件夹内。然后在安装额外域控制器时，要求安装向导从安装介质来读取 AD DS 数据库，这种方式可以大幅降低对网络造成的负担。

微课 3-7 安装额外的域控制器与 RODC （三）

（1）制作安装介质。

请到现有的域控制器上执行 ntdsutil 命令来制作安装介质。

- 若此安装介质是要给可写域控制器使用的，则需到现有的可写域控制器上执行 ntdsutil 指令。
- 若此安装介质是要给 RODC 使用的，则可以到现有的可写域控制器或 RODC 上执行 ntdsutil 指令。

**STEP 1** 到域控制器 DC1 上利用域系统管理员的身份登录。

**STEP 2** 选中左下角的“开始”菜单，单击鼠标右键，在弹出的快捷菜单中选择“命令提示符”命令。

**STEP 3** 输入以下命令后按 Enter 键（操作界面可参考图 3-33）。

```
ntdsutil
```

**STEP 4** 在 ntdsutil 提示符下，执行以下命令。

```
activate  instance  ntds
```

它会将域控制器的 AD DS 数据库设置为使用中。

**STEP 5** 在 ntdsutil 提示字符下，执行以下命令。

```
ifm
```

**STEP 6** 在 ifm 提示符下，执行以下命令。

```
create  sysvol  full  c:\InstallationMedia
```

> **注意** 此命令假设要将安装介质的内容存储到 C:\InstallationMedia 文件夹内。其中的 sysvol 表示要制作包含 ntds.dit 与 SYSVOL 的安装介质；full 表示要制作供可写域控制器使用的安装介质。若是要制作供 RODC 使用的安装介质，则将 full 改为 RODC。

**STEP 7** 连续执行两次 quit 命令来结束 ntdsutil。图 3-33 所示为部分操作界面。

```
管理员: 命令提示符 - ntdsutil
Microsoft Windows [版本 10.0.14393]
(c) 2016 Microsoft Corporation。保留所有权利。

C:\Users\Administrator> ntdsutil
ntdsutil:  activate   instance  ntds
活动实例设置为“ntds”。
ntdsutil: ifm
ifm: create  sysvol  full  c:\InstallationMedia
正在创建快照...
成功生成快照集 {ad53b40f-67bd-4dba-8063-bdb7d29c81be}。
快照 {c6c493b8-0723-4a60-9013-794b3c8ce060} 已作为 C:\$SNAP_202002171423_VOLUMEC$\ 装载
已装载快照 {c6c493b8-0723-4a60-9013-794b3c8ce060}。
已装载快照 {c6c493b8-0723-4a60-9013-794b3c8ce060}。
正在启动碎片整理模式...
     源数据库: C:\$SNAP_202002171423_VOLUMEC$\Windows\NTDS\ntds.dit
     目标数据库: c:\InstallationMedia\Active Directory\ntds.dit

              Defragmentation  Status (% complete)

          0    10   20   30   40   50   60   70   80   90  100
          |----|----|----|----|----|----|----|----|----|----|
          ...................................................

正在复制注册表文件...
正在复制 c:\InstallationMedia\registry\SYSTEM
正在复制 c:\InstallationMedia\registry\SECURITY
正在复制 SYSVOL...
正在复制 c:\InstallationMedia\SYSVOL
正在复制 c:\InstallationMedia\SYSVOL\long.com
正在复制 c:\InstallationMedia\SYSVOL\long.com\Policies
```

图 3-33 制作安装介质

**STEP 8** 将整个 C:\InstallationMedia 文件夹内的所有数据复制到 U 盘或共享文件夹内。

（2）安装额外域控制器。

**STEP 1** 将包含安装介质的 U 盘放到即将扮演额外域控制器角色的计算机 DC4（还记得项目 2 的任务 2-5 吗？克隆生成了 DC4）上，或将其放到可以访问到的共享文件夹内。本例放到 DC4 的 C:\InstallationMedia 文件夹内。设置 DC4 的计算机名称为 DC4，IP 地址为 192.168.10.14/24，DNS 服务器的 IP 地址为 192.168.10.1。

**STEP 2** 安装额外域控制器的方法与前面的大致相同，因此下面仅列出不同之处。下面假设安装介质被复制到即将升级为额外域控制器的服务器 DC4 的 C:\InstallationMedia 文件夹内，在图 3-34 中改为选中“从介质安装”复选框，并在路径处指定存储安装介质的文件夹 C:\InstallationMedia。

在安装过程中会从安装介质所在的文件夹 C:\InstallationMedia 复制 AD DS 数据库。若在安装介质制作完成之后，现有域控制器的 AD DS 数据库更新数据，则这些少量数据会在完成额外域控制器安装后再通过网络自动复制过来。

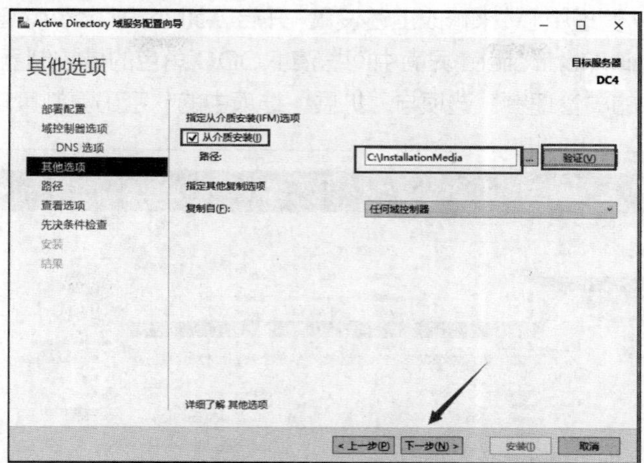


图 3-34　选中“从介质安装”复选框

### 4．修改 RODC 的委派与密码复制策略设置

若要修改密码复制策略设置或 RODC 系统管理工作的委派设置，则在开启“Active Directory 用户和计算机”后，在图 3-35 中单击容器 Domain Controllers 右方扮演 RODC 角色的域控制器，单击上方的属性图标，通过图 3-36 中的“密码复制策略”与“管理者”选项卡来设置。

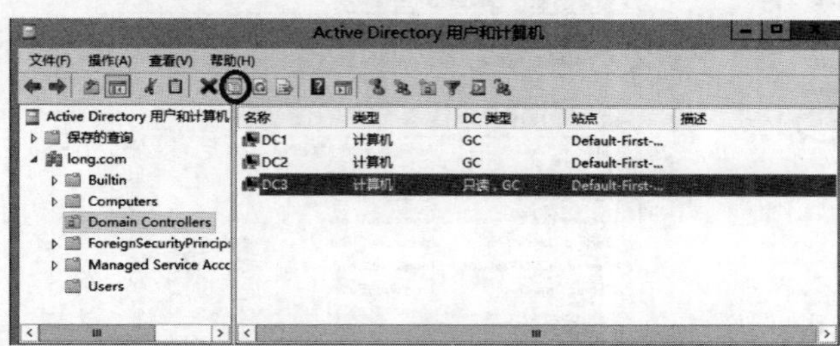


图 3-35　Active Directory 用户和计算机

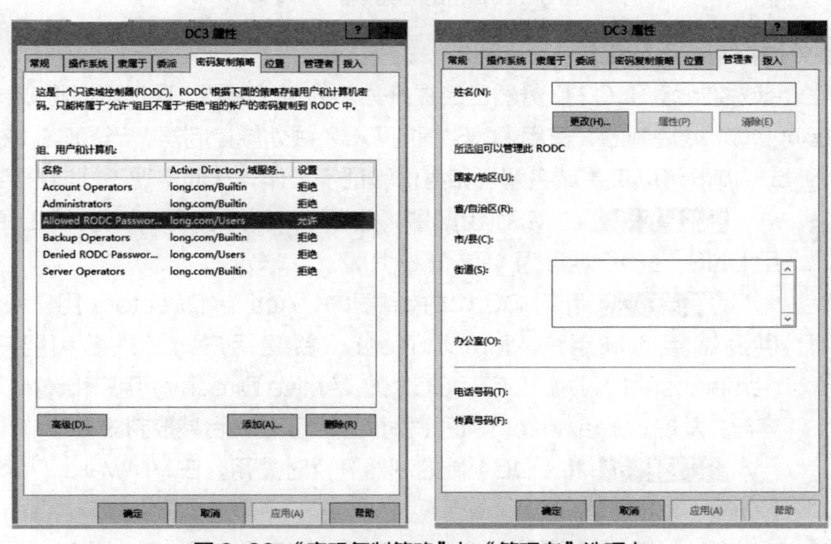


图 3-36　“密码复制策略”与“管理者”选项卡

也可以依次选择“开始”→“Windows 管理工具”→“Active Directory 管理中心”命令，通过“Active Directory 管理中心”来修改上述设置：开启 Active Directory 管理中心后，如图 3-37 所示，单击容器 Domain Controllers 界面中间扮演 RODC 角色的域控制器，单击右方的“属性”选项，通过图 3-38 中的“管理者”选项与“扩展”选项中的“密码复制策略”选项卡来设定。

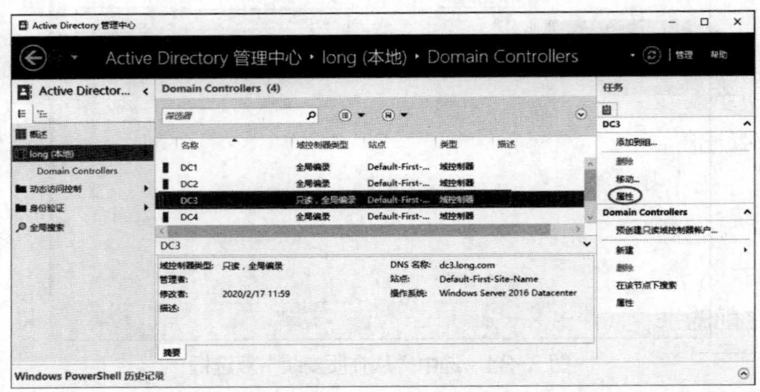

图 3-37　Active Directory 管理中心的 Domain Controllers

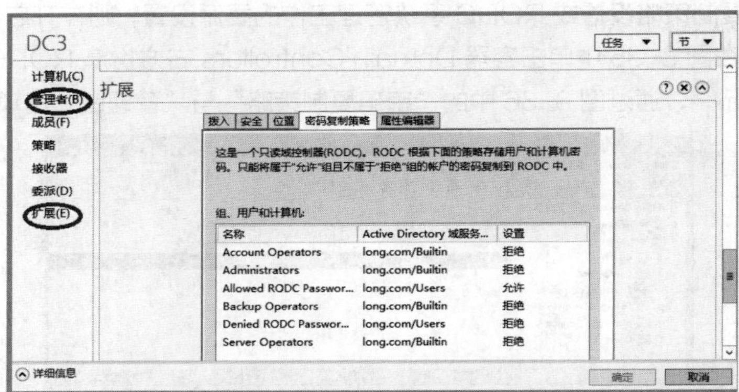

图 3-38　“密码复制策略”选项卡

### 5. 验证额外域控制器运行正常

DC1 是第一台域控制器，DC2 服务器已经提升为额外域控制器，现在可以将成员服务器 MS1 的首选 DNS 指向 DC1 域控制器，备用 DNS 指向 DC2 额外域控制器，当 DC1 域控制器发生故障时，DC2 额外域控制器可以负责域名解析和身份验证等工作，从而实现不间断服务。

微课 3-8 安装额外的域控制器与 RODC （四）

**STEP 1** 在 MS1 上配置“首选 DNS”的 IP 地址为 192.168.10.1，“备用 DNS”的 IP 地址为 192.168.10.2。

**STEP 2** 利用 DC1 域控制器的“Active Directory 用户和计算机”建立供测试用的域用户 domainuser1（新建用户时，姓名和用户登录名都是 domainuser1）。刷新 DC2、DC3 的“Active Directory 用户和计算机”中的 users 容器，发现 domainuser1 几乎同时同步到了这两台域控制器上。

**STEP 3** 将“DC1 域控制器”暂时关闭，在 VMware Workstation 中也可以将“DC1 域控制器”暂时挂起。

**STEP 4** 在“MS1”上，注销原来的 administrator 账户后，用“其他用户”登录，如图 3-39

所示。使用 long\domainuser1 登录域，观察是否能够登录，如果可以登录成功，说明可以提供 AD 的不间断服务了，也验证了额外域控制器安装成功。

图 3-39 在 MS1 上使用域账户“domainuser1”登录验证

**STEP 5** 选择“DC2”→“服务器管理器”→“工具”命令，打开“Active Directory 站点和服务”窗口，依次单击“Sites”→“Default- First- Site- Name”→“Servers”→“DC2”→“NTDS Settings”选项，单击鼠标右键，在弹出的快捷菜单中选择“属性”命令，如图 3-40 所示。

**STEP 6** 在弹出的对话框中取消勾选“全局编录”复选框，如图 3-41 所示。

**STEP 7** 在“服务器管理器”主窗口下，选择“工具”命令，打开“Active Directory 用户和计算机”窗口，单击“Domain Controllers”选项，可以看到 DC2 的“DC 类型”由之前的 GC 变为现在的 DC，如图 3-42 所示。

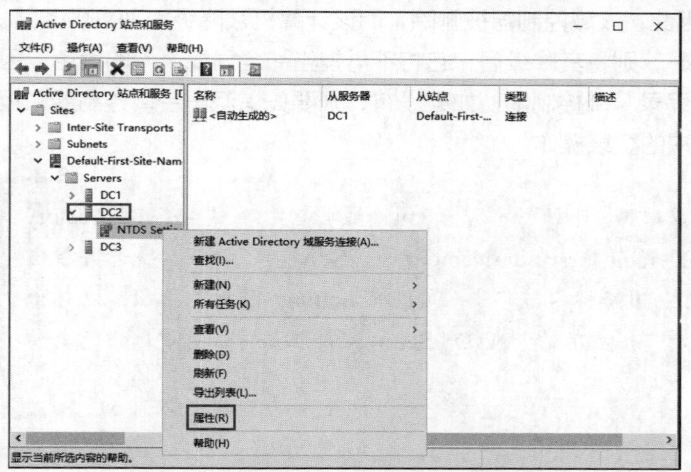


图 3-40 “Active Directory 站点和服务”窗口

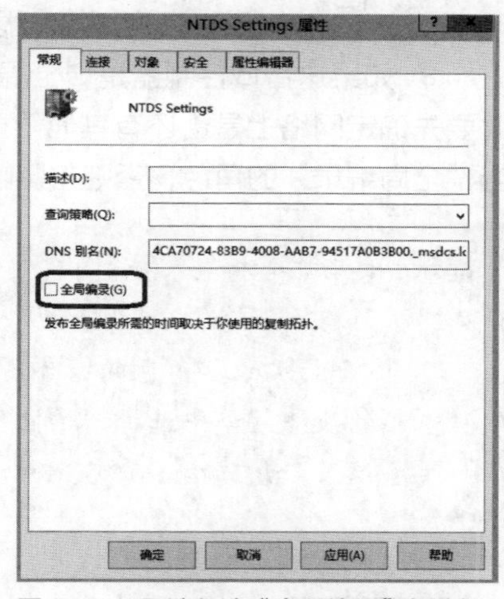


图 3-41 取消勾选“全局编录”复选框

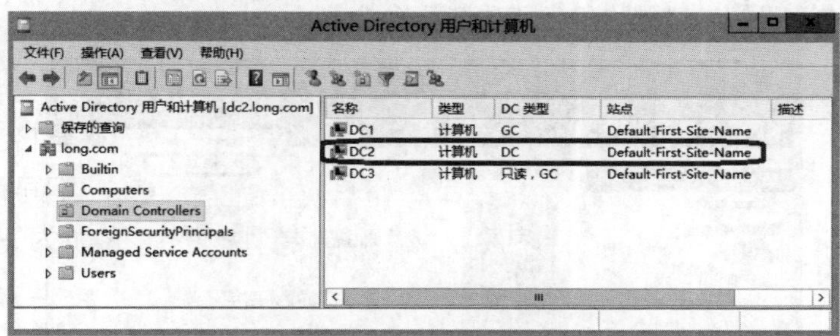


图 3-42 查看“DC 类型”

## 任务 3-5 转换服务器角色

Windows Server 2016 网络操作系统的服务器在域中可以有 3 种角色：域控制器、成员服务器和独立服务器。当一台 Windows Server 2016 网络操作系统的成员服务器安装了活动目录后，服务器就成为域控制器，域控制器可以对用户的登录等进行验证；Windows Server 2016 网络操作系统的成员服务器还可以仅仅加入域中，而不安装活动目录，这时服务器的主要目的是提供网络资源，这样的服务器称为成员服务器。严格说来，独立服务器和域没有什么关系，如果服务器不加入域中，也不安装活动目录，服务器就称为独立服务器。服务器的这 3 个角色的改换如图 3-43 所示。



图 3-43　服务器角色的转换

### 1. 域控制器降级为成员服务器

在域控制器上把活动目录删除，服务器就降级为成员服务器了。下面以图 3-3 中的 DC2 降级为例，介绍具体步骤。

微课 3-9 转换服务器角色

（1）删除活动目录注意要点。

用户删除活动目录也就是将域控制器降级为独立服务器。降级时要注意以下 3 点。

① 如果该域内还有其他域控制器，则该域会被降级为该域的成员服务器。

② 如果这个域控制器是该域的最后一个域控制器，则被降级后，该域内将不存在任何域控制器。因此，该域控制器被删除，而该计算机被降级为独立服务器。

③ 如果这台域控制器是“全局编录”，则将其降级后，它将不再担当“全局编录”的角色，因此要先确定网络上是否还有其他“全局编录”域控制器。如果没有，则要先指派一台域控制器来担当“全局编录”的角色，否则将影响用户的登录操作。

> **提示**　指派“全局编录”的角色时，可以选择“开始”→“Windows 管理工具”→“Active Directory 站点和服务”→“Sites”→“Default-First-Site-Name”→“Servers”命令，展开要担当“全局编录”角色的服务器名称，用鼠标右键单击“NTDS Settings 属性”选项，在弹出的快捷菜单中选择“属性”命令，在显示的“NTDS Settings 属性”对话框中选中“全局编录”复选框。

（2）删除活动目录。

**STEP 1** 以管理员身份登录 DC2，单击左下角的服务器管理器图标，在图 3-44 所示的窗口中选择右上方的“管理”→“删除角色和功能”命令。

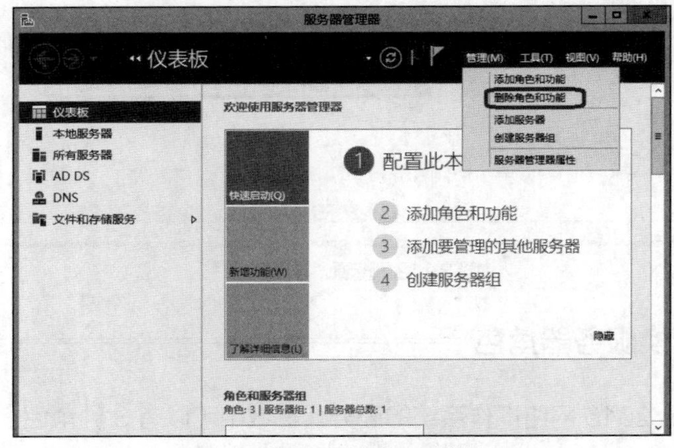


图 3-44　“删除角色和功能”

**STEP 2** 在图 3-45 所示的对话框中取消勾选“Active Directory 域服务”复选框，单击“删除功能”按钮。

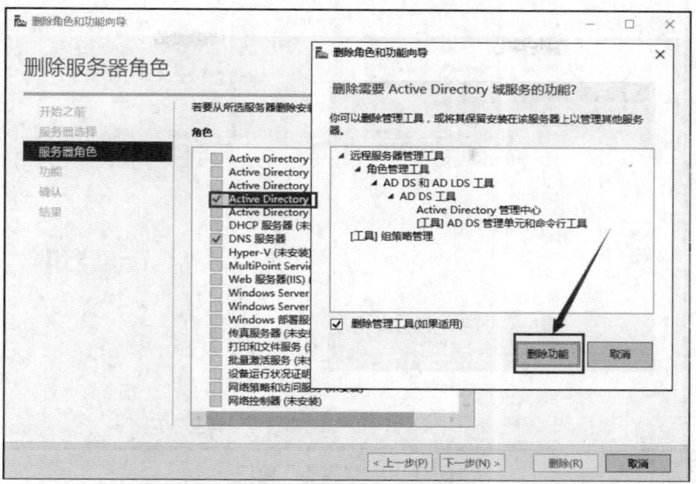


图 3-45　删除服务器角色和功能

**STEP 3** 出现图 3-46 所示的界面时，单击“将此域控制器降级”链接，即将此域控制器降级。

**STEP 4** 如果在图 3-47 所示的界面中当前的用户有权删除此域控制器，则单击“下一步”按钮，否则单击“更改”按钮来输入新的账户与密码。

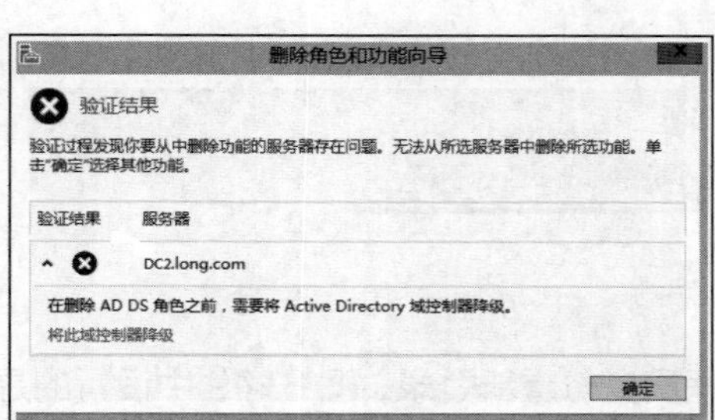


图 3-46　验证结果

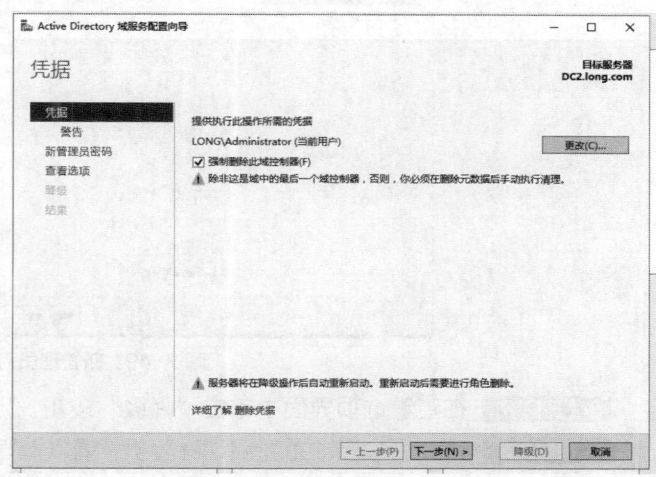


图 3-47　“凭据”窗口

> **提示**　如果因故无法删除此域控制器（例如，在删除域控制器时，需要能够先连接到其他域控制器，但是却一直无法连接），或者是最后一个域控制器，此时勾选图 3-46 中的“强制删除此域控制器”复选框，一般情况下按默认值，不勾选此项。

**STEP 5** 在图 3-48 所示的界面中勾选“继续删除”复选框后，单击“下一步”按钮。

**STEP 6** 在图 3-49 中为这台即将被降级为独立或成员服务器的计算机设置本地 Administrator 的新密码后，单击“下一步”按钮。

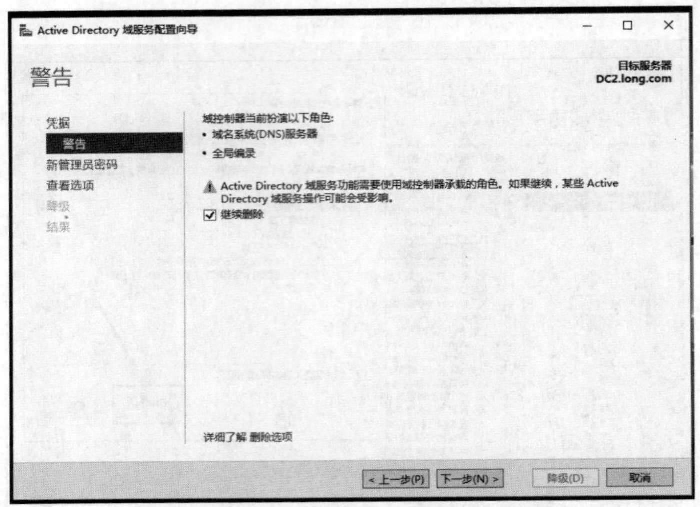


图 3-48 “警告”窗口

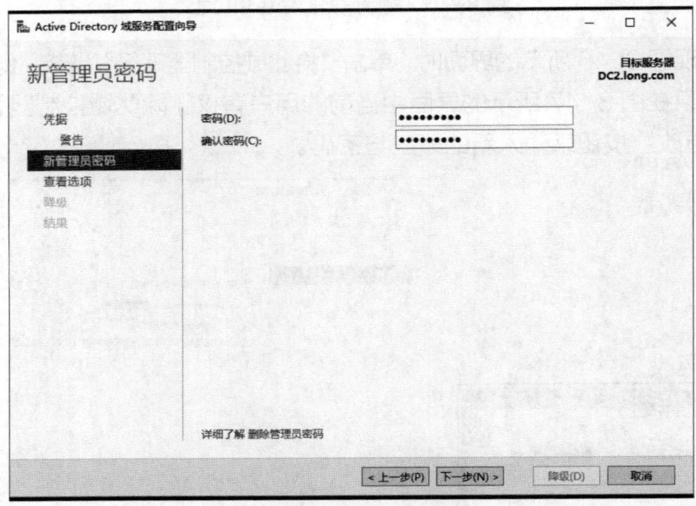


图 3-49 新管理员密码

**STEP 7** 在查看选项界面中单击“降级”按钮。

**STEP 8** 完成后会自动重新启动计算机，请以域管理员身份重新登录，图 3-49 中设置的是降级后的计算机 DC2 的本地管理员密码。）

**注意** 虽然这台服务器已经不再是域控制器了，但此时其 Active Directory 域服务组件仍然存在，并没有被删除。因此，也可以直接将其升级为域控制器。

**STEP 9** 在服务器管理器中，选择“管理”→“删除角色和功能”命令。

**STEP 10** 出现“开始之前”界面，单击“下一步”按钮。

**STEP 11** 确认选择目标服务器界面的服务器无误后单击“下一步”按钮。

**STEP 12** 在图 3-50 所示的界面中取消勾选“Active Directory 域服务”复选框，单击“删除功能”按钮。

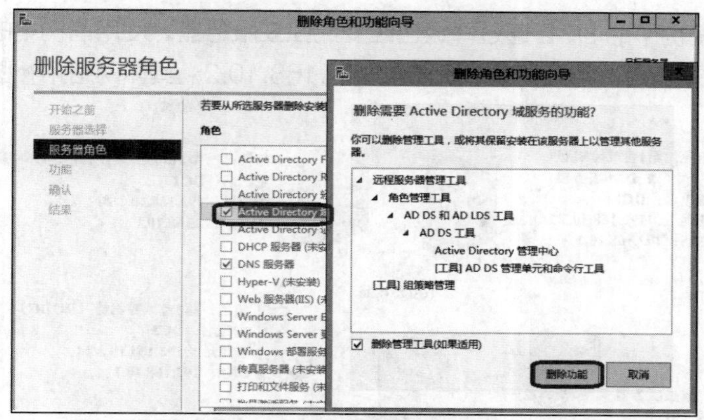

图 3-50　删除服务器角色和功能

**STEP 13** 回到"删除服务器角色"界面时，确认"Active Directory 域服务"已经被取消勾选（也可以一起取消勾选"DNS 服务器"）后，单击"下一步"按钮。

**STEP 14** 出现"删除功能"界面时，单击"下一步"按钮。

**STEP 15** 在确认删除选择界面中单击"删除"按钮。

**STEP 16** 完成后，重新启动计算机。

**2. 成员服务器降级为独立服务器**

DC2 删除 Active Directory 域服务后，降级为域 long.com 的成员服务器。现在将该成员服务器继续降级为独立服务器。

首先在 DC2 上以域管理员（long\administrator）或本地管理员（DC2\ administrator）身份登录。登录成功后，用鼠标右键单击"开始"菜单，单击"控制面板"→"系统和安全"→"系统"→"高级系统设置"命令，弹出"系统属性"对话框，选择"计算机名"选项卡，单击"更改"按钮，弹出"计算机名/域更改"对话框；在"隶属于"选项区中，选中"工作组"单选按钮，并输入从域中脱离后要加入的工作组的名称（本例为 WORKGROUP），单击"确定"按钮；输入有权限脱离该域的账户的名称和密码，确定后重新启动计算机即可。

至此 DC2 已经变成一台独立服务器了。

## 任务 3-6　创建子域

本次任务要求创建 long.com 的子域 china.long.com。创建子域之前，读者需要先了解本任务实例部署的需求和实训环境。

微课 3-10 创建子域

**1. 部署需求**

在向现有域中添加域控制器之前需满足以下要求。

- 设置域中父域控制器和子域控制器的 TCP/IP 属性，手动指定 IP 地址、子网掩码、默认网关和 DNS 服务器的 IP 地址等。
- 部署域环境，父域域名为 long.com，子域域名为 china.long.com。

**2. 部署环境**

本任务所有实例被部署在域环境下，父域域名为 long.com，子域域名为 china.long.com。其中父域的域控制器主机名为 DC1，其本身也是 DNS 服务器，IP 地址为 192.168.10.1。子域的域控制器主机名为 DC2（前例中的 DC2 通过降级已经变成独立服务器，使用前例中的服务器可以提高实训效率），其本身也是 DNS 服务器，IP 地址为 192.168.10.2。具体网络拓扑图如图 3-51 所示。

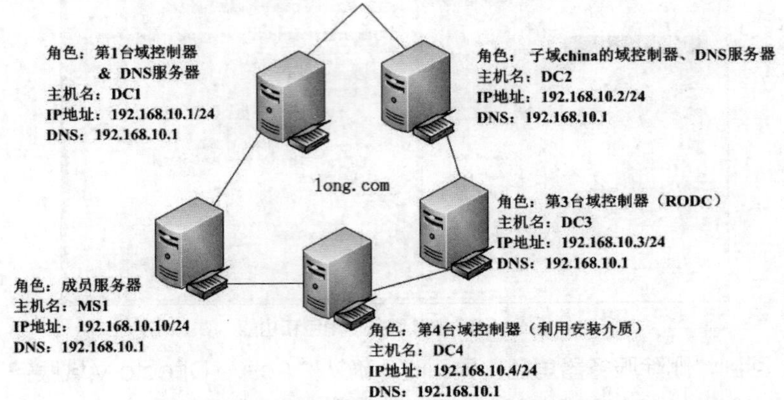


图 3-51　创建子域的网络拓扑图

**提示**　本例中仅用到 DC1 和 DC2，DC2 在前几个实例中是额外域控制器，降级后成为独立服务器。下面会将 DC2 升级为子域 china 的域控制器。

### 3. 创建子域

在计算机“DC2”上安装 Active Directory 域服务，使其成为子域“china.long.com”中的域控制器，具体步骤如下。

**STEP 1** 在 DC2 上以管理员账户登录，打开“Internet 协议版本 4（TCP/IPv4）属性”对话框，按图 3-51 所示的信息配置 DC2 计算机的 IP 地址、子网掩码、默认网关以及 DNS 服务器的 IP 地址，其中 DNS 服务器一定要设置为自身的 IP 地址和父域的域控制器的 IP 地址。

**STEP 2** 添加“Active Directory 域服务”角色和功能的过程，请参见任务 3-1 小节中的“1. 安装 Active Directory 域服务”，这里不再赘述。

**STEP 3** 启动 Active Directory 安装向导（启动方法请参考任务 3-1 小节中的“2. 安装活动目录”），当显示“部署配置”窗口时，选中“将新域添加到现有林”单选按钮，单击“未提供凭据”后面的“更改”按钮，出现“Windows 安全”对话框，输入有权限的用户 long\administrator 及其密码，如图 3-52 所示，单击“确定”按钮。

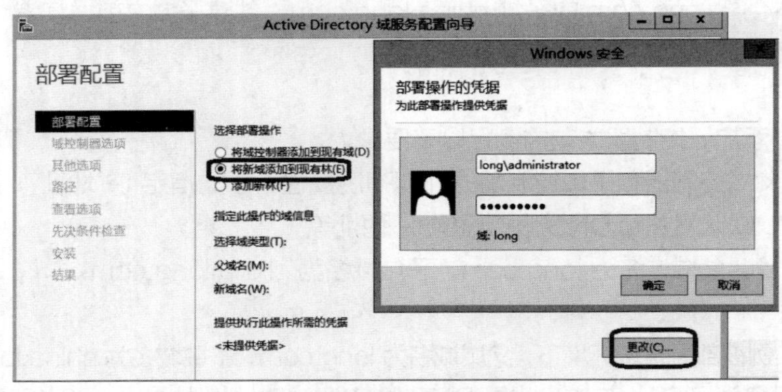


图 3-52　“部署配置”窗口

**STEP 4** 出现提供凭据后的“部署配置”界面，如图 3-53 所示。请选择或输入父域名 long，键入新域名 china。（注意，不是 china.long.com！）

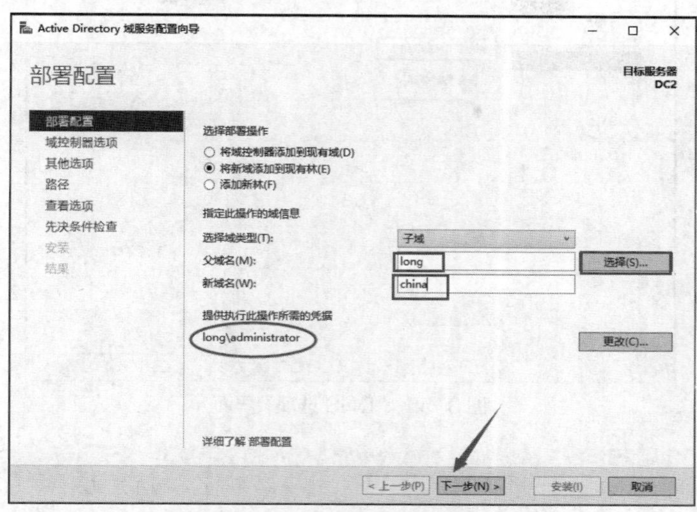


图 3-53 提供凭据的“部署配置”界面

**STEP 5** 单击“下一步”按钮，显示“域控制器选项”界面，如图 3-54 所示。选中安装 DNS 服务器。

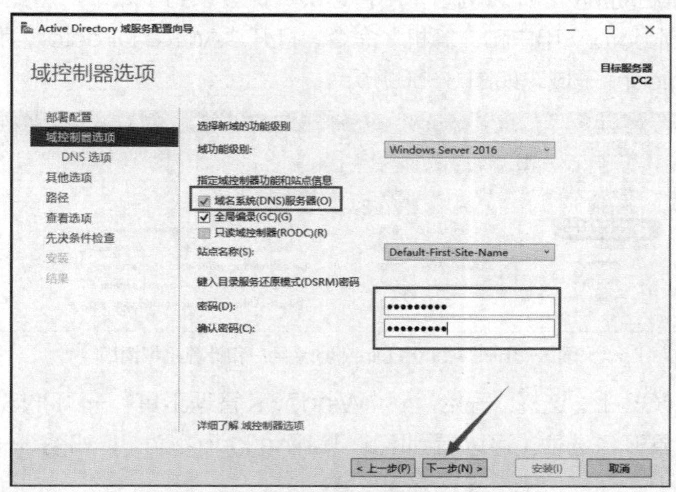


图 3-54 “域控制器选项”界面

**STEP 6** 单击“下一步”按钮，显示“DNS 选项”界面，默认选中“创建 DNS 委派”复选框，如图 3-55 所示。注意：前面的例子中若选中 [ 创建 DNS 委派 ] 则会出错，请读者思考原因。

**STEP 7** 单击“下一步”按钮，设置“NetBIOS”的名称。持续单击“下一步”按钮，在“先决条件检查”对话框中，如果顺利通过检查，就直接单击“安装”按钮，否则要按提示先排除问题。安装完成后会自动重新启动计算机。

**STEP 8** 重新启动计算机，升级为 Active Directory 域控制器之后，必须使用域用户账户登录，格式为“域名\用户账户”，如图 3-15（a）所示，选择“其他用户”可以更换登录用户。

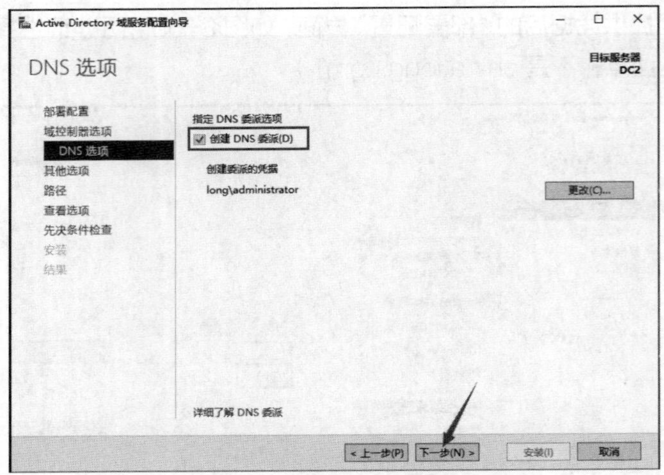


图 3-55 “DNS 选项”界面

**注意** 这里的 China\Administrator 域用户是 DC2 子域控制器中的管理员账户，不是 DC1 的，请读者务必注意。

### 4．创建验证子域

**STEP 1** 重新启动 DC2 计算机后，用管理员身份登录到子域中。选择“服务器管理器”→“工具”→“Active Directory 用户和计算机”命令，打开“Active Directory 用户和计算机”窗口，可以看到 china.long.com 子域，如图 3-56 所示。

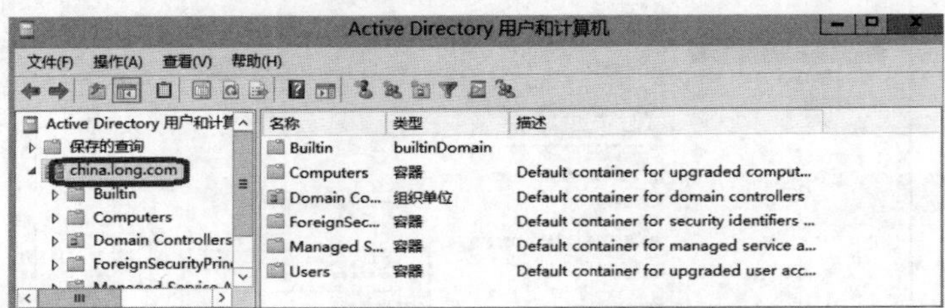


图 3-56 “Active Directory 用户和计算机”窗口

**STEP 2** 在 DC2 上，选择“开始”→“Windows 管理工具”→“DNS”命令，打开“DNS 管理器”窗口，依次展开各选项，可以看到区域“china.long.com”，如图 3-57 所示。

**思考** 请打开 DC1 的 DNS 服务器的“DNS 管理器”窗口，观察 china 区域下面有何记录。图 3-58 所示的是父域域控制器中的 DNS 管理器。

**试一试** 在 VMware 中再新建一台 Windows Server 2016 的虚拟机，计算机名为 MS2，IP 地址为 192.168.10.20，子网掩码为 255.255.255.0，DNS 服务器的 IP 地址第 1 种情况设置为 192.168.10.1，第 2 种情况设置为 192.168.10.2。将 DNS 服务器分两种情况分别加入 china.long.com，都能成功吗？能否设置为主辅 DNS 服务器？做完后请认真思考。

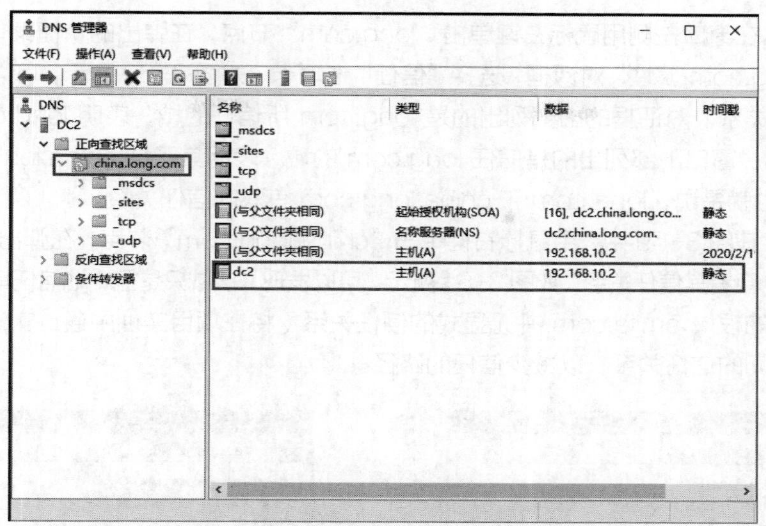


图 3-57　子域域控制器的 DNS 管理器

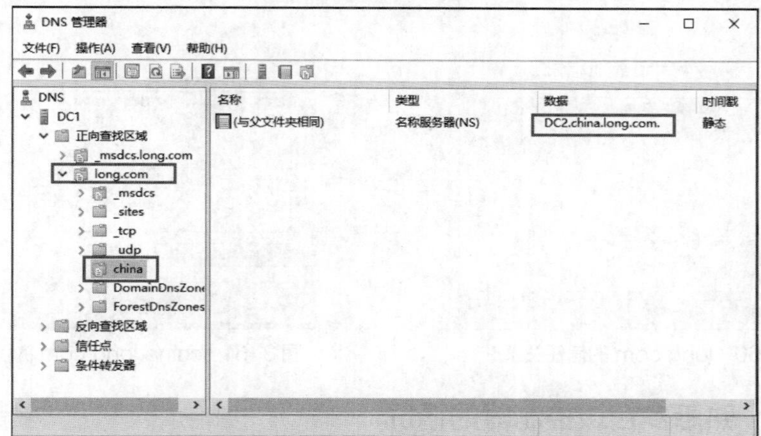


图 3-58　父域域控制器的 DNS 管理器

## 5. 验证父子信任关系

通过前面的任务，我们构建了 long.com 及其子域 china.long.com，而子域和父域的双向、可传递的信任关系是在安装域控制器时就自动建立的，同时由于域林中的信任关系是可传递的，因此同一域林中的所有域都显式或者隐式地相互信任。

**STEP 1** 在 DC1 上以域管理员身份登录，选择“服务器管理器”→“工具”→“Active Directory 域和信任关系”命令，弹出“Active Directory 域和信任关系”窗口，可以对域之间的信任关系进行管理，如图 3-59 所示。

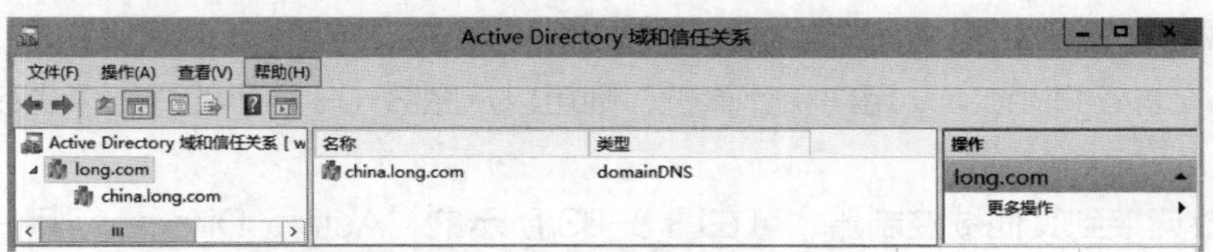


图 3-59　“Active Directory 域和信任关系”窗口

**STEP 2** 在窗口左侧用鼠标右键单击“long.com”节点，在弹出的快捷菜单中选择“属性”命令，打开“long.com 属性”对话框，选择“信任”选项卡，如图 3-60 所示，可以看到 long.com 和其他域的信任关系。对话框的上部列出的是 long.com 所信任的域，表明 long.com 信任其子域 china.long.com；窗口下部列出的是信任 long.com 的域，表明其子域 china.long.com 信任其父域 long.com。也就是说，long.com 和 china.long.com 有双向信任关系。

**STEP 3** 在图 3-59 中，用鼠标右键单击“china.long.com”节点，在弹出的快捷菜单中选择“属性”命令，查看其信任关系，如图 3-61 所示。可以发现，该域只是显式地信任其父域 long.com，而和另一域树中的根域 smile.com 并无显式的信任关系（将在项目实训中通过实训来完成）。可以直接创建它们之间的信任关系，以减少信任的路径。

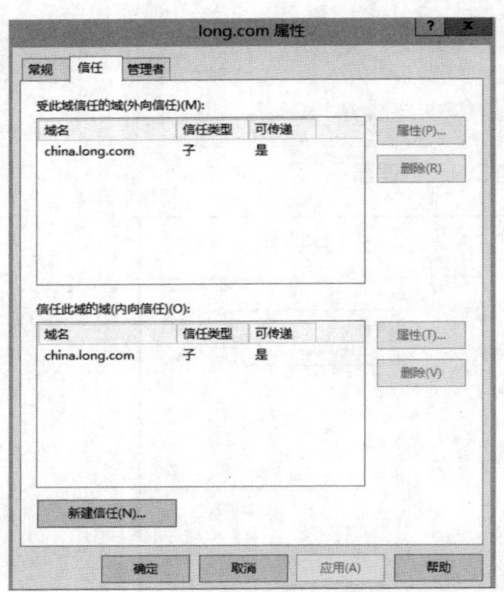


图 3-60 long.com 的信任关系

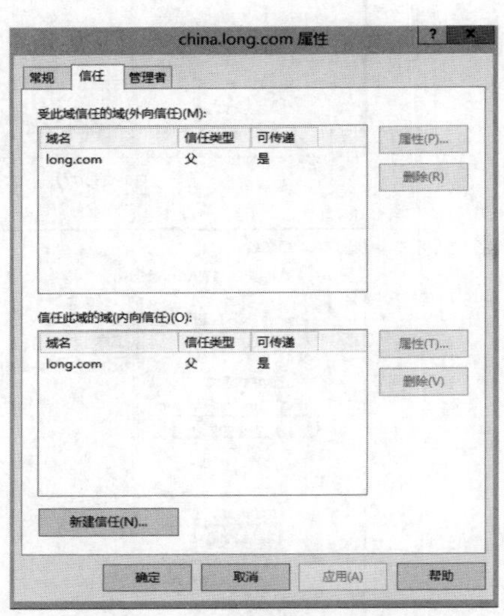


图 3-61 china.long.com 的信任关系

## 任务 3-7 熟悉多台域控制器的情况

### 1. 更改 PDC 操作主机

微课 3-11 熟悉多台域控制器的情况

如果域内有多台域控制器，则所设置的安全设置值是先被存储到扮演 PDC 操作主机角色的域控制器内的，而它默认由域内的第 1 台域控制器扮演，可以选择 DC1 的“服务器管理器”→“工具”→“Active Directory 用户和计算机”命令，选中“域名 long.com”节点，并单击鼠标右键，在弹出的快捷菜单中选择“操作主机”命令，打开“操作主机”对话框，选择“PDC”选项卡来得知 PDC 操作主机是哪一台域控制器（例如，图中的操作主机为 DC1.long.com），如图 3-62 所示。

### 2. 更改域控制器

如果使用 Active Directory 用户和计算机，则可以从图 3-63 所示的界面来更改所连接的域控制器为 DNS1.long.com。

如果要更改连接到其他域控制器，可在图 3-63 所示的“Active Directory 用户和计算机”窗口中，用鼠标右键单击“long.com”域，在弹出的快捷菜单中选择“更改域控制器”命令。

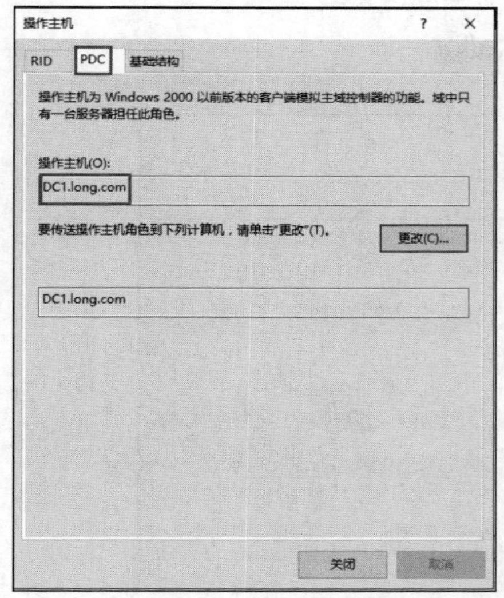


图 3-62　操作主机

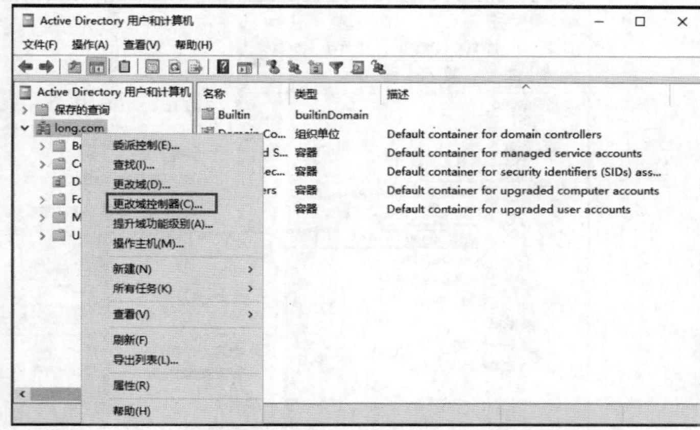


图 3-63　更改域控制器 DNS1.long.com

### 3. 登录疑难问题排除

当在 DC1 域控制器上利用普通用户账户 long\domainuser1 登录时，如果出现图 3-64 所示的“不允许使用你正在尝试的登录方式……”警告界面，表示此用户账户在这台域控制器上没有允许本地登录的权限，原因可能是尚未被赋予此权限、策略设置值尚未被复制到此域控制器或尚未应用。解决问题的方法如下。

图 3-64　登录警告界面

除了域 Administrators 等少数组内的成员外，其他一般域用户账户默认无法在域控制器上登录，除非另外开放。

一般用户必须在域控制器上拥有允许本地登录的权限，才可以在域控制器上登录。此权限可以通过组策略来开放：可到任何一台域控制器上（如 DC1）进行如下操作。

**STEP 1** 以域管理员身份登录 DC1，选择“服务器管理器”→“工具”→“组策略管理”→“林：long.com”→“域”→“long.com”→“Domain Controllers”命令，如图 3-65 所示。选中“Default Domain Controllers Policy”节点，并单击鼠标右键，在弹出的快捷菜单中选择“编辑”命令。

**STEP 2** 在图 3-66 所示的界面中双击“计算机配置”处的“策略”选项，单击“Windows 设置”→“安全设置”→“本地策略”→“用户权限分配”选项，接着双击右侧的“允许本地登录”选项，然后单击“添加用户和组”按钮，将用户或组加入列表内。本例将 domainuser1 添加进来。在这里特别注意，由于 administrators 管理员组默认不在此列表，所以必须将其一起添加。

**STEP 3** 需要等设置值被应用到域控制器后才有效，应用的方法有以下 3 种。

- 将域控制器重新启动。

- 等域控制器自动应用此新策略设置，可能需要等待 5 分钟或更久。
- 手动应用：到域控制器上运行 gpupdate 或 gpupdate/force。

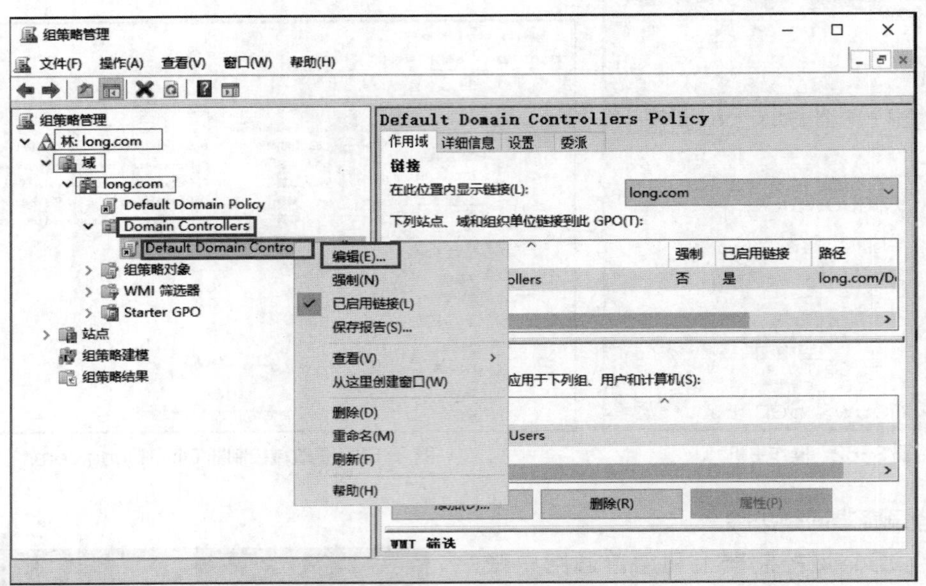

图 3-65 “组策略管理”界面

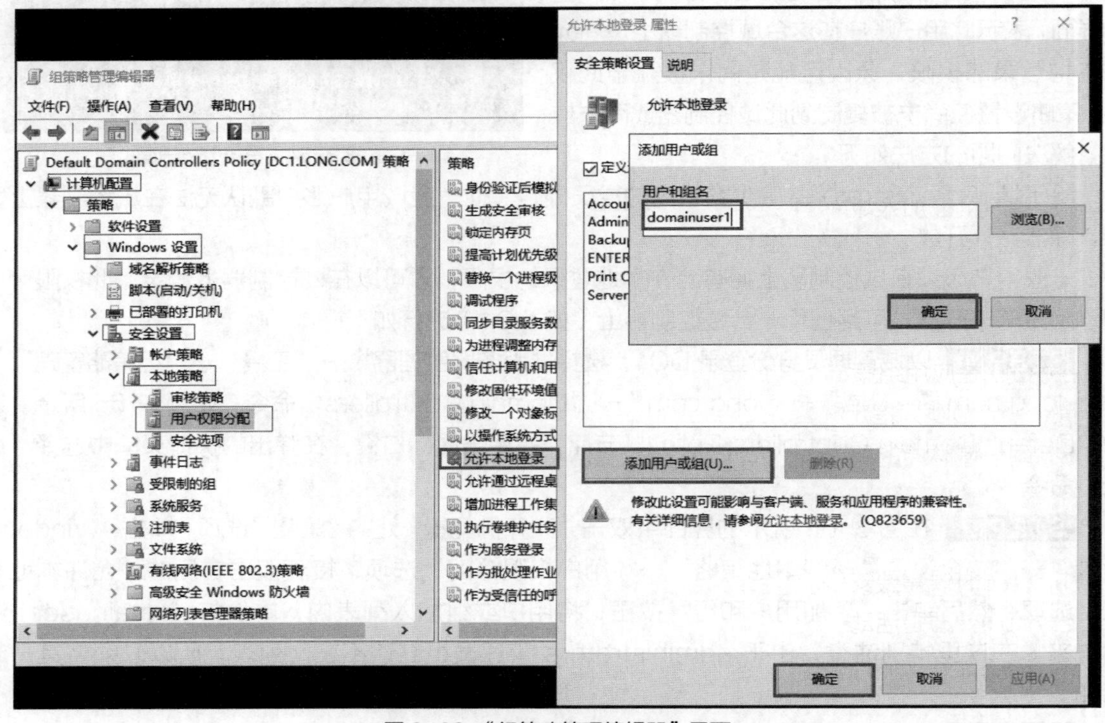

图 3-66 “组策略管理编辑器”界面

**STEP 4** 可以在已经完成应用的域控制器上，利用前面创建的新用户账户来测试是否能正常登录。本例可使用 domainuser1@long.com 在 DC1 上进行登录测试。

## 3.4 习题

**一、填空题**

1. 通过 Windows Server 2016 网络操作系统组建客户机/服务器模式的网络时，应该将网络配置为________。

2. 在 Windows Server 2016 网络操作系统中，活动目录存放在________中。

3. 在 Windows Server 2016 网络操作系统中安装________后，计算机即成为一台域控制器。

4. 同一个域中的域控制器的地位是________。在域树中，子域和父域的信任关系是________。独立服务器上安装了________就升级为域控制器。

5. Windows Server 2016 网络操作系统的服务器的 3 种角色是________、________、________。

6. 活动目录的逻辑结构包括________、________、________和________。

7. 物理结构的 3 个重要概念是________、________和________。

8. 无论 DNS 服务器服务是否与 AD DS 集成，都必须将其安装在部署的 AD DS 目录林根级域的第________个域控制器上。

9. Active Directory 数据库文件保存在________。

10. 解决在 DNS 服务器中未能正常注册 SRV 记录的问题，需要重新启动________服务。

**二、判断题**

1. 在一台 Windows Server 2016 网络操作系统的计算机上安装 AD 后，计算机就成了域控制器。（　　）

2. 客户机在加入域时，需要正确设置首选 DNS 服务器地址，否则无法加入。（　　）

3. 在一个域中，至少有一个域控制器（服务器），也可以有多个域控制器。（　　）

4. 管理员只能在服务器上对整个网络实施管理。（　　）

5. 域中所有账户信息都存储于域控制器中。（　　）

6. OU 是应用组策略和委派责任的最小单位。（　　）

7. 一个 OU 只指定一个受委派管理员，不能为一个 OU 指定多个管理员。（　　）

8. 同一域林中的所有域都显式或者隐式地相互信任。（　　）

9. 一个域目录树不能称为域目录林。（　　）

**三、简答题**

1. 什么时候需要安装多个域树?

2. 简述什么是活动目录、域、活动目录树和活动目录林。

3. 简述什么是信任关系。

4. 为什么在域中常常需要 DNS 服务器?

5. 活动目录中存放了什么信息?

## 3.5 项目实训　部署与管理 Active Directory 域服务环境

### 一、实训目的

- 掌握规划和安装局域网中的活动目录的方法与技巧。
- 掌握创建目录林根级域的方法与技巧。
- 掌握安装额外域控制器的方法和技巧。
- 掌握创建子域的方法和技巧。
- 掌握创建双向可传递的林信任关系的方法和技巧。
- 掌握备份与恢复活动目录的方法与技巧。
- 掌握将服务器 3 种角色相互转换的方法和技巧。

### 二、项目环境

随着公司的发展壮大，已有的工作组模式的网络已经不能满足公司的业务需要。经过多方论证，确定了公司的服务器的拓扑结构，如图 3-67 所示。服务器操作系统选择 Windows Server 2016。

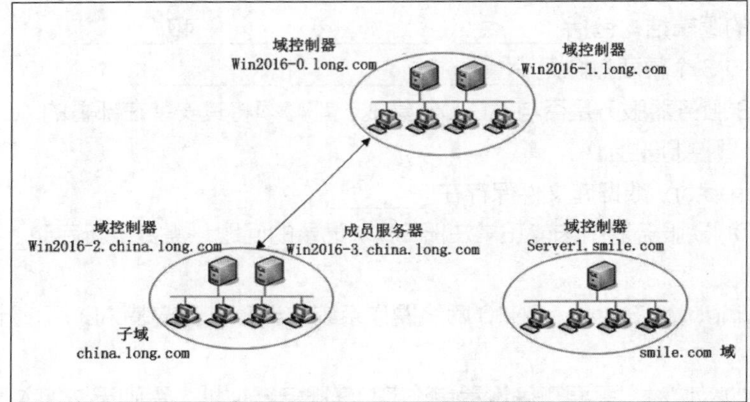


图 3-67　项目实训网络拓扑图

### 三、项目要求

根据图 3-67 所示的公司域环境示意图，构建满足公司需要的域环境。具体要求如下。

① 创建域 long.com，域控制器的计算机名称为 Win2016-0。

② 检查安装后的域控制器。

③ 安装域 long.com 的额外域控制器，域控制器的计算机名称为 Win2016-1。

④ 创建子域 china.long.com，其域控制器的计算机名称为 Win2016-2，成员服务器的计算机名称为 Win2016-3。

⑤ 创建域 smile.com，域控制器的计算机名称为 Server1。

⑥ 创建 long.com 和 smile.com 双向可传递的林信任关系。

⑦ 备份 smile.com 域中的活动目录，并利用备份进行恢复。

⑧ 建立组织单位 sales，在其下建立用户 testdomain，并委派对 OU 的管理。

### 四、做一做

根据项目实训视频进行项目的实训，检查学习效果。

# 项目4
# 管理用户账户和组

安装完网络操作系统，并完成网络操作系统的环境配置后，管理员应规划一个安全的网络环境，为用户提供有效的资源访问服务。Windows Server 2016 通过建立账户（包括用户账户和组账户）并赋予账户合适的权限，保证使用网络和计算机资源的合法性，以确保数据访问、存储和交换服从安全需要。

如果是单纯的工作组模式的网络，需要使用“计算机管理”工具来管理本地用户和组；如果是域模式的网络，则需要通过“Active Directory 管理中心”和“Active Directory 用户和计算机”工具管理整个域环境中的用户和组。

## 本项目学习要点

- 理解管理用户账户的方法
- 掌握管理本地用户账户和组的方法
- 掌握一次同时添加多个用户账户的方法
- 掌握管理域组账户的方法
- 掌握组的使用原则

## 4.1 项目基础知识

域系统管理员需要为每一个域用户分别建立一个用户账户，让他们可以利用这个账户来登录域、访问网络上的资源。域系统管理员同时需要了解如何有效利用组，以便高效地管理资源的访问。

域系统管理员可以利用“Active Directory 管理中心”或“Active Directory 用户和计算机”控制台来建立与管理域用户账户。当用户利用域用户账户登录域后，便可以直接连接域内的所有成员计算机，访问有权访问的资源。换句话说，域用户在一台域成员计算机上成功登录后，要连接域内的其他成员计算机时，并不需要再登录到被访问的计算机，这个功能称为单点登录。

微课 4-1 管理用户账户和组

**提示** 本地用户账户并不具备单点登录的功能，也就是说，利用本地用户账户登录后，再连接其他计算机时，需要再次登录到被访问的计算机。

在服务器升级为域控制器之前位于其本地安全数据库内的本地账户，会在升级为域控制器后被转移到 AD DS 数据库内，并且是被放置到 Users 容器内的，可以通过 Active Directory 管理中心来查看原本地账户的变化情况，如图 4-1 所示（可先单击上方的树视图图标，图中用圆圈标注），同时这台服务器的计算机账户会被放置到图 4-1 中的组织单位（Domain Controllers）内。其他加入域的计算机账户默认会被放置到图 4-1 中的容器（Computers）内。

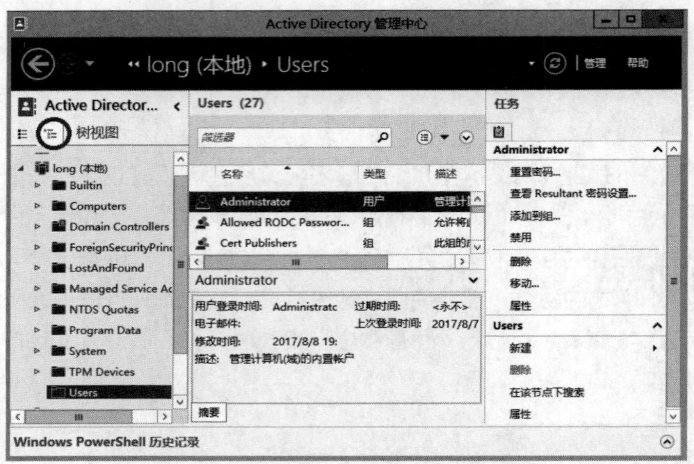

图 4-1　Active Directory 管理中心-树视图

升级为域控制器后，也可以通过 Active Directory 用户和计算机来查看本地账户的变化情况，如图 4-2 所示。

图 4-2　Active Directory 用户和计算机

只有在建立域内的第 1 台域控制器时，该服务器原来的本地账户才会被转移到 AD DS 数据库内，其他域控制器原有的本机账户并不会被转移到 AD DS 数据库内，而是被删除。

### 4.1.1　规划新的用户账户

Windows Server 2016 支持两种用户账户：域账户和本地账户。域账户可以登录到域上，并获得访问该网络的权限；本地账户则只能登录到一台特定的计算机上，并访问其资源。

遵循以下规则和约定可以简化账户创建后的管理工作。

**1. 命名约定**

- 账户名必须唯一：本地账户在本地计算机上必须是唯一的。

- 账户名不能包含以下字符：*、;、?、/、\、[、]、:、|、=、,、+、<、>、"。
- 账户名最长不能超过 20 个字符。

**2. 密码原则**

- 一定要给 Administrator 账户指定一个密码，以防止他人随便使用该账户。
- 确定是管理员还是用户拥有密码的控制权。用户可以给每个用户账户指定一个唯一的密码，并防止其他用户对其进行更改，也可以允许用户在第一次登录时输入自己的密码。一般情况下，用户应可以控制自己的密码。
- 密码不能设置得太简单，不能让他人随意猜出。
- 密码最多可由 128 个字符组成，推荐最小长度为 8 个字符。
- 密码应由大小写字母、数字以及合法的非字母数字的字符混合组成，如“P@$$word”。

### 4.1.2 本地用户账户

本地用户账户仅允许用户登录并访问创建该账户的计算机。当创建本地用户账户时，Windows Server 2016 仅在%Systemroot%\system32\config 文件夹下的安全账号管理器（Security Account Manager，SAM）数据库中创建该账户，如 C:\Windows\system32\config\sam。

Windows Server 2016 默认只有 Administrator 账户和 Guest 账户。Administrator 账户可以执行计算机管理的所有操作；而 Guest 账户是为临时访问用户设置的，默认是禁用的。

Windows Server 2016 为每个账户提供了名称，如 Administrator、Guest 等，这些名称是为了方便用户记忆、输入和使用的。在本地计算机中的用户账户是不允许相同的。而系统内部则使用安全标识符（Security Identifiers，SID）来识别用户身份，每个用户账户都对应一个唯一的安全标识符，这个安全标识符在用户创建时由系统自动产生。系统指派权力、授予资源访问权限等都需要使用安全标识符。当删除一个用户账户后，重新创建名称相同的账户并不能获得先前账户的权力。用户登录后，可以在命令提示符状态下输入“whoami /logonid”命令查询当前用户账户的安全标识符。

### 4.1.3 本地组概述

对用户进行分组管理可以更加有效并且灵活地分配设置权限，以方便管理员对 Windows Server 2016 进行具体的管理。如果 Windows Server 2016 计算机被安装为成员服务器（而不是域控制器），将自动创建一些本地组。如果将特定角色添加到计算机，还将创建额外的组，用户可以执行与该组角色相对应的任务。例如，如果计算机被配置成 DHCP 服务器，将创建管理和使用 DHCP 服务的本地组。

可以在“服务器管理器”→“工具”→“计算机管理”→“本地用户和组”→“组”文件夹中查看默认组。常用的默认组包括以下几种：Administrators、Backup Operators、Guests、ower Users、Print Operators、Remote Desktop Users、Users。

除了上述默认组以及管理员自己创建的组外，系统中还有一些特殊身份的组：Anonymous Logon、Everyone、Network、Interactive。

### 4.1.4 创建组织单位与域用户账户

可以将用户账户创建到任何一个容器或组织单位内。下面先创建名称为“网络部”的组织单位，然后在其内建立域用户账户 Rose、Jhon、Mike、Bob、Alice。

创建组织单位“网络部”的方法为：选择“服务器管理器”→“工具”→“Active Directory 管理中心”命令（或 Active Directory 用户和计算机），打开“Active Directory 管理中心”窗口，用鼠标右键单击“域名”选项，在弹出的快捷菜单中选择“新建”→“组织单位”命令，打开图 4-3 所示的“创建 组织单位：网络部”对话框，输入组织单位名称“网络部”，然后单击“确定”按钮。

**注意** 图 4-3 中默认已经勾选了“防止意外删除”复选框，因此无法将此组织单位删除，除非取消勾选此复选框。若是使用 Active Directory 用户和计算机，则选择“查看”→“高级功能”命令，选中此组织单位并单击鼠标右键，在弹出的快捷菜单中选择“属性”命令，取消勾选“对象”选项卡下的“防止对象被意外删除”复选框，如图 4-4 所示。

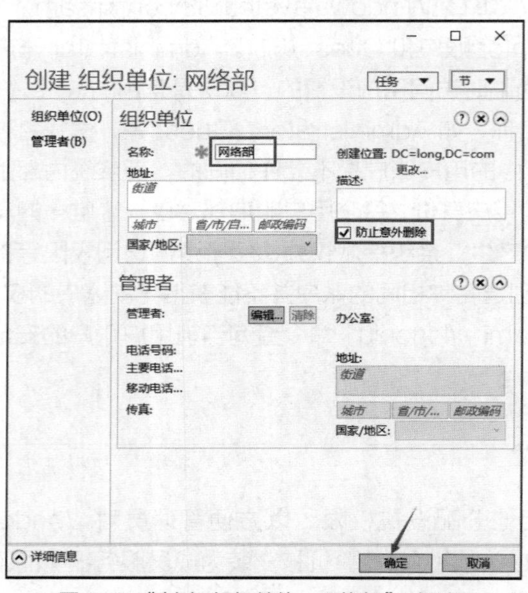


图 4-3 “创建-组织单位：网络部”对话框

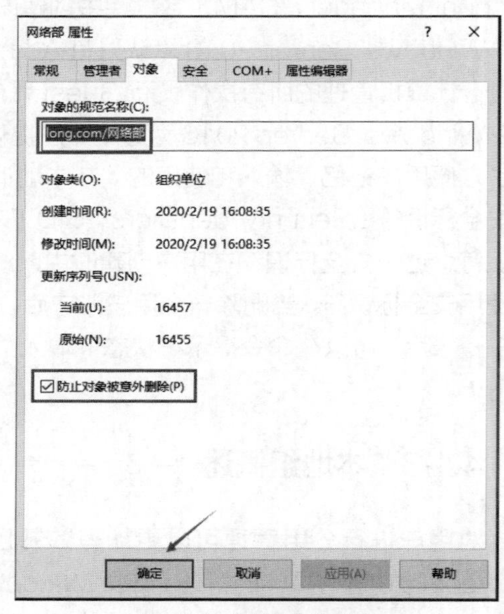


图 4-4 “对象”选项卡

在组织单位“网络部”内建立用户账户 Jhon 的方法为：选中组织单位“网络部”并单击鼠标右键，在弹出的快捷菜单中选择“新建用户”命令，如图 4-5 所示。注意，域用户的密码默认需要至少 7 个字符，且不可以包含用户账户名称（指用户 SamAccountName）或全名，至少要包含 A～Z、a～z、0～9、非字母数字（如!、$、≠、%）4 组字符中的 3 组。例如，P@ssw0rd 是有效的密码，而 ABCDEF 是无效的密码。若要修改此默认值，请参考后面相关内容的介绍。依此类推，在该组织单位内创建 Rose、Mike、Bob、Alice 4 个账户（如果 Mike 账户已经存在，请将其移动到“网络部”组织单位）。

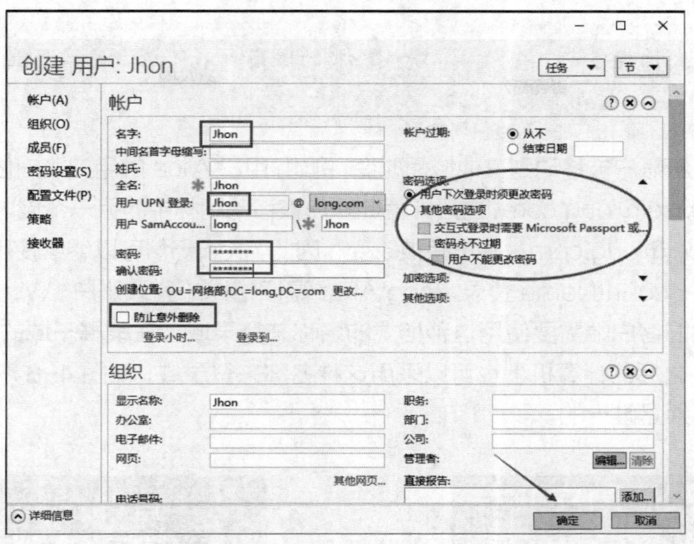

图 4-5　创建用户：Jhon

### 4.1.5　用户登录账户

域用户可以在域成员计算机上（域控制器除外）利用两种账户来登录域，它们分别是图 4-6 中的用户 UPN 登录与用户 SamAccountName 登录。一般的域用户默认是无法在域控制器上登录的（Alice 用户是在“Active Directory 管理中心”控制台打开的）。

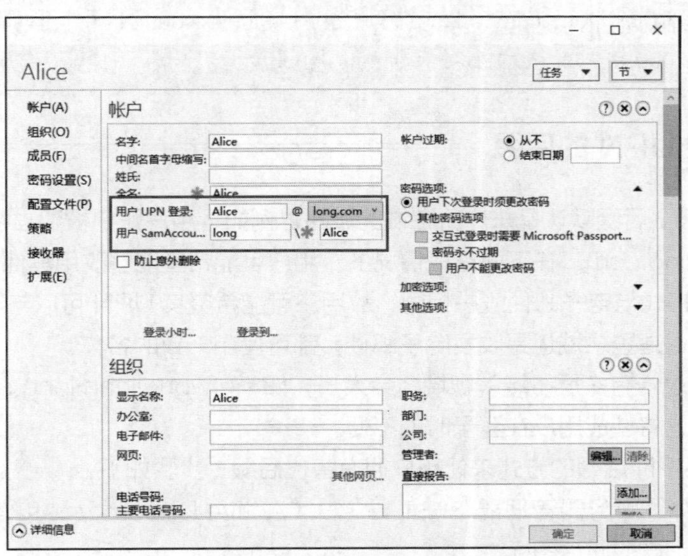

图 4-6　Alice 域账户属性

- 用户 UPN 登录。UPN（User Principal Name）的格式与电子邮件账户相同，例如，Alice@long.com 这个名称只能在隶属于域的计算机上登录域时使用，如图 4-7 所示。在整个林内，这个名称必须是唯一的。

**注意** 请在 MS1 成员服务器上登录域，默认一般的域用户不能在域控制器上进行本地登录，除非赋予其“允许本地登录”权限。

UPN 并不会随着账户被移动到其他域而改变，例如，用户 Alice 的用户账户位于 long.com 域内，其默认的 UPN 为 Alice@long.com，之后即使此账户被移动到林中的另一个域内，如 smile.com 域，其 UPN 仍然是 Alice@long.com，并没有被改变，因此 Alice 仍然可以继续使用原来的 UPN 登录。

- 用户 SamAccountName 登录。long\Alice 是旧格式的登录账户。Windows Server 2000 之前版本的旧客户端需要使用这种格式的名称来登录域。在隶属于域的 Windows Server 2000（含）之后的计算机上也可以采用这种名称来登录域，如图 4-8 所示。在同一个域内，这个名称必须是唯一的。

图 4-7　用户 UPN 登录

图 4-8　用户 SamAccountName 登录

**提示** 在“Active Directory 用户和计算机”控制台中，上述用户使用 UPN 登录时，用户登录名称表示为 Alice@long.com；上述用户使用 SamAccountName 登录时用户登录名称（Windows 2000 之前的版本）表示为 long\Alice。

### 4.1.6 创建 UPN 的后缀

用户账户的 UPN 后缀默认是账户所在域的域名。例如，用户账户被建立在 long.com 域内，则其 UPN 后缀为 long.com。在下面这些情况下，用户可能希望能够改用其他替代后缀。

- 因 UPN 的格式与电子邮件账户相同，故用户可能希望其 UPN 可以与电子邮件账户相同，以便让其无论是登录域还是收发电子邮件，都可使用一致的名称。
- 若域树状目录内有多层子域，则域名会太长，如 network.jinan.long.com，故 UPN 后缀也会太长，这将造成用户在登录时的不便。

可以通过新建 UPN 后缀的方式来让用户拥有替代后缀，步骤如下。

**STEP 1** 选择“服务器管理器”→工具”→“Active Directory 域和信任关系”命令，如图 4-9 所示，单击上方的属性图标。

**STEP 2** 在图 4-10 中输入替代的 UPN 后缀后，单击“添加”按钮并单击“确定”按钮。后缀不一定是 DNS 格式的，例如，可以是 smile.com，也可以是 smile。

**STEP 3** 完成后，就可以通过“Active Directory 管理中心”（或“Active Directory 用户和计算机”）控制台来修改用户的 UPN 后缀，此例修改为 smile，如图 4-11 所示。请在成员服务器

MS1 上以 Alice@smile 登录域，看是否登录成功。

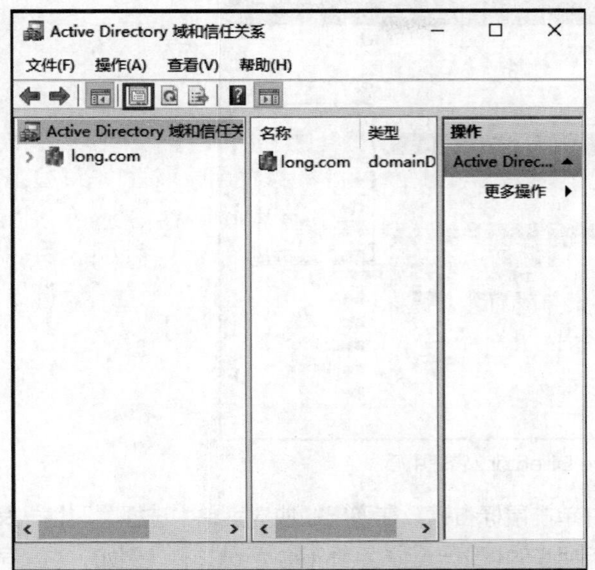

图 4-9 Active Directory 域和信任关系

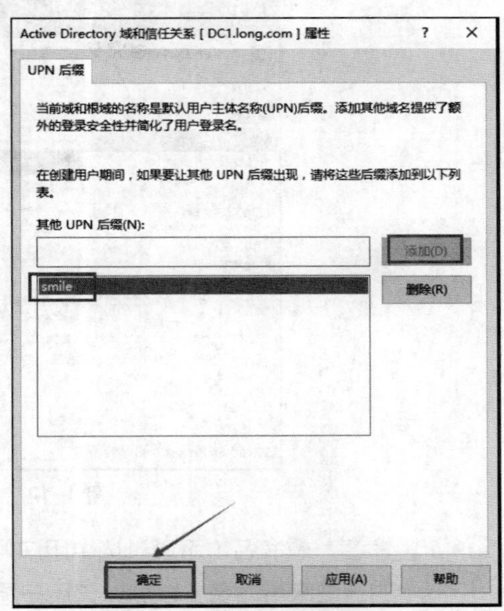

图 4-10 添加 UPN 后缀

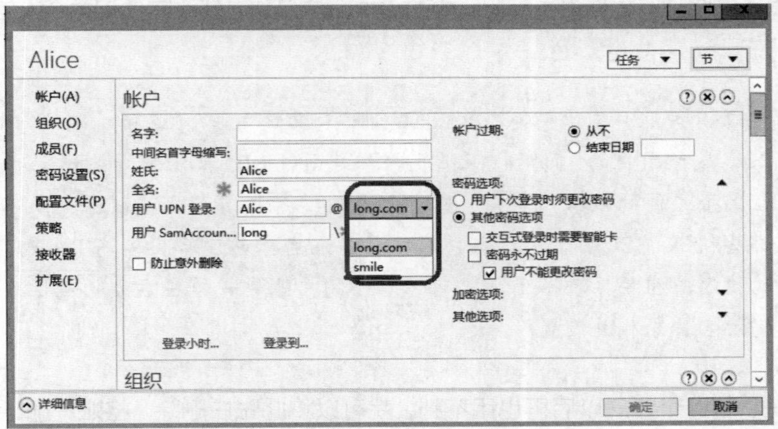

图 4-11 修改用户的 UPN 后缀

### 4.1.7 域用户账户的一般管理

一般管理是指重设密码、禁用（启用）账户、移动账户、删除账户、更改登录名称与解除锁定等。可以单击想要管理的用户账户（见图 4-12 中的 Alice），然后通过右侧的选项来设置。

- 重置密码。当用户忘记密码或密码使用期限到期时，系统管理员可以为用户设置一个新的密码。
- 禁用账户（或启用账户）。若某位员工因故在一段时间内无法来上班，就可以先将该员工的账户禁用，待该员工回来上班后，再将其重新启用。若用户账户已被禁用，则该用户账户图形上会有一个向下的箭头符号。
- 移动账户。可以将账户移动到同一个域内的其他组织单位或容器。

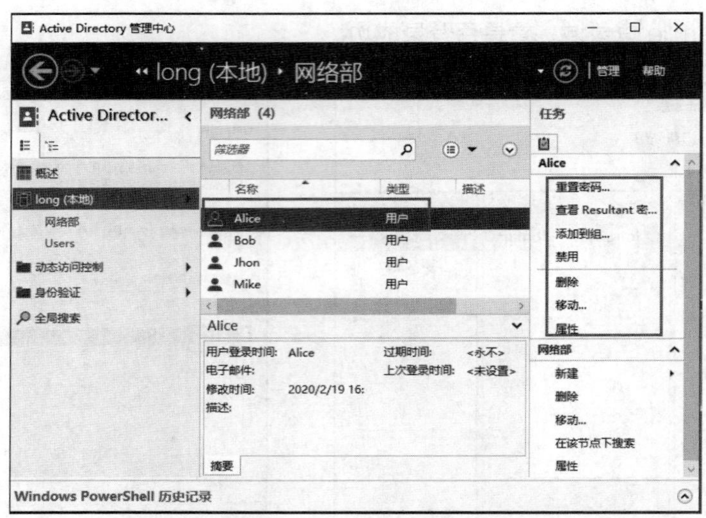


图 4-12　Active Directory 管理中心

- 重命名。重命名（可通过选中用户账户并单击鼠标右键，在弹出的快捷菜单中选择“属性”命令的方法来重命名）以后，该用户原来所拥有的权限与组关系都不会受到影响。例如，当某员工离职时，可以暂时先将其用户账户禁用，等到新员工进来接替他的工作时，再将此账户名称改为新员工的名称，重新设置密码，更改登录账户名称，修改其他相关个人信息，然后再重新启用此账户。

**说明**　① 在每一个用户账户创建完成之后，系统都会为其建立一个唯一的 SID，而系统是利用这个 SID 来代表该用户的，同时权限设置等都是通过 SID 来记录的，并不是通过用户名称。例如，在某个文件的权限列表内，它会记录哪些 SID 具备哪些权限，而不是哪些用户名称拥有哪些权限。② 由于用户账户名称或登录名称更改后，其 SID 并没有被改变，因此用户的权限与组关系都不变。③ 可以双击用户账户或单击右方的属性来更改用户账户名称与登录名称等相关设置。

- 删除账户。若这个账户以后再也用不到，就可以将此账户删除。将账户删除后，即使再新建一个相同名称的用户账户，此新账户也不会继承原账户的权限与组关系，因为系统会给予这个新账户一个新的 SID，而系统是利用 SID 来记录用户的权限与组关系的，不是利用账户名称，所以对系统来说，这是两个不同的账户，当然就不会继承原账户的权限与组关系。
- 解除被锁定的账户。可以通过组策略管理器的账户策略来设置用户输入密码失败多少次后，就将此账户锁定，而系统管理员可以利用下面的方法来解除锁定：双击该用户账户，然后单击图 4-13 中的“解锁账户”按钮（只有账户被锁定后才会有此按钮）。

**提示**　设置账户策略的参考步骤如下：在组策略管理器中用鼠标右键单击“Default Domain Policy GPO”（或其他域级别的 GPO）选项，在弹出的快捷菜单中选择“编辑”→“计算机配置”→“策略”→“Windows 设置”→“安全设置”→“账户策略”→“账户锁定策略”命令。

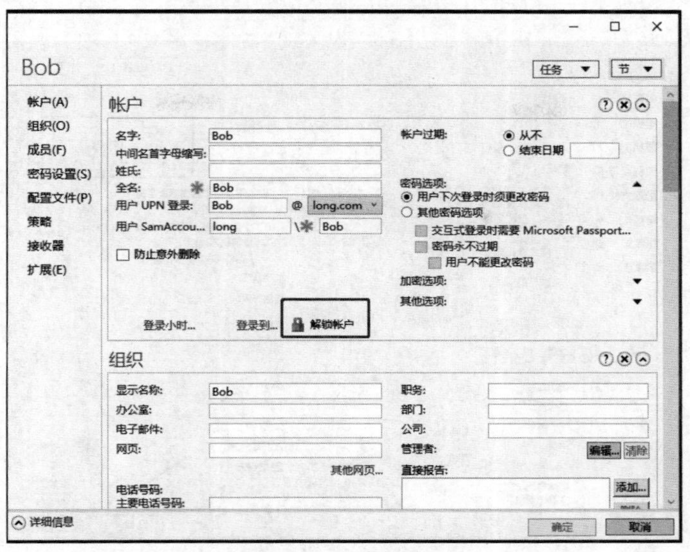

图 4-13　Bob 账户

## 4.1.8　设置域用户账户的属性

每一个域用户账户内都有一些相关的属性信息，如地址、电话与电子邮件地址等，域用户可以通过这些属性来查找 AD DS 数据库内的用户。例如，通过电话号码来查找用户。因此，为了更容易地找到所需的用户账户，这些属性信息应该越完整越好。下面将通过 Active　Directory 管理中心来介绍用户账户的部分属性，先双击要设置的用户账户 Alice。

### 1. 设置组织信息

组织信息就是指显示名称、职务、部门、地址、电话、电子邮件、网页等，如图 4-14 中的“组织”节点所示，这部分的内容都很简单，请自行浏览这些字段。

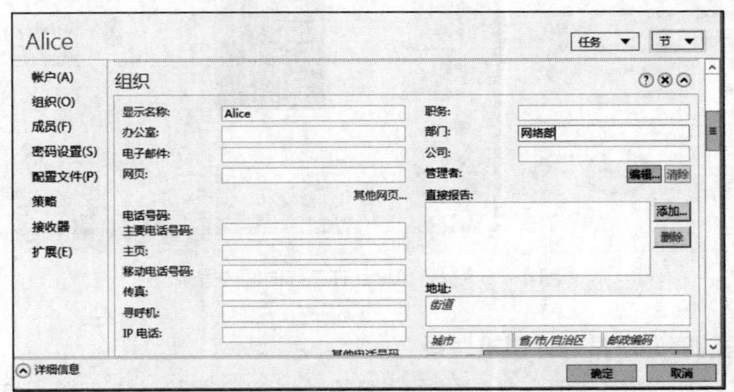

图 4-14　组织信息

### 2. 设置账户过期

在“账户”节点内的“账户过期”选项区中设置账户过期，默认为“从不”，要设置过期时间，可单击“结束日期”单选按钮，然后输入格式为 yyyy/m/d 的过期日期即可，如图 4-15 所示。

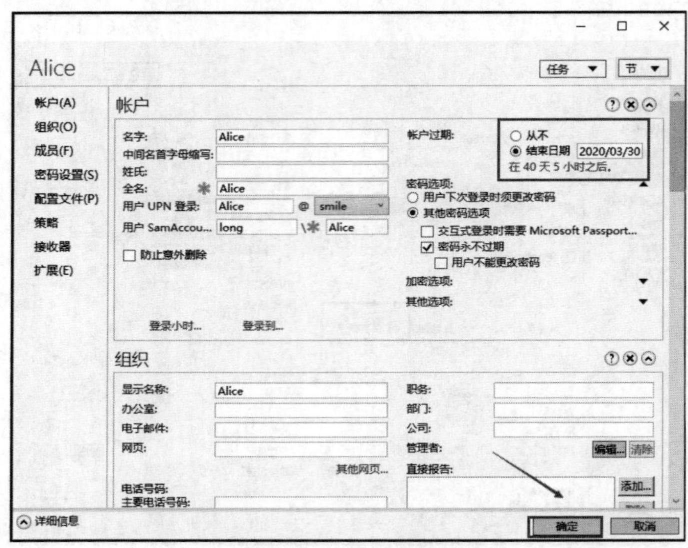


图 4-15　账户过期

### 3. 设置登录时段

登录时段用来指定用户可以登录到域的时间段，默认是任何时间段都可以登录域，若要改变设置，请单击图 4-16 中的“登录小时”按钮，然后在“登录小时数”对话框中设置。“登录小时数”对话框中横轴的每一方块代表一小时，纵轴每一方块代表一天，填满方块与空白方块分别代表允许与不允许登录的时间段，默认开放所有时间段。选好时段后，单击“允许登录”或“拒绝登录”单选按钮来允许或拒绝用户在上述时间段登录。下例允许 Alice 在工作时间：星期一～星期五每天 8:00～18:00 登录。

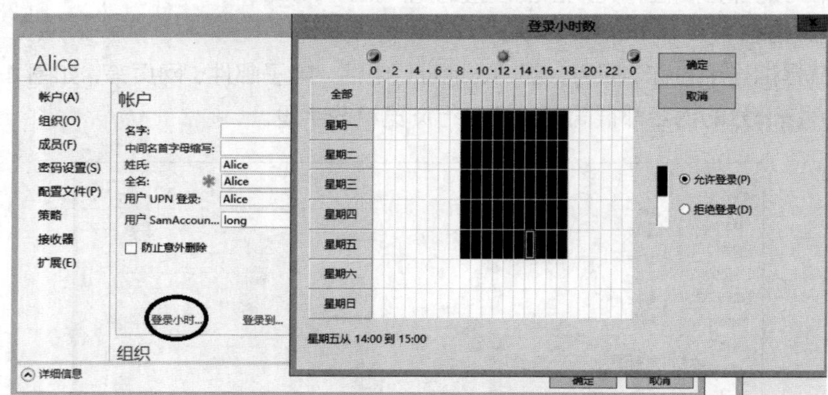


图 4-16　允许 Alice 在工作时间内登录

### 4. 限制用户只能够通过某些计算机登录

一般域用户默认可以利用任何一台域成员计算机（域控制器除外）来登录域，不过也可以通过下面的方法来限制用户只可以利用某些特定计算机来登录域：单击图 4-17 中的“登录到”按钮，在“登录到”对话框中选中“下列计算机”单选按钮，输入计算机名称后单击“添加”按钮，计算机名称可为 NetBIOS 名称（如 MS1）或 DNS 名称（如 MS1.long.com）。这样配置后，只有在 MS1 计算机上才能使用 Alice 账户登录域 long.com。

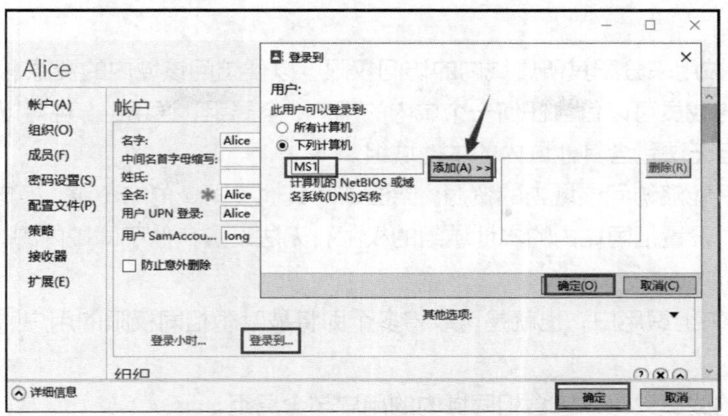


图 4-17　限制 Alice 只能在 ms1 上登录

## 4.1.9　域组账户

如果能够使用组（Group）来管理用户账户，就必定能够减轻许多网络管理负担。例如，针对网络部组设置权限后，此组内的所有用户都会自动拥有此权限，因此就不需要设置每一个用户。

**注意**　域组账户也都有唯一的安全标识符。命令 whoami/users 显示当前用户的信息和安全标识符；命令 whoami/groups 显示当前用户的组成员信息、账户类型、安全标识符和属性；命令 whoami/?显示该命令的常见用法。

### 1. 域内的组类型

AD DS 的域组分为下面两种类型，且它们之间可以相互转换。

- 安全组（Security Group）。它可以被用来分配权限与权利，例如，可以指定安全组对文件具备读取的权限。它也可以用在与安全无关的工作上，例如，可以给安全组发送电子邮件。
- 通信组（Distribution Group）。它被用在与安全（权限与权利设置等）无关的工作上，例如，可以给通信组发送电子邮件，但是无法为通信组分配权限与权利。

### 2. 组的使用范围

从组的使用范围来看，域内的组分为本地域组（Domain Local Group）、全局组（Global Group）和通用组（Universal Group）3 种，见表 4-1。

表 4-1　组的使用范围

| 特性 / 组 | 本地域组 | 全局组 | 通用组 |
|---|---|---|---|
| 可包含的成员 | 所有域内的用户、全局组、通用组；相同域内的本地域组 | 相同域内的用户与全局组 | 所有域内的用户、全局组、通用组 |
| 可以在哪一个域内被分配权限 | 同一个域 | 所有域 | 所有域 |
| 组转换 | 可以被转换成通用组（只要原组内的成员不包含本地域组即可） | 可以被转换成通用组（只要原组不隶属于任何一个全局组即可） | 可以被转换成本地域组；可以被转换成全局组（只要原组内的成员不含通用组即可） |

（1）本地域组。

本地域组主要被用来分配其所属域内的访问权限，以便访问该域内的资源。

- 本地域组的成员可以包含任何一个域内的用户、全局组、通用组；也可以包含相同域内的本地域组；但无法包含其他域内的本地域组。
- 本地域组只能够访问该域内的资源，无法访问其他不同域内的资源；换句话说，在设置权限时，只可以设置相同域内的本地域组的权限，无法设置其他不同域内的本地域组的权限。

（2）全局组。

全局组主要用来组织用户，也就是可以将多个即将被赋予相同权限的用户账户加入同一个全局组内。

- 全局组内的成员只可以包含相同域内的用户与全局组。
- 全局组可以访问任何一个域内的资源，也就是说，可以在任何一个域内设置全局组的权限（这个全局组可以位于任何一个域内），以便让此全局组具备权限来访问该域内的资源。

（3）通用组。

- 通用组可以在所有域内为通用组分配访问权限，以便访问所有域内的资源。
- 通用组具备万用领域的特性，其成员可以包含林中任何一个域内的用户、全局组、通用组，但是它无法包含任何一个域内的本地域组。
- 通用组可以访问任何一个域内的资源，也就是说，可以在任何一个域内设置通用组的权限（这个通用组可以位于任何一个域内），以便让此通用组具备权限来访问该域内的资源。

## 4.1.10 建立与管理域组账户

### 1. 组的新建、删除与重命名

要创建域组时，可选择“服务器管理器”→“工具”→“Active Directory 管理中心”命令，展开域名，单击容器或组织单位（如网络部），单击右侧任务窗格的“新建”→“组”选项，然后在图 4-18 中输入组名、供旧版网络操作系统访问的组名，选择组类型与组范围等。若要删除组，则选中组账户并单击鼠标右键，在弹出的快捷菜单中选择“删除”命令即可。

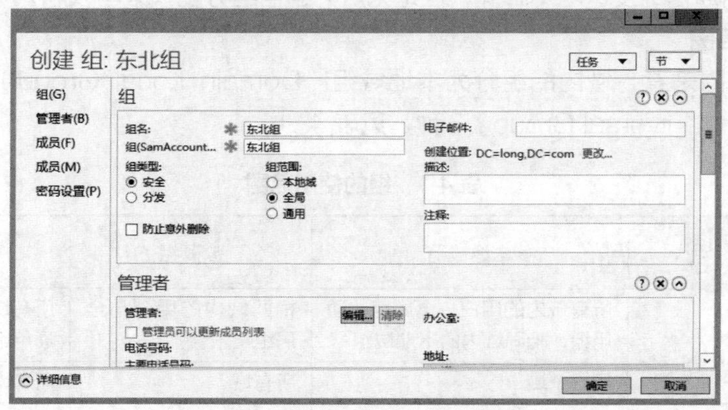


图 4-18 创建组

### 2. 添加组的成员

将用户、组等加入组内的方法为：在图 4-19 中，单击“成员（M）”→“添加”→ “高级”→“立即查找”按钮，选取要被加入的成员（按 Shift 键或 Ctrl 键可同时选择多个账户），单击“确定”按钮。本例将 Alice、Bob、Jhon 加入东北组。

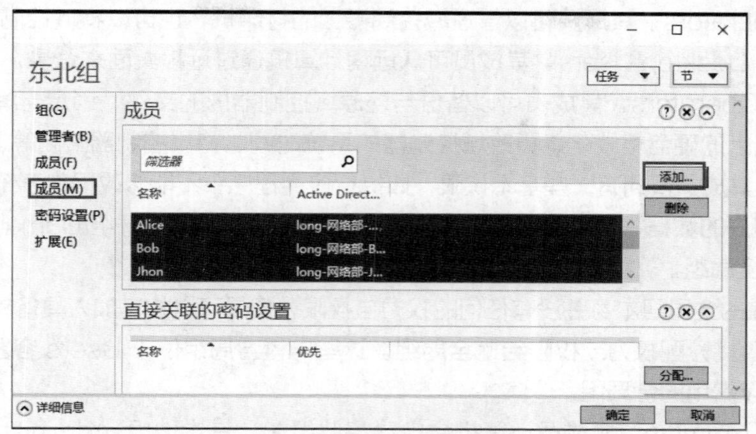


图 4-19　添加组成员

### 3. AD DS 内置的组

AD DS 有许多内置组，它们分别隶属于本地域组、全局组、通用组与特殊组。

（1）内置的本地域组。

这些本地域组本身已被赋予了一些权利与权限，以便让其具备管理 AD DS 域的能力。只要将用户或组账户加入这些组内，这些账户就会自动具备相同的权利与权限。下面是 Builtin 容器内常用的本地域组。

- Account Operators。其成员默认可在容器与组织单位内添加、删除或修改用户、组与计算机账户，不过部分内置的容器例外，如 Builtin 容器与 Domain Controllers 组织单位，同时也不允许在部分内置的容器内添加计算机账户，如 Users。它们也无法更改大部分组的成员，如 Administrators 等。
- Administrators。其成员具备系统管理员权限，对所有域控制器拥有最大控制权，可以执行 AD DS 管理工作。内置系统管理员 Administrator 就是此组的成员，而且无法将其从此组内删除。此组默认的成员包括 Administrator、全局组 Domain Admins、通用组 Enterprise Admins 等。
- Backup Operators。其成员可以通过 Windows Server Backup 工具来备份与还原域控制器内的文件，不管它们是否有权限访问这些文件。其成员也可以对域控制器执行关机操作。
- Guests。其成员无法永久改变其桌面环境，当它们登录时，系统会为它们建立一个临时的用户配置文件，而注销时，此配置文件就会被删除。此组默认的成员为用户账户 Guest 与全局组 Domain Guests。
- Network Configuration Operators。其成员可在域控制器上执行常规网络配置工作，如变更 IP 地址，但不可以安装、删除驱动程序与服务，也不可以执行与网络服务器配置有关的工作，如 DNS 与 DHCP 服务器的设置。
- Performance Monitor Users。其成员可监视域控制器的运行情况。
- Pre-Windows 2000 Compatible Access。此组主要是为了与 Windows NT Server 4.0（或更旧的网络操作系统）兼容。其成员可以读取 AD DS 域内的所有用户与组账户。其默认的成员为特殊组 Authenticated Users。只有在用户的计算机是 Windows NT Server 4.0 或更早版本的系统时，才将用户加入此组内。

- Print Operators。其成员可以管理域控制器上的打印机，也可以将域控制器关闭。
- Remote Desktop Users。其成员可从远程计算机通过远程桌面来登录。
- Server Operators。其成员可以备份与还原域控制器内的文件、锁定与解锁域控制器、将域控制器上的硬盘格式化、更改域控制器的系统时间、将域控制器关闭等。
- Users。其成员仅拥有一些基本权限，如执行应用程序，不能修改操作系统的设置、不能修改其他用户的数据、不能将服务器关闭。此组默认的成员为全局组 Domain Users。

（2）内置的全局组。

AD DS 内置的全局组本身并没有任何的权力与权限，但是可以将其加入具备权力或权限的本地域组内，或另外直接分配权力或权限给此全局组。这些内置全局组位于 Users 容器内。

下面列出了较常用的全局组。

- Domain Admins。域成员计算机会自动将此组加入其本地组 Administrators 内，因此 Domain Admins 组内的每一个成员，在域内的每一台计算机上都具备系统管理员权限。此组默认的成员为域用户 Administrator。
- Domain Computers。所有的域成员计算机（域控制器除外）都会被自动加入此组内。我们会发现 MS1 就是该组的一个成员。
- Domain Controllers。域内的所有域控制器都会被自动加入此组内。
- Domain Users。域成员计算机会自动将此组加入其本地组 Users 内，因此 Domain Users 内的用户将享有本地组 Users 拥有的权利与权限，如拥有允许本机登录的权利。此组默认的成员为域用户 Administrator，而以后新建的域用户账户都自动隶属于此组。
- Domain Guests。域成员计算机会自动将此组加入其本地组 Guests 内。此组默认的成员为域用户账户 Guest。

（3）内置的通用组。

- Enterprise Admins。此组只存在于林根域，其成员有权管理林内的所有域。此组默认的成员为林根域内的用户 Administrator。
- Schema Admins。此组只存在于林根域，其成员具备管理架构的权力。此组默认的成员为林根域内的用户 Administrator。

（4）特殊组账户。

除了前面介绍的组之外，还有一些特殊组，而用户无法更改这些特殊组的成员。下面列出了几个经常使用的特殊组。

- Everyone。任何一位用户都属于这个组。若 Guest 账户被启用，则在分配权限给 Everyone 时需小心，因为若某位在计算机内没有账户的用户通过网络来登录这台计算机，他就会被自动允许利用 Guest 账户来连接，此时因为 Guest 也隶属于 Everyone 组，所以他将具备 Everyone 拥有的权限。
- Authenticated Users。任何利用有效用户账户来登录此计算机的用户都隶属于此组。
- Interactive。任何在本机登录（按 Ctrl+Alt+Del 组合键登录）的用户都隶属于此组。
- Network。任何通过网络来登录此计算机的用户都隶属于此组。

- Anonymous Logon。任何未利用有效的普通用户账户来登录的用户都隶属于此组。Anonymous Logon 默认并不隶属于 Everyone 组。
- Dialup。任何利用拨号方式连接的用户都隶属于此组。

### 4.1.11 掌握组的使用原则

为了让网络管理更为容易，同时为了减轻以后维护的负担，在利用组来管理网络资源时，建议尽量采用下面的原则，尤其是大型网络。

- A、G、DL、P 原则。
- A、G、G、DL、P 原则。
- A、G、U、DL、P 原则。
- A、G、G、U、DL、P 原则。

其中，A 代表用户账户（User Account），G 代表全局组（Global Group），DL 代表本地域组（Domain Local Group），U 代表通用组（Universal Group），P 代表权限（Permission）。

**1. A、G、DL、P 原则**

A、G、DL、P 原则就是先将用户账户（A）加入全局组（G）内，再将全局组加入本地域组（DL）内，然后设置本地域组的权限（P），如图 4-20 所示。例如，只要针对图 4-20 中的本地域组设置权限，则隶属于该域本地组的全局组内的所有用户都自动具备该权限。

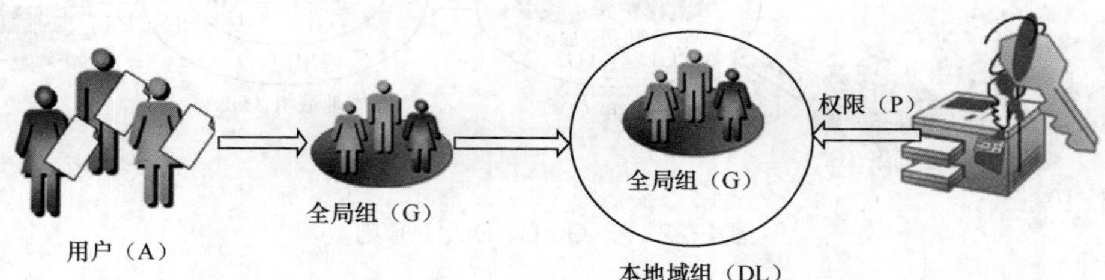


图 4-20 A、G、DL、P 原则

例如，若甲域内的用户需要访问乙域内的资源，则由甲域的系统管理员负责在甲域建立全局组，将甲域用户账户加入此组内；而乙域的系统管理员则负责在乙域建立本地域组，设置此组的权限，然后将甲域的全局组加入此组内；之后由甲域的系统管理员负责维护全局组内的成员，而乙域的系统管理员则负责维护权限的设置，从而将管理的负担分散。

**2. A、G、G、DL、P 原则**

A、G、G、DL、P 原则就是先将用户账户（A）加入全局组（G）内，再将此全局组加入另一个全局组（G）内，再将此全局组加入本地域组（DL）内，然后设置本地域组的权限（P），如图 4-21 所示。图 4-21 中的全局组（G3）内包含两个全局组（G1 与 G2），它们必须是同一个域内的全局组，因为全局组内只能够包含位于同一个域内的用户账户与全局组。

**3. A、G、U、DL、P 原则**

图 4-22 所示的全局组 G1 与 G2 若不是与 G3 在同一个域内的，则无法采用 A、G、G、DL、P 原则，因为全局组（G3）内无法包含位于另外一个域内的全局组，此时需将全局组 G3 改为通用

组，也就是需要改用 A、G、U、DL、P 原则（见图 4-22），此原则是先将用户账户（A）加入全局组（G）内，再将此全局组加入通用组（U）内，再将此通用组加入本地域组（DL）内，然后设置本地域组的权限（P）。

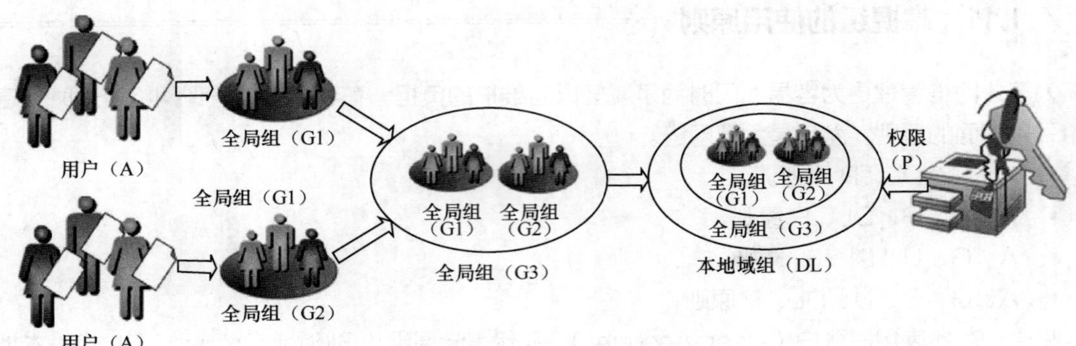


图 4-21　A、G、G、DL、P 原则

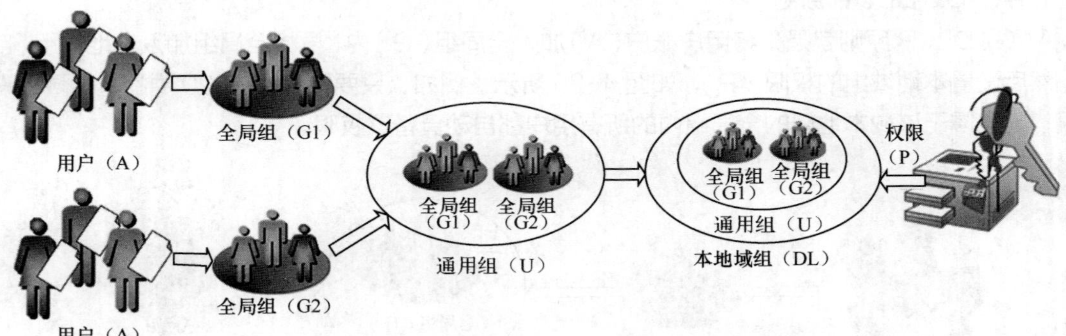


图 4-22　A、G、U、DL、P 原则

**4．A、G、G、U、DL、P 原则**

A、G、G、U、DL、P 原则与前面两种类似，在此不再重复说明。

也可以不遵循以上的原则来使用组，不过会有一些缺点。例如，可以执行以下操作。

- 直接将用户账户加入本地域组内，然后设置此组的权限。它的缺点是无法在其他域内设置此本地域组的权限，因为本地域组只能够访问所属域内的资源。
- 直接将用户账户加入全局组内，然后设置此组的权限。它的缺点是，如果网络内包含多个域，而每个域内都有一些全局组需要对此资源具备相同的权限，则需要分别为每一个全局组设置权限，这种方法比较浪费时间，会增加网络管理的负担。

## 4.2 项目设计与准备

本项目的网络拓扑图如图 4-23 所示。任务 4-1 将使用 MS1 计算机，任务 4-2 将使用 DC1、DC2 和 MS13 台计算机，其他计算机在本项目中不需要。

为了提高效率，建议将不使用的计算机在 VMware 中挂起或关闭。

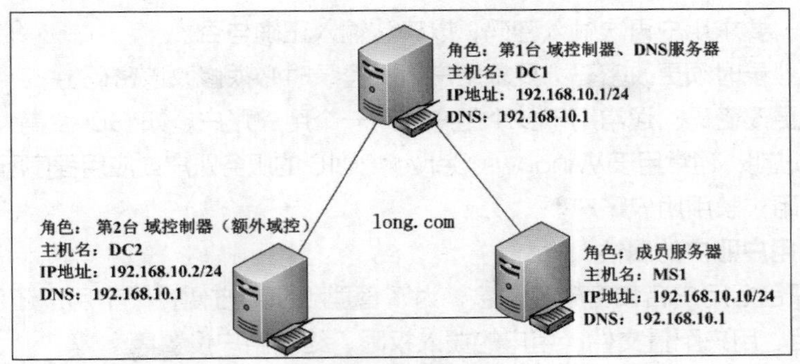


图 4-23　项目网络拓扑图

## 4.3 项目实施

### 任务 4-1　在成员服务器上管理本地账户和组

#### 1. 创建本地用户账户

用户可以在 MS1 上以本地管理员账户登录计算机，使用“计算机管理”中的“本地用户和组”管理单元来创建本地用户账户，而且用户必须拥有管理员权限。创建本地用户账户 student1 的步骤如下。

**STEP 1** 选择“服务器管理器”→“工具”→“计算机管理”命令，打开“计算机管理”窗口。

**STEP 2** 在“计算机管理”窗口中，展开“本地用户和组”选项，在“用户”目录上单击鼠标右键，在弹出的快捷菜单中选择“新用户”命令，如图 4-24 所示。

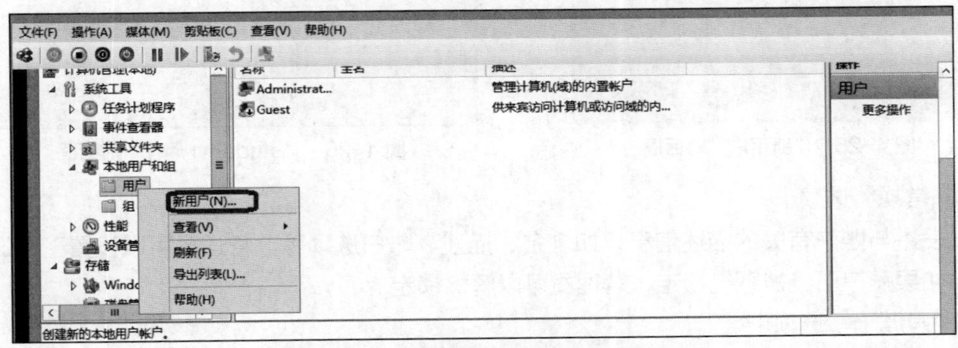


图 4-24　选择“新用户”命令

**STEP 3** 打开“新用户”对话框，输入用户名、全名、描述和密码，如图 4-25 所示。可以设置密码选项，包括“用户下次登录时须更改密码”“用户不能更改密码”“密码永不过期”“账户已禁用”等。设置完成后，单击“创建”按钮新增用户账户。创建完用户后，单击“关闭”按钮，返回“计算机管理”窗口。

有关密码的选项如下。

- 密码：要求用户输入密码，系统用“*”显示。

- 确认密码：要求用户再次输入密码，以确认输入正确与否。
- 用户下次登录时须更改密码：要求用户下次登录时必须修改该密码。
- 用户不能更改密码：通常用于多个用户共用一个用户账户，如 Guest 等。
- 密码永不过期：通常用于 Windows Server 2016 的服务账户或应用程序所使用的用户账户。
- 账户已禁用：禁用用户账户。

**2. 设置本地用户账户的属性**

用户账户不只包括用户名和密码等信息，为了管理和使用方便，一个用户还包括其他属性，如用户隶属的用户组、用户配置文件、用户的拨入权限、终端用户设置等。

在“本地用户和组”的右窗格中，双击刚刚建立的 student1 用户，打开图 4-26 所示的“student1 属性”对话框。

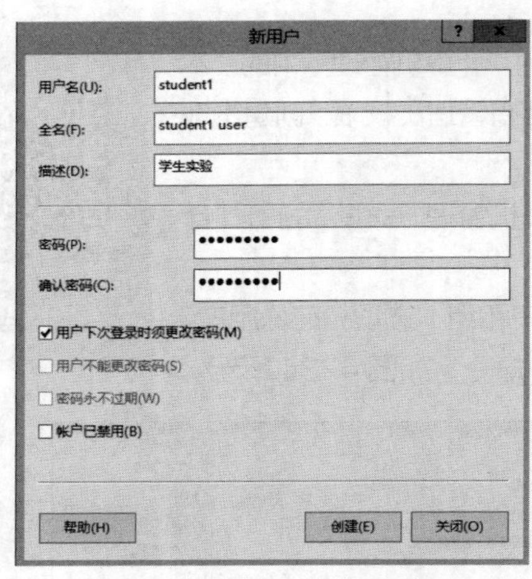


图 4-25 “新用户”对话框

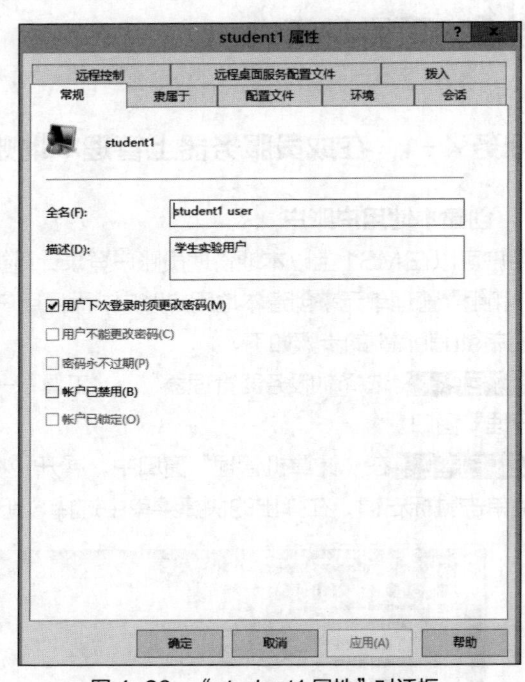


图 4-26 “student1 属性”对话框

（1）“常规”选项卡。

可以设置与账户有关的描述信息，如全名、描述、账户选项等。管理员可以设置密码选项或禁用账户。如果账户已经被系统锁定，管理员可以解除锁定。

（2）“隶属于”选项卡。

在“隶属于”选项卡中，可以设置将该账户加入其他本地组中。为了管理方便，通常都需要为用户组（见图 4-27）分配与设置权限。用户属于哪个组，就具有该用户组的权限。新增的用户账户默认加入 users 组，users 组的用户一般不具备一些特殊权限，如安装应用程序、修改系统设置等。所以当要分配给这个用户一些权限时，可以将该用户账户加入其他组，也可以单击“删除”按钮，将用户从一个或几个用户组中删除。例如，将 student1 添加到管理员组的操作步骤如下。

单击图 4-27 中的“添加”按钮，在图 4-28 所示的“选择组”对话框中直接输入组的名称，如管理员组的名称 Administrator、高级用户组的名称 Power users。输入组名称后，若需要检查名称是否正确，则单击“检查名称”按钮，名称会变为“MS1\Administrators”。前面部分表示本地计算机名称，后面部分为组名称。如果输入了错误的组名称，检查时，系统将提示找不到该名称，并提示更改，再次搜索。

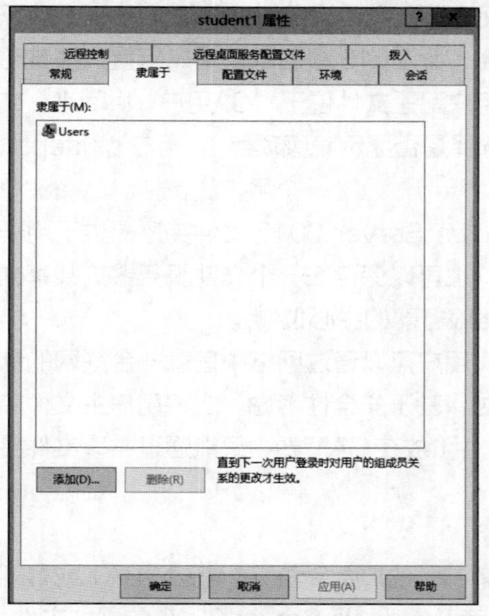
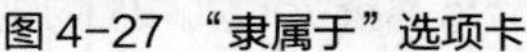

图 4-27 “隶属于”选项卡

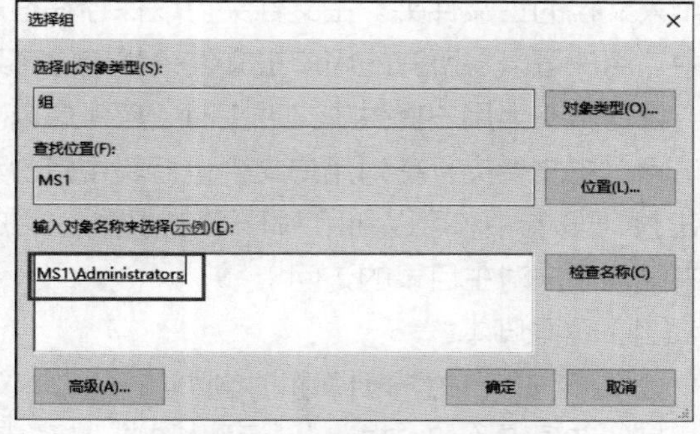

图 4-28 “选择组”对话框

如果不希望手动输入组名称，也可以单击“高级”按钮，再单击“立即查找”按钮，从列表中选择一个或多个组（同时按 Ctrl 键或 Shift 键），如图 4-29 所示。

（3）“配置文件”选项卡。

在“配置文件”选项卡中可以设置用户账户的配置文件路径、登录脚本和主文件夹路径，如图 4-30 所示。

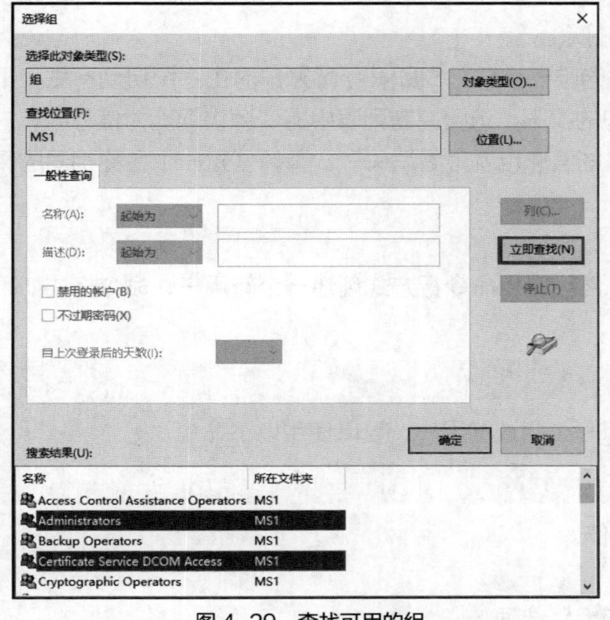

图 4-29 查找可用的组

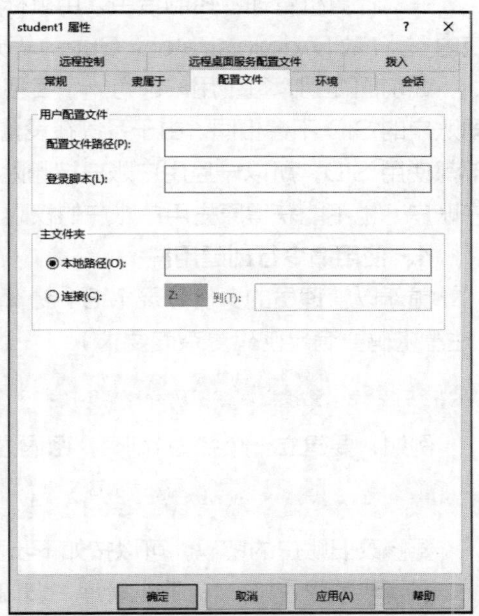

图 4-30 “配置文件”选项卡

用户配置文件是存储当前桌面环境、应用程序设置以及个人数据的文件夹和数据的集合，还包括所有登录到该台计算机上所建立的网络连接。由于用户配置文件提供的桌面环境与用户最近一次登录到该计算机上所用的桌面相同，因此保持了用户桌面环境及其他设置的一致性。

当用户第一次登录到某台计算机上时，Windows Server 2016 根据默认用户配置文件自动创建一个用户配置文件，并将其保存在该计算机上。默认用户配置文件位于“C:\用户\ default”文件夹下，该文件夹是隐藏文件夹（单击“查看”菜单，可选择是否显示隐藏项目），用户 student1 的配置文件位于“C:\用户\student1”文件夹下。

除了“C:\用户\用户名\我的文档”文件夹外，Windows Server 2016 文件夹还提供了用于存放个人文档的主文件夹。主文件夹可以保存在客户机上，也可以保存在一个文件服务器的共享文件夹中。用户可以将所有的用户主文件夹都定位在某个网络服务器的中心位置上。

管理员在为用户提供主文件夹时，应考虑以下因素：用户可以通过网络中任意一台联网的计算机访问其主文件夹；在对用户文件进行集中备份和管理时，基于安全性考虑，应将用户主文件夹存放在 NTFS 卷中，可以利用 NTFS 的权限来保护用户文件（放在 FAT 卷中只能通过共享文件夹权限来限制用户对主目录的访问）。

（4）登录脚本。

登录脚本是用户登录计算机时自动运行的脚本文件，脚本文件的扩展名可以是 VBS、BAT 或 CMD。

其他选项卡（如“拨入”“远程控制”选项卡）请参考 Windows Server 2016 的帮助文件。

**3. 删除本地用户账户**

当用户不再需要使用某个账户时，可以将其删除。因为删除用户账户会导致与该账户有关的所有信息遗失，所以在删除之前，最好确认其必要性或者考虑用其他方法，如禁用该账户。许多企业给临时员工设置了 Windows 账户，当临时员工离开企业时将账户禁用，新来的临时员工需要用该账户时只需改名即可。

在“计算机管理”控制台中，用鼠标右键单击要删除的用户账户，可以执行删除操作，但是系统内置账户如 Administrator、Guest 等无法删除。

在前面提到，每个用户都有一个名称之外的唯一 SID，SID 在新增账户时由系统自动产生，不同账户的 SID 不会相同。由于系统在设置用户的权限、访问控制列表中的资源访问能力信息时，内部都使用 SID，所以一旦用户账户被删除，这些信息也就跟着消失了。重新创建一个名称相同的用户账户，也不能获得原先用户账户的权限。

**4. 使用命令行创建用户**

重新以管理员的身份登录 MS1 计算机，然后使用命令行方式创建一个新用户，命令格式如下（注意密码要满足密码复杂度要求）。

```
net user username password /add
```

例如，要建立一个名为 mike，密码为 P@ssw0rd 的用户，可以使用以下命令。

```
net user mike P@ssw0rd /add
```

要修改旧账户的密码，可以按如下步骤操作。

**STEP 1** 打开“计算机管理”窗口。

**STEP 2** 在窗口中，单击“本地用户和组”选项。

**STEP 3** 用鼠标右键单击要重置密码的用户账户，在弹出的快捷菜单中选择“设置密码”命令。

**STEP 4** 阅读警告消息，如果要继续，则单击“继续”按钮。

**STEP 5** 在“新密码”和“确认密码”中输入新密码，然后单击“确定”按钮。

或者使用如下命令行方式。

```
net user username password
```

例如，将用户 mike 的密码设置为 P@ssw0rd3（必须符合密码复杂度要求），可以运行以下命令。

```
net user mike P@ssw0rd3
```

### 5. 创建本地组

Windows Server 2016 计算机在运行某些特殊功能或应用程序时，可能需要特定的权限。为这些任务创建一个组并将相应的成员添加到组中是一个很好的解决方案。对计算机被指定的大多数角色来说，系统都会自动创建一个组来管理该角色。例如，如果计算机被指定为 DHCP 服务器，相应的组就会添加到计算机中。

要创建一个新组 common，首先打开“计算机管理”窗口。用鼠标右键单击“组”文件夹，在弹出的快捷菜单中选择“新建组”命令。在“新建组”对话框中，输入组名和描述，然后单击“添加”按钮向组中添加成员，如图 4-31 所示。

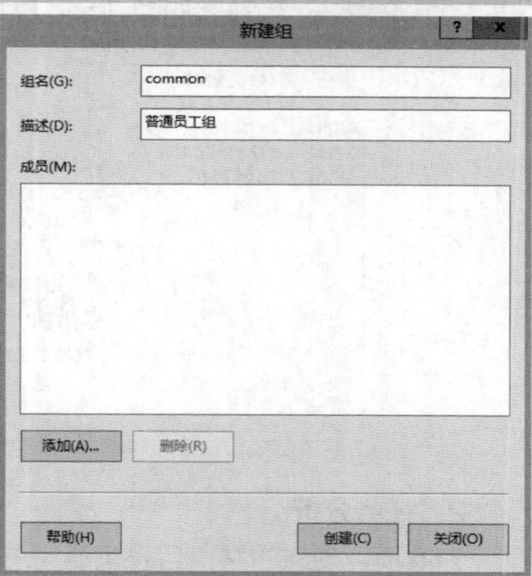


图 4-31　新建组

另外，也可以使用命令行方式创建一个组，命令格式如下。

```
net localgroup groupname /add
```

例如，要添加一个名为 sales 的组，可以输入如下命令。

```
net localgroup sales /add
```

### 6. 为本地组添加成员

可以将对象添加到任何组。在域中，这些对象可以是本地用户、域用户，甚至是其他本地组或域组。但是在工作组环境中，本地组的成员只能是用户账户。

将成员 mike 添加到本地组 common，可以执行以下操作。

**STEP 1** 选择“服务器管理器”→“工具”命令，打开“计算机管理”窗口。

**STEP 2** 在左窗格中展开“本地用户和组”选项，双击“组”文件夹，在右窗格中显示本地组。

**STEP 3** 双击要添加成员的组 common，打开组的“属性”对话框。

**STEP 4** 单击“添加”按钮，选择要加入的用户 mike 即可。

使用命令行的话，可以使用如下命令。

```
net localgroup groupname username /add
```

例如，将用户 mike 加入 administrators 组中，可以使用如下命令。

```
net localgroup administrators mike /add
```

## 任务 4-2 使用 A、G、U、DL、P 原则管理域组

微课 4-3 使用 A、G、U、DL、P 原则管理域组

### 1. 任务背景

未名公司目前正在实施某工程，该工程需要总公司工程部和分公司工程部协同，需要创建一个共享目录，供总公司工程部和分公司工程部共享数据，公司决定在子域控制器 china.long.com 上临时创建共享目录 projects_share。请通过权限分配使总公司工程部和分公司工程部用户对共享目录有写入和删除权限。网络拓扑图如图 4-32 所示。

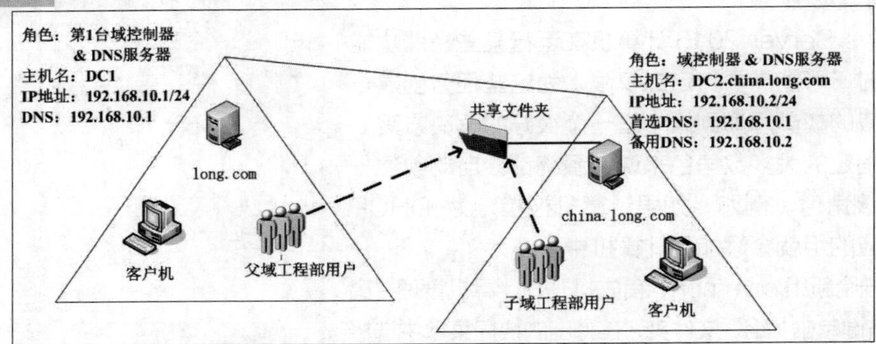


图 4-32 网络拓扑图

### 2. 任务分析

为本项目创建的共享目录需要对总公司工程部和分公司工程部用户配置写入和删除权限。解决方案如下。

① 在总公司 DC1 和分公司 DC2 上创建相应工程部员工用户。

② 在总公司 DC1 上创建全局组 project_long_Gs，并将总公司工程部用户加入该全局组；在分公司上创建全局组 project_china_Gs，并将分公司工程部用户加入该全局组。

③ 在总公司 DC1（林根）上创建通用组 project_long_Us，并将总公司和分公司的工程部全局组配置为成员。

④ 在子公司 DC2 上创建本地域组 project_china_DLs，并将通用组 project_long_Us 加入本地域组。

⑤ 创建共享目录 projects_share，配置本地域组权限为读写权限。

实施后面临的问题如下。

① 总公司工程部员工新增或减少。

总公司管理员直接对工程部用户进行 project_long_Gs 全局组的加入与退出。

② 分公司工程部员工新增或减少。

分公司管理员直接对工程部用户进行 project_china_Gs 全局组的加入与退出。

### 3. 任务实施

**STEP 1** 在总公司 DC1 上创建 Project OU，在总公司的 Project OU 中创建 Project_userA 和 Project_userB 工程部员工用户（用鼠标右键单击“Project”选项，在弹出的快捷菜单中选择“新建”→“用户”命令，直接在“姓名”和“用户登录名”选项下输入字段即可，用户密码必须符合

复杂度要求），如图 4-33 所示。

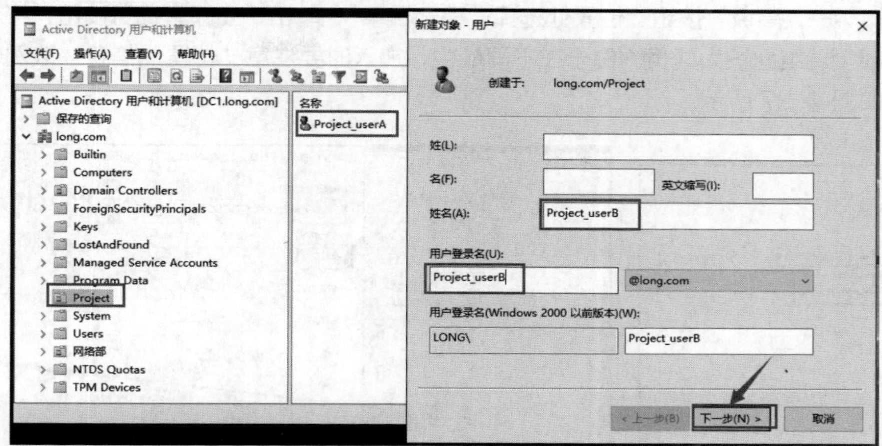

图 4-33　在父域上创建工程部员工

**STEP 2** 在分公司 DC2 上创建 Project OU，在分公司的 Project OU 中创建 Project_user1 和 Project_user2 工程部员工用户，如图 4-34 所示。

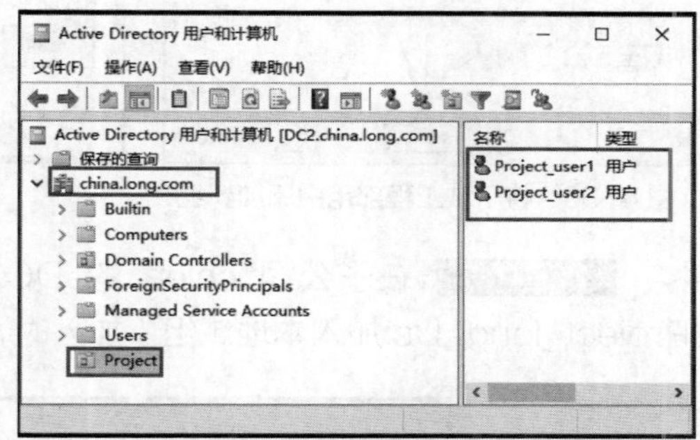

图 4-34　在子域上创建工程部员工

**STEP 3** 在总公司 DC1 创建全局组 Project_long_Gs，并双击该全局组，单击“成员”→“添加”→“高级”→“立即查找”按钮，将总公司工程部用户 Project_userA 和 Project_userB 加入该全局组，如图 4-35 所示。

**STEP 4** 在分公司 DC2 上创建全局组 Project_china_Gs，并将分公司工程部用户加入该全局组，如图 4-36 所示。

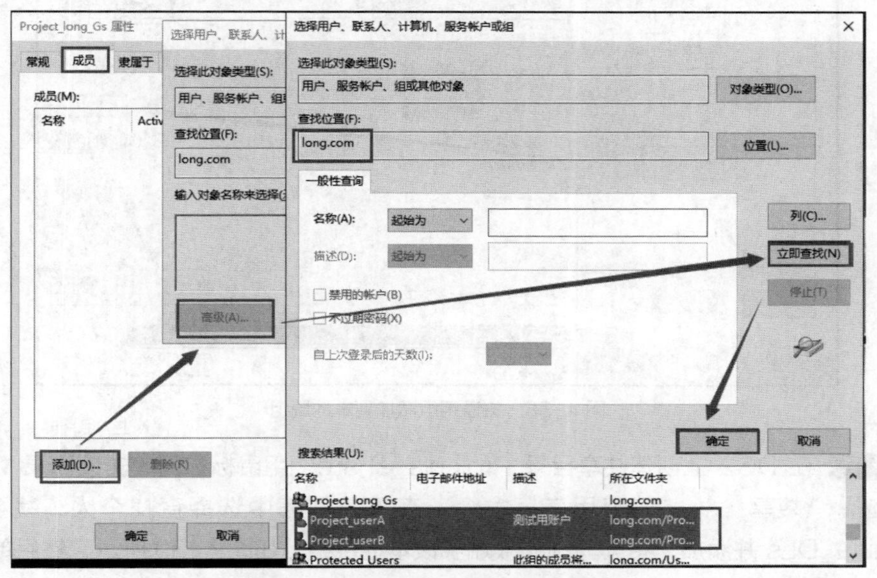

图 4-35　将父域工程部用户添加到组

**STEP 5** 在总公司 DC1(林根)上创建通用组 Project_long_Us，并双击该全局组，单击“成员”→“添加”→“高级”按钮，位置处选择“整个目录”，单击“立即查找”按钮，将总公司和分公司的工程部全局组配置为成员（由于在不同域中，加入时要注意“位置”信息，该例中设为“整个目录”），如图 4-37 所示。

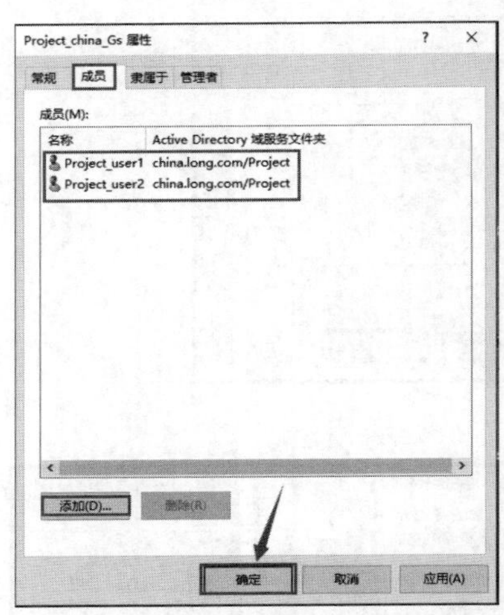

图 4-36 将子域工程部用户添加到组

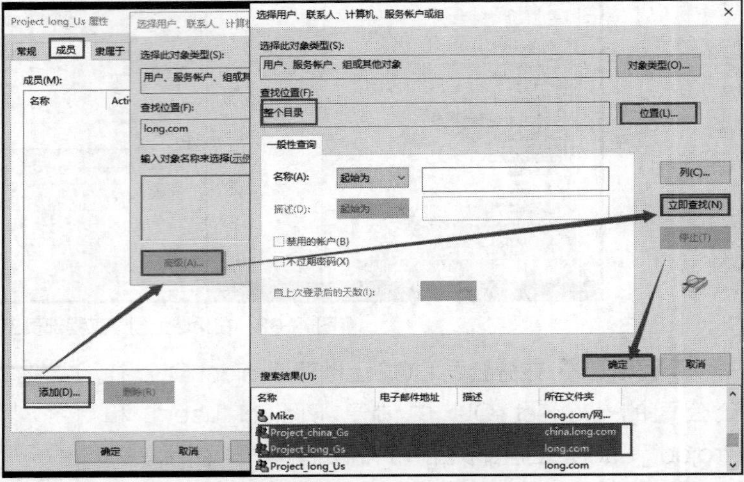

图 4-37 将全局组添加到通用组

**STEP 6** 在子公司 china 的 DC2 上创建本地域组 Project_china_DLs，并将通用组 Project_long_Us 加入本地域组（加入时，重找范围是“整个目录”），如图 4-38 所示。

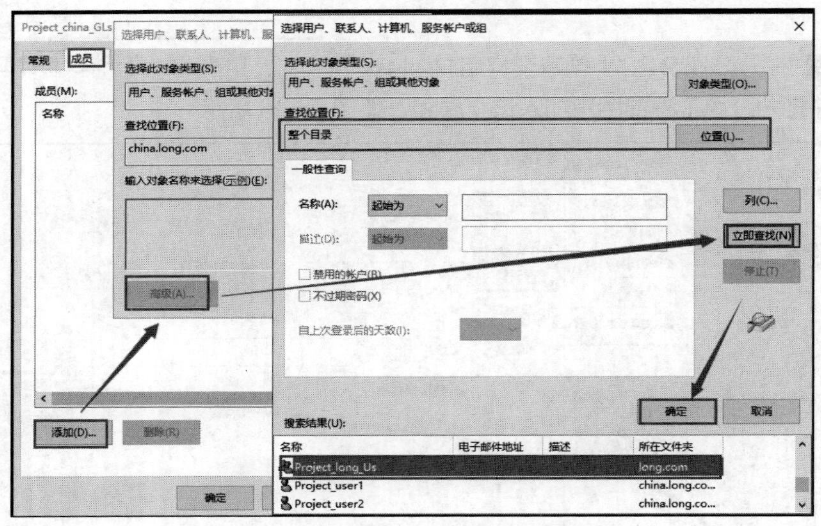

图 4-38 将通用组添加到本地域组

**STEP 7** 在 DC2 上创建共享目录 Projects_share，用鼠标右键单击该目录，在弹出的快捷菜单中选择“共享”→“特定用户”命令。在下拉列表中选择查找个人，找到本地域组 Project_china_DLs 并添加，将读写的权限赋予该本地域组，如图 4-39 所示，然后单击“共享”按钮，最后单击“完成”按钮完成共享目录的设置。

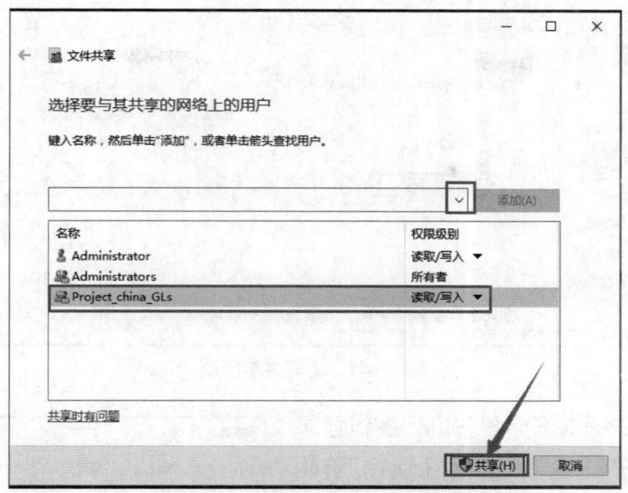


图 4-39　设置共享文件夹的共享权限

**注意**　权限设置还可以结合 NTFS 权限，详细内容请参考相关书籍，在此不再赘述。

**STEP 8**　总公司工程部员工新增或减少：总公司管理员直接对工程部用户进行 Project_long_Gs 全局组的加入与退出。

**STEP 9**　分公司工程部员工新增或减少：分公司管理员直接对工程部用户进行 Project_china_Gs 全局组的加入与退出。

**4．测试验证**

**STEP 1**　在客户机 MS1 上（DNS 服务器的 IP 地址一定要设为 192.168.10.1 和 192.168.10.2），用鼠标右键单击"开始"菜单，在弹出的快捷菜单中选择"运行"命令，输入 UNC 路径\\DC2.china.long.com\ Projects_share，在弹出的凭据对话框中输入总公司域用户名 Project_userA@long.com 及密码，能够成功读取和写入文件，如图 4-40 所示。

图 4-40　访问共享目录

**STEP 2**　注销MS1客户机，重新登录后，使用分公司域用户名Project_user1@china.long.com 访问\\DC2.china.long.com\projects_share 共享目录，能够成功读取和写入文件，如图 4-41 所示。

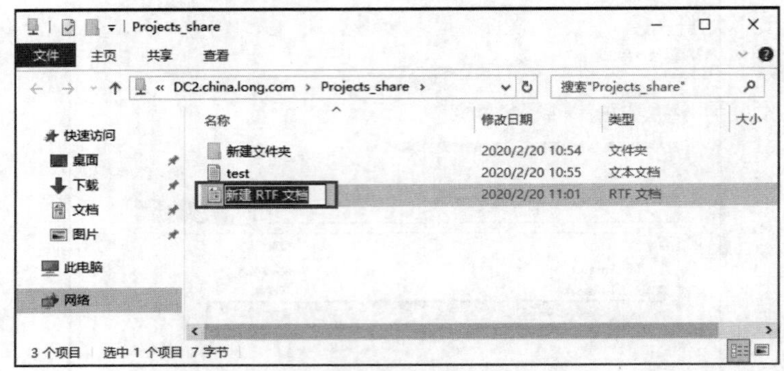

图 4-41 访问共享目录

STEP 3 再次注销 MS1 客户机，重新登录后，使用总公司域用户名 Alice@long.com 访问 \\DC2.china.long.com\Projects_share 共享目录，提示没有访问权限，因为 Alice 用户不是工程部用户，如图 4-42 所示。

图 4-42 提示没有访问权限

## 4.4 习题

### 一、填空题

1．账户的类型分为________、________、________。

2．根据服务器的工作模式，组分为________、________。

3．在工作组模式下，用户账户存储在________中；在域模式下，用户账户存储在________中。

4．在活动目录中，组按照能够授权的范围，分为________、________、________。

5．你创建了一个名为 Helpdesk 的全局组，其中包含所有帮助账户。你希望帮助人员能在本地桌面计算机上执行任何操作，包括取得文件所有权，最好使用________内置组。

### 二、选择题

1．在设置域账户属性时，（　　）项目是不能被设置的。

A．账户登录时间　　B．账户的个人信息

C．账户的权限　　D．指定账户登录域的计算机

2．下列账户名不是合法的是（　　）。

A．abc_234　　B．Linux book　　C．doctor*　　D．addeofHELP

3．下面用户不是内置本地域组成员的是（　　）。

A．Account Operator　　B．Administrator

C．Domain Admins　　D．Backup Operators

4．公司聘用了 10 名新雇员。你希望这些新雇员通过 VPN 连接接入公司总部。你创建了新用户账户，并将总部中的共享资源的“允许读取”和“允许执行”权限授予新雇员。但是，新雇员无法访问总部的共享资源。你需要确保用户能够建立可接入总部的 VPN 连接。你该怎么做？（　　）

A. 授予新雇员“允许完全控制”权限

B. 授予新雇员“允许访问拨号”权限

C. 将新雇员添加到 Remote Desktop Users 安全组

D. 将新雇员添加到 Windows Authorization Access 安全组

5. 公司有一个 Active Directory 域。有个用户试图从客户端计算机登录到域，但是收到以下消息：“此用户账户已过期。请管理员重新激活该账户”。你需要确保该用户能够登录到域。你该怎么做？（　　）

A. 修改该用户账户的属性，将该账户设置为永不过期

B. 修改该用户账户的属性，延长“登录时间”设置

C. 修改该用户账户的属性，将密码设置为永不过期

D. 修改默认域策略，缩短账户锁定持续时间

6. 公司有一个 Active Directory 域，名为 intranet.contoso.com。所有域控制器都运行 Windows Server 2016。域功能级别和林功能级别都设置为 Windows 2000 纯模式。你需要确保用户账户有 UPN 后缀 contoso.com。应该先怎么做？（　　）

A. 将 contoso.com 林功能级别提升到 Windows Server 2008 或 Windows Server 2016

B. 将 contoso.com 域功能级别提升到 Windows Server 2008 或 Windows Server 2016

C. 将新的 UPN 后缀添加到林

D. 将 Default Domain Controllers 组策略对象（GPO）中的 Primary DNS Suffix 选项设置为 contoso.com

7. 公司有一个总部和 10 个分部。每个分部有一个 Active Directory 站点，其中包含一个域控制器。只有总部的域控制器被配置为全局编录服务器。你需要在分部域控制器上停用“通用组成员身份缓存”（UGMC）选项。应在（　　）中停用 UGMC。

A. 站点　　B. 服务器　　C. 域　　D. 连接对象

8. 公司有一个单域的 Active Directory 林。该域的功能级别是 Windows Server 2016。你需要执行以下活动。

- 创建一个全局通信组。
- 将用户添加到该全局通信组。
- 在 Windows Server 2016 成员服务器上创建一个共享文件夹。
- 将该全局通信组放入有权访问该共享文件夹的本地域组中。
- 你需要确保用户能够访问该共享文件夹。

该怎么做？（　　）

A. 将林功能级别提升为 Windows Server 2016

B. 将该全局通信组添加到 Domain Administrators 组中

C. 将该全局通信组的组类型更改为安全组

D. 将该全局通信组的作用域更改为通用通信组

**三、简答题**

1. 简述工作组和域的区别。

2. 简述通用组、全局组和本地域组的区别。

3．你负责管理你所属组的成员的账户以及对资源的访问权。组中的某个用户离开了公司，你希望在几天内有人来代替该员工。对于前用户的账户，你应该如何处理？

4．你需要在 AD DS 中创建数百个计算机账户，以便为无人参与安装预先配置这些账户。创建如此大量的账户的最佳方法是什么？

5．用户报告说，他们无法登录到自己的计算机。错误消息表明计算机和域之间的信任关系中断。如何修正该问题？

6．BranchOffice_Admins 组对 BranchOffice_OU 中的所有用户账户有完全控制权限。对于从 BranchOffice_OU 移入 HeadOffice_OU 的用户账户，BranchOffice_Admins 对该账户将有何权限？

## 4.5 项目实训　管理用户账户和组账户

本项目实训部署在图 4-43 所示的环境下，本例中用到 DC1 和 MS1 两台计算机。其中 DC1 和 MS1 是 VMware（或者 Hyper-V 服务器）的 2 台虚拟机，DC1 是域 long.com 的域控制器，MS1 是域 long.com 的成员服务器。本地用户和组的管理在 MS1 上进行，域用户和组的管理在 DC1 上进行，在 MS1 上进行测试。

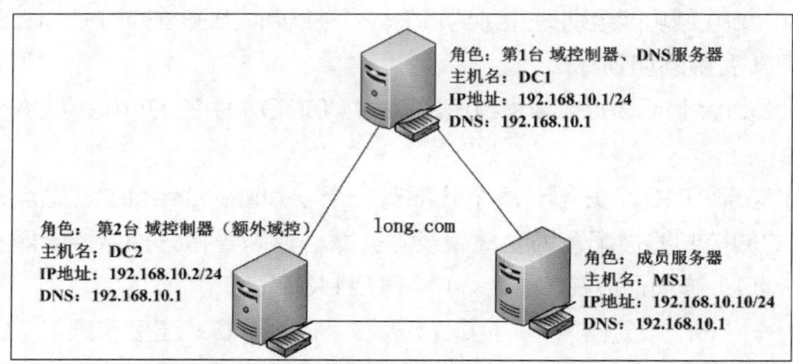


图 4-43　管理用户账户和组账户网络拓扑图

**做一做**

根据项目实训视频进行项目的实训，检查学习效果。

## 拓展阅读　中国计算机的主奠基者

在我国计算机发展的历史“长河”中，有一位做出突出贡献的科学家，他也是中国计算机的主奠基者，你知道他是谁吗？

他就是华罗庚教授——我国计算技术的奠基人和最主要的开拓者之一。华罗庚教授在数学上的造诣和成就深受世界科学家的赞赏。在美国任访问研究员时，华罗庚教授的心里就已经开始勾画我国电子计算机事业的蓝图了！

华罗庚教授于 1950 年回国，1952 年在全国高等学校院系调整时，他从清华大学电机系物色了闵乃大、夏培肃和王传英三位科研人员，在他任所长的中国科学院应用数学研究所内建立了中国第一个电子计算机科研小组。1956 年筹建中国科学院计算技术研究所时，华罗庚教授担任筹备委员会主任。

# 项目5
# 管理文件系统与共享资源

网络中最重要的是安全，安全中最重要的是权限。在网络中，网络管理员首先面对的是权限，日常解决的问题也是权限问题，最终出现漏洞还是由于权限设置出了问题。权限决定着用户可以访问的数据、资源，也决定着用户享受的服务；更甚者，权限决定着用户拥有什么样的桌面。理解 NTFS 和它的能力，对高效地在 Windows Server 2016 中实现这种功能来说是非常重要的。

## 本项目学习要点

- 掌握设置共享资源和访问共享资源的方法
- 掌握卷影副本的使用方法
- 掌握使用 NTFS 控制资源访问的方法
- 掌握使用文件系统加密文件的方法
- 掌握压缩文件的方法

## 5.1 项目基础知识

文件和文件夹是计算机系统组织数据的集合单位。Windows Server 2016 提供了强大的文件管理功能，其 NTFS 文件系统具有高安全性能，用户可以十分方便地在计算机或网络上处理、使用、组织、共享和保护文件及文件夹。

微课 5-1 文件系统与共享

文件系统是指文件命名、存储和组织的总体结构，运行 Windows Server 2016 的计算机的磁盘分区可以使用 3 种类型的文件系统：FAT16、FAT32 和 NTFS。

### 5.1.1 FAT 文件系统

文件分配表（File Allocation Table，FAT）包括 FAT16 和 FAT32 两种。FAT 是一种适合小卷集、对系统安全性要求不高、需要双重引导的用户选择使用的文件系统。

在推出 FAT32 文件系统之前，通常 PC 使用的文件系统是 FAT16，如 MS-DOS、Windows 95 等操作系统。FAT16 支持的最大分区是 $2^{16}$（即 65 536）个簇，每簇 64 个扇区，每扇区 512 字节，所以最大支持的分区为 2.147GB。FAT16 最大的缺点就是簇的大小是和分区有关的，这样当外存中存放较多小文件时，会浪费大量的空间。FAT32 是 FAT16 的派生文件系统，支持大到

2TB（2 048GB）的磁盘分区。它使用的簇比 FAT16 的要小，从而有效地节约了磁盘空间。

FAT 文件系统是一种最初用于小型磁盘和简单文件夹结构的简单文件系统。它向后兼容，最大的优点是适用于所有的 Windows 操作系统。另外，FAT 文件系统在容量较小的卷上使用比较好，因为 FAT 启动只使用非常少的开销。FAT 在容量低于 512MB 的卷上工作最好，当卷容量超过 1.024GB 时，效率就显得很低。对于 400MB～500MB 的卷，FAT 文件系统相对于 NTFS 文件系统来说是个比较好的选择；不过对使用 Windows Server 2016 的用户来说，FAT 文件系统则不能满足系统的要求。

### 5.1.2 NTFS 文件系统

NTFS（New Technology File System）是 Windows Server 2016 推荐使用的高性能文件系统。它支持许多新的文件安全、存储和容错功能，而这些功能也正是 FAT 文件系统所缺少的。

NTFS 是从 Windows NT 开始使用的文件系统，它是一种特别为网络和磁盘配额、文件加密等管理安全特性设计的磁盘格式。NTFS 文件系统包括文件服务器和高端个人计算机所需的安全特性，它还支持对关键数据以及十分重要的数据的访问控制和私有权限。除了可以赋予计算机中的共享文件夹特定权限外，NTFS 文件和文件夹无论共享与否都可以赋予权限，NTFS 是唯一允许为单个文件指定权限的文件系统。但是，当用户从 NTFS 卷移动或复制文件到 FAT 卷时，NTFS 文件系统的权限和其他特有属性将会丢失。

NTFS 文件系统设计简单但功能强大，从本质上讲，卷中的一切都是文件，文件中的一切都是属性。从数据属性到安全属性，再到文件名属性，NTFS 卷中的每个扇区都分配给了某个文件，甚至文件系统的超数据（描述文件系统自身的信息）也是文件的一部分。

如果安装 Windows Server 2016 时采用了 FAT 文件系统，用户也可以在安装完毕，使用命令 convert 把 FAT 分区转化为 NTFS 分区，如下所示。

```
Convert  D:/FS:NTFS
```

上面命令的作用是将 D 盘转换成 NTFS 格式。无论是在运行安装程序中还是在运行安装程序之后，相对于重新格式化磁盘来说，这种转换不会使用户的文件受到损害。但由于 Windows 95/98 操作系统不支持 NTFS 文件系统，所以在要配置双重启动系统时，即在同一台计算机上同时安装 Windows Server 2016 和其他操作系统（如 Windows 98），则可能无法从计算机上的另一个操作系统访问 NTFS 分区上的文件。

## 5.2 项目设计与准备

本项目所有实例都部署在图 5-1 所示的环境下。DC1、DC2 和 MS1 是 3 台虚拟机。在 DC1 与 MS1 上可以测试资源共享情况，而资源访问权限的控制、加密文件系统与压缩、分布式文件系统等需在 MS1 上实施并测试。

**注意** 为了不受外部环境的影响，3 台虚拟机的网络连接模式设置为“仅主机模式”。

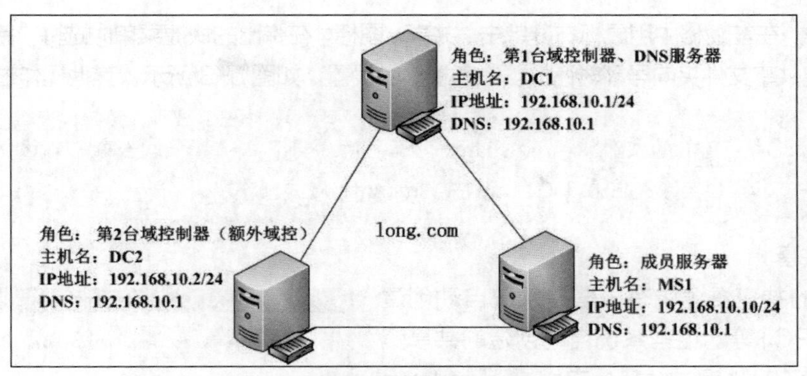


图 5-1 管理文件系统与共享资源网络拓扑图

## 5.3 项目实施

按图 5-1 所示的信息，配置好 DC1 和 MS1 的所有参数。保证 DC1 和 MS1 之间通信畅通。建议将 Hyper-V 中虚拟网络的模式设置为“专用”。

### 任务 5-1 设置资源共享

为安全起见，默认状态下，服务器中所有的文件夹都不被共享，而创建文件服务器时，又只创建一个共享文件夹，因此，若要授予用户某种资源的访问权限，必须先将该文件夹设置为共享，然后赋予授权用户相应的访问权限。创建不同的用户组，并将拥有相同访问权限的用户加入同一用户组，会使用户权限的分配变得简单而快捷。

微课 5-2 设置资源共享

**1. 在“计算机管理”窗口中设置共享资源**

**STEP 1** 在 DC1 上选择“服务器管理器”→“工具”→“计算机管理”→“共享文件夹”命令，展开左窗格中的“共享文件夹”选项，单击“共享”选项，如图 5-2 所示。该“共享文件夹”中提供了有关本地计算机上的所有共享、会话和打开文件的信息，可以查看本地和远程计算机的连接和资源使用概况。

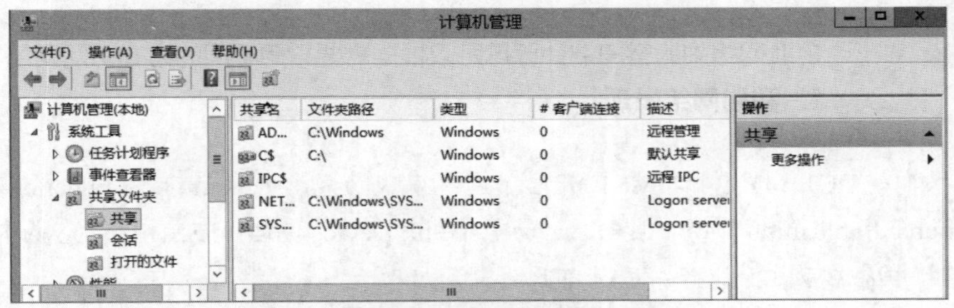


图 5-2 “计算机管理-共享文件夹”窗口

**注意** 共享名称后带有“$”符号的是隐藏共享。对于隐藏共享，网络上的用户无法通过网上邻居直接浏览到。

**STEP 2** 在左窗格中用鼠标右键单击“共享”图标，在弹出的快捷菜单中选择“新建共享”命令，即可打开“创建共享文件夹向导”对话框。注意权限的设置，如图 5-3 所示。其他操作过程不再详述。

> **做一做** 请读者将 DC1 的文件夹“C:\share1”设置为共享，并赋予管理员完全访问权限，其他用户只读权限。提前在 DC1 上创建 student1 用户。

### 2. 特殊共享

前面提到的共享资源中有一些是系统自动创建的，如 C$、IPC$等。这些系统自动创建的共享资源就是这里所指的“特殊共享”，它们是 Windows Server 2016 用于本地管理和系统使用的。一般情况下，用户不应该删除或修改这些特殊共享。

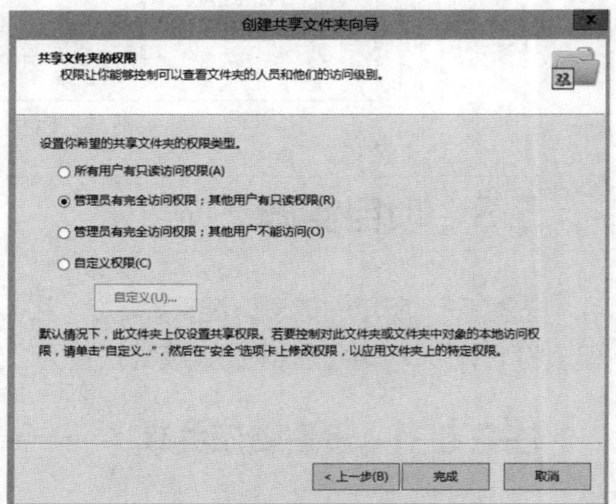


图 5-3 设置共享文件夹的权限

由于被管理的计算机的配置情况不同，共享资源中所列出的这些特殊共享也会有所不同。

下面列出了一些常见的特殊共享。

- driveletter$：为存储设备的根目录创建的一种共享资源，显示形式为 C$、D$等。例如，D$是一个共享名，管理员通过它可以从网络上访问驱动器。值得注意的是，只有 Administrators 组、Power Users 组和 Server Operators 组的成员才能连接这些共享资源。
- ADMIN$：在远程管理计算机的过程中系统使用的资源。该资源的路径通常指向 Windows Server 2016 系统目录的路径。同样，只有 Administrators 组、Power Users 组和 Server Operators 组的成员才能连接这些共享资源。
- IPC$：共享命名管道的资源，它对程序之间的通信非常重要。在远程管理计算机的过程中及查看计算机的共享资源时使用。
- PRINT$：在远程管理打印机的过程中使用的资源。

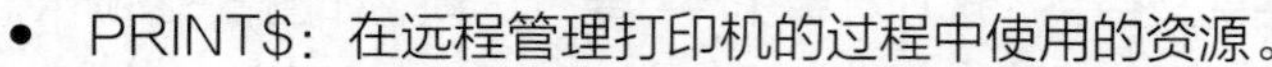

微课 5-3 访问网络共享资源

## 任务 5-2 访问网络共享资源

企业网络中的客户端计算机可以根据需要采用不同的方式访问网络共享资源。

### 1. 利用网络发现

> **提示** 必须确保 DC1、DC2 和 MS1 开启了网络发现功能，并且运行了 Function Discovery Resource Publication 服务（自动、启动）。UPnP Device Host 和 SSDP Discovery 3 个服务。注意按顺序启动 3 个服务，并且都改为自动启动。

分别以 student1 和 administrator 的身份访问 DC1 中所设的共享文件夹 share1，步骤如下。

**STEP 1** 在 MS1 上，单击左下角的资源管理器图标，打开“资源管理器”窗口，单击窗口左下角的“网络”链接，打开 MS1 的“网络”窗口，如图 5-4 所示。如果此计算机当前的网络位置是公用网络，且没有开启“网络发现”功能，则会出现提示，选择是否要在所有的公用网络上启用网络发现和文件共享。如果选择否的话，该计算机的网络位置会被更改为专用，也会启用网络发现和文件共享。

> **注意** 若看不到网络上其他 Windows 计算机的话，请检查这些计算机是否已启用网络发现，并检查其 Function Discovery Resource Publication、UPnP Device Host 和 SSDP Discovery 3 个服务是否启用。

**STEP 2** 双击“DC1”计算机，弹出“Windows 安全性”对话框。输入用户 student1 的用户名及密码，连接到 DC1，如图 5-5 所示。（用户 student1 是 DC1 下的域用户。）

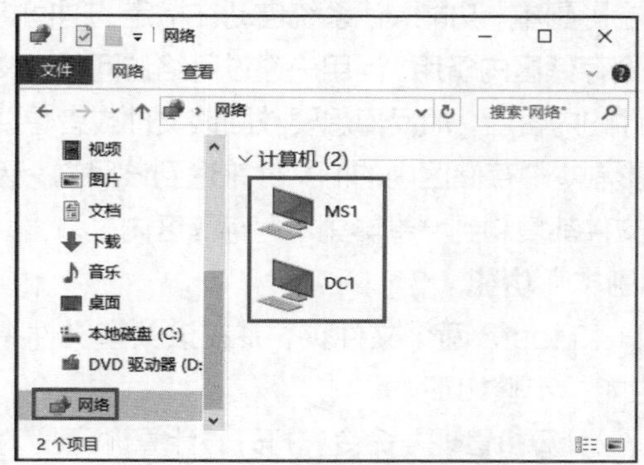


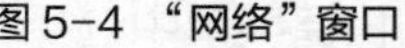
图 5-4 “网络”窗口

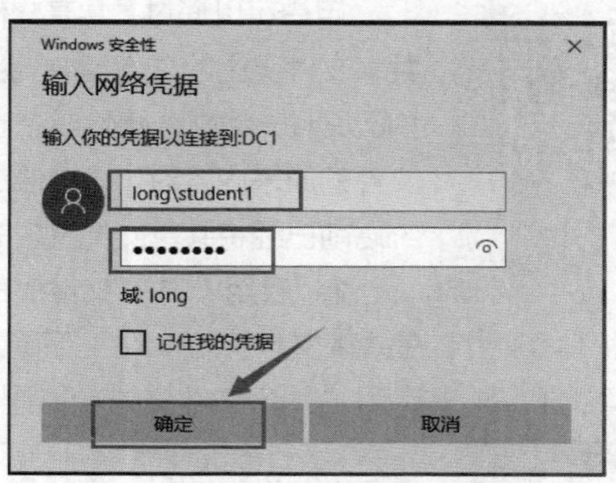


图 5-5 “Windows 安全性”对话框

**STEP 3** 单击“确定”按钮，打开 DC1 上的共享文件夹，如图 5-6 所示。

**STEP 4** 双击“share1”共享文件夹，尝试在该文件夹下新建文件，失败，如图 5-7 所示。

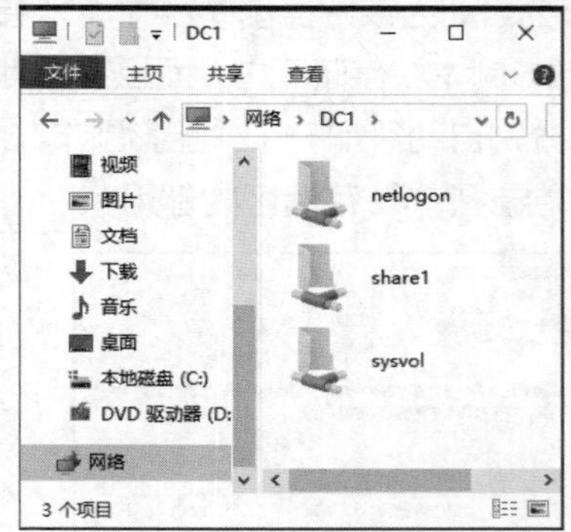


图 5-6 DC1 上的共享文件夹

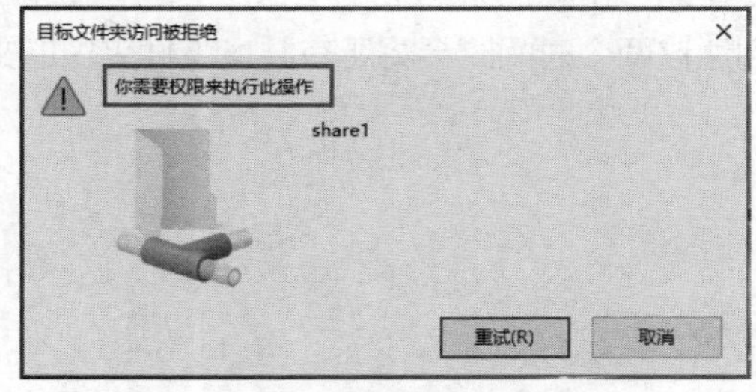


图 5-7 创建文件失败

**STEP 5** 注销 MS1，重新执行步骤 1~步骤 4。注意本次输入 DC1 的用户 administrator 的用户名及密码，连接到 DC1。验证任务 5-1 设置的共享权限情况。

### 2. 使用 UNC

通用命名标准（Universal Namimg Conversion，UNC）是用于命名文件和其他资源的一种约定，以两个反斜杠“\”开头，指明该资源位于网络计算机上。UNC 路径的格式为：

```
\\Servername\sharename
```

其中 Servername 是服务器的名称，也可以用 IP 地址代替，而 sharename 是共享资源的名称。目录或文件的 UNC 名称也可以把目录路径包括在共享名称之后，其语法格式如下：

```
\\Servername\sharename\directory\filename
```

本例在 DC2 的运行中输入如下命令，并分别以不同用户连接到 DC1 上来测试任务 5-1 所设的共享。

```
\\192.168.10.2\share1
```

或者

```
\\DC1\share1
```

## 任务 5-3　使用卷影副本

微课 5-4 使用卷影副本

用户可以通过“共享文件夹的卷影副本”功能，让系统自动在指定的时间将所有共享文件夹内的文件复制到另外一个存储区内备用。当用户通过网络访问共享文件夹内的文件，将文件删除或者修改文件的内容后，却反悔想要救回该文件或者想要还原文件的原来内容时，可以通过“卷影副本”存储区内的旧文件来达到该目的，因为系统之前已经将共享文件夹内的所有文件都复制到“卷影副本”存储区内了。

### 1. 启用“共享文件夹的卷影副本”功能

在 DC1 上，在共享文件夹 share1 下建立 test1 和 test2 两个文件夹，并在该共享文件夹所在的计算机 DC1 上启用“共享文件夹的卷影副本”功能，步骤如下。

**STEP 1** 选择“服务器管理器”→“工具”→“计算机管理”命令，打开“计算机管理”窗口。

**STEP 2** 用鼠标右键单击“共享文件夹”选项，在弹出的快捷菜单中选择“所有任务”→“配置卷影副本”命令，如图 5-8 所示。

**STEP 3** 在“卷影副本”选项卡下，选择要启用“卷影复制”的驱动器（如 C:），单击“启用”按钮，如图 5-9 所示，然后单击“是”按钮。此时，系统会自动为该磁盘创建第 1 个“卷影副本”，也就是将该磁盘内所有共享文件夹内的文件都复制到“卷影副本”存储区内，而且系统默认以后会在星期一至星期五的上午 7:00 与中午 12:00 两个时间点分别自动添加一个“卷影副本”，也就是在到达这两个时间时会将所有共享文件夹内的文件复制到“卷影副本”存储区内备用。

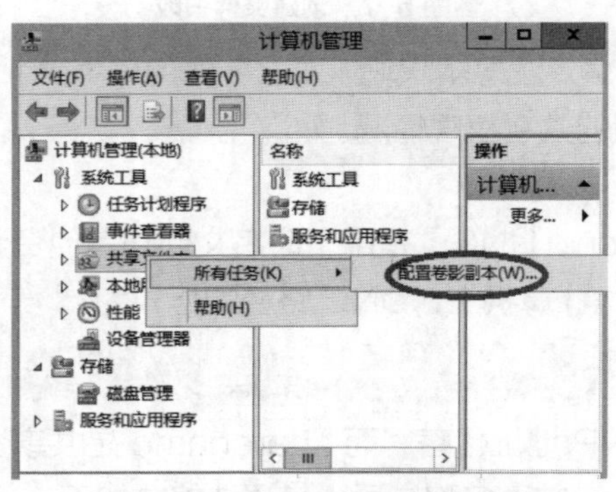


图 5-8　选择“配置卷影副本”命令

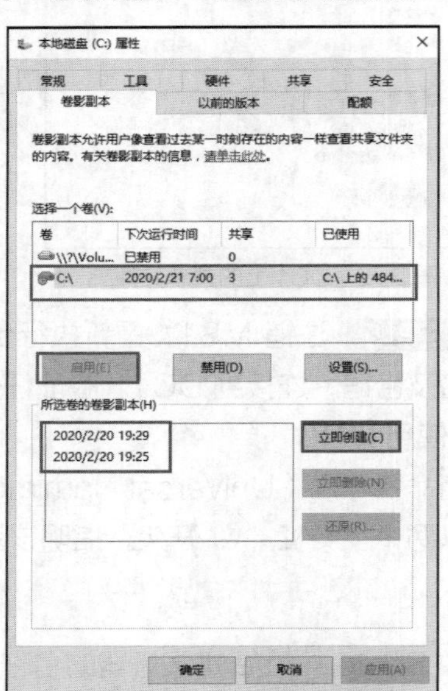


图 5-9　启用卷影副本

**提示** 用户还可以在资源管理器中双击“这台电脑”，然后用鼠标右键单击任意一个磁盘分区，在弹出的快捷菜单中选择“属性”→“卷影副本”命令，同样能启用“共享文件夹的卷影副本”功能。

**STEP 4** C:磁盘已经有两个“卷影副本”，如图 5-9 所示，用户还可以随时单击图中的“立即创建”按钮，自行创建新的“卷影副本”。用户在还原文件时，可以选择在不同时间点所创建的“卷影副本”内的旧文件来还原文件。

**注意** “卷影副本”内的文件只可以读取，不可以修改，而且每个磁盘最多只可以有 64 个“卷影副本”。如果达到此限制，则最旧版本的“卷影副本”会被删除。

**STEP 5** 系统会以共享文件夹所在磁盘的磁盘空间决定“卷影副本”存储区的容量大小，默认配置该磁盘空间的 10%作为“卷影副本”的存储区的容量，而且该存储区最小需要 100MB。如果要更改其容量，单击图 5-9 所示的“设置”按钮，打开图 5-10 所示的“设置”对话框，然后在“最大值”处更改设置。还可以单击“计划”按钮来更改自动创建“卷影副本”的时间点。用户还可以通过图中的“位于此卷”来更改存储“卷影副本”的磁盘，不过必须在启用“卷影副本”功能前更改，启用后就无法更改了。

### 2. 客户端访问“卷影副本”内的文件

本例任务：先将 DC1 上的共享文件夹 share1 下的 test1 文件夹删除，再用此前的卷影副本进行还原，测试是否恢复了 test1 文件夹。

**STEP 1** 在 MS1 上，使用\\DC1 命令，以 DC1 计算机的 administrator 身份连接到 DC1 上的共享文件夹，双击“share1”文件夹，删除 share1 下面的 test1 文件夹。

**STEP 2** 向上回退到 DC1 根目录下，用鼠标右键单击“share1”文件夹，单击“属性”命令，弹出“share1（\\DC1）属性”对话框，单击“以前的版本”选项卡，如图 5-11 所示。

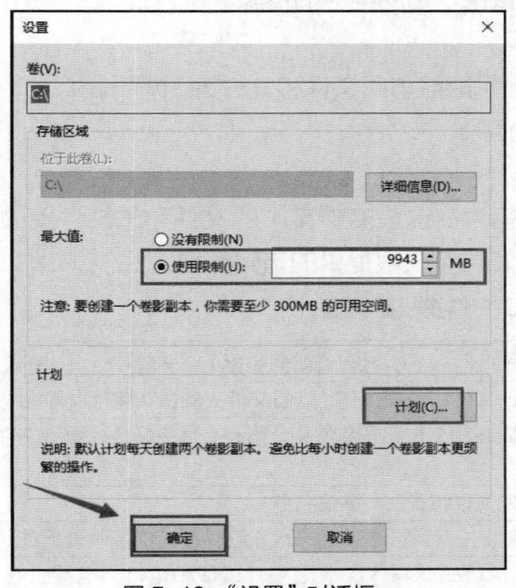


图 5-10 “设置”对话框

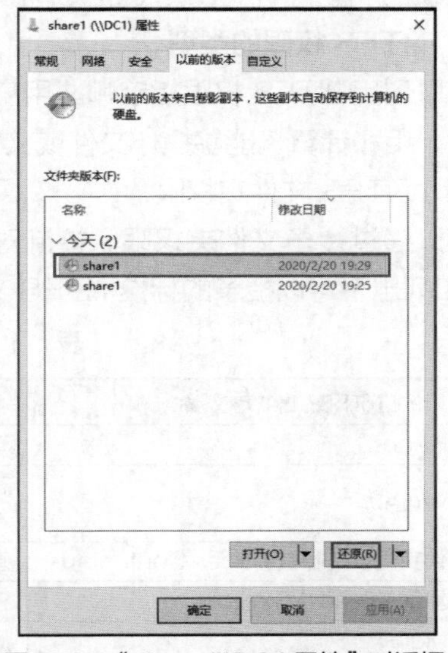


图 5-11 “share1\\DC1 属性”对话框

**STEP 3** 选中“share1 2020/2/20-19:29”版本，通过单击“打开”按钮可查看该时间点内的文件夹内容，单击“还原”按钮可以将文件夹还原到该时间点的状态。在此单击“还原”按钮，还原误删除的 test1 文件夹。

**STEP 4** 打开“share1”文件夹，检查“test1”是否被恢复。

> **提示** 如果要还原被删除的文件，可在连接到共享文件夹后，右键单击文件列表对话框中空白的区域，在弹出的快捷菜单中选择“属性”命令，单击“以前的版本”选项卡，选择旧版本的文件夹，单击“打开”按钮，然后复制需要还原的文件。

## 任务 5-4 认识 NTFS 权限

微课 5-5 认识 NTFS 权限

利用 NTFS 权限，可以控制用户账号和组对文件夹及个别文件的访问。

NTFS 权限只适用于 NTFS 磁盘分区。NTFS 权限不能用于由 FAT16 或者 FAT32 文件系统格式化的磁盘分区。

Windows Server 2016 只为用 NTFS 进行格式化的磁盘分区提供 NTFS 权限。为了保护 NTFS 磁盘分区上的文件和文件夹，要为需要访问该资源的每一个用户账号授予 NTFS 权限。用户必须获得明确的授权才能访问资源。用户账号如果没有被组授予权限，它就不能访问相应的文件或者文件夹。不管用户是访问文件还是访问文件夹，也不管这些文件或文件夹是在计算机上还是在网络上，NTFS 的安全性功能都有效。

对于 NTFS 磁盘分区上的每一个文件和文件夹，NTFS 都存储一个远程 ACL。ACL 中包含那些被授权访问该文件或者文件夹的所有用户账号、组和计算机，还包含它们被授予的访问类型。为了让用户能够访问某个文件或者文件夹，针对用户账号、组或者该用户所属的计算机，ACL 中必须包含一个相对应的元素，这样的元素叫作访问控制项（Access Control Entry，ACE）。为了让用户能够访问文件或者文件夹，访问控制元素必须具有用户所请求的访问类型。如果 ACL 中没有相应的 ACE 存在，Windows Server 2016 就拒绝该用户访问相应的资源。

### 1. NTFS 权限的类型

可以利用 NTFS 权限指定哪些用户、组和计算机能够访问文件和文件夹。NTFS 权限也指明哪些用户、组和计算机能够操作文件或文件夹中的内容。

（1）NTFS 文件夹权限。

可以通过授予文件夹权限，控制对文件夹和包含在这些文件夹中的文件和子文件夹的访问。表 5-1 列出了可以授予的标准 NTFS 文件夹权限和各个权限提供的访问类型。

**表 5-1 标准 NTFS 文件夹权限列表**

| NTFS 文件夹权限 | 允许访问类型 |
|---|---|
| 读取（Read） | 查看文件夹中的文件和子文件夹，查看文件夹属性、拥有人和权限 |
| 写入（Write） | 在文件夹内创建新的文件和子文件夹，修改文件夹属性，查看文件夹的拥有人和权限 |
| 列出文件夹内容（List Folder Contents） | 查看文件夹中的文件和子文件夹的名称 |
| 读取和运行（Read & Execute） | 遍历文件夹，执行由“读取”权限和“列出文件夹内容”权限进行的动作 |
| 修改（Modify） | 删除文件夹，执行由“写入”权限和“读取和运行”权限进行的动作 |
| 完全控制（Full Control） | 改变权限，成为拥有人，删除子文件夹和文件，以及执行允许所有其他 NTFS 文件夹权限进行的动作 |

**注意**　“只读”“隐藏”“归档”和“系统文件”等都是文件夹属性，不是 NTFS 权限。

（2）NTFS 文件权限。

可以通过授予文件权限，控制对文件的访问。表 5-2 列出了可以授予的标准 NTFS 文件权限和各个权限提供给用户的访问类型。

**表 5-2　标准 NTFS 文件权限列表**

| NTFS 文件权限 | 允许访问类型 |
| --- | --- |
| 读取（Read） | 读文件，查看文件属性、拥有人和权限 |
| 写入（Write） | 覆盖写入文件，修改文件属性，查看文件拥有人和权限 |
| 读取和运行（Read & Execute） | 运行应用程序，执行由“读取”权限进行的动作 |
| 修改（Modify） | 修改和删除文件，执行由“写入”权限和“读取和运行”权限进行的动作 |
| 完全控制（Full Control） | 改变权限，成为拥有人，执行允许所有其他 NTFS 文件权限进行的动作 |

**注意**　无论用什么权限保护文件，被准许对文件夹进行“完全控制”的组或用户都可以删除该文件夹内的任何文件。尽管“列出文件夹内容”和“读取和运行”看起来有相同的特殊权限，但这些权限在继承时却有所不同。“列出文件夹内容”可以被文件夹继承而不能被文件继承，并且它只在查看文件夹权限时才会显示。“读取和运行”可以被文件和文件夹继承，并且在查看文件和文件夹权限时始终出现。

**2. 多重 NTFS 权限**

如果将针对某个文件或者文件夹的权限授予个别用户账号，又授予某个组，而该用户是该组的一个成员，那么该用户就对同样的资源有了多个权限。关于 NTFS 如何组合多个权限，存在一些规则和优先权。除此之外，在复制或者移动文件和文件夹时，对权限也会产生影响。

（1）权限是累积的。

一个用户对某个资源的有效权限是授予这一用户账号的 NTFS 权限与授予该用户所属组的 NTFS 权限的组合。例如，如果用户 Long 对文件夹 Folder 有“读取”权限，该用户 Long 是某个组 Sales 的成员，而该组 Sales 对该文件夹 Folder 有“写入”权限，那么该用户 Long 对该文件夹 Folder 就有“读取”和“写入”两种权限。

（2）文件权限超越文件夹权限。

NTFS 的文件权限超越 NTFS 的文件夹权限。例如，某个用户对某个文件有“修改”权限，那么即使他对包含该文件的文件夹只有“读取”权限，他仍然能够修改该文件。

（3）拒绝权限超越其他权限。

可以拒绝某用户账号或者组对特定文件或者文件夹的访问，为此，将“拒绝”权限授予该用户账号或者组即可。这样，即使某个用户作为某个组的成员具有访问该文件或文件夹的权限，但是因为将“拒绝”权限授予了该用户，所以该用户具有的任何其他权限也被阻止了。因此，对权限的累积规则来说，“拒绝”权限是一个例外。应该避免使用“拒绝”权限，因为允许用户和组进行某种访问比明确拒绝他们进行某种访问更容易做到。巧妙地构造组和组织文件夹中的资源，使用

微课 5-6 认识 NTFS 权限文件优于文件夹

各种各样的“允许”权限就足以满足需要，从而可避免使用“拒绝”权限。

例如，用户 Long 同时属于 Sales 组和 Manager 组，文件 File1 和 File2 是文件夹 Folder 下面的两个文件。其中，Long 拥有对 Folder 的“读取”权限，Sales 拥有对 Folder 的“读取”和“写入”权限，Manager 则被禁止对 File2 的写入操作。那么 Long 的最终权限是什么？

由于使用了“拒绝”权限，用户 Long 拥有对 Folder 和 File1 的“读取”和“写入”权限，但对 File2 只有“读取”权限。

**注意** 在 Windows Server 2016 中，用户不具有某种访问权限和明确地拒绝用户的访问权限，这二者之间是有区别的。“拒绝”权限是通过在 ACL 中添加一个针对特定文件或者文件夹的拒绝元素而实现的。这就意味着管理员还有另外一种拒绝访问的手段，而不仅仅是不允许某个用户访问文件或文件夹。

### 3．共享文件夹权限与 NTFS 文件系统权限的组合

如何快速有效地控制对 NTFS 磁盘分区上的网络资源的访问呢？答案就是利用默认的共享文件夹权限共享文件夹，然后通过授予 NTFS 权限控制对这些文件夹的访问。当共享的文件夹位于 NTFS 格式的磁盘分区上时，该共享文件夹的权限与 NTFS 权限进行组合，用以保护文件资源。

要为共享文件夹设置 NTFS 权限，可在 DC1 上的共享文件夹的属性对话框中单击“共享权限”选项卡，即可设置 NTFS 权限，如图 5-12 所示。

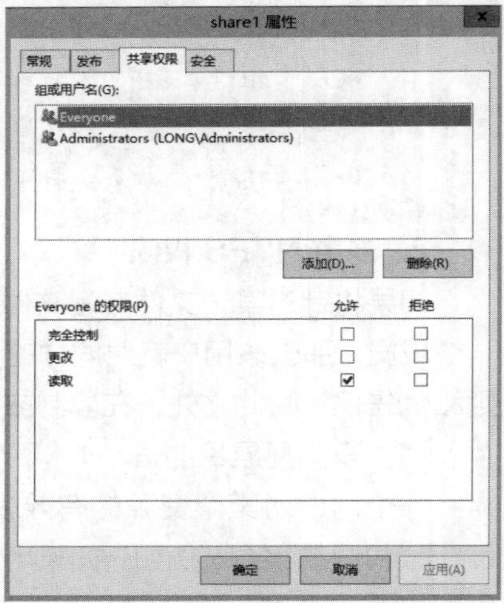

图 5-12 “share1 属性”对话框

共享文件夹权限具有以下特点。

- 共享文件夹权限只适用于文件夹，而不适用于单独的文件，并且只能为整个共享文件夹设置共享权限，而不能对共享文件夹中的文件或子文件夹进行设置。所以，共享文件夹权限不如 NTFS 文件系统权限详细。
- 共享文件夹权限并不对直接登录到计算机上的用户起作用，只适用于通过网络连接该文件夹的用户，即共享权限对直接登录到服务器上的用户是无效的。
- 在 FAT/FAT32 系统卷上，共享文件夹权限是保证网络资源被安全访问的唯一方法。原因很简单，就是 NTFS 权限不适用于 FAT/FAT32 卷。
- 默认的共享文件夹权限是读取，并被指定给 Everyone 组。

共享权限分为读取、修改和完全控制。不同权限以及对用户访问能力的控制如表 5-3 所示。

表 5-3 共享文件夹权限列表

| 权　限 | 允许用户完成的操作 |
| --- | --- |
| 读取 | 显示文件夹名称、文件名称、文件数据和属性，运行应用程序文件，改变共享文件夹内的文件夹 |
| 修改 | 创建文件夹，向文件夹中添加文件，修改文件中的数据，向文件中追加数据，修改文件属性，删除文件夹和文件，执行“读取”权限所允许的操作 |
| 完全控制 | 修改文件权限，获得文件的所有权执行“修改”和“读取”权限所允许的所有任务。默认情况下，Everyone 组具有该权限 |

当管理员对 NTFS 权限和共享文件夹的权限进行组合时，结果是组合的 NTFS 权限，或者是组合的共享文件夹权限，哪个范围更窄取哪个。

当在 NTFS 卷上为共享文件夹授予权限时，应遵循以下规则。

- 可以对共享文件夹中的文件和子文件夹应用 NTFS 权限。可以对共享文件夹中包含的每个文件和子文件夹应用不同的 NTFS 权限。
- 除共享文件夹权限外，用户必须具有该共享文件夹包含的文件和子文件夹的 NTFS 权限，才能访问那些文件和子文件夹。
- 在 NTFS 卷上必须要求 NTFS 权限。默认 Everyone 组具有“完全控制”权限。

## 任务 5-5 继承与阻止 NTFS 权限

### 1. 使用权限的继承性

默认情况下，授予父文件夹的任何权限也将应用于包含在该文件夹中的子文件夹和文件。当授予访问某个文件夹的 NTFS 权限时，就将授予该文件夹的 NTFS 权限授予了该文件夹中任何现有的文件和子文件夹，以及在该文件夹中创建的任何新文件和新的子文件夹。

微课 5-7 认识 NTFS 权限继承、累加、拒绝优先

如果想让文件夹或者文件具有不同于它们父文件夹的权限，必须阻止权限的继承性。

### 2. 阻止权限的继承性

阻止权限的继承，也就是阻止子文件夹和文件从父文件夹继承权限。为了阻止权限的继承，要删除继承来的权限，只保留被明确授予的权限。

被阻止从父文件夹继承权限的子文件夹现在就成为新的父文件夹。包含在这一新的父文件夹中的子文件夹和文件将继承授予它们父文件夹的权限。

以 test2 文件夹为例，若要禁止权限继承，可打开该文件夹的“属性”对话框，单击“安全”选项卡，单击“高级”→“权限”按钮，出现图 5-13 所示的“test2 的高级安全设置”对话框。选中某个要阻止继承的权限，单击“禁用继承”按钮，在弹出的“阻止继承”菜单中选择“将已继承的权限转换为此对象的显示权限”或“从此对象中删除所有已继承的权限”命令。

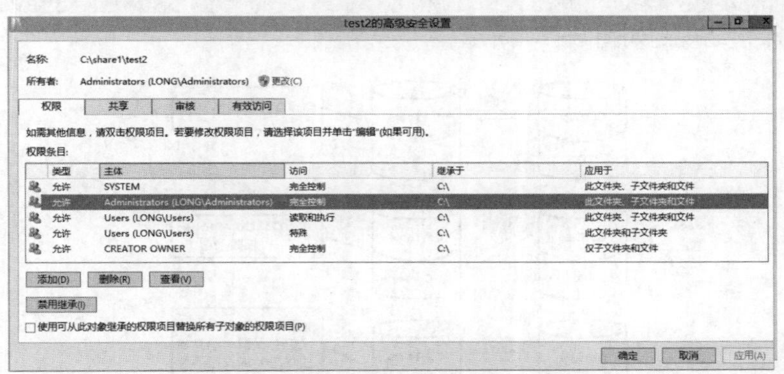


图 5-13 “test2 的高级安全设置”对话框

## 任务 5-6 复制和移动文件及文件夹

### 1. 复制文件和文件夹

当从一个文件夹向另一个文件夹复制文件或文件夹时，或者从一个磁盘分区向另一个磁盘分区

微课 5-8 复制和移动文件及文件夹

复制文件或文件夹时，这些文件或文件夹具有的权限可能发生变化。复制文件或文件夹对 NTFS 权限产生下述效果。

- 当在单个 NTFS 磁盘分区内或在不同的 NTFS 磁盘分区之间复制文件夹或文件时，文件夹或文件的复件将继承目的地文件夹的权限。
- 当将文件或文件夹复制到非 NTFS 磁盘分区（如文件分配表 FAT 格式的磁盘分区）时，因为非 NTFS 磁盘分区不支持 NTFS 权限，所以这些文件夹或文件就丢失了它们的 NTFS 权限。

> **注意** 为了在单个 NTFS 磁盘分区之内或者在 NTFS 磁盘分区之间复制文件和文件夹，必须具有对源文件夹的“读取”权限，并且具有对目的地文件夹的“写入”权限。

**2. 移动文件和文件夹**

当移动某个文件或文件夹的位置时，针对这些文件或文件夹的权限可能发生变化，这主要依赖于目的地文件夹的权限情况。移动文件或文件夹对 NTFS 权限产生下述效果。

- 当在单个 NTFS 磁盘分区内移动文件夹或文件时，该文件夹或文件保留它原来的权限。
- 当在 NTFS 磁盘分区之间移动文件夹或文件时，该文件夹或文件将继承目的地文件夹的权限。当在 NTFS 磁盘分区之间移动文件夹或文件时，实际是将文件夹或文件复制到新的位置，然后从原来的位置删除它。
- 当将文件或文件夹移动到非 NTFS 磁盘分区时，因为非 NTFS 磁盘分区不支持 NTFS 权限，所以这些文件夹和文件就丢失了它们的 NTFS 权限。

> **注意** 为了在单个 NTFS 磁盘分区之内或者多个 NTFS 磁盘分区之间移动文件和文件夹，必须具有对目的地文件夹的“写入”权限，并且具有对源文件夹的“修改”权限。之所以要求“修改”权限，是因为移动文件或者文件夹时，在将文件或者文件夹复制到目的地文件夹之后，Windows Server 2016 将从源文件夹中删除该文件。

上面的复制和移动规则如图 5-14 所示。

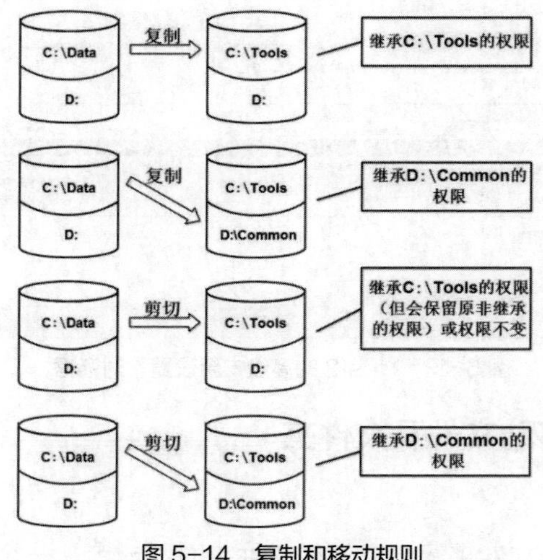


图 5-14 复制和移动规则

## 任务 5-7　利用 NTFS 权限管理数据

在 NTFS 磁盘中，系统会自动设置默认的权限值，并且这些权限会被其子文件夹和文件所继承。为了控制用户对某个文件夹以及该文件夹中的文件和子文件夹的访问，就需指定文件夹权限。不过，要设置文件或文件夹的权限，必须是 Administrators 组的成员、文件或者文件夹的拥有者、具有完全控制权限的用户。

微课 5-9 利用 NTFS 权限管理数据

请读者预先在 DC1 上建立 C:\network 文件夹和本地域用户 sales。

### 1. 授予标准 NTFS 权限

授予标准 NTFS 权限包括授予 NTFS 文件夹权限和 NTFS 文件权限。

（1）NTFS 文件夹权限。

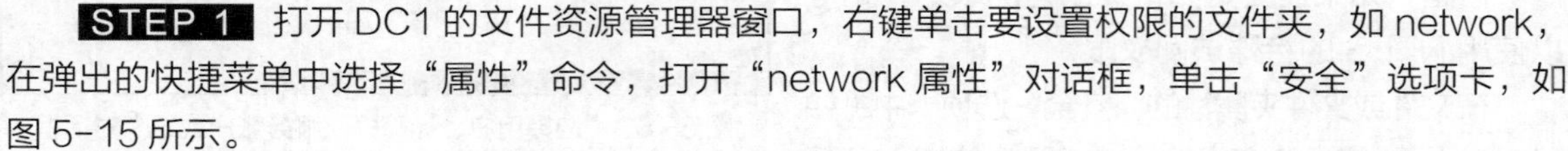

**STEP 1** 打开 DC1 的文件资源管理器窗口，右键单击要设置权限的文件夹，如 network，在弹出的快捷菜单中选择“属性”命令，打开“network 属性”对话框，单击“安全”选项卡，如图 5-15 所示。

**STEP 2** 默认已经有了一些权限设置，这些设置是从父文件夹（或磁盘）继承来的。例如，在该图“Administrators”用户的权限中，灰色阴影对勾的权限就是继承的权限。

**STEP 3** 如果要给其他用户指派权限，可单击“编辑”按钮，出现图 5-16 所示的“network 的权限”对话框。

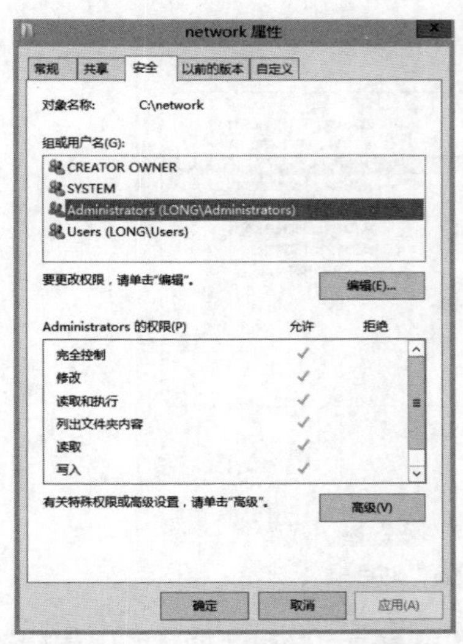


图 5-15 “network 属性”对话框

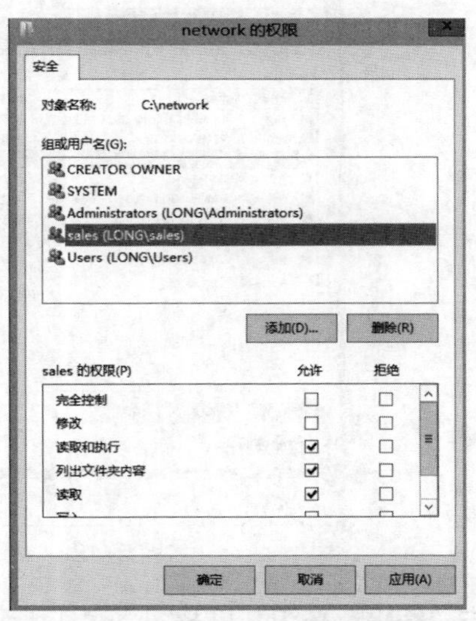


图 5-16 “network 的权限”对话框

**STEP 4** 单击“添加”→“高级”→“立即查找”按钮，从本地计算机上添加拥有对该文件夹访问和控制权限的用户或用户组，如 sales，如图 5-17 所示。

**STEP 5** 选择后单击“确定”按钮，拥有对该文件夹访问和控制权限的用户或用户组就被添加到“组或用户名”列表框中。特别注意，如果新添加的用户的权限不是从父项继承的，那么他们所有的权限都可以被修改。

**STEP 6** 如果不想继承上一层的权限，可参照“任务 5-5　继承与阻止 NTFS 权限”的内容进行修改。这里不再赘述。

（2）NTFS 文件权限。

文件权限的设置与文件夹权限的设置类似。要想对 NTFS 文件指派权限，直接在文件上单击鼠标右键，在弹出的快捷菜单中选择“属性”命令，然后单击“安全”选项卡，即可为该文件设置相应权限。

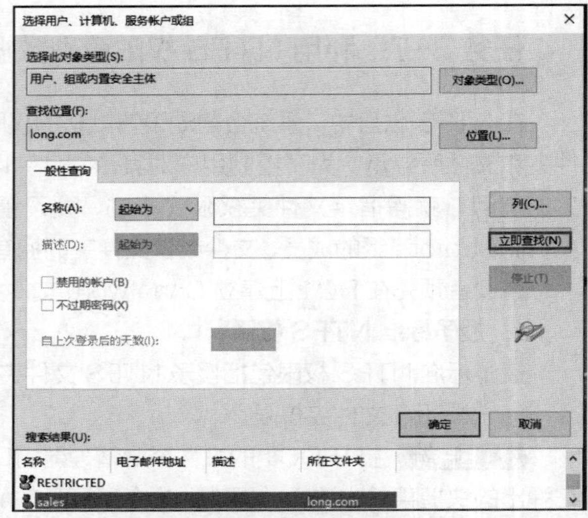

图 5-17 “选择用户、计算机、服务账户或组”对话框

### 2. 授予特殊访问权限

标准的 NTFS 权限通常能提供足够的权限，用以控制对用户的资源的访问，以保护用户的资源。但是，如果需要更为特殊的访问级别，就可以使用 NTFS 的特殊访问权限。

在文件或文件夹属性的“安全”选项卡中（如 network），单击“高级”→“权限”按钮，打开“network 的高级安全设置”对话框，单击“sales”选项，如图 5-18 所示。

图 5-18 “network 的高级安全设置”对话框

单击“编辑”按钮，打开图 5-19 所示的“network 的权限项目”对话框，可以更精确地设置“sales”用户的权限。其中“显示基本权限”和“显示高级权限”在单击后交替出现。

特殊访问权限（即高级权限）有 14 项，把它们组合在一起就构成了标准的 NTFS 权限。例如，标准的“读取”权限包含“列出文件夹/读取数据”“读取属性”“读取权限”“读取扩展属性”等特殊访问权限。

其中有两个特殊访问权限对管理文件和文件夹的访问来说特别有用。

（1）更改权限。

如果为某用户授予这一权限，该用户就具有了针对文件或者文件夹修改权限的能力。

可以将针对某个文件或者文件夹修改权限的能力授予其他管理员和用户，但是不授予他们对该文件或者文件夹的“完全控制”权限。通过这种方式，这些管理员或用户就不能删除或者写入该文件或文件夹，但是可以为该文件或者文件夹授权。

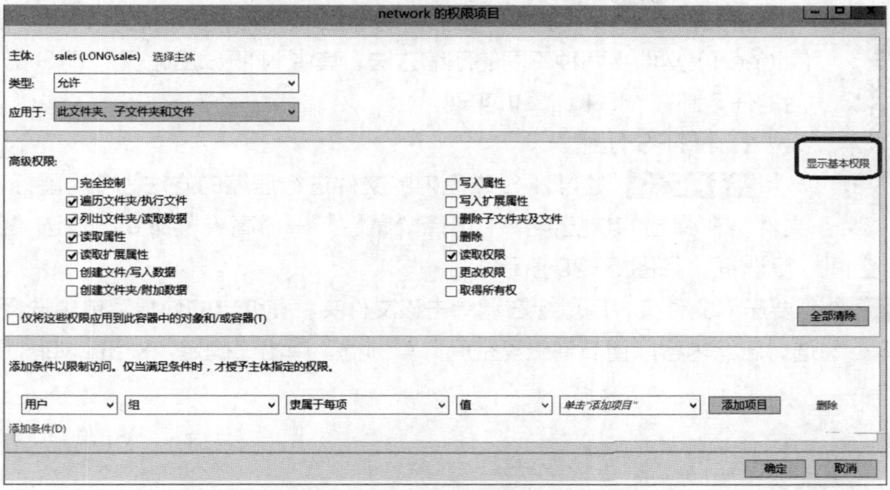

图 5-19 “network 的权限项目”对话框

为了将修改权限的能力授予管理员，将针对该文件或文件夹的“更改权限”的权限授予 Administrators 组即可。

（2）取得所有权。

如果为某用户授予这一权限，该用户就具有了取得文件和文件夹的所有权的能力。

可以将文件和文件夹的拥有权从一个用户账号或者组转移到另一个用户账号或者组。也可以将“所有者”权限给予某个人。而作为管理员，也可以取得某个文件或者文件夹的所有权。

对取得某个文件或者文件夹的所有权来说，需要应用下述规则。

- 当前的拥有者或者具有“完全控制”权限的任何用户，可以将“完全控制”这一标准权限或者“取得所有权”这一特殊访问权限授予另一个用户账号或者组。这样，该用户账号或者该组的成员就能取得所有权。
- Administrators 组的成员可以取得某个文件或者文件夹的所有权，而不管为该文件夹或者文件授予了怎样的权限。如果某个管理员取得了所有权，则 Administrators 组也取得了所有权。因而该管理员组的任何成员都可以修改针对该文件或者文件夹的权限，并且可以将“取得所有权”这一权限授予另一个用户账号或者组。例如，如果某个雇员离开了原来的公司，某个管理员即可取得该雇员的文件的所有权，再将“取得所有权”这一权限授予另一个雇员，然后这一雇员就取得了前一雇员的文件的所有权。

**提示** 为了成为某个文件或者文件夹的拥有者，具有“取得所有权”这一权限的某个用户或者组的成员必须明确地获得该文件或者文件夹的所有权。不能自动将某个文件或者文件夹的所有权授予任何一个人。文件的拥有者、管理员组的成员，或者任何一个具有“完全控制”权限的人都可以将“取得所有权”权限授予某个用户账号或者组，这样就使他们获得了所有权。

## 任务 5-8　压缩文件

微课 5-10 压缩文件

将文件压缩后可以减少它们占用磁盘的空间。系统支持 NTFS 压缩与压缩（zipped）文件夹两种不同的压缩方法，其中 NTFS 压缩仅 NTFS 磁盘支持。其后的任务都在 MS1 计算机实现。

### 1. NTFS 压缩

**STEP 1** 对 NTFS 磁盘内的文件进行压缩的方法为：用鼠标右键单击该文件，在弹出的快捷菜单中选择“属性”→“高级”命令，勾选“压缩内容以便节省磁盘空间”复选框，如图 5-20 所示。

**STEP 2** 若要压缩文件夹，用鼠标右键单击该文件夹，在弹出的快捷菜单中选择“属性”→“高级”命令，勾选“压缩内容以便节省磁盘空间”复选框，单击“确定”按钮，如图 5-21 所示。

图 5-20　压缩文件

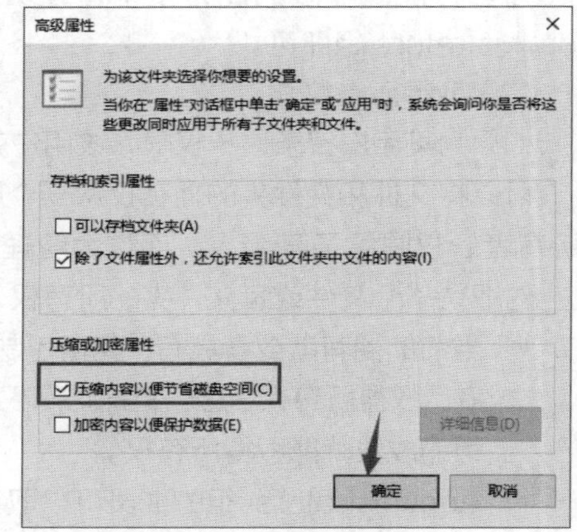


图 5-21　压缩文件夹

- 仅将更改应用于此文件夹：以后在此文件夹内添加的文件、子文件夹与子文件夹内的文件都会被自动压缩，但不会影响到此文件夹内现有的文件与文件夹。
- 将更改应用于此文件夹、子文件夹和文件：不但以后在此文件夹内新建的文件、子文件夹与子文件夹内的文件都会被自动压缩，同时会将已经存在于此文件夹内的现有文件、子文件夹与子文件夹内的文件一并压缩。

**STEP 3** 也可以针对整个磁盘进行压缩：用鼠标右键单击磁盘（如 C:），在弹出的快捷菜单中选择“属性”命令，勾选“压缩此驱动器以节约磁盘空间”复选框。

**STEP 4** 当用户或应用程序要读取压缩文件时，系统会将文件由磁盘内读出、自动将解压缩后的内容提供给用户或应用程序，然而存储在磁盘内的文件仍然是处于压缩状态的；而将数据写入文件时，它们也会被自动压缩后再写入磁盘内的文件。

**技巧** 可以将压缩或加密的文件以不同的颜色来显示，方法为：用鼠标右键单击“开始”菜单，在弹出的快捷菜单中选择“文件资源管理器”→“查看”→“选项”命令，然后单击“查看”选项卡，如图 5-22 所示，勾选“用彩色显示加密或压缩的 NTFS 文件”复选框。

### 2. 文件复制或剪切时压缩属性的变化

当 NTFS 磁盘内的文件被复制或搬移到另一个文件夹后，其压缩属性的变化如图 5-23 所示。

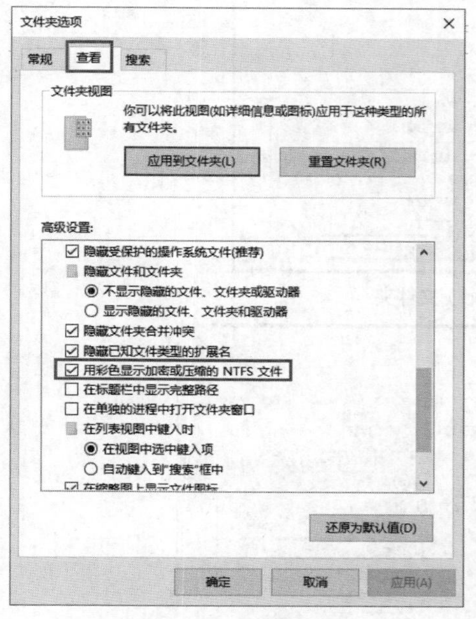


图 5-22　文件夹选项

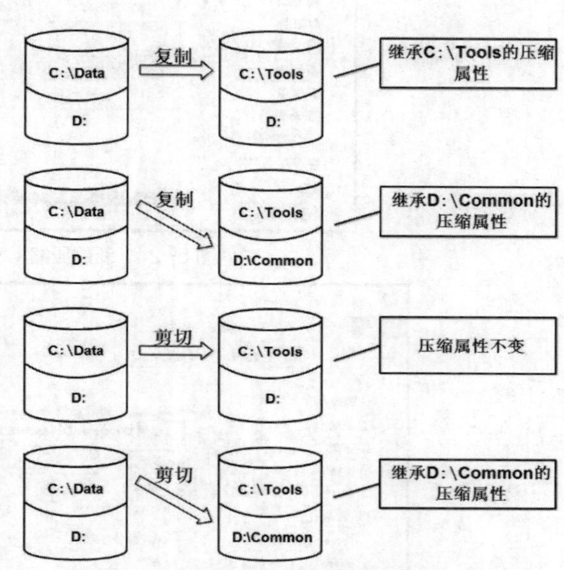


图 5-23　文件复制或剪切时压缩属性的变化

### 3. 压缩（zipped）文件夹

无论是 FAT16、FAT32、exFAT、NTFS 或 ReFS 磁盘内都可以建立压缩（zipped）文件夹，在利用文件资源管理器建立压缩（zipped）文件夹后，被复制到此文件夹内的文件都会被自动压缩。

可以在不需要自行解压缩的情况下，直接读取压缩（zipped)文件夹内的文件，甚至可以直接执行其中的程序。压缩（zipped）文件夹的文件夹名的扩展名为.zip,它可以被 WinZip、WinRAR 等文件压缩工具程序解压缩。

**STEP 1** 可以打开“文件资源管理器”窗口，双击“network”文件夹，在界面右侧空白处单击鼠标右键，在弹出的快捷菜单中选择“新建”→“压缩( zipped )文件夹”命令来新建压缩( zipped )文件夹，如图 5-24 所示。

**STEP 2** 也可以通过选择需要压缩的文件，然后单击鼠标右键，在弹出的快捷菜单中选择“发送到”→“压缩 (zipped)文件夹”命令建立一个保存这些文件的压缩（zipped）文件夹，如图 5-25 所示。

**STEP 3** 压缩（zipped）文件夹的扩展名为.zip，不过系统默认会隐藏扩展名，如果要显示扩展名，请用鼠标右键单击“开始”菜单，在弹出的快捷菜单中选择“文件资源管理器”→“查看”命令，勾选“文件扩展名”复选框。

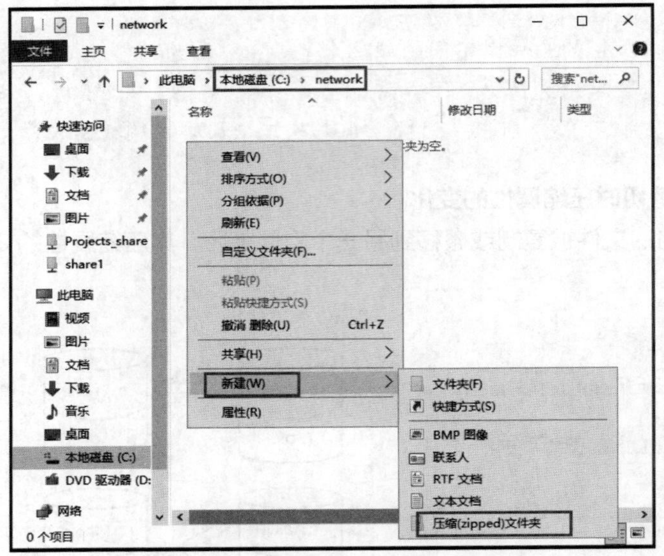

图 5-24　新建压缩（zipped）文件夹

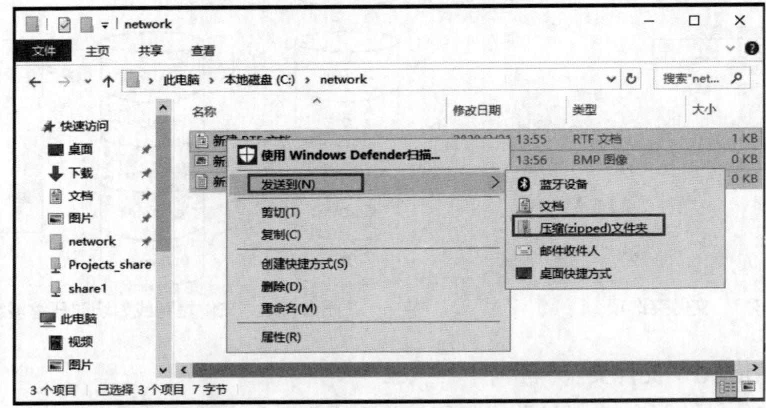

图 5-25　将多个文件发送到压缩（zipped）文件夹

如果计算机内安装有 WinZip 或 WinRAR 等软件，则在文件资源管理器中双击压缩（zipped）文件夹时，系统会通过这些软件来打开压缩（zipped）文件夹。

## 任务 5-9　加密文件系统

微课 5-11 加密文件系统（一）

加密文件系统（Encrypting File System, EFS）提供文件加密的功能，文件经过加密后，只有当初将其加密的用户或被授权的用户能够读取，因此可以增加文件的安全性。只有 NTFS 磁盘内的文件、文件夹才可以被加密，如果将文件复制或剪切到非 NTFS 磁盘内，则此新文件会被解密。

文件压缩与加密无法并存。要加密已压缩的文件，则该文件会自动被解压缩。要压缩已加密的文件，则该文件会自动被解密。

### 1. 对文件与文件夹加密

**STEP 1** 对文件加密。用鼠标右键单击该文件，在弹出的快捷菜单中单击“属性”→“高级”

按钮，在弹出的“高级属性”对话框中勾选“加密内容以便保护数据”复选框，单击“确定”按钮，再单击“应用”按钮，在弹出的“加密警告”对话框中选中“加密文件及其父文件夹（推荐）”选项，或“只加密文件”单选按钮。如果选择“加密文件及其父文件夹（推荐）”单选按钮，则以后在此文件夹内新添加的文件都会自动被加密，如图 5-26 所示。

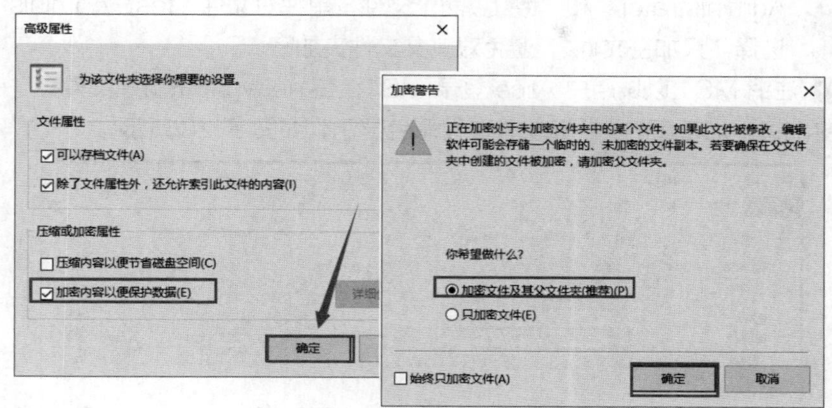


图 5-26　文件加密

**STEP 2** 对文件夹加密。选中文件夹，单击鼠标右键，在弹出的快捷菜单中单击“属性”→“高级”按钮，在弹出的“高级属性”对话框中勾选“加密内容以便保护数据”复选框，单击“确定”按钮，再单击“应用”按钮，弹出图 5-27 所示的对话框，选中“将更改应用于此文件夹、子文件夹和文件”单选按钮。

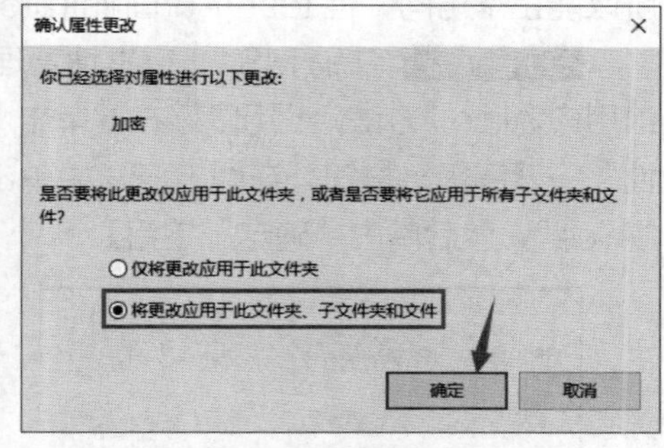


图 5-27　“确认属性更改”对话框

图 5-27 所示的选项如下。

- 仅将更改应用于此文件夹：以后在此文件夹内添加的文件、子文件夹与子文件夹内的文件都会被自动加密，但不会影响到此文件夹内现有的文件与文件夹。
- 将更改应用于此文件夹、子文件夹和文件：不但以后在此文件夹内新增加的文件、子文件夹与子文件夹内的文件都会被自动加密，同时会将已经存在于此文件夹内的 现有文件、子文件夹与子文件夹内的文件都一并加密。

当用户或应用程序需要读取加密文件时，系统会将文件由磁盘内读出、自动将解密后的内容提供给用户或应用程序，然而存储在磁盘内的文件仍然是处于加密状态的；而将数据写入文件时，它们也会被自动加密后再写入磁盘内的文件。

如果将一个未加密文件剪切或复制到加密文件夹，该文件会被自动加密。当将一个加密文件剪切或复制到非加密文件夹时，该文件仍然会保持其加密的状态。

利用 EFS 加密的文件，只有存储在硬盘内才会被加密，在通过网络传输的过程中是没有加密的。如果希望通过网络传输时仍然保持加密的安全状态，可以通过 IPSec 或 WebDev 等方式来加密。

**2．授权其他用户可以读取加密的文件**

被加密的文件只有文件的所有者可以读取，不过也可以授权给其他用户读取。被授权的用户必须具备 EFS 证书，而普通用户在第 1 次执行加密操作后，就会自动被赋予 EFS 证书，也就可以被授权了。

微课 5-12 加密文件系统（二）

以下示例假设要授权给域用户 Alice。要想授权给域用户 Alice，必须保证 Alice 在 MS1 上有个人用户证书存在，最简单的方法就是用 Alice 对某个文件夹加密，从而生成 Alice 的个人用户证书。授权给 Alice 的完整步骤如下。

**STEP 1** 以本地管理员身份登录 MS1，在 network 下新建“test-Administrator”和“test”两个文件，单独对文件“test-Administrator”加密，选择“只加密文件”，避免对其父文件夹加密。

**STEP 2** 注销 MS1,以域用户 Alice 登录 MS1，在 network 下新建文件夹“test-Alice”，单独对该文件夹加密。加密后的文件和文件夹以彩色显示，如图 5-28 所示。

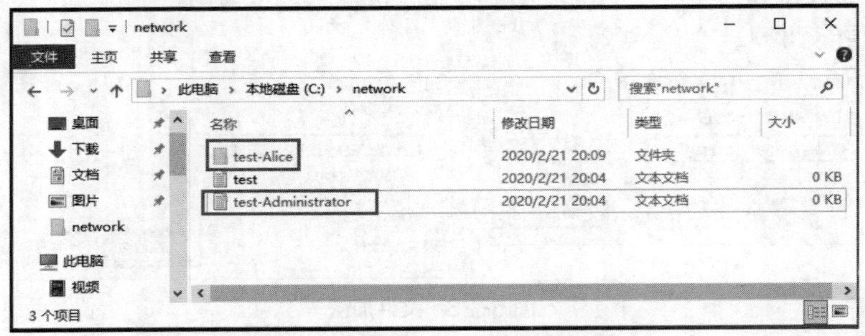


图 5-28 被不同用户加密后的文件和文件夹

**STEP 3** 分别访问“test”和“test-Administrator”两个文件，由于 test 文件没有加密，所以能正常访问，但 test-Administrator 由于被 administrator 用户加密而拒绝访问。

**STEP 4** 注销 MS1，以本地管理员身份登录 MS1，将“test-Administrator”的解密授权给用户 Alice。方法为：用鼠标右键单击“test-Administrator”文件，在弹出的快捷菜单中单击“属性”→“高级”按钮，在图 5-29 中单击“详细信息”→“添加”→“查找用户”按钮，选择用户“Alice”，然后单击“确定”按钮。

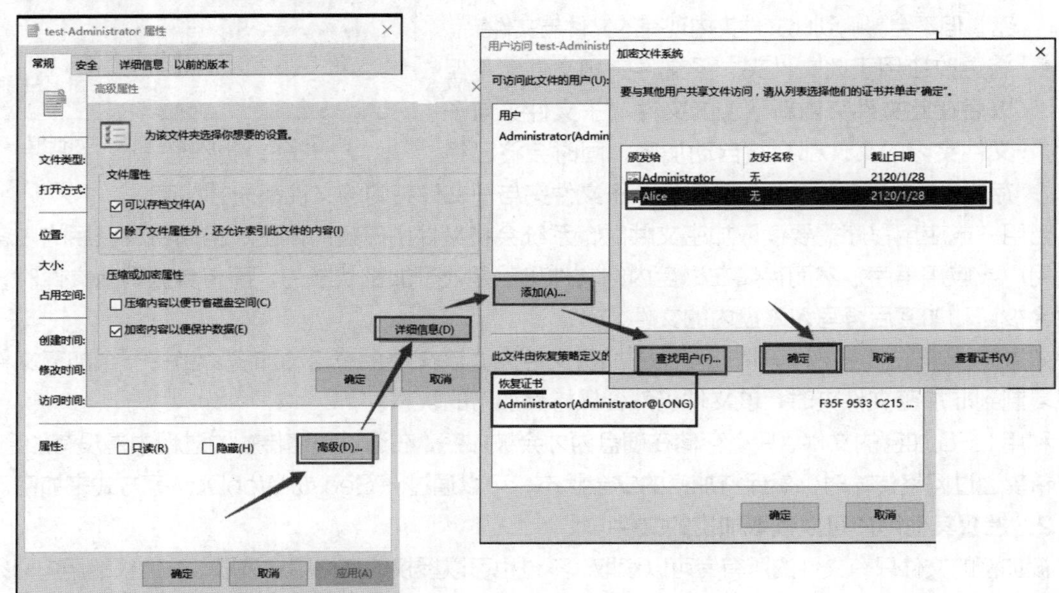


图 5-29 添加 Alice 个人证书

**STEP 5** 注销 MS1，以域用户 Alice 登录 MS1，访问“test-Administrator”文件，能正常访问。

**STEP 6** 具备恢复证书的用户也可以访问被加密的文件。默认只有域 Administrator 拥有恢复证书（由图 5-29 的中间图下方的恢复证书处可看出），不过可以通过组策略或本地策略将恢复证书分配给其他用户。以本地策略为例，其设置方法为：选择“服务器管理器”→“工具”→“本地安全策略”→“公钥策略”命令，展开“公钥策略”选项，用鼠标右键单击“加密文件系统”选项，在弹出的快捷菜单中选择“添加数据恢复代理程序”命令。

**3. 备份 EFS 证书**

为了避免 EFS 证书丢失或损毁，造成文件无法读取的后果，建议利用证书管理控制台来备份 EFS 证书，其步骤如下。

**STEP 1** 在“开始”菜单的“运行”中执行“certmgr.msc”命令，展开“个人”→“证书”选项，用鼠标右键单击预期目的为“加密文件系统”的证书，在弹出的快捷菜单中选择“所有任务”→“导出”命令，然后单击“下一步”按钮，选中“是，导出私钥”单选按钮，单击“下一步”按钮，选择默认的.pfk 格式，选中“组或用户名”单选按钮，也可以设置密码（以后只有该用户有权导入，否则需要输入此处的密码），如图 5-30 所示。建议将此证书文件备份到另外一个安全的地方。如果有多个 EFS 证书，请全部导出存档。

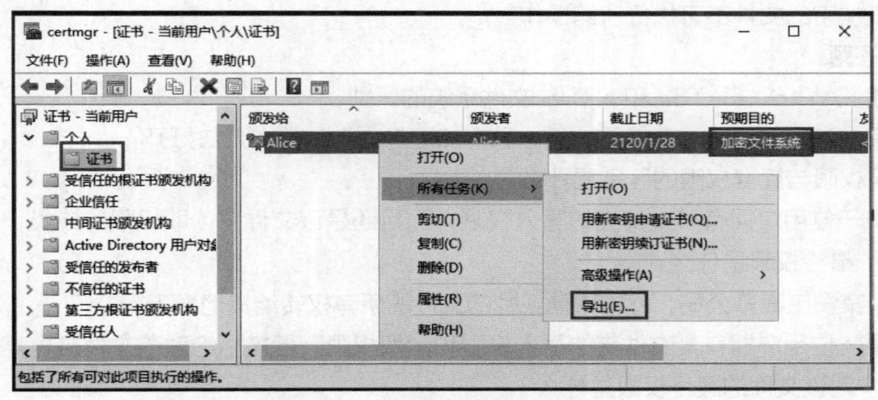


图 5-30 当前用户个人证书

**STEP 2** 如果 Alice 用户的 EFS 证书丢失或损毁，造成文件无法读取，可以将备份的 EFS 证书导入。在图 5-30 中，用鼠标右键单击左侧的“证书”选项，在弹出的快捷菜单中选择“所有任务”→“导入”命令，根据向导完成证书导入即可。

## 5.4 习题

### 一、填空题

1. 可供设置的标准 NTFS 文件权限有________、________、________、________、________。

2. Windows Server 2016 通过在 NTFS 文件系统下设置________，限制不同用户对文件的访问级别。

3. 相对于以前的 FAT16、FAT32 文件系统来说，NTFS 文件系统的优点包括可以对文件设置________、________、________、________。

4. 创建共享文件夹的用户必须属于________、________、________等用户组的成员。

5. 在网络中可共享的资源有________和________。

6. 要设置隐藏共享，需要在共享名的后面加________符号。

7. 共享权限分为________、________和________3 种。

**二、判断题**

1. 在 NTFS 文件系统下，可以对文件设置权限；而 FAT16 和 FAT32 文件系统只能对文件夹设置共享权限，不能对文件设置权限。（　）

2. 通常在管理系统中的文件时，要由管理员给不同用户设置访问权限，普通用户不能设置或更改权限。（　）

3. NTFS 文件压缩必须在 NTFS 文件系统下进行，离开 NTFS 文件系统时，文件将不再压缩。（　）

4. 磁盘配额的设置不能限制管理员账号。（　）

5. 将已加密的文件复制到其他计算机后，以管理员账号登录就可以打开了。（　）

6. 文件加密后，除加密者本人和管理员账号外，其他用户无法打开此文件。（　）

7. 对于加密的文件不可执行压缩操作。（　）

**三、简答题**

1. 简述 FAT16、FAT32 和 NTFS 文件系统的区别。

2. 重装 Windows Server 2016 后，原来加密的文件为什么无法打开？

3. 特殊权限与标准权限的区别是什么？

4. 如果一位用户拥有某文件夹的写入权限，而且还是该文件夹读取权限的成员，那么该用户对该文件夹的最终权限是什么？

5. 如果某员工离开公司，怎样将他或她的文件的所有权转给其他员工？

6. 如果一位用户拥有某文件夹的写入权限和读取权限，但被拒绝对该文件夹内某文件有写入权限，该用户对该文件的最终权限是什么？

## 5.5 项目实训　管理文件系统与共享资源

**一、实训目的**

- 掌握设置共享资源和访问共享资源的方法。
- 掌握卷影副本的使用方法。
- 掌握使用 NTFS 控制资源访问的方法。
- 掌握使用文件系统加密文件的方法。
- 掌握压缩文件的方法。

**二、项目环境**

本项目实训的网络拓扑图如图 5-31 所示。

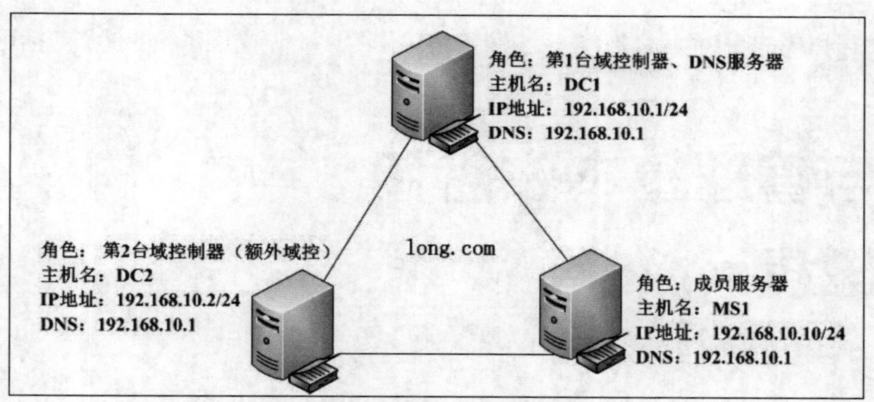


图 5-31　使用 NTFS 控制资源访问网络拓扑图

**三、项目要求**

完成以下各项任务。

① 在 DC1 上设置共享资源\test。

② 在 MS1 上使用多种方式访问网络共享资源。

③ 在 DC1 上设置卷影副本，在 MS1 上使用卷影副本恢复误删除的内容。

④ 观察共享权限与 NTFS 文件系统权限组合后的最终权限。

⑤ 设置 NTFS 权限的继承性。

⑥ 观察复制和移动文件夹后 NTFS 权限的变化情况。

⑦ 利用 NTFS 权限管理数据。

⑧ 加密特定文件或文件夹。

⑨ 压缩特定文件或文件夹。

**四、做一做**

根据项目实训视频进行项目的实训，检查学习效果。

## 拓展阅读　图灵奖

你知道图灵奖吗？你知道哪位华人科学家获得过此殊荣吗？

图灵奖（Turing Award）全称 A.M. 图灵奖（A.M. Turing Award），是由美国计算机协会（Association for Computing Machinery，ACM）于 1966 年设立的计算机奖项，名称取自艾伦·马西森·图灵（Alan Mathison Turing），旨在奖励对计算机事业做出重要贡献的个人。图灵奖对获奖条件要求极高，评奖程序极严，一般每年仅授予一名计算机科学家。图灵奖是计算机领域的国际最高奖项，被誉为“计算机界的诺贝尔奖”。

2000 年，华人科学家姚期智获图灵奖。

# 项目6 配置与管理基本磁盘和动态磁盘

Windows Server 2016 的存储管理无论是技术上还是功能上，都比以前的 Windows 版本有了很大改进和提高，磁盘管理提供了更好的管理界面和性能。

掌握基本磁盘和动态磁盘的配置与管理，以及为用户分配磁盘配额的方法，是对一个网络管理员最基础的要求。

## 本项目学习要点

- 掌握磁盘的基本知识
- 掌握管理基本磁盘的方法
- 掌握管理动态磁盘的方法
- 掌握管理磁盘配额的方法
- 掌握常用的磁盘管理命令

## 6.1 项目基础知识

在数据被存储到磁盘之前，该磁盘必须被划分成一个或数个磁盘分区。图 6-1 所示为一个磁盘（一块硬盘）被分割为 3 个磁盘分区。

在磁盘内有一个被称为磁盘分区表的区域，用来存储磁盘分区的相关数据，如每一个磁盘分区的起始地址、结束地址，是否为活动（active）的磁盘分区等信息。

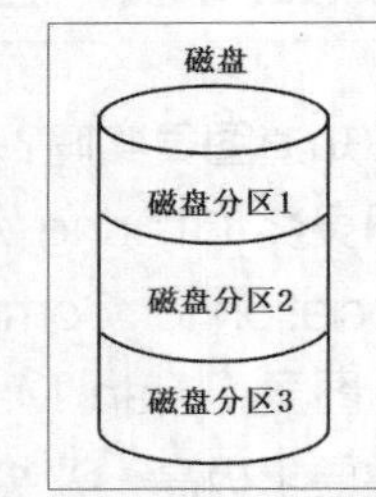


图 6-1 磁盘被分割为 3 个分区

### 6.1.1 MBR 磁盘与 GPT 磁盘

微课 6-1 认识基本磁盘

磁盘按分区表的格式可以分为主引导记录（Master Boot Record，MBR）磁盘与全局唯一标识分区表（GUID Partition Table，GPT）磁盘两种磁盘格式。

- MBR 磁盘。MBR 磁盘使用的是旧的传统磁盘分区表格式，其磁盘分区表存储在 MBR 内，如图 6-2 左半部所示。MBR 位于磁盘最前端，使用传统 BIOS（基本输入输出系统，是固化在计算机主板上一个 ROM 芯片上的程序）的计算机，其启动时 BIOS 会先读取 MBR，并将控制权交给 MBR 内的程序代码，然后由此程序代码来继续后续的启动工作。MBR 磁盘所支持的硬盘最大容量为 2.2TB (1TB=1024GB)。

- GPT 磁盘。GPT 磁盘是一种新的磁盘分区表格式，其磁盘分区表存储在 GPT 内，如图 6-2 右半部所示。它位于磁盘的前端，而且它有主分区表与备份分区表，可提供容错功能。使用新式 UEFI BIOS 的计算机，其 BIOS 会先读取 GPT，并将控制权交给 GPT 内的程序代码，然后由此程序代码来继续后续的启动工作。GPT 磁盘所支持的硬盘最大容量超过 2.2TB。

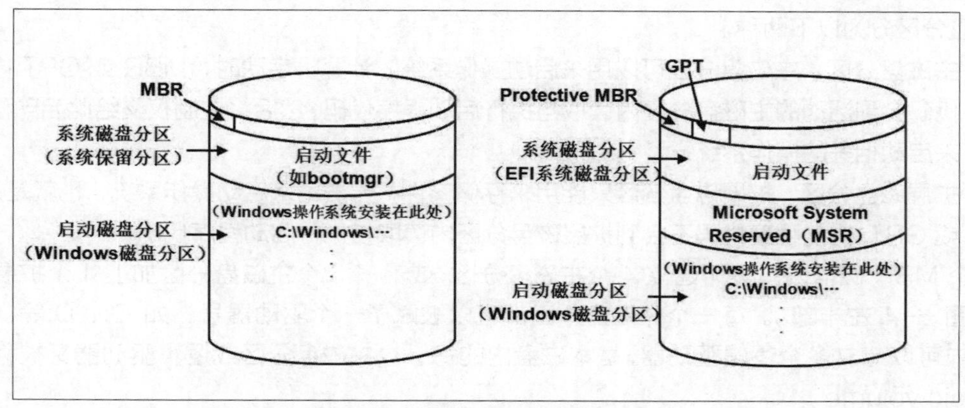


图 6-2　MBR 磁盘与 GPT 磁盘

可以利用图形接口的磁盘管理工具或 Diskpart 命令将空的 MBR 磁盘转换成 GPT 磁盘，或将空的 GPT 磁盘转换成 MBR 磁盘。

**提示**　① 为了兼容起见，GPT 磁盘内提供了 Protective MBR，让仅支持 MBR 的程序仍然可以正常运行。② 可以在 BIOS Setup 里设置采用何种启动模式，如图 6-3 所示。

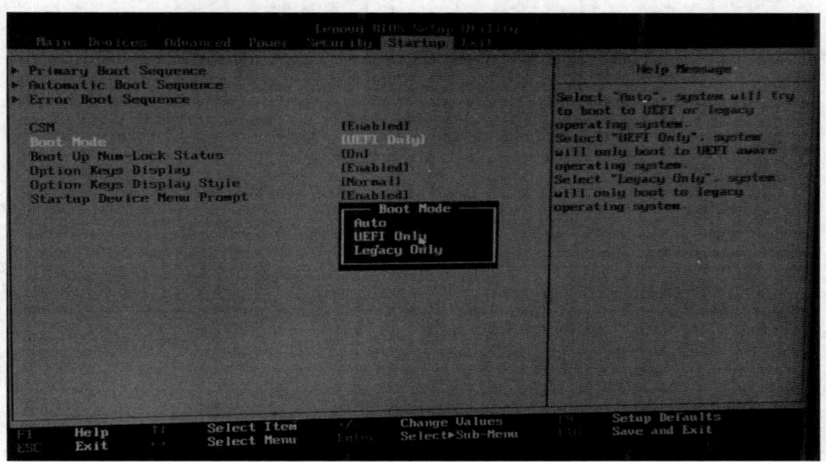


图 6-3　设置启动模式

### 6.1.2 认识基本磁盘

Windows 操作系统又将磁盘分为基本磁盘与动态磁盘两种类型。

- 基本磁盘：旧式的传统磁盘系统，新安装的硬盘默认是基本磁盘。
- 动态磁盘：它支持多种特殊的磁盘分区，其中有的可以提高系统访问效率、有的可以提供容错功能、有的可以扩大磁盘的使用空间。

下面先介绍基本磁盘。

**1. 主要与扩展磁盘分区**

磁盘分区分为以下两种。

- 主磁盘分区。主磁盘分区可以用来启动操作系统。计算机启动时，MBR 或 GPT 内的程序代码会到活动的主磁盘分区内读取与执行启动程序代码，然后将控制权交给此启动程序代码来启动相关的操作系统。
- 扩展磁盘分区。扩展磁盘分区只能用来存储文件，无法用来启动操作系统，也就是说 MBR 或 GPT 内的程序代码不会到扩展磁盘分区内读取与执行启动程序代码。

一个 MBR 磁盘内最多可建立 4 个主磁盘分区，或最多 3 个主磁盘分区加上 1 个扩展磁盘分区（见图 6-4 左半部）。每一个主磁盘分区都可以被赋予一个驱动器号，如 C:、D:等。扩展磁盘分区内可以建立多个逻辑驱动器。基本磁盘内的每一个主磁盘分区或逻辑驱动器又被称为基本卷（basic volume）。

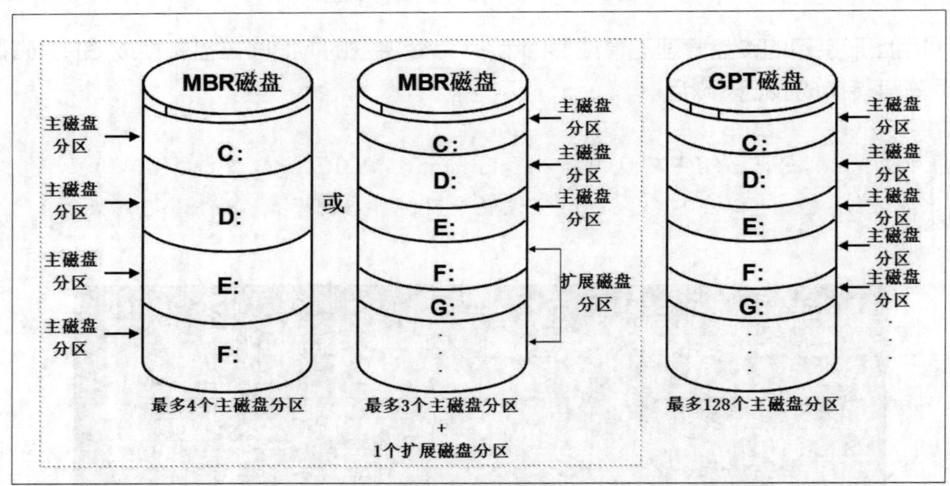


图 6-4 基本磁盘的分区

卷是由一个或多个磁盘分区所组成的，我们在后面介绍动态磁盘时会介绍包含多个磁盘分区的卷。

Windows 操作系统的一个 GPT 磁盘内最多可以建立 128 个主磁盘分区（见图 6-4 右半部），而每一个主磁盘分区都可以被赋予一个驱动器号（最多只有 A~Z 共 26 个驱动器号可用）。由于可以有 128 个主磁盘分区，因此 GPT 磁盘不需要扩展磁盘分区。大于 2.2TB 的磁盘分区需使用 GPT 磁盘。较旧版本的 Windows 操作系统（如 Windows 2000、32 位的 Windows XP 等）无法识别 GPT 磁盘。

### 2. 活动卷与系统卷

Windows 操作系统又将磁盘区分为启动分区（boot volume）与系统分区（system volume）两种。

- 启动分区。它是用来存储 Windows 操作系统文件的磁盘分区。操作系统文件通常是存放在 Windows 文件夹内的，此文件夹所在的磁盘分区就是启动分区，如图 6-5 的 MBR 磁盘所示，其左半部与右半部的 C:磁盘驱动器都是存储系统文件（Windows 文件夹）的磁盘分区，所以它们都是启动分区。启动分区可以是主磁盘分区或扩展磁盘分区内的逻辑驱动器。
- 系统分区。如果将系统启动的程序分为两个阶段来看的话，系统分区就是用于存储第 1 阶段所需要的启动文件（如 Windows 启动管理器 bootmgr）。系统利用其中存储的启动信息，就可以到启动分区的 Windows 文件夹内读取启动 Windows 操作系统所需的其他文件，然后进入第 2 阶段的启动程序。如果计算机内安装了多套 Windows 操作系统的话，系统分区内的程序也会负责显示操作系统列表来供用户选择。

例如，图 6-5 左半部的系统保留分区与右半部的 C:都是系统分区，其中右半部因为只有一个磁盘分区，启动文件与 Windows 文件夹都存储在此处，所以它既是系统分区也是启动分区。

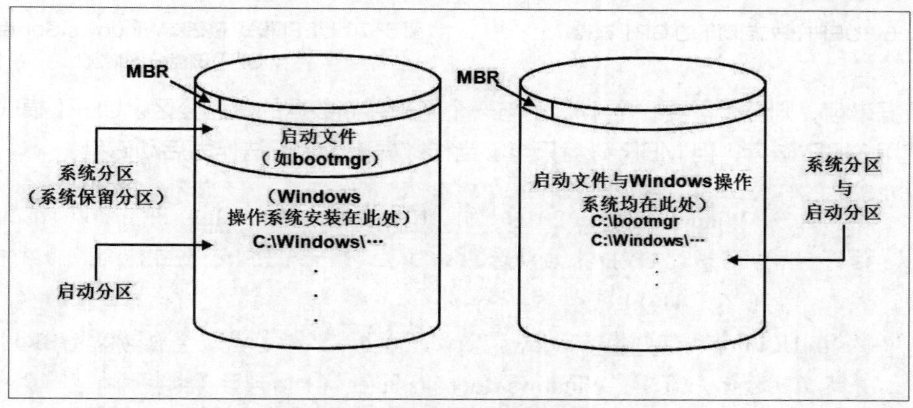


图 6-5 系统分区与启动分区

在安装 Windows Server 2016 时，安装程序就会自动建立扮演系统分区角色的系统保留分区，且无驱动器号（参考图 6-5 左上半部），包含 Windows 修复环境（Windows Recovery Environment, Windows RE）。可以自行删除此默认分区，图 6-5 右半部所示就只有 1 个磁盘分区。

使用 UEFI BIOS 的计算机可以选择 UEFI 模式或传统模式（以下将其称为 BIOS 模式）来启动 Windows Server 2016。若是 UEFI 模式的话，则启动磁盘需为 GPT 磁盘，且此磁盘最少需要 3 个 GPT 磁盘分区，如图 6-6 所示。

- EFI 系统分区（EFI system partition，ESP）。其文件系统为 FAT32，可用来存储 BIOS/OEM 厂商所需要的文件、启动操作系统所需要的文件（UEFI 的前版被称为 EFI)、Windows 修复环境（Windows RE）等。
- 微软保留分区（Microsoft Reserved Partition，MSR）。用来保留供操作系统使用的区域。若磁盘的容量小于 16GB，此区域占用约 32MB；若磁盘的容量大于或等于 16GB，则此区域占用约 128MB。

- Windows 磁盘分区。其文件系统为 NTFS，是用来存储 Windows 操作系统文件的磁盘分区。操作系统文件通常放在 Windows 文件夹内。

在 UEFI 模式之下，如果是将 Windows Server 2016 安装到一个空硬盘，则除了以上 3 个磁盘分区之外，安装程序还会自动多建立一个恢复分区，如图 6-7 所示，它将 Windows RE 与 EFI 系统分区分成两个磁盘分区，存储 Windows RE 的恢复分区的容量约 300MB，此时的 EFI 系统分区的容量约 100MB。

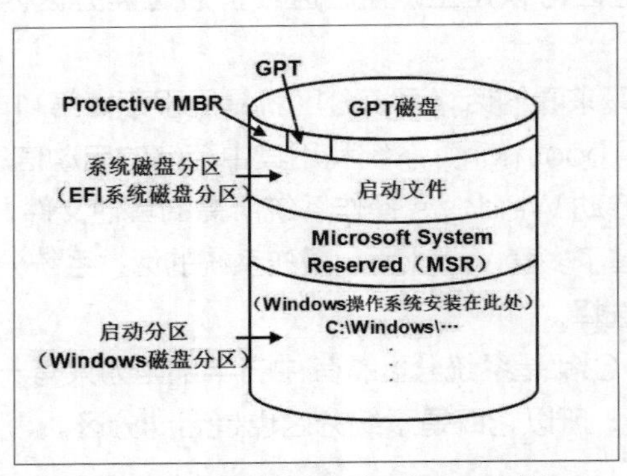


图 6-6 UEFI 模式启动下的 GPT 磁盘

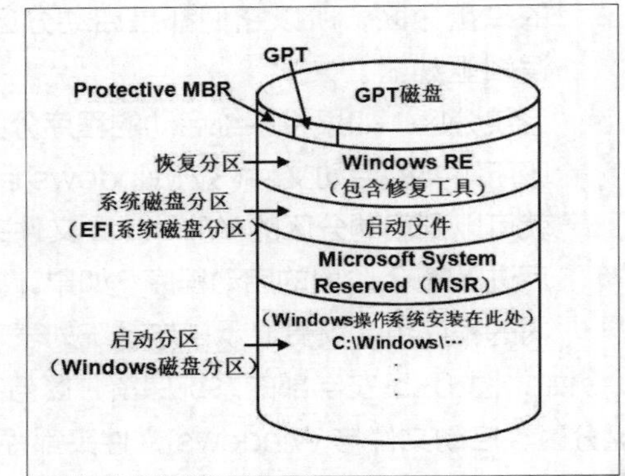


图 6-7 UEFI 模式下安装 Windows Server 2016 的 GPT 磁盘分区情况

若是数据磁盘，则至少需要一个 MSR 与一个用来存储数据的磁盘分区。UEFI 模式的系统虽然也可以使用 MBR 磁盘，但 MBR 磁盘只能够当作数据磁盘，无法作为启动磁盘。

**特别提示** ① 在安装 Windows Server 2016 之前，可能需要先进入 BIOS 内指定以 UEFI 模式工作，例如，将通过 DVD 来启动计算机的方式改为 UEFI,否则可能会以传统 BIOS 模式工作，而不是 UEFI 模式。

② 在 UEFI 模式下安装 Windows Server 2016 完成后，系统会自动修改 BIOS 设置，并将其改为优先通过“Windows Boot Manager”来启动计算机。

如果硬盘内已经有操作系统，且此硬盘是 MBR 磁盘，则必须先删除其中的所有磁盘分区，然后再将其转换为 GPT 磁盘，其方法为：在安装过程中通过单击修复计算机进入命令提示符窗口，然后执行 diskpart 程序，接着依序执行 select disk 0、clean、convert gpt 命令。

在文件资源管理器内看不到系统保留分区、恢复分区、EFI 系统分区与 MSR 等磁盘分区。在 Windows 操作系统内置的磁盘管理工具“磁盘管理”内看不到 MBR、GPT、Protective MBR 等特殊信息，虽然可以看到系统保留分区（MBR 磁盘）、恢复分区与 EFI 系统分区等磁盘分区，但还是看不到 MSR，例如，图 6-8 所示的磁盘为 GPT 磁盘，从中可以看到恢复分区与 EFI 系统分区（当然还有 Windows 磁盘分区），但看不到 MSR。

我们可以通过 diskpart 程序来查看 MSR：打开命令提示符窗口（用鼠标右键单击“开始”菜单选择相应命令）或 Windows PowerShell（在“服务器管理器”的“工具”菜单中），执行 diskpart 程序，然后依序执行 select disk 0、list partition 命令，可以看到 4 个磁盘分区，如图 6-9 所示。

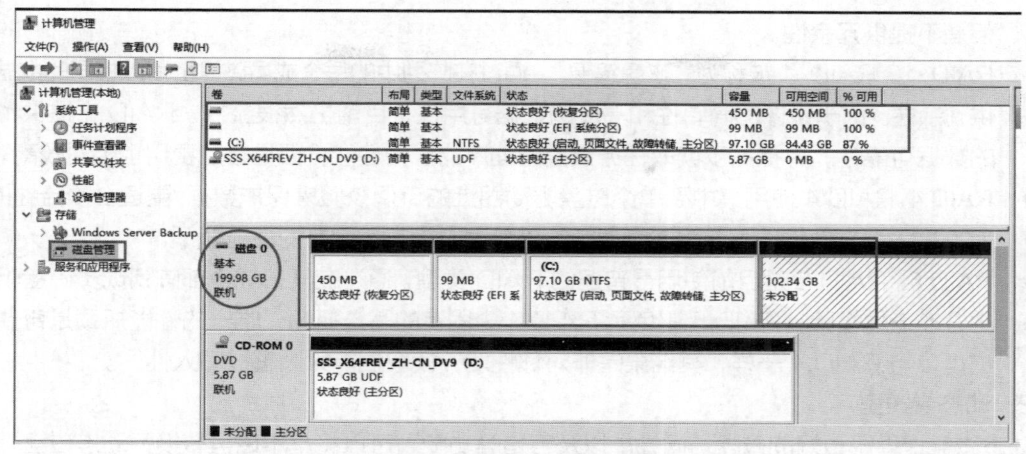


图 6-8　GPT 磁盘的磁盘管理

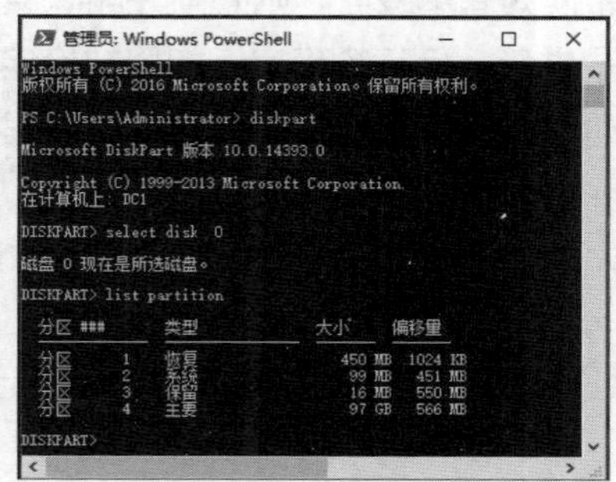


图 6-9　使用 diskpart 程序查看磁盘分区

## 6.1.3　认识动态磁盘

微课 6-2 认识动态磁盘

动态磁盘使用卷（Volume）来组织空间，使用方法与基本磁盘分区相似。动态卷可建立在不连续的磁盘空间上，且空间大小可以动态地变更。动态卷的创建数量也不受限制。在动态磁盘中可以建立多种类型的卷，以提供高性能的磁盘存储能力。

### 1. RAID 技术简介

如何增加磁盘的存取速度，如何防止数据因磁盘故障而丢失，如何有效地利用磁盘空间，这些问题一直困扰着计算机专业人员和用户。RAID 技术的产生一举解决了这些问题。

RAID 是把多个磁盘组成一个阵列，当作单一磁盘使用。它将数据以分段（Striping）的方式存储在不同的磁盘中，存取数据时，阵列中的相关磁盘一起动作，从而大幅减少了数据的存取时间，同时有更佳的空间利用率。磁盘阵列所利用的不同技术称为 RAID 级别。不同的级别针对不同的系统及应用，以解决数据访问性能和数据安全的问题。

RAID 技术的实现可以分为硬件实现和软件实现两种。现在很多操作系统，如 Windows NT 以及 UNIX 等都提供软件 RAID 技术，其性能略低于硬件 RAID，但成本较低，配置管理也非常简单。目前 Windows Server 2016 网络操作系统支持的 RAID 级别包括 RAID 0、RAID 1、RAID 4 和 RAID 5。

- **RAID 0**。RAID 0 通常被称作“条带”，它是面向性能的分条数据映射技术。这意味着被写入阵列的数据被分割成条带，然后写入阵列中的成员磁盘，从而允许低费用的高效 I/O 性能，但是不提供冗余性。

- **RAID 1**。RAID 1 被称为“磁盘镜像”，通过在阵列中的每个成员磁盘上写入相同的数据来提供冗余性。由于镜像的简单性和高度的数据可用性，目前仍然很流行。RAID 1 提供了极佳的数据可靠性，并提高了读取任务繁重的程序的执行性能，但是它的费用也相对较高。
- **RAID 4**。RAID 4 使用集中到单个磁盘驱动器上的奇偶校验来保护数据，更适合事务性的 I/O 而不是大型文件传输。专用的奇偶校验磁盘同时带来了固有的性能瓶颈。
- **RAID 5**。RAID 5 是目前使用最普遍的 RAID 类型。通过在某些或全部阵列成员磁盘驱动器中分布奇偶校验，RAID 5 避免了 RAID 4 中固有的写入瓶颈，唯一的性能瓶颈是奇偶计算进程。与 RAID 4 一样，其结果是非对称性能，读取性能大大超过写入性能。

**2. 动态卷类型**

动态磁盘提供了更好的磁盘访问性能以及容错等功能，可以将基本磁盘转换为动态磁盘，而不损坏原有的数据。动态磁盘若要转换为基本磁盘，则必须先删除原有的卷。

在转换磁盘之前需要关闭这些磁盘上运行的程序。如果转换启动盘，或者要转化的磁盘中的卷或分区正在使用，则必须重新启动计算机才能成功转换。转换过程如下。

① 关闭所有正在运行的应用程序，选择“服务器管理器”→“工具”→“计算机管理”→“磁盘管理”命令，在右侧窗格的底端，用鼠标右键单击要升级的基本磁盘，在弹出的快捷菜单中选择“转换到动态磁盘”命令。

② 在打开的对话框中，可以选择多个磁盘一起升级。选好之后，单击“确定”按钮，然后单击“转换”按钮即可。

Windows Server 2016 中支持的动态卷包括以下几类。

- 简单卷（Simple Volume）。简单卷与基本磁盘的分区类似，只是其空间可以扩展到非连续的空间上。
- 跨区卷（Spanned Volume）。跨区卷可以将多个磁盘（至少两个，最多 32 个）上的未分配空间合成一个逻辑卷。使用时先写满一部分空间，再写入下一部分空间。
- 带区卷（Striped Volume）。带区卷又称条带卷 RAID 0，将 2~32 个磁盘空间上容量相同的空间组合成一个卷，写入时将数据分成 64KB 的大小相同的数据块，同时写入卷的每个成员磁盘的空间上。带区卷提供最好的磁盘访问性能，但是带区卷不能被扩展或镜像，并且没有容错功能。
- 镜像卷（Mirrored Volume）。镜像卷又称为 RAID 1 技术，是将两个磁盘上相同尺寸的空间建立为镜像，有容错功能，但空间利用率只有 50%，实现成本相对较高。
- 带奇偶校验的带区卷。采用 RAID 5 技术，每个独立磁盘进行条带化分割、条带区奇偶校验，校验数据平均分布在每块硬盘上，容错性能好，应用广泛，需要 3 个以上的磁盘。其平均实现成本低于镜像卷。

## 6.2 项目设计与准备

**1. 项目设计**

本项目所有实例都部署在图 6-10 所示的环境下。DC1、MS1 和 MS2 是 3 台虚拟机。特别注意：为了不受外部环境影响，3 台虚拟机的网络连接模式设置为“仅主机模式”。本项目只用到 MS1

和 MS2，其他虚拟机可以临时关闭或挂起。

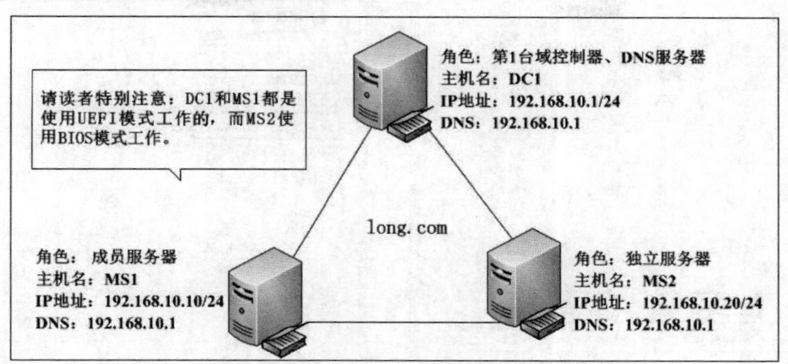


图 6-10 磁盘管理网络拓扑图

## 2. 项目准备

（1）在 VMware 中安装独立服务器 MS2（使用 BIOS 启动模式）。

新建虚拟机后，必须先对虚拟机进行设置才能正常安装。有几点提示如下。

① 设置虚拟机时，将“选项”选项卡中的固件类型改为“BIOS”，如图 6-11 所示。

② 添加一个磁盘：磁盘 1（127GB）。

③ 虚拟机的其他选项设置请参照项目 2 的有关内容，这里不再赘述。

④ 重新安装计算机，命名为 MS2，IP 地址为 192.168.10.20/24，DNS 服务器的 IP 地址为 192.168.10.1。

（2）在 MS1 上添加 4 个 SCSI 磁盘。

关闭 MS1，在 MS1 上添加 4 个 SCSI 磁盘，每个磁盘容量为 127GB，步骤如下。

**STEP 1** 打开“VMware Workstation”，用鼠标右键单击“MS1”虚拟机，在弹出的对话框中单击“设置”按钮，出现图 6-12 所示的设置对话框。单击“添加”按钮，选择硬件类型为“硬盘”，如图 6-13 所示。

图 6-11 固件类型改为“BIOS”

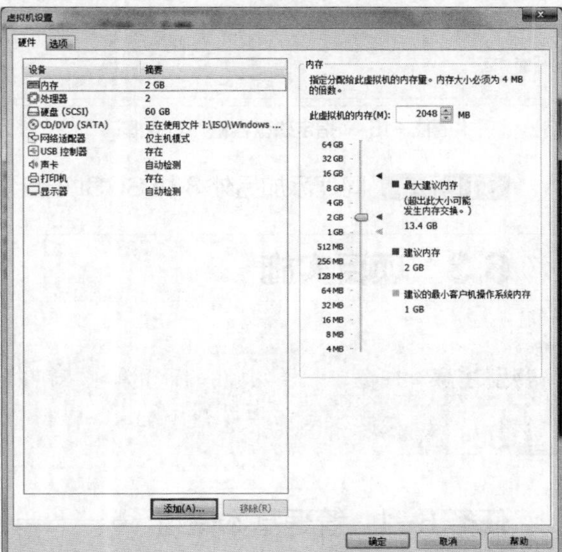

图 6-12 添加硬件

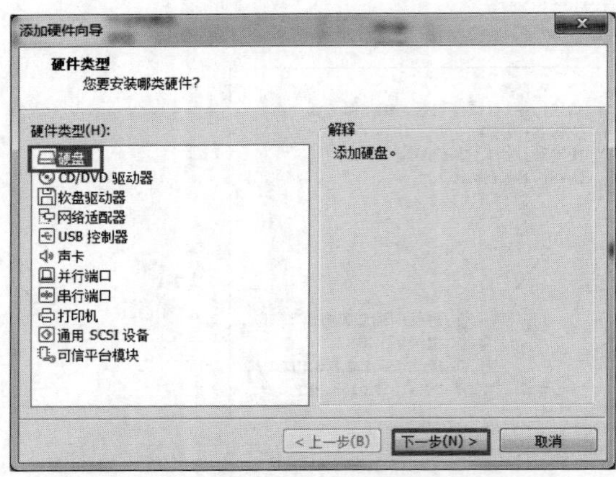

图 6-13　硬件类型

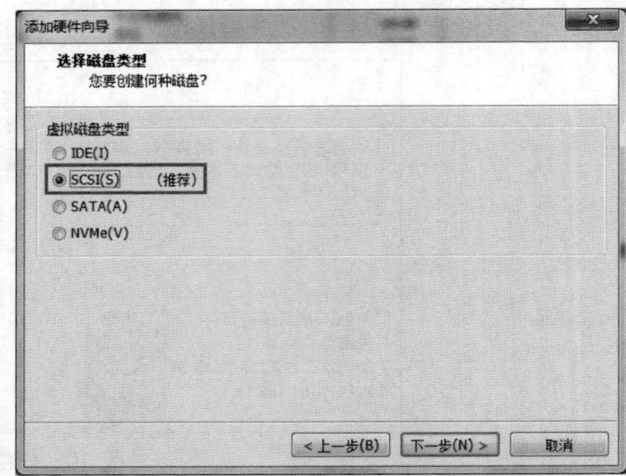


图 6-14　选择磁盘类型

**STEP 2** 单击“下一步”按钮，选择“SCSI”磁盘类型，如图 6-14 所示，再次单击“下一步”按钮，出现图 6-15 所示的“指定磁盘容量”对话框，输入磁盘容量。

**STEP 3** 单击“下一步”按钮，创建一个虚拟硬盘 MS1.vmdk（如果存在创建好的虚拟硬盘，可以直接单击“浏览”按钮进行选择）。然后单击“完成”按钮，成功添加第一个磁盘，如图 6-16 所示。

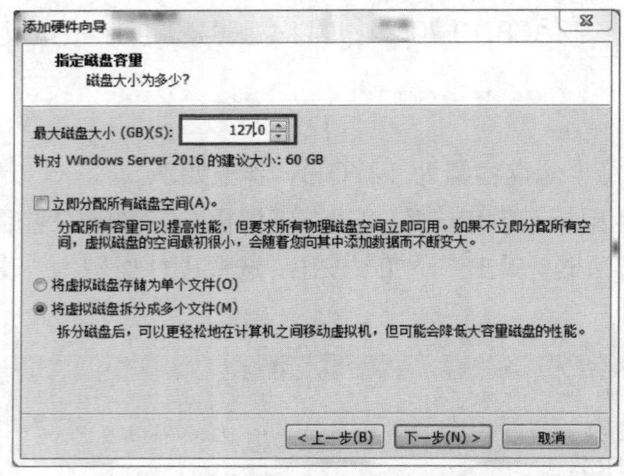


图 6-15　“指定磁盘容量”对话框

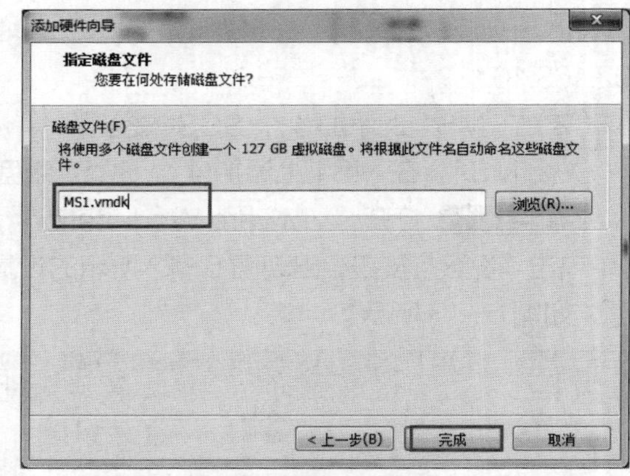


图 6-16　创建虚拟硬盘

**STEP 4** 同理添加另外 3 块 SCSI 硬盘。

## 6.3 项目实施

**特别注意**　任务不一样，使用的计算机也不同（MS1 或 MS2）。只有 MS2 是采用 BIOS 模式启动的。启动模式不一样会存在不一样的管理。

### 任务 6-1　管理基本磁盘

在安装 Windows Server 2016 时，硬盘将自动初始化为基本磁盘。基本磁盘上的管理任务包括磁盘分区的建立、删除、查看以及分区的挂载和磁盘碎片整理等。

微课 6-3 管理基本磁盘

### 1. 使用磁盘管理工具（MS1）

Windows Server 2016 提供了一个界面非常友好的磁盘管理工具，使用该工具可以很轻松地完成各种基本磁盘和动态磁盘的配置和管理维护工作。可以使用多种方法打开该工具。

（1）使用“计算机管理”窗口打开。

**STEP 1** 以管理员身份登录 MS1，打开“计算机管理”窗口。单击“存储”项目中的“磁盘管理”选项，出现图 6-17 所示的对话框，要求对新添加的磁盘进行初始化。

> **注意** 如果没有弹出“初始化磁盘”对话框，或者弹出的对话框中要进行初始化的磁盘少于预期，请在相应的新加磁盘上单击鼠标右键，在弹出的快捷菜单中选择“联机”命令，完成后再用鼠标右键单击该磁盘，选择“初始化磁盘”命令，对该磁盘进行单独初始化。

**STEP 2** 单击“确定”按钮，初始化新加的 4 块硬盘。完成后，MS1 就新加了 4 个新磁盘。

（2）使用系统内置的 MSC 控制台文件打开。

用鼠标右键单击“开始”菜单，选择“运行”命令，在文本框中输入“diskmgmt.msc”，并单击“确定”按钮。

磁盘管理工具分别以文本和图形的方式显示出所有磁盘和分区（卷）的基本信息，这些信息包括分区（卷）的驱动器号、磁盘类型、文件系统类型以及工作状态等。在磁盘管理工具的下部，以不同的颜色表示不同的分区（卷）类型，便于用户分辨不同的分区（卷）。

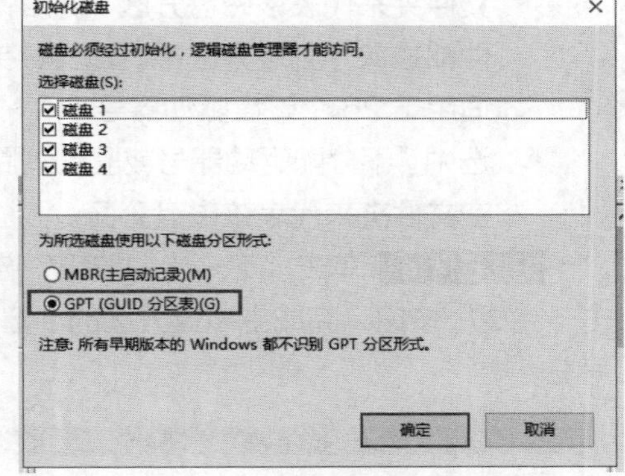


图 6-17 磁盘初始化

### 2. 新建基本卷（MS1）

下面的任务是在 MS1 的磁盘 1 上创建主磁盘分区和扩展磁盘分区，并在扩展磁盘分区中创建逻辑驱动器。该如何做呢?

对于 MBR 磁盘，基本磁盘上的分区和逻辑驱动器称为基本卷，基本卷只能在基本磁盘上创建。

> **特别注意** 由于 GPT 磁盘可以有多达 128 个主磁盘分区，因此不需要扩展磁盘分区。所以将 GPT 磁盘转换为 MBR 磁盘是创建扩展磁盘分区的前提。在磁盘 1 上单击鼠标右键，在弹出的快捷菜单中选择“转换成 MBR 磁盘”命令，可以将 GPT 磁盘转换成 MBR 磁盘，如图 6-18 所示。

（1）创建主磁盘分区。

**STEP 1** 选择 MS1 计算机的“服务器管理器”→“工具”→“计算机管理”→“磁盘管理”命令，在右侧的窗格中用鼠标右键单击“磁盘 1”的未分配空间，选择“新建简单卷”命令，如图 6-19 所示。

**STEP 2** 打开“新建简单卷向导”对话框，单击“下一步”按钮，设置卷的大小为 500MB。

**STEP 3** 单击“下一步”按钮，分配驱动器号，如图 6-20 所示。

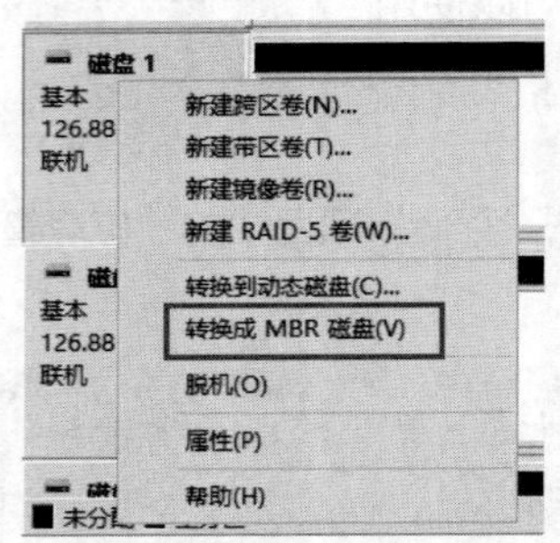


图 6-18 将 GPT 磁盘转换成 MBR 磁盘

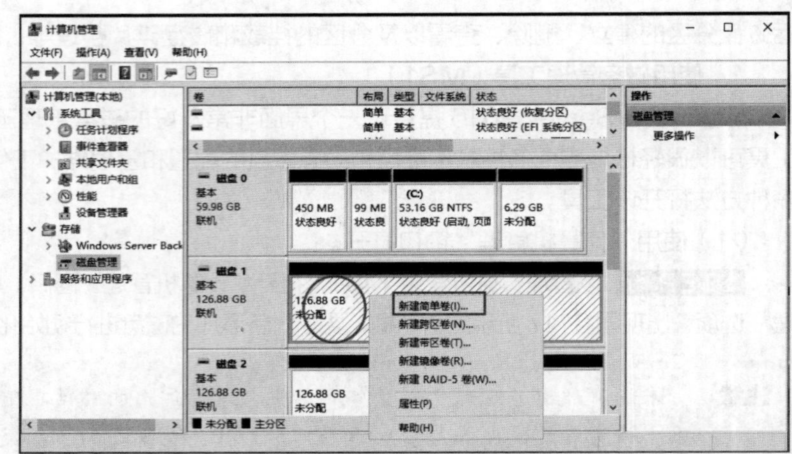


图 6-19 磁盘管理——新建简单卷

- 选中“装入以下空白 NTFS 文件夹中”单选按钮，表示指派一个在 NTFS 文件系统下的空文件夹来代表该磁盘分区。例如，用 C:\data 表示该分区，则以后所有保存到 C:\data 的文件都被保存到该分区中。该文件夹必须是空的文件夹，且位于 NTFS 卷内。这个功能特别适用于 26 个磁盘驱动器号（A~Z）不够使用时的网络环境。
- 选中“不分配驱动器号或驱动器路径”单选按钮，表示可以事后再指派驱动器号或指派某个空文件夹来代表该磁盘分区。

**STEP 4** 单击“下一步”按钮，选择格式化的文件系统，如图 6-21 所示。格式化结束，单击“完成”按钮，完成主磁盘分区的创建。本例划分给主磁盘分区 500MB 的空间，赋予其驱动器号 E。

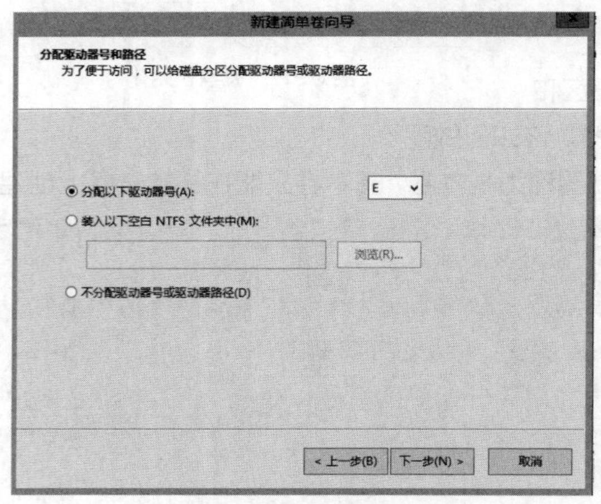


图 6-20 分配驱动器号

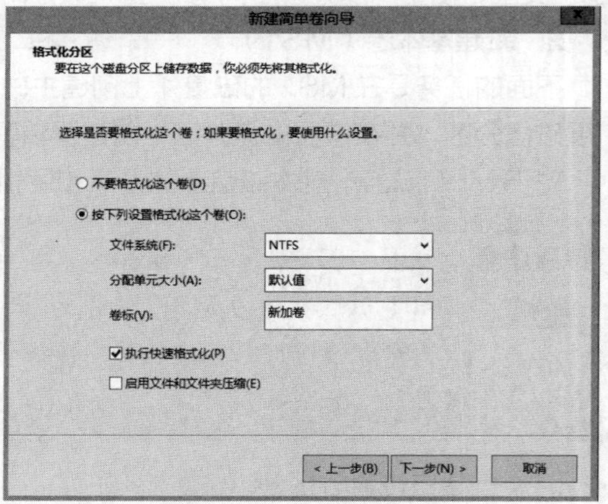


图 6-21 格式化分区

**STEP 5** 可以重复以上步骤创建其他主磁盘分区。

（2）创建扩展磁盘分区。

Windows Server 2016 的磁盘管理不能直接创建扩展磁盘分区，必须先创建完 3 个主磁盘分区后才能创建扩展磁盘分区。步骤如下。

**STEP 1** 继续在 MS1 的磁盘 1 上再创建两个主磁盘分区。

**STEP 2** 完成 3 个主磁盘分区创建后，在该磁盘未分配空间上单击鼠标右键，在弹出的快捷菜单中选择“新建简单卷”命令。

**STEP 3** 后面的过程与创建主磁盘分区相似，不同的是当创建完成、显示“状态良好”的分区信息后，系统会自动将刚才这个分区设置为扩展磁盘分区的一个逻辑驱动器，如图 6-22 所示。

图 6-22　3 个主磁盘分区、1 个扩展磁盘分区

### 3. 更改驱动器号和路径（MS1）

Windows Server 2016 默认为每个分区（卷）分配一个驱动器号后，该分区就成为一个逻辑上的独立驱动器。有时出于管理的目的，可能需要修改默认分配的驱动器号。

还可以使用磁盘管理工具在本地 NTFS 分区（卷）的任何空文件夹中连接或装入一个本地驱动器。当在空的 NTFS 文件夹中装入本地驱动器时，Windows Server 2016 为驱动器分配一个路径而不是驱动器号，可以装载的驱动器数量不受驱动器号限制的影响，因此可以使用挂载的驱动器在计算机上访问 26 个以上的驱动器。Windows Server 2016 确保驱动器路径与驱动器的关联，因此可以添加或重新排列存储设备而不会使驱动器路径失效。

另外，当某个分区的空间不足并且难以扩展空间尺寸时，也可以通过挂载一个新分区到该分区某个文件夹的方法达到扩展磁盘分区尺寸的目的。因此，挂载的驱动器会使数据更容易访问，并增加了基于工作环境和系统使用情况管理数据存储的灵活性。例如，可以在 C:\Document and Settings 文件夹装入带有 NTFS 磁盘配额以及启用容错功能的驱动器，这样用户就可以跟踪或限制磁盘的使用，并保护装入的驱动器上的用户数据，而不用在 C:驱动器上做同样的工作。也可以将 C:\Temp 文件夹设为挂载驱动器，为临时文件提供额外的磁盘空间。

如果 C 盘上的空间较小，可将程序文件移动到其他大容量驱动器上，如 E 盘，并将它作为 C:\mytext 挂载。这样所有保存在 C:\mytext 文件夹下的文件事实上都保存在 E 分区上。下面完成这个例子。（保证 C:\mytext 在 NTFS 分区上，并且是空白的文件夹。）

**STEP 1** 在“磁盘管理”窗口中，用鼠标右键单击目标驱动器 E，在弹出的快捷菜单中选择“更改驱动器号和路径”命令，打开图 6-23 所示的对话框。

**STEP 2** 单击“更改”按钮，可以更改驱动器号；单击“添加”按钮，可打开“添加驱动器号或路径”对话框，如图 6-24 所示。

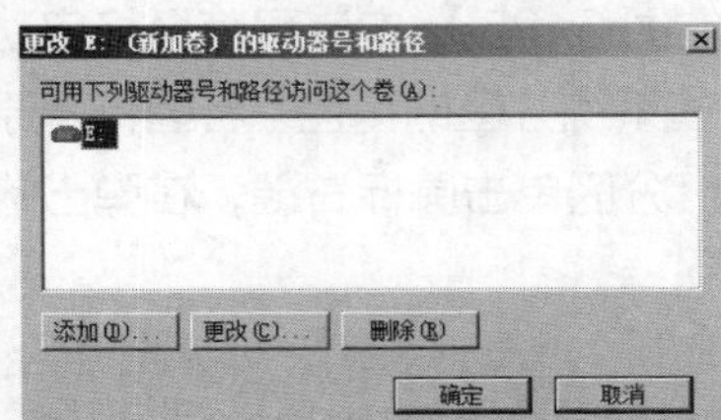


图 6-23　更改驱动器号和路径

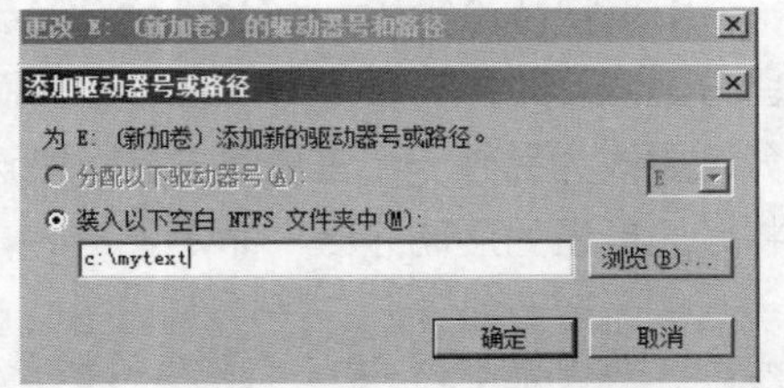


图 6-24　“添加驱动器号或路径”对话框

**STEP 3** 输入完成后，单击“确定”按钮。

**STEP 4** 测试。在 C:\text 下新建文件，然后查看 E 盘中的信息，会发现文件实际存储在 E 盘上。

**提示** 要装入的文件夹一定是事先建立好的空文件夹，该文件夹所在的分区必须是 NTFS 文件系统。

#### 4. 指定活动的磁盘分区（MS2）

如果计算机中安装了多个无法直接相互访问的不同的网络操作系统，如 Windows Server 2016、Linux 等，则计算机在启动时会启动被设为“活动”的磁盘分区内的网络操作系统。

假设当前第 1 个磁盘分区中安装的是 Windows Server 2016，第 2 个磁盘分区中安装的是 Linux，如果第 1 个磁盘分区被设为“活动”，则计算机启动时就会启动 Windows Server 2016。若要下一次启动时启动 Linux，只需将第 2 个磁盘分区设为“活动”即可。

以 x86/x64 计算机来说，系统分区内存储着启动文件，如启动管理器（Bootmgr）等。使用 BIOS 模式工作的计算机启动时，计算机主板上的 BIOS 会读取磁盘内的 MBR，然后由 MBR 去读取系统分区内的启动程序代码［位于系统分区最前端的分区启动扇区（Partition Boot Sector）内］，再由此程序代码去读取系统分区内的启动文件，启动文件再到启动分区内加载操作系统文件并启动操作系统。因为 MBR 是到活动的磁盘分区去读取启动程序代码的，所以必须将系统分区设置为活动。

以管理员身份登录 MS2（使用 BIOS 模式工作），单击“开始”→“Windows 管理工具”→“计算机管理”命令，打开“计算机管理”窗口，单击“磁盘管理”命令，显示图 6-25 所示的窗口。磁盘 0 中第 2 个磁盘分区中安装着 Windows Server 2016，它是启动分区；第 1 个磁盘分区为系统保留分区，它存储着启动文件，如 Bootmgr，由于它是系统分区，因此必须是活动分区。

图 6-25 磁盘 0 的启动分区、系统分区和活动分区

在安装 Windows Server 2016 时，安装程序会自动建立两个磁盘分区，其中一个为系统保留分区，另一个用来安装 Windows Server 2016（见前面的图 6-25）。安装程序会将启动文件放置到系统保留分区内，并将它设置为“活动”，此磁盘分区扮演系统分区的角色。若因特殊原因需要将活动磁盘分区更改为另外一个主磁盘分区，则选中该主磁盘分区单击鼠标右键，在弹出的快捷菜单中选择“将分区标记为活动分区”命令。

**注意** 只有主磁盘分区可以被设置为活动分区，扩展磁盘分区内的逻辑驱动器无法被设置为活动分区。

## 任务 6-2 建立动态磁盘卷（MS1）

在 Windows Server 2016 动态磁盘上建立卷，与在基本磁盘上建立分区的操作类似。

微课 6-4 建立动态磁盘卷（MS1）

### 1. 创建 1000MB 的 RAID 5 卷

**STEP 1** 以管理员身份登录 MS1，用鼠标右键单击“磁盘 1”，在弹出的对话框中选择“磁盘 1”～“磁盘 4”，如图 6-26 所示，将这 4 个磁盘转换为动态磁盘。请读者特别注意磁盘 1 转换为动态磁盘后其简单卷的变化。

**STEP 2** 在磁盘 2 的未分配空间上单击鼠标右键，在弹出的快捷菜单中选择“新建 RAID 5 卷”命令，打开“新建 RAID 5 卷”对话框。

**STEP 3** 单击“下一步”按钮，打开“选择磁盘”对话框，如图 6-27 所示。选择要创建的 RAID 5 卷需要使用的磁盘，选择空间容量为 1000MB。对 RAID 5 卷来说，至少需要选择 3 个以上的动态磁盘。这里选择磁盘 2～磁盘 4。

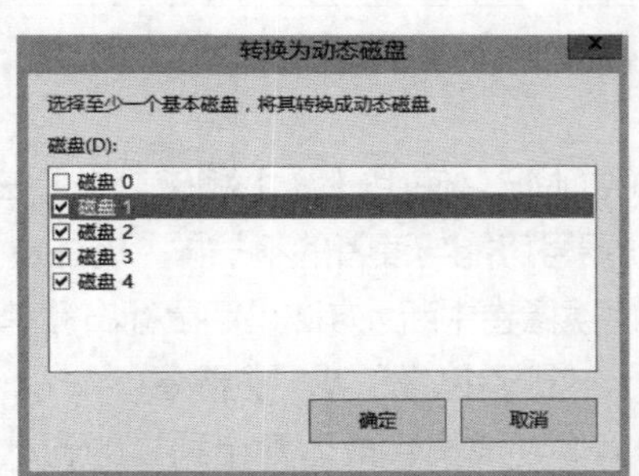


图 6-26 转换为动态磁盘

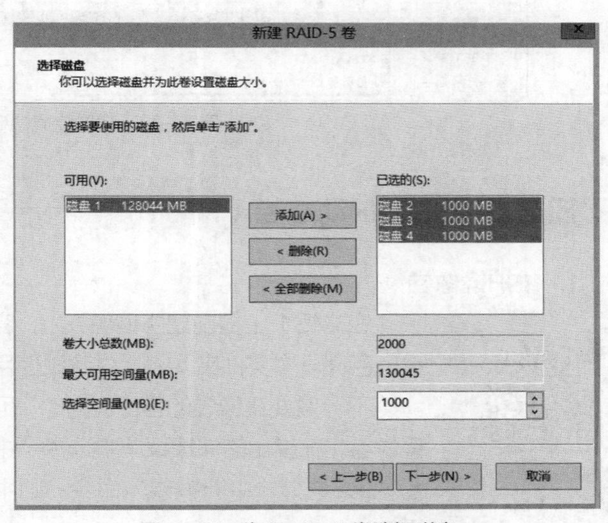


图 6-27 为 RAID 5 卷选择磁盘

**STEP 4** 为 RAID 5 卷指定驱动器号和文件系统类型，完成向导设置。

**STEP 5** 建立完成的 RAID 5 卷如图 6-28 所示。

### 2. 创建其他卷

建立其他类型动态卷的方法与此类似，用鼠标右键单击动态磁盘的未分配空间，在弹出的快捷菜单中按需要选择相应命令，完成不同类型动态卷的建立即可，这里不再赘述。读者可以尝试创建如下动态卷。

- 在磁盘 2 上创建容量为 800MB 的简单卷。
- 在磁盘 3 上创建容量为 200MB 的扩展卷，使容量为 800MB 的简单卷变为 1000MB。
- 在磁盘 2 上创建容量为 1000MB 的跨区卷（只有磁盘上容量不足时才会使用其他磁盘）。
- 在磁盘 2 上创建容量为 1000MB 的带区卷。

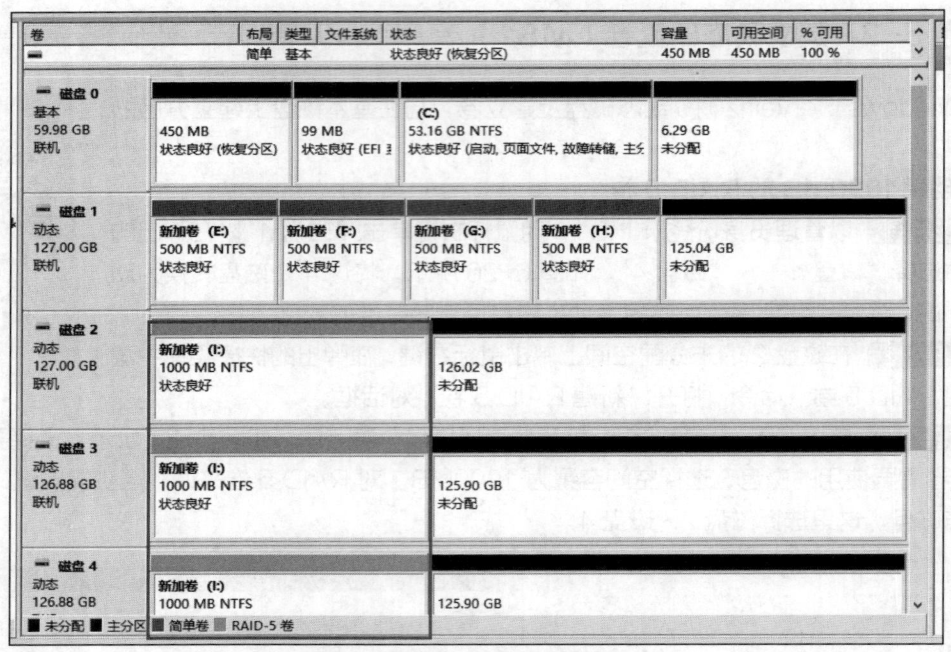


图 6-28　建立完成的 RAID 5 卷

## 任务 6-3　维护动态卷（MS1）

### 1. 维护镜像卷

微课 6-5　维护动态卷（MS1）

在 MS1 上提前建立镜像卷 J，容量为 1000MB，使用磁盘 1 和磁盘 2。在 J 盘上存储一个文件夹 test，供测试使用。（驱动器号可能与读者的不一样，请注意！）

不再需要镜像卷的容错能力时，可以选择将镜像卷中断。方法是用鼠标右键单击镜像卷，在弹出的快捷菜单中选择“中断镜卷”、“删除镜像”或“删除卷”命令。

- 如果选择“中断镜卷”命令，则中断后的镜像卷成员会成为两个独立的卷，不再容错。
- 如果选择“删除镜像”命令，则选中的磁盘上的镜像卷被删除，不再容错。
- 如果选择“删除卷”命令，则镜像卷成员会被删除，数据将会丢失。

如果包含部分镜像卷的磁盘已经断开连接，磁盘状态会显示为“脱机”或“丢失”。要重新使用这些镜像卷，可以尝试重新连接并激活磁盘。方法是在要重新激活的磁盘上单击鼠标右键，并在弹出的快捷菜单中选择“重新激活磁盘”命令。

如果包含部分镜像卷的磁盘丢失并且该卷没有返回到“良好”状态，则应该用另一个磁盘上的新镜像替换出现故障的镜像。具体方法如下。

**STEP 1** 构建故障：在虚拟机 MS1 的设置中，将第 2 块 SCSI 控制器上的硬盘（虚拟机设置中的第 2 个磁盘在计算机中的标号是磁盘 1）删除并单击“应用”按钮。这时回到 MS1，可以看到磁盘 1 显示为“丢失”状态。

**STEP 2** 在显示为“丢失”或“脱机”的磁盘的“镜像卷”上单击鼠标右键，在弹出的快捷菜单中选择“删除镜像”命令，弹出图 6-29 所示的对话框。然后查看系统日志，以确认磁盘或磁盘控制器是否出现故障。如果出现故障的镜像卷成员位于有故障的控制器上，则在有故障的控制器上安装新的磁盘并不能解决问题。本例直接删除镜像卷后重建。删除镜像卷后仍能在 J 盘上查看到 test 文件夹，说明了镜像卷的容错能力。下面使用新磁盘替换损坏的磁盘重建镜像卷。

**STEP 3** 用鼠标右键单击要重新添加镜像的卷（不是已删除的卷），在弹出的快捷菜单中选择“添加镜像”命令，打开图 6-30 所示的“添加镜像”对话框。选择合适的磁盘后（如磁盘 3），单击“添加镜像”按钮，系统会使用新的磁盘重建镜像。

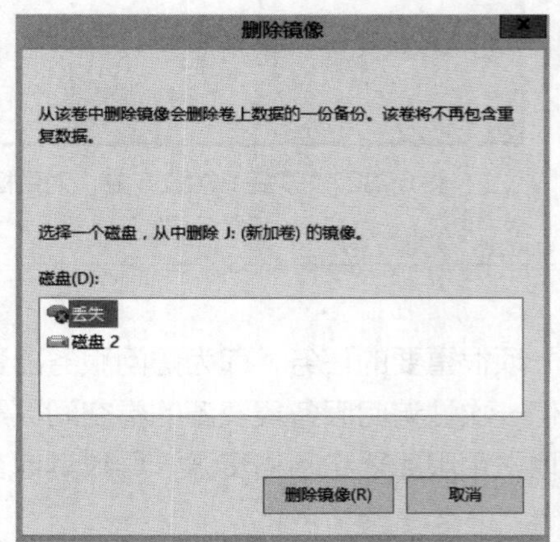


图 6-29　从损坏的磁盘上删除镜像

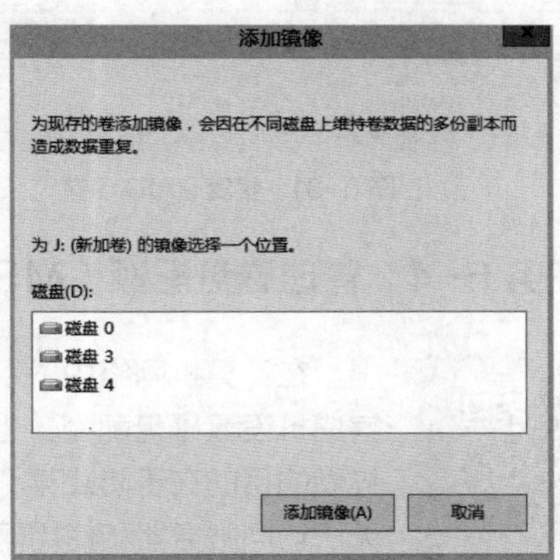


图 6-30“添加镜像”对话框

**2. 维护 RAID 5 卷**

在 MS1 上提前建立 RAID 5 卷 I，容量为 1000MB，使用磁盘 2～磁盘 4。在 I 盘上存储一个文件夹 test，供测试使用。（磁盘符号根据不同情况会有变化。）

对于 RAID 5 卷的错误，首先用鼠标右键单击该卷，在弹出的快捷菜单中选择“重新激活磁盘”命令进行修复。如果修复失败，则需要更换磁盘并在新磁盘上重建 RAID 5 卷。RAID 5 卷的故障恢复过程如下。

**STEP 1** 构建故障：在虚拟机 MS1 的设置中，将第 2 块 SCSI 控制器上的硬盘删除并单击“应用”按钮。这时回到 MS1，可以看到“磁盘 2”显示为“丢失”状态，I 盘显示为失败的重复（原来的 RAID 5 卷）。

**STEP 2** 在“磁盘管理”控制台上，用鼠标右键单击将要修复的 RAID 5 卷（在“丢失”的磁盘上），选择“重新激活卷”命令。

**STEP 3** 由于卷成员磁盘失效，所以会弹出提示“缺少成员”的对话框，单击“确定”按钮。

**STEP 4** 再次用鼠标右键单击将要修复的 RAID 5 卷，在弹出的快捷菜单中选择“修复卷”命令，如图 6-31 所示。

**STEP 5** 在图 6-32 所示的“修复 RAID 5 卷”对话框中，选择新添加的动态磁盘 0，然后单击“确定”按钮。

**STEP 6** 在磁盘管理器中，可以看到 RAID 5 卷在新磁盘上重新建立，并进行数据的同步操作。同步完成后，RAID 5 卷的故障被修复成功，上面的文件夹 test 仍然存在。

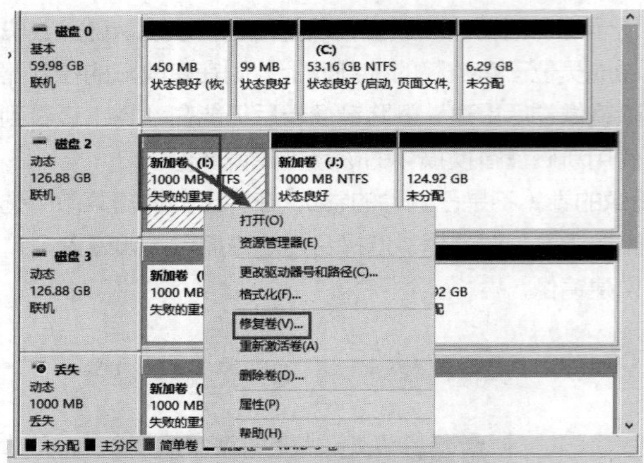

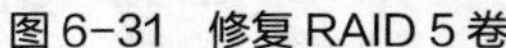

图 6-31　修复 RAID 5 卷

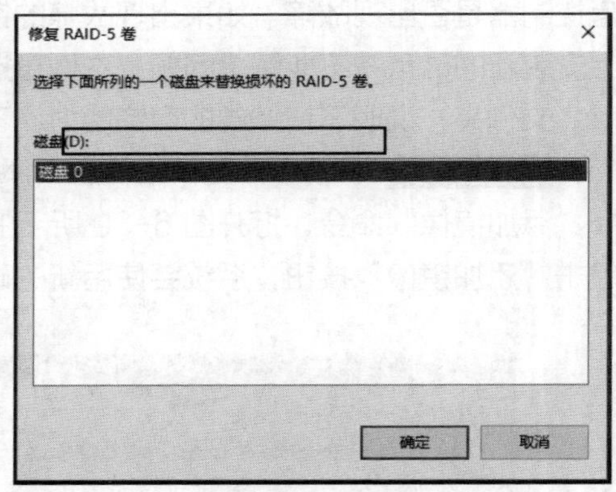


图 6-32　“修复 RAID 5 卷”对话框

## 任务 6-4　管理磁盘配额（MS1）

微课 6-6　管理磁盘配额（MS1）

在计算机网络中，系统管理员有一项很重要的任务，即为访问服务器资源的客户机设置磁盘配额，也就是限制它们一次性访问服务器资源的卷空间数量。这样做的目的在于防止某个客户机过量地占用服务器和网络资源，导致其他客户机无法访问服务器和使用网络。

### 1. 磁盘配额基本概念

在 Windows Server 2016 中，磁盘配额跟踪以及控制磁盘空间的使用，使系统管理员可将 Windows 配置如下。

- 当用户使用空间超过所指定的磁盘空间限额时，阻止进一步使用磁盘空间和记录事件。
- 当用户使用空间超过指定的磁盘空间警告级别时记录事件。

启用磁盘配额时，可以设置两个值：“磁盘配额限度”和“磁盘配额警告级别”。“磁盘配额限度”指定了允许用户使用的磁盘空间容量。“磁盘配额警告级别”指定了用户接近其配额限度的值。例如，可以把用户的磁盘配额限度设为 50MB，并把磁盘配额警告级别设为 45MB。这种情况下，用户可在卷上存储不超过 50MB 的文件。如果用户在卷上存储的文件超过 45MB，则把磁盘配额系统记录为系统事件。如果不想拒绝用户访问卷，但想跟踪每个用户的磁盘空间使用情况，启用配额但不限制磁盘空间使用将非常有用。

磁盘配额默认不应用到现有的卷用户上。可以在“配额项目”对话框中添加新的配额项目，将磁盘配额应用到现有的卷用户上。

磁盘配额是以文件所有权为基础的，并且不受卷中用户文件的文件夹位置的限制。例如，如果用户把文件从一个文件夹移到相同卷上的其他文件夹，则卷空间用量不变。

磁盘配额只适用于卷，且不受卷的文件夹结构及物理磁盘的布局的限制。如果卷有多个文件夹，则分配给该卷的配额将应用于卷中所有的文件夹。

如果单个物理磁盘包含多个卷，并把配额应用到每个卷，则每个卷的配额只适用于特定的卷。例如，如果用户共享两个不同的卷，分别是 F 卷和 G 卷，即使这两 2 个卷在相同的物理磁盘上，也会分别对这两个卷的配额进行跟踪。

如果一个卷跨越多个物理磁盘，则整个跨区卷使用该卷的同一配额。例如，如果 F 卷有 50MB 的配额限度，则不管 F 卷是在物理磁盘上还是跨越 3 个磁盘，都不能把超过 50MB 的文件保存到 F 卷。

在 NTFS 文件系统中，卷使用信息按用户安全标识（Security Identifier，SID）存储，而不是按用户账户名称存储。第一次打开“配额项目”对话框时，磁盘配额必须从网络域控制器或本地用户管理器上获得用户账户名称，并将这些用户账户名称与当前卷用户的 SID 相匹配。

**2. 设置磁盘配额**

**STEP 1** 以管理员身份登录 MS1，单击“开始→Windows 管理工具→计算机管理”命令，打开“计算机管理”控制台，单击“磁盘管理”链接，再用鼠标右键单击“新加卷 E:”，然后在弹出的快捷菜单中选择“属性”命令，打开“属性”对话框。

**STEP 2** 单击“配额”选项卡，如图 6-33 所示。

**STEP 3** 勾选“启用配额管理”复选框，然后为新用户设置磁盘空间限制数值。

**STEP 4** 若需要对原有的用户设置配额，单击“配额项”按钮，打开图 6-34 所示的窗口。

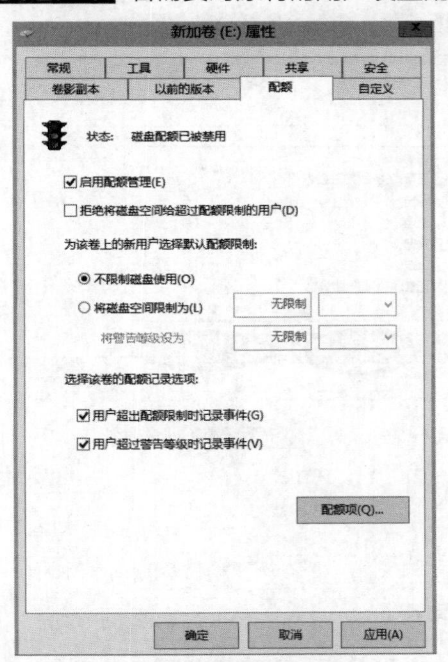


图 6-33 “配额”选项卡

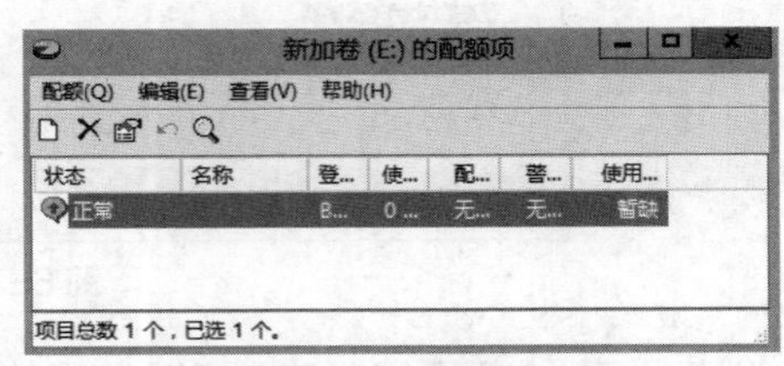


图 6-34 “配额项”窗口

**STEP 5** 选择“配额”→“新建配额项”命令，或单击工具栏上的“新建配额项”按钮，打开“选择用户”对话框。单击“高级”→“立即查找”按钮，即可在“搜索结果”列表框中选择当前计算机用户，并设置磁盘配额。关闭配额项窗口。图 6-35 所示的即是为 yhl 用户设置磁盘配额。

**STEP 6** 回到图 6-33 所示的“配额”选项卡。如果需要限制受配额影响的用户使用超过配额的空间，则勾选“拒绝将磁盘空间给超过配额限制的用户”复选框，单击“确定”按钮。

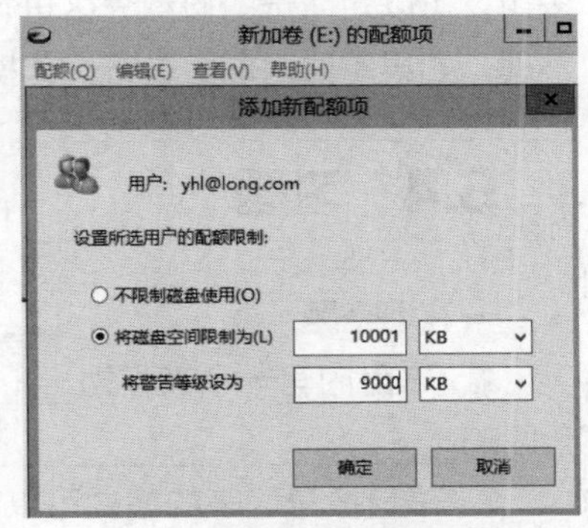


图 6-35 “添加新配额项”窗口

## 任务 6-5 碎片整理和优化驱动器

微课 6-7 碎片整理和优化驱动器

计算机磁盘上的文件并非保存在一个连续的磁盘空间上，而是把一个文件分散存放在磁盘的许多地方，这样的分布会浪费磁盘空间，人们习惯称之为“磁盘碎片”。在经常进行添加和删除文件等操作的磁盘上，这种情况尤其严重。“磁盘碎片”会增加计算机访问磁盘的时间，降低整个计算机的运行性能。因而，计算机在使用一段时间后，就要对磁盘进行碎片整理。

碎片整理和优化驱动器程序可以重新安排计算机硬盘上的文件、程序以及未使用的空间，使得程序运行得更快、文件打开得更快。磁盘碎片整理并不影响数据的完整性。

依次选择“服务器管理器”→“工具”→“碎片整理和优化驱动器”命令，打开图 6-36 所示的“优化驱动器”窗口，对驱动器进行“分析”和“优化”。

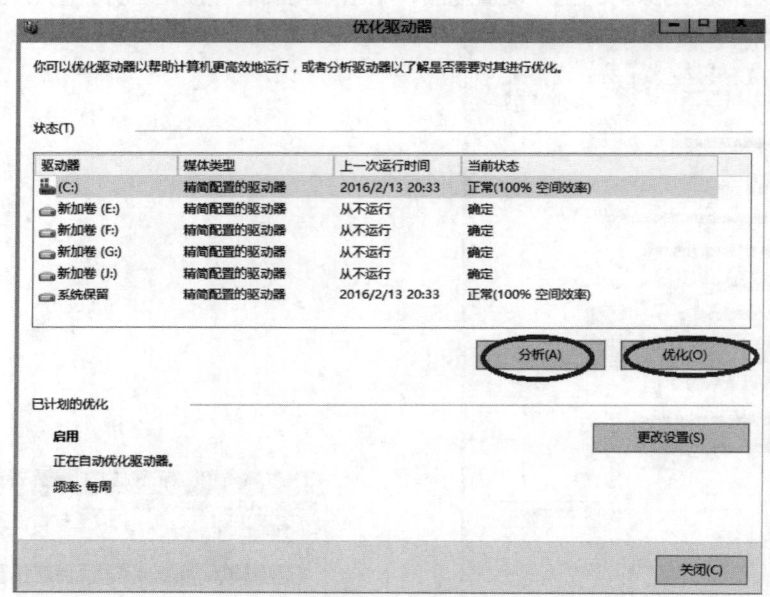


图 6-36 优化驱动器

一般情况下，选择要进行磁盘碎片整理的磁盘后，首先要分析一下磁盘分区状态。单击“分析”按钮，可以对所选的磁盘分区进行分析。系统分析完毕后会打开对话框，询问是否对磁盘进行碎片整理。如果需要对磁盘进行优化操作，选中磁盘后，直接单击“优化”按钮即可。

# 6.4 习题

### 一、填空题

1. 磁盘内有一个被称为____________的区域，用来存储磁盘分区的相关数据，如每一个磁盘分区的__________、____________、______________等信息。

2. 磁盘按分区表的格式可以分为____________、____________两种磁盘格式。其中 MBR 磁盘所支持的硬盘最大容量为__________ TB。

3. GPT 磁盘是一种新的磁盘分区表格式，其磁盘分区表存储在__________内，位于磁盘的前端，而且它分为__________、__________，可提供容错功能。使用新式 UEFI BIOS 的计算机，其 BIOS 会先读取__________，并将控制权交给__________，然后由此程序代码来继续后续的启动工作。

4. MBR 磁盘使用的是旧的传统磁盘分区表格式，其磁盘分区表存储在__________内。为了兼容起见，GPT 磁盘内提供了__________，让仅支持 MBR 的程序仍然可以正常运行。

5. 一个 MBR 磁盘内最多可建立_____个主磁盘分区，或最多_____个主磁盘分区加上 1 个扩展磁盘分区。

6. Windows 操作系统的一个 GPT 磁盘内最多可以建立________个主磁盘分区，因此 GPT 磁盘不需要________分区。

7. Windows 操作系统又将磁盘区分为________与________两种。

8. 使用 UEFI BIOS 的计算机可以选择 UEFI 模式或________来启动 Windows Server 2016。若是 UEFI 模式，则启动磁盘需为_______磁盘，且此磁盘最少需要 3 个 GPT 磁盘分区，即________、________、________。

9. UEFI 模式的系统虽然也可以使用 MBR 磁盘，但 MBR 磁盘只能够当作_____磁盘，无法作为_____磁盘。

10. 从 Windows 2000 操作系统开始，Windows 操作系统将磁盘分为_______和_______。

11. 一个基本磁盘最多可分为_______个区，即_______个主磁盘分区或_______个主磁盘分区和一个扩展磁盘分区。

12. 动态卷类型包括_______、_______、_______、_______、_______。

13. 要将 E 盘转换为 NTFS 文件系统，可以运行命令：______________________。

14. 带区卷又称为_______技术，RAID 1 又称为_______卷，RAID 5 又称为_______卷。

15. 镜像卷的磁盘空间利用率只有_______，所以镜像卷的花费相对较高。与镜像卷相比，RAID 5 卷的磁盘空间有效利用率为_______。硬盘数量越多，冗余数据带区的成本越低，所以 RAID 5 卷的性价比较高，被广泛应用于数据存储领域。

**二、简答题**

1. 简述基本磁盘与动态磁盘的区别。
2. 磁盘碎片整理的作用是什么？
3. Windows Server 2016 支持的动态卷类型有哪些？各有何特点？
4. 基本磁盘转换为动态磁盘应注意什么问题？如何转换？
5. 如何限制某个用户使用服务器上的磁盘空间？

## 6.5 项目实训　配置与管理基本磁盘和动态磁盘

**一、实训目的**

- 掌握 MBR 磁盘和 GPT 磁盘的基础知识。
- 理解 BIOS 启动与 UEFI 启动。

- 掌握基本磁盘的管理方法。
- 掌握动态磁盘的管理方法。
- 掌握磁盘阵列，以及 RAID 0、RAID 1、RAID 5 的知识。
- 掌握做磁盘阵列的条件及方法。

**二、项目环境**

随着公司的发展壮大，已有的工作组模式的网络已经不能满足公司的业务需要。经过多方论证，确定了公司的服务器的拓扑结构，如图 6-10 所示。

**三、项目要求**

根据图 6-10 所示的公司磁盘管理示意图，完成管理磁盘的实训。具体要求如下。

（1）公司的服务器 MS2 中新增了 2 块硬盘，请完成以下任务。

① 初始化磁盘。

② 在两个磁盘上新建分区，注意主磁盘分区和扩展磁盘分区的区别以及在一个磁盘上能创建的主磁盘分区的数量等。

③ 格式化磁盘分区。

④ 标注磁盘分区为活动分区。

⑤ 向驱动器分配装入点文件夹路径。指派一个在 NTFS 文件系统下的空文件夹代表某磁盘分区，如 C:\data 文件夹。

⑥ 对磁盘进行碎片整理。

（2）公司的服务器 MS1 中新增了 5 块硬盘，每块硬盘大小为 4GB。请完成以下任务。

① 添加硬盘，初始化硬盘，并将磁盘转换成动态磁盘。

② 创建 RAID 1 的磁盘组，大小为 1GB。

③ 创建 RAID 5 的磁盘组，大小为 2GB。

④ 创建 RAID 0 的磁盘组，大小为 800MB×5≈4GB。

⑤ 对 D 盘进行扩容。

⑥ RAID 5 卷上的数据的恢复实验。

**四、做一做**

根据项目实训视频进行项目的实训，检查学习效果。

## 拓展阅读　国家最高科学技术奖

国家最高科学技术奖于 2000 年由中华人民共和国国务院设立，由国家科学技术奖励工作办公室负责，是中国 5 个国家科学技术奖中最高等级的奖项，授予在当代科学技术前沿取得重大突破、在科学技术发展中卓有建树，或者在科学技术创新、科学技术成果转化和高技术产业化中创造巨大社会效益或经济效益的科学技术工作者。

根据国家科学技术奖励工作办公室官网显示，国家最高科学技术奖每年评选一次，授予人每次不超过两名，由国家主席亲自签署、颁发荣誉证书、奖章和奖金。截至 2020 年 1 月，共有 33 位杰出科学工作者获得该奖。其中，计算机科学家王选院士获此殊荣。

# 项目7
# 配置与管理DNS服务器

某高校组建了学校的校园网，为了使校园网中的计算机简单快捷地访问本地网络及 Internet 上的资源，需要在校园网中架设 DNS 服务器，用来提供域名转换成 IP 地址的功能。

在完成该项目之前，首先应当确定网络中 DNS 服务器的部署环境，明确 DNS 服务器的各种角色及其作用。

## 本项目学习要点

- 了解 DNS 服务器的作用及其在网络中的重要性
- 理解 DNS 的域名空间结构及其工作过程
- 理解并掌握主 DNS 服务器的部署方法
- 理解并掌握辅助 DNS 服务器的部署方法
- 理解并掌握 DNS 客户机的部署方法
- 掌握 DNS 服务的测试以及动态更新

## 7.1 项目基础知识

在 TCP/IP 网络上，每个设备必须分配一个唯一的地址。计算机在网络上通信时只能识别如 202.97.135.160 之类的数字地址，而人们在使用网络资源的时候，为了便于记忆和理解，更倾向于使用有代表意义的名称，如域名 www.ryjiaoyu.com（人邮教育社区网站）。

微课 7-1 DNS 服务

DNS 服务器就承担了将域名转换成 IP 地址的功能。这就是在浏览器地址栏中输入如 www.ryjiaoyu.com 的域名后，就能看到相应的页面的原因。输入域名后，有一台称为 DNS 服务器的计算机自动把域名“翻译”成相应的 IP 地址。

DNS 实际上是域名系统的缩写，它的目的是为客户机对域名的查询（如 www.ryjiaoyu.com）提供该域名的 IP 地址，以便用户用易记的名字搜索和访问必须通过 IP 地址才能定位的本地网络或 Internet 上的资源。

DNS 服务使得网络服务的访问更加简单，对于一个网站的推广发布起到极其重要的作用。而且许多重要网络服务（如 E-mail 服务、Web 服务）的实现，也需要借助于 DNS 服务。因此，DNS 服务可视为网络服务的基础。另外，在稍具规模的局域网中，DNS 服务也被大量采用，因为 DNS

服务不仅可以使网络服务的访问更加简单，而且可以完美地实现网络服务与 Internet 的融合。

### 7.1.1 域名空间结构

域名系统 DNS 的核心思想是分级，是一种分布式的、分层次型的、客户机/服务器模式的数据库管理系统。它主要用于将主机名或电子邮件地址映射成 IP 地址。一般来说，每个组织都有自己的 DNS 服务器，并维护域名称映射数据库记录或资源记录。每个登记的域都将自己的数据库列表提供给整个网络复制。

目前负责管理全世界的 IP 地址的组织是国际互联网络信息中心（Internet Network Information Center，InterNIC），在 InterNIC 之下的 DNS 结构共分为若干个域（Domain）。图 7-1 所示的阶层式树状结构称为域名空间（Domain Name Space）结构。

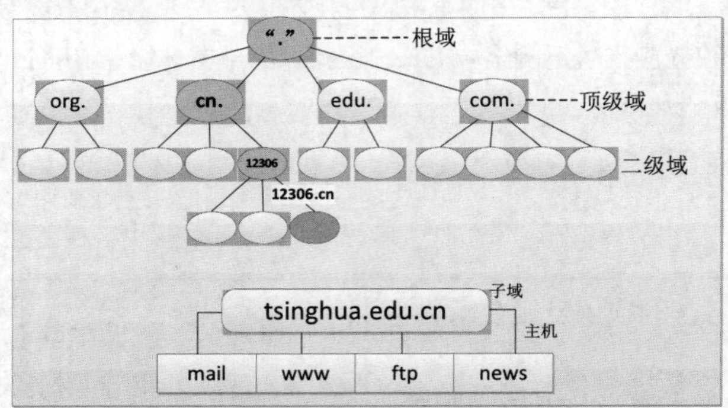


图 7-1　域名空间结构

**注意**　域名和主机名只能用字母 a～z（在 Windows 网络操作系统的服务器中大小写等效，而在 UNIX 网络操作系统中则不同）、数字 0～9 和连线"-"组成。其他公共字符，如连接符"&"、斜杠"/"、句点和下划线"_"都不能用于表示域名和主机名。

**1．根域**

图 7-1 中，位于层次结构最高端的是域名树的根，提供根域名服务，用"."表示。在 Internet 中，根域是默认的，一般都不需要表示出来。全世界共有 13 台根域服务器，它们分布于世界各大洲，并由 InterNIC 管理。根域名服务器中并没有保存任何网址，只具有初始指针指向第一层域，也就是顶级域，如 com、edu、net 等。

**2．顶级域**

顶级域位于根域之下，数目有限，且不能轻易变动。顶级域也是由 InterNIC 统一管理的。在 Internet 中，顶级域大致分为两类：各种组织的顶级域（机构域）和各个国家或地区的顶级域（地理域）。顶级域所包含的部分域名称如表 7-1 所示。

表 7-1　顶级域所包含的部分域名称

| 域 名 称 | 说　明 |
|---|---|
| com | 商业机构 |
| edu | 教育、学术研究单位 |
| gov | 官方政府单位 |

续表

| 域名称 | 说明 |
|---|---|
| net | 网络服务机构 |
| org | 财团法人等非营利机构 |
| mil | 军事部门 |
| 其他国家或地区代码 | 代表国家/地区的代码，如 cn 表示中国，jp 为日本 |

**3．子域**

在 DNS 域名空间中，除了根域和顶级域之外，其他域都称为子域。子域是有上级域的域，一个域可以有许多个子域。子域是相对而言的，如 www.tsinghua.edu.cn 中，tsinghua.edu 是 cn 的子域，tsinghua 是 edu.cn 的子域。表 7-2 中给出了域名层次结构中的若干层。

**表 7-2　域名层次结构中的若干层**

| 域名 | 域名层次结构中的位置 |
|---|---|
| . | 根是唯一没有名称的域 |
| .cn | 顶级域名称，中国子域 |
| .edu.cn | 二级域名称，中国的教育部门 |
| .tsinghua.edu.cn | 子域名称，教育网中的清华大学 |

和根域相比，顶级域实际是处于第二层的域，但它们还是被称为顶级域。根域从技术的含义上是一个域，但常常不被当作一个域。根域只有很少几个根级成员，它们的存在只是为了支持域名树的存在。

第二层域（顶级域）是属于单位团体或地区的，用域名的最后一部分即域后缀来分类。例如，域名 edu.cn 代表中国的教育系统。多数域后缀可以反映使用这个域名所代表的组织的性质，但并不总是很容易通过域后缀来确定所代表的组织、单位的性质。

**4．主机**

在域名层次结构中，主机可以存在于根以下的各层上。由于域名树是层次型的而不是平面型的，因此只要求主机名在每一连续的域名空间中是唯一的，而在相同层中可以有相同的名字。如 www.ryjiaoyu.com、www.tsinghua.edu.cn 都是有效的主机名。也就是说，即使这些主机有相同的名字 www，但都可以被正确地解析到唯一的主机。即只要主机是在不同的子域的，就可以重名。

## 7.1.2　DNS 名称的解析方法

DNS 名称的解析方法主要有两种，一种是通过 hosts 文件进行解析，另一种是通过 DNS 服务器进行解析。

**1．hosts 文件**

hosts 文件解析只是 Internet 中最初使用的一种查询方式。采用 hosts 文件进行解析时，必须由人工输入、删除、修改所有 DNS 名称与 IP 地址的对应数据，即把全世界所有的 DNS 名称写在一个文件中，并将该文件存储到解析服务器上。客户端如果需要解析名称，就到解析服务器上查询 hosts 文件。全世界所有的解析服务器上的 hosts 文件都需保持一致。当网络规模较小时，hosts 文件解析还是可以采用的。然而，当网络规模越来越大时，为保持网络里所有服务器中的 hosts 文件的一致性，就需要进行大量的管理和维护工作。在大型网络中，这将是一项沉重的负担，此种方法显然是不适用的。

在 Windows Server 2016 中，hosts 文件位于%systemroot%\system32\drivers\etc 目录中，本例为 C:\windows\system32\drivers\etc。该文件是一个纯文本文件，如图 7-2 所示。

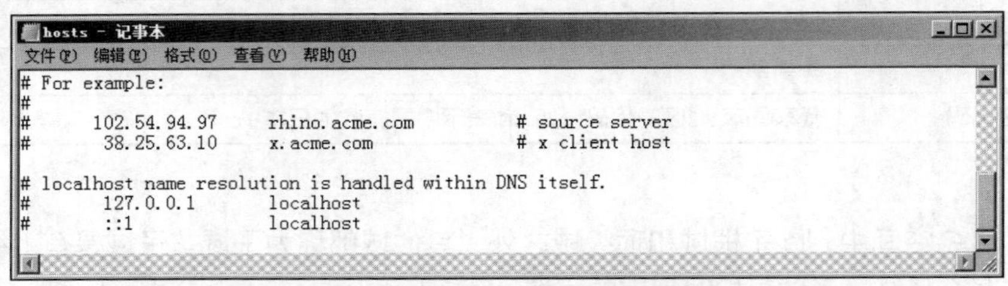


图 7-2　Windows Server 2016 中的 hosts 文件

**2．DNS 服务器**

DNS 服务器是目前 Internet 上最常用也是最便捷的名称解析方法。全世界有众多 DNS 服务器各司其职，互相呼应，协同工作，构成了一个分布式的 DNS 名称解析网络。例如，ryjiaoyu.com 的 DNS 服务器只负责本域内数据的更新，而其他 DNS 服务器并不知道也无须知道 ryjiaoyu.com 域中有哪些主机，但它们知道 ryjiaoyu.com 的 DNS 服务器的位置；当需要解析 www.ryjiaoyu.com 时，它们就会向 ryjiaoyu.com 的 DNS 服务器请求帮助。采用这种分布式解析结构时，一台 DNS 服务器出现问题并不会影响整个体系，而数据的更新操作也只在其中的一台或几台 DNS 服务器上进行，使整体的解析效率大大提高。

## 7.1.3　DNS 服务器的类型

DNS 服务器用于实现 DNS 名称和 IP 地址的双向解析。在网络中，主要有 4 种类型的 DNS 服务器：主 DNS 服务器、辅助 DNS 服务器、转发 DNS 服务器和唯缓存 DNS 服务器。

**1．主 DNS 服务器**

主 DNS 服务器（Primary Name Server）是特定 DNS 域所有信息的权威性信息源。它从域管理员构造的本地数据库文件（区域文件）中加载域信息，该文件包含该服务器具有管理权的 DNS 域的最精确的信息。

主 DNS 服务器保存着自主生成的区域文件，该文件是可读可写的。当 DNS 域中的信息发生变化时（如添加或删除记录），这些变化都会保存到主 DNS 服务器的区域文件中。

**2．辅助 DNS 服务器**

辅助 DNS 服务器（Secondary Name Server）可以从主 DNS 服务器中复制一整套域信息。该服务器的区域文件是从主 DNS 服务器中复制生成的，并作为本地文件存储。这种复制称为“区域传输”。在辅助 DNS 服务器中存有一个域所有信息的完整只读副本，可以对该域的解析请求提供权威的回答。由于辅助 DNS 服务器的区域文件仅是只读副本，因此无法进行更改，所有针对区域文件的更改必须在主 DNS 服务器上进行。在实际应用中，辅助 DNS 服务器主要用于均衡负载和容错。如果主 DNS 服务器出现故障，可以根据需要将辅助 DNS 服务器转换为主 DNS 服务器。

**3．转发 DNS 服务器**

转发 DNS 服务器（Forwarder Name Server）可以向其他 DNS 服务器转发解析请求。当 DNS 服务器收到客户端的解析请求后，它首先会尝试从其本地数据库中查找；若未能找到，则需要向其他指定的 DNS 服务器转发解析请求；其他 DNS 服务器完成解析后会返回解析结果，转发 DNS 服务器将该解析结果缓存在自己的 DNS 缓存中，并向客户端返回解析结果。在缓存期内，如果客户端请求解析相同的名称，则转发 DNS 服务器会立即回应客户端；否则，将会再次进行转发解析的过程。

目前网络中所有的 DNS 服务器均被配置为转发 DNS 服务器，向指定的其他 DNS 服务器或根域服务器转发自己无法完成的解析请求。

**4. 唯缓存 DNS 服务器**

唯缓存 DNS 服务器（Caching-only Name Server）可以提供名称解析服务，但其没有任何本地数据库文件。唯缓存 DNS 服务器必须同时是转发 DNS 服务器。它将客户端的解析请求转发给指定的远程 DNS 服务器，并从远程 DNS 服务器取得每次解析的结果，并将该结果存储在 DNS 缓存中，以后收到相同的解析请求时就用 DNS 缓存中的结果。所有的 DNS 服务器都按这种方式使用缓存中的信息，但唯缓存 DNS 服务器则依赖于这一技术实现所有的名称解析。

当刚安装好 DNS 服务器时，它就是一台唯缓存 DNS 服务器。

唯缓存 DNS 服务器并不是权威性的服务器，因为它提供的所有信息都是间接信息。

**说明** （1）所有的 DNS 服务器均可使用 DNS 缓存机制响应解析请求，以提高解析效率。

（2）可以根据实际需要将上述几种 DNS 服务器结合，进行合理配置。

（3）一些域的主 DNS 服务器可以是另一些域的辅助 DNS 服务器。

（4）一个域只能部署一个主 DNS 服务器，它是该域的权威性信息源；另外至少应该部署一个辅助 DNS 服务器，将其作为主 DNS 服务器的备份。

（5）配置唯缓存 DNS 服务器可以减轻主 DNS 服务器和辅助 DNS 服务器的负载，从而减少网络传输。

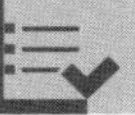

## 7.1.4 DNS 名称解析的查询模式

当 DNS 客户端向 DNS 服务器发送解析请求或 DNS 服务器向其他 DNS 服务器转发解析请求时，均需要使用查询模式请求其所需的解析结果。目前，使用的查询模式主要有递归查询和转寄查询两种。

**1. 递归查询**

递归查询是最常见的查询方式，域名服务器将代替提出请求的客户机（下级 DNS 服务器）进行域名查询。若域名服务器不能直接回答，则域名服务器会在域各树中的各分支的上下进行递归查询，最终将查询结果返回给客户机。在域名服务器查询期间，客户机完全处于等待状态。

**2. 转寄查询**

当服务器收到 DNS 工作站的查询请求后，如果在 DNS 服务器中没有查到所需数据，该 DNS 服务器便会告诉 DNS 工作站另外一台 DNS 服务器的 IP 地址，然后由 DNS 工作站自行向此 DNS 服务器查询，以此类推，直到查到所需数据为止。如果到最后一台 DNS 服务器都没有查到所需数据，则通知 DNS 工作站查询失败。“转寄”的意思就是若在某地查不到，该地就会告诉用户其他地方的地址，让用户转到其他地方去查。一般，在 DNS 服务器之间的查询请求属于转寄查询（DNS 服务器也可以充当 DNS 工作站的角色），在 DNS 客户端与本地 DNS 服务器之间的查询属于递归查询。

下面以查询 www.ryjiaoyu.com 为例介绍转寄查询的过程，如图 7-3 所示。

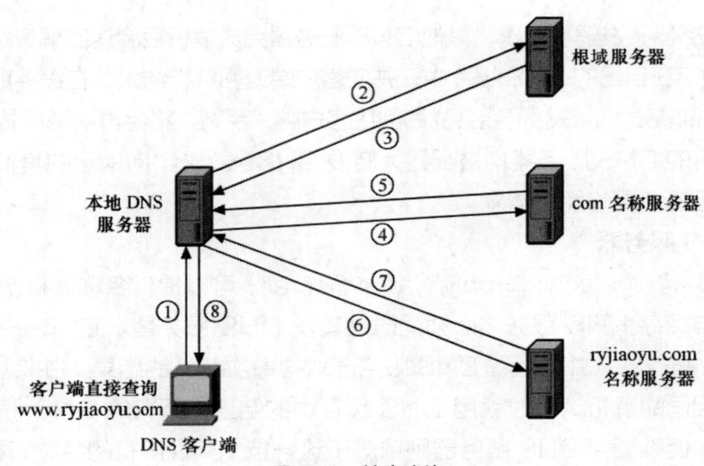


图 7-3 转寄查询

① 客户端向本地 DNS 服务器直接查询 www.ryjiaoyu.com 的域名。

② 本地 DNS 无法解析此域名，先向根域服务器发出请求，查询.com 的 DNS 地址。

**说明** （1）正确安装完 DNS 服务器后，在 DNS 属性中的“根目录提示”选项卡中，系统显示了包含在解析名称中为要使用和参考的服务器所建议的根服务器的根提示列表，默认共有 13 个。

（2）目前全球共有 13 个域名根服务器。1 个为主根服务器，放置在美国；其余 12 个均为辅助根服务器，其中美国 9 个、欧洲两个（英国和瑞典、亚洲 1 个（日本）。所有的根服务器均由互联网名称与数字地址分配机构（The Internet Corporation for Assigned Names and Numbers，ICANN）统一管理。

③ 根域 DNS 管理着.com，.net，.org 等顶级域名的地址解析。它收到请求后，把解析结果（管理.com 域的服务器地址）返回给本地的 DNS 服务器。

④ 本地 DNS 服务器得到查询结果后，接着向管理.com 域的 DNS 服务器发出进一步的查询请求，要求得到 ryjiaoyu.com 的 DNS 地址。

⑤ .com 域把解析结果（管理 ryjiaoyu.com 域的服务器地址）返回给本地 DNS 服务器。

⑥ 本地 DNS 服务器得到查询结果后，接着向管理 ryjiaoyu.com 域的 DNS 服务器发出查询具体的主机 IP 地址的请求（www），要求得到满足要求的主机 IP 地址。

⑦ ryjiaoyu.com 把解析结果返回给本地 DNS 服务器。

⑧ 本地 DNS 服务器得到了最终的查询结果。它把这个结果返回给客户端，从而使客户端能够和远程主机通信。

### 7.1.5 DNS 区域

为了便于根据实际情况来分散 DNS 名称管理工作的负荷，将 DNS 名称空间划分为区域（Zone）来进行管理。区域是 DNS 服务器的管辖范围，是由 DNS 名称空间中的单个域或由具有上下隶属关系的紧密相邻的多个子域组成的一个管理单位。因此，DNS 服务器是通过区域来管理名称空间的，而并非以域为单位来管理名称空间，但区域的名称与其管理的 DNS 名称空间的域的名称是一一对应的。

一台 DNS 服务器可以管理一个或多个区域，而一个区域也可以由多台 DNS 服务器来管理（例如，由一个主 DNS 服务器和多个辅助 DNS 服务器来管理）。在 DNS 服务器中必须先建立区域，然后再根据需要在区域中建立子域以及在区域或子域中添加资源记录，才能完成其解析工作。

**1. 正向解析和反向解析**

将 DNS 名称解析成 IP 地址的过程称为正向解析，递归查询和转寄查询两种查询模式都是正向解析。将 IP 地址解析成 DNS 名称的过程称为反向解析，它依据 DNS 客户端提供的 IP 地址，来查询它的主机名。由于 DNS 名字空间中域名与 IP 地址之间无法建立直接对应关系，所以必须在 DNS 服务器内创建一个反向查询的区域，该区域名称的最后部分为 in-addr.arpa。

DNS 服务器分别通过正向查找区域和反向查找区域来管理正向解析和反向解析。在 Internet 中，正向解析的应用非常普遍。而由于反向解析会占用大量的系统资源，会给网络带来不安全的风险，所以通常不提供反向解析。

**2. 主要区域、辅助区域和存根区域**

不论是正向解析还是反向解析，均可以针对一个区域建立 3 种类型的区域，即主要区域、辅助区域和存根区域。

（1）主要区域。一个区域的主要区域建立在该区域的主 DNS 服务器上。主要区域的数据库文件是可读可写的，所有针对该区域的添加、修改和删除等写入操作都必须在主要区城中进行。

（2）辅助区域。一个区域的辅助区域建立在该区域的辅助 DNS 服务器上。辅助区域的数据库文件是主要区域数据库文件的副本，需要定期地通过区域传输从主要区域中复制以获得更新。辅助区域的主要作用是均衡 DNS 解析的负载以提高解析效率，同时提供容错能力。必要时，可以将辅助区域转换为主要区域。辅助区域内的记录是只读的，不可以修改。例如，图 7-4 中 DNS 服务器 B 与 DNS 服务器 C 内都各有一个辅助区域，其中的记录是从 DNS 服务器 A 复制过来的，换句话说，DNS 服务器 A 是它们的主机服务器。

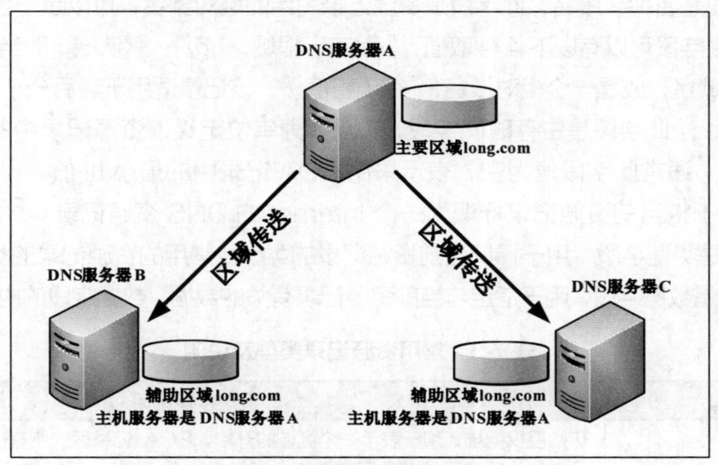


图 7-4　辅助区域

（3）存根区域。一个区域的存根区域类似于辅助区域，也是主要区域的只读副本，但存根区域只从主要区域中复制 SOA 记录、NS 记录以及粘附 A 记录（即解析 NS 记录所需的 A 记录），而不是所有的区域数据库信息。存根区域所属的主要区域通常是一个受委派区域，如果该受委派区域部署了辅助 DNS 服务器，则通过存根区域可以让委派服务器获得该受委派区域的权威 DNS 服务器列表（包括主 DNS 服务器和所有辅助 DNS 服务器）。

**说明** 在 Windows Server 2016 服务器中，DNS 服务支持增量区域传输(incremental zone transfer)，也就是在更新区域中的记录时，DNS 服务器之间只传输发生改变的记录，因此提高了传输的效率。

在以下情况可以启动区域传输：管理区域的辅助 DNS 服务器启动、区域的刷新时间间隔过期、主 DNS 服务器中的记录发生改变并设置了 DNS 通告列表。在这里，所谓 DNS 通告是利用“推”的机制，当 DNS 服务器中的区域记录发生改变时，它将通知选定的 DNS 服务器进行更新，被通知的服务器启动区域复制操作。

### 3．资源记录

DNS 数据库文件由区域文件、缓存文件和反向搜索文件等组成，其中区域文件是最主要的，它保存着 DNS 服务器所管辖区域的主机的域名记录。区域文件默认的文件名是“区域名.dns”，在 Windows Server NT/2019 系统中，置于%systemroot%\system32\dns 目录中。而缓存文件用于保存根域中的 DNS 服务器名称与 IP 地址的对应表，文件名为 Cache.dns。DNS 服务就是依赖于 DNS 数据库文件来实现的。

每个区域文件都是由资源记录构成的。资源记录是 DNS 服务器提供名称解析的依据，当收到解析请求后，DNS 服务器会查找资源记录并予以响应。常见的资源记录主要包括 SOA 记录、NS 记录、A 记录、CNAME 记录、MX 记录及 PTR 记录等类型（详细说明参见表 7-3）。

标准的资源记录具有其基本格式：

```
[name]          [ttl]          IN        type        rdata
```

name。此字段是名称字段名，此字段是资源记录引用的域对象名，可以是一台单独的主机，也可以是整个域。name 字段可以有以下 4 种取值：“.”表示根域；“@”：默认域，即当前域；“标准域名”：或是以“.”结束的域名，或是一个相对域名；“空（空值）”：该记录适用于最后一个带有名字的域对象。

ttl（time to live）。此字段是生存时间字段，它以秒为单位定义该资源记录中的信息存放在 DNS 缓存中的时间长度。通常此字段值为空，表示采用 SOA 记录中的最小 ttl 值。

IN。此字段用于将当前资源记录标识为一个 Internet 的 DNS 资源记录。

type。此字段是类型字段，用于标识当前资源记录的类型。常用的资源记录的类型如表 7-3 所示。

rdata。此字段是数据字段，用于指定与当前资源记录有关的数据。数据字段的内容取决于类型字段。

**表 7-3 常用资源记录类型及说明**

| 资源记录类型 | 类型字段说明 |
|---|---|
| SOA (Start Of Authority) | 初始授权记录，用于表示一个区域的开始。SOA 记录后的所有信息均是用于控制这个区域的。每个区域数据库文件都必须包含一个 SOA 记录，并且必须是其中的第一个资源记录，用以标识 DNS 服务器所管理的起始位置 |
| NS (Name Server) | 名称服务器记录，用于标识一个区域的 DNS 服务器 |
| A (Address) | 主机记录，也称为 Host 记录，实现正向解析，建立 DNS 名称到 IP 地址的映射，用于正向解析 |

续表

| 资源记录类型 | 类型字段说明 |
| --- | --- |
| CNAME( Canonical NAME) | CNAME（规范名称）记录，也称为别名(Alias)记录，定义 A 记录的别名，用于将 DNS 域名映射到另一个主要的或规范的名称，该名字可能为 Internet 中规范的名称，如 www |
| PTR (domain name PoinTeR) | 指针记录，实现反向解析，建立 IP 地址到 DNS 名称的映射 |
| MX(Mail exchanger) | MX（邮件交换器）记录，用于指定交换或者转发邮件信息的服务器（该服务器知道如何将邮件传送到最终目的地） |

## 7.2 项目设计与准备

### 1. 部署需求

在部署 DNS 服务器之前需满足以下要求。

- 设置 DNS 服务器的 TCP/IP 属性，手动指定 IP 地址、子网掩码、默认网关和 DNS 服务器地址等。
- 部署域环境，域名为 long.com。

### 2. 部署环境

任务 7-3 的所有实例部署在同一个网络环境下，DNS1、DNS2、DNS3、DNS4 是 4 台不同角色的 DNS 服务器，网络操作系统是 Windows Server 2016。Client 是 DNS 客户端，安装 Windows Server 2016 或 Windows 10 操作系统。5 台计算机的详细信息如图 7-5 所示。

在实训中需要说明以下 3 点。

（1）这是全部 DNS 实训的拓扑图，在单个实训中，如果有些计算机不需要，可以挂起或关闭，以免影响实训响应效率，请读者灵活处理。

（2）唯缓存 DNS 服务器和辅助 DNS 服务器，通常没法同时承担。本实例仅是为了提高实训效率，才做这样安排的。

（3）所有虚拟机的网络连接模式都设置为“仅主机模式”。

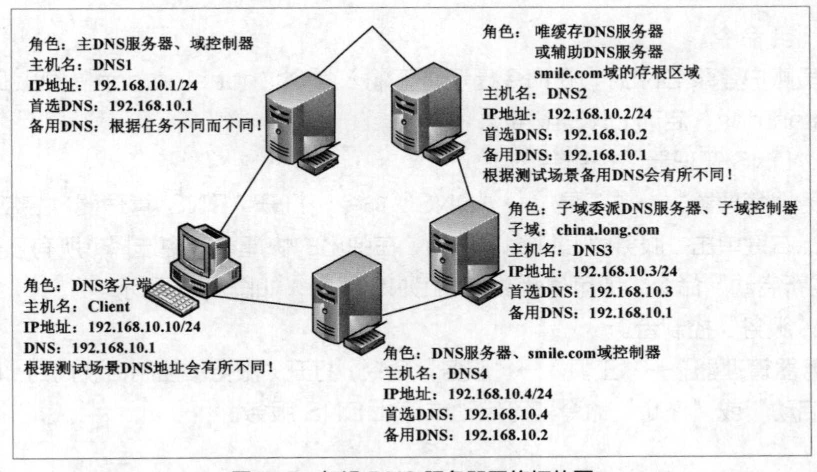


图 7-5 架设 DNS 服务器网络拓扑图

## 7.3 项目实施

### 任务 7-1 添加 DNS 服务器

微课 7-2 添加 DNS 服务器

设置 DNS 服务器的首要任务就是建立 DNS 区域和域的树状结构。DNS 服务器以区域为单位来管理服务。区域是一个数据库，用来链接 DNS 名称和相关数据，如 IP 地址和网络服务，在 Internet 环境中一般用二级域名来命名，如 computer.com。而 DNS 区域分为两类：一类是正向搜索区域，即域名到 IP 地址的数据库，用于提供将域名转换为 IP 地址的服务；另一类是反向搜索区域，即 IP 地址到域名的数据库，用于提供将 IP 地址转换为域名的服务。

**1. 安装 DNS 服务器角色**

在安装 Active Directory 域服务角色时，可以选择一起安装 DNS 服务器角色，如果没有安装，那么可以在计算机“DNS1”上通过“服务器管理器”安装 DNS 服务器角色。具体步骤如下。

**STEP 1** 选择“服务器管理器”→“仪表板”→“添加角色和功能”命令，持续单击“下一步”按钮，直到出现图 7-6 所示的“选择服务器角色”窗口时勾选“DNS 服务器”复选框，单击“添加功能”按钮。

**STEP 2** 持续单击“下一步”按钮，最后单击“安装”按钮，开始安装 DNS 服务器。安装完毕后，单击“关闭”按钮，完成 DNS 服务器角色的安装。

**2. DNS 服务的停止和启动**

要启动或停止 DNS 服务，可以使用 net 命令、“DNS 管理器”控制台或“服务”控制台，具体步骤如下。

（1）使用 net 命令。

以域管理员账户登录 DNS1，在命令提示符下输入命令“net stop dns”停止 DNS 服务，输入命令“net start dns”启动 DNS 服务。

（2）使用“DNS 管理器”控制台。

选择“服务器管理器”→“工具”→“DNS”命令，打开“DNS 管理器”控制台，在左侧控制台树中用鼠标右键单击“服务器 DNS1”选项，在弹出的快捷菜单中选择“所有任务”→“停止”“启动”或“重新启动”命令，即可停止或启动 DNS 服务，如图 7-7 所示。

（3）使用“服务”控制台。

选择“服务器管理器”→“工具”→“服务”命令，打开“服务”控制台，找到“DNS Server”服务，选择“启动”或“停止”命令即可启动或停止 DNS 服务。

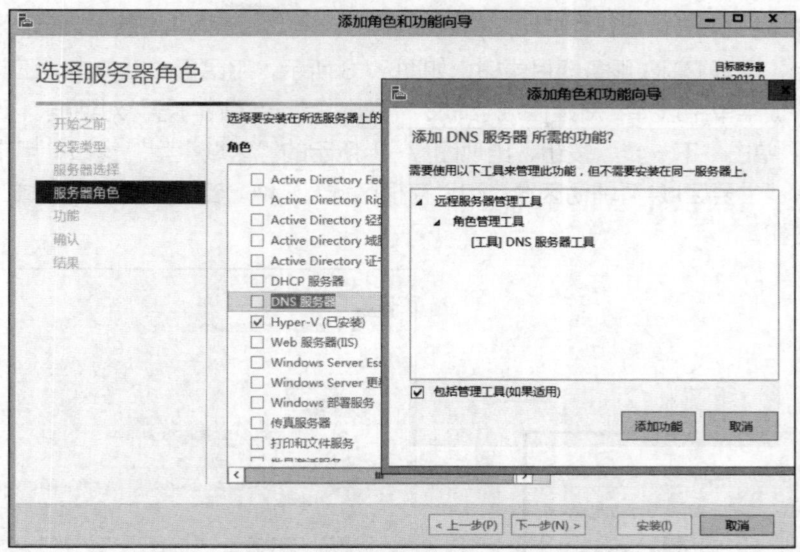


图 7-6 “选择服务器角色”对话框

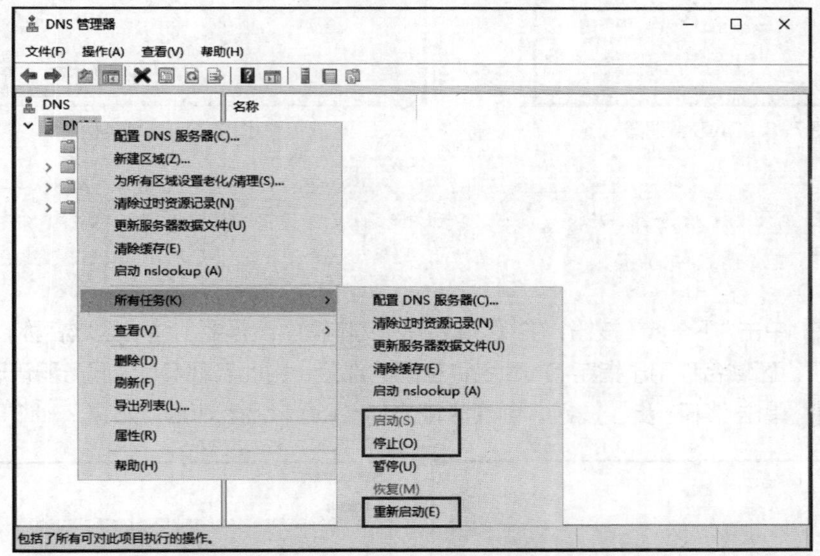


图 7-7 “DNS 管理器”窗口

## 任务 7-2 部署主 DNS 服务器的 DNS 区域

本任务中的 DNS1 已经安装了“Active Directory 域服务”和“DNS 服务器”角色和功能。因为在实际应用中，DNS 服务器一般会与活动目录区域集成，所以当安装完成 DNS 服务器，新建区域后，直接提升该服务器为域控制器，将新建区域更新为活动目录集成区域。

微课 7-3 部署主 DNS 服务器的 DNS 区域

### 1. 创建正向主要区域

在 DNS 服务器上创建正向主要区域“long.com”，具体步骤如下。

**STEP 1** 在 DNS1 上，选择“服务器管理器”→“工具”→“DNS”命令，打开“DNS 管理器”控制台，展开 DNS 服务器目录树，如图 7-8 所示，用鼠标右键单击“正向查找区域”选项，在弹出的快捷菜单中选择“新建区域”命令，弹出“新建区域向导”对话框。

**STEP 2** 单击“下一步”按钮，出现图 7-9 所示的“区域类型”窗口，用来选择要创建的区域的类型，有“主要区域”“辅助区域”和“存根区域”3 种。若要创建新的区域，应当选中“主要区域”单选按钮。

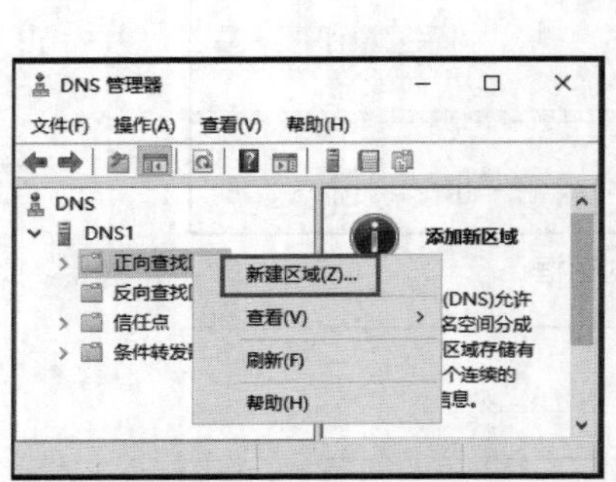


图 7-8 DNS 管理器

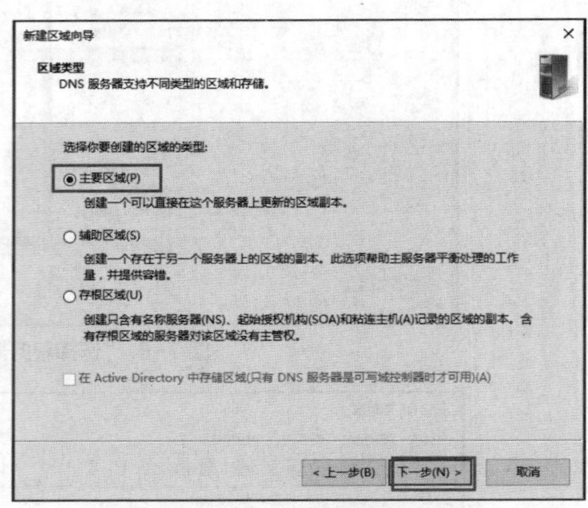


图 7-9 区域类型

> **注意** 如果当前 DNS 服务器上安装了 Active Directory 服务，则“在 Active Directory 中存储区域”复选框将自动选中。

**STEP 3** 单击“下一步”按钮，在“区域名称”文本框中设置要创建的区域名称，如 long.com，如图 7-10 所示。区域名称用于指定 DNS 名称空间的部分，由此实现 DNS 服务器管理。

**STEP 4** 单击“下一步”按钮，创建区域文件：long.com.dns，如图 7-11 所示。

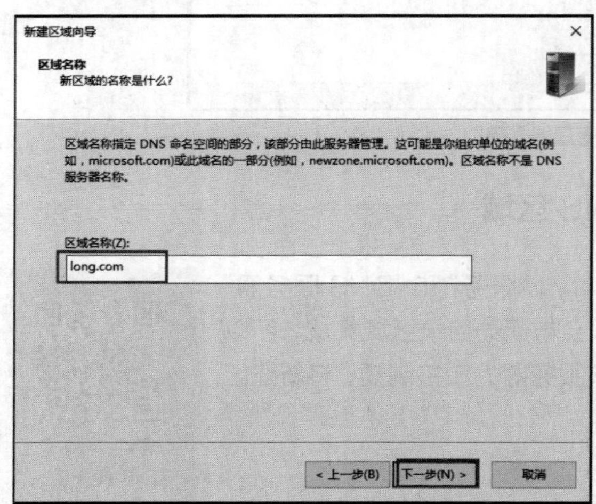


图 7-10 区域名称

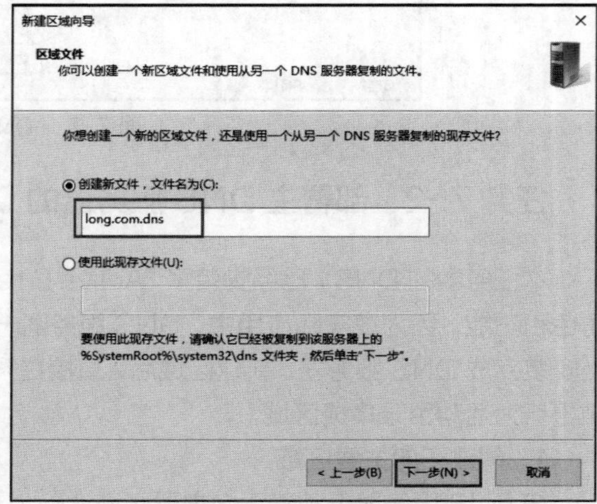


图 7-11 区域文件

**STEP 5** 单击“下一步”按钮，选中“允许非安全和安全动态更新”单选按钮，如图 7-12 所示。

> **特别注意** 由于会将 long.com 区域更新为活动目录集成区域，所以这里一定不能选择“不允许动态更新”！否则无法更新为活动目录集成区域。

**STEP 6** 单击“下一步”按钮，显示新建区域摘要。单击“完成”按钮，完成区域的创建。

> **注意** 如果是活动目录集成的区域，则不指定区域文件。否则指定区域文件 long.com.dns。

### 2. 创建反向主要区域

反向查找区域用于通过 IP 地址来查询 DNS 名称。创建的具体过程如下。

**STEP 1** 在“DNS 管理器”控制台中，用鼠标右键单击“反向查找区域”选项，在弹出的快捷菜单中选择“新建区域”命令，并在区域类型中选中“主要区域”单选按钮（见图 7-13）。

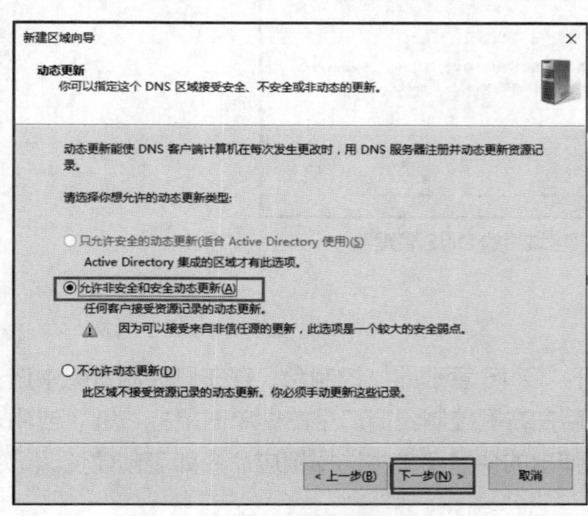


图 7-12 动态更新

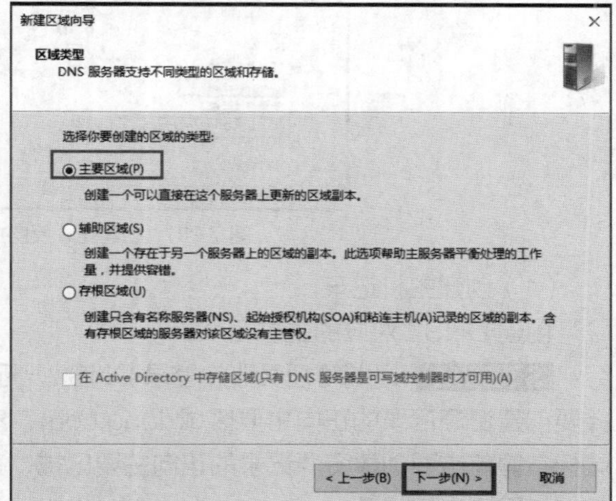


图 7-13 区域类型

**STEP 2** 在“反向查找区域名称”窗口中，选中“IPv4 反向查找区域”单选按钮，如图 7-14 所示。

**STEP 3** 在图 7-15 所示的对话框中输入网络 ID 或者反向查找区域名称，本例中输入的是网络 ID，区域名称根据网络 ID 自动生成。例如，当输入网络 ID 为 192.168.10 时，反向查找区域的名称自动为 10.168.192.in-addr.arpa。

**STEP 4** 单击“下一步”按钮，选中“允许非安全和安全动态更新”单选按钮。

**STEP 5** 单击“下一步”按钮，显示新建区域摘要。单击“完成”按钮，完成区域的创建。图 7-16 所示为创建后的效果。

### 3. 创建资源记录

DNS 服务器需要根据区域中的资源记录提供该区域的名称解析。因此，在区域创建完成之后，需要在区域中创建所需的资源记录。

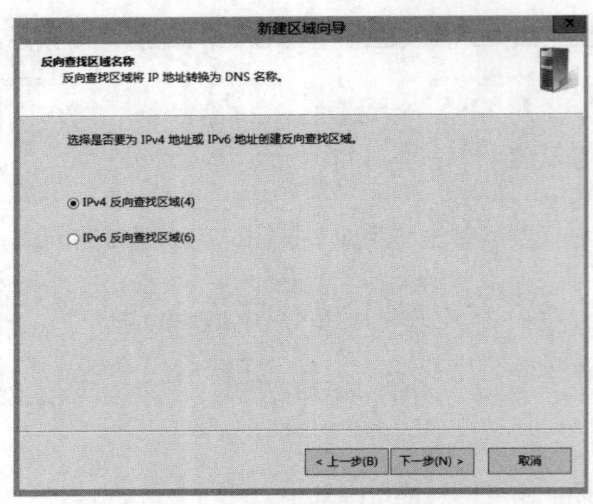


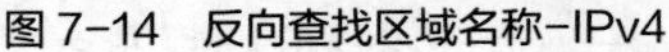
图 7-14　反向查找区域名称-IPv4

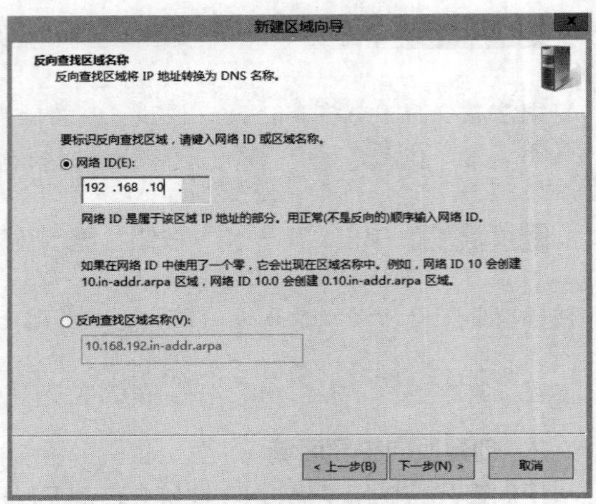


图 7-15　反向查找区域名称-网络 ID

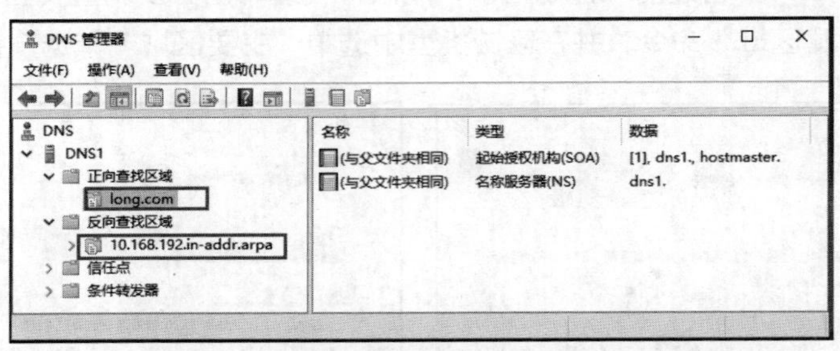


图 7-16　创建正、反向主要区域后的 DNS 管理器

（1）创建主机记录。

创建 DNS2 对应的主机记录。

**STEP 1** 以域管理员账户登录 DNS1，打开“DNS 管理器”控制台，在左侧控制台树中选择要创建资源记录的正向主要区域 long.com，然后在右侧控制台窗口空白处单击鼠标右键，或用鼠标右键单击要创建资源记录的正向主要区域，在弹出的快捷菜单中选择相应命令即可创建资源记录，如图 7-17 所示。

**STEP 2** 选择“新建主机”命令，打开“新建主机”对话框，通过此对话框可以创建 A 记录，如图 7-18 所示。

- 在“名称”文本框中输入 A 记录的名称，该名称即为主机名，本例为“DNS2”。
- 在“IP 地址”文本框中输入该主机的 IP 地址，本例为 192.168.10.2。
- 若选中“创建相关的指针（PTR）记录”复选框，则在创建 A 记录的同时，可在已经存在的相对应的反向主要区域中创建 PTR 记录。若之前没有创建对应的反向主要区域，则不能成功创建 PTR 记录。本例不选中，后面单独建立 PTR 记录。

**STEP 3** 用同样的方法新建 DNS1 主机（A）记录，IP 地址是 192.168.10.1。

（2）创建别名记录。

DNS1 同时还是 Web 服务器，为其设置别名 www。步骤如下。

**STEP 1** 在图 7-17 所示的窗口中，选择“新建别名（CNAME）”命令，打开“新建资源记录”对话框的“别名（CNAME）”选项卡，通过此选项卡可以创建 CNAME 记录，如图 7-19 所示。

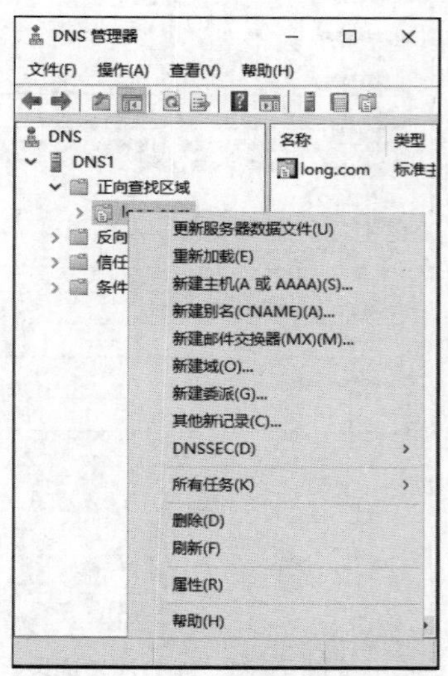


图 7-17 创建资源记录

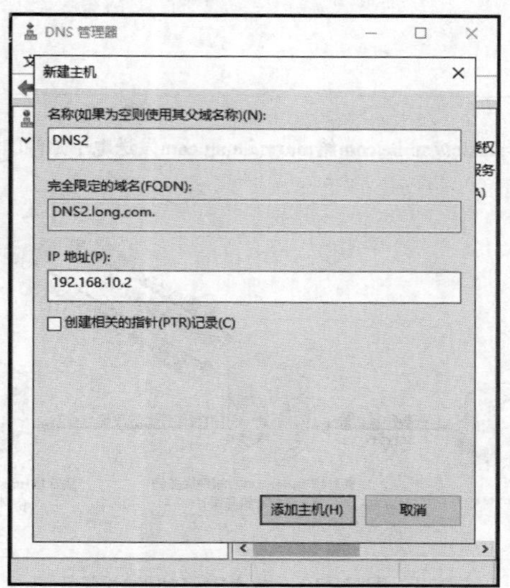


图 7-18 创建 A 记录

**STEP 2** 在"别名"文本框中输入一个规范的名称（本例为 www），单击"浏览"按钮，选中需要定义别名的目的服务器的域名（本例为 DNS1.long.com）。或者直接输入目的服务器的名字。在"目标主机的完全合格的域名（FQDN）"文本框中，输入需要定义别名的完整 DNS 域名。

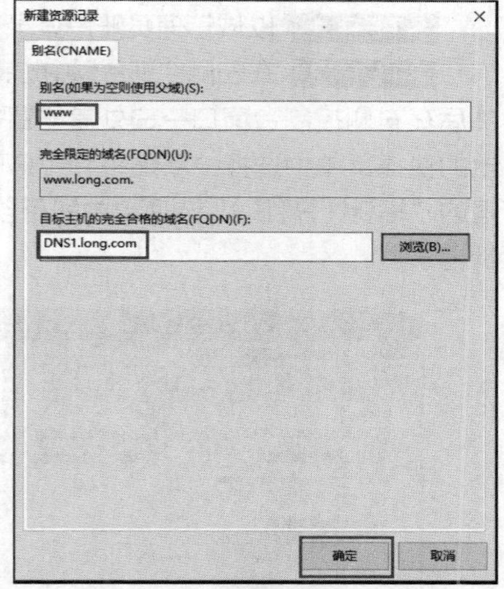


图 7-19 创建 CNAME 记录

（3）创建邮件交换器记录。

当将邮件发送到邮件服务器（SMTP 服务器）后，此邮件服务器必须将邮件转发到目的地的邮件服务器，但是邮件服务器如何得知目的地的邮件服务器的 IP 地址呢？

答案是向 DNS 服务器查询 MX 这条资源记录，因为 MX 记录着负责某个域邮件接收的邮件服务器，如图 7-20 所示。

DNS2 同时还是 mail 服务器。在图 7-17 中，选择"新建邮件交换器（MX）"命令，打开"新建资源记录"对话框的"邮件交换器（MX）"选项卡，通过此选项卡可以创建 MX 记录，如图 7-21 所示。

**STEP 1** 在"主机或子域"文本框中输入 MX 记录的名称，该名称将与所在区域的名称一起构成邮件地址中"@"后面的后缀。例如，邮件地址为 yy@long.com，则应将 MX 记录的名称设置为空（使用其中所属域的名称 long.com）；如果邮件地址为 yy@mail.long.com，则应将输入 mail 为 MX 记录的名称记录。本例输入"mail"。

**STEP 2** 在"邮件服务器的完全限定的域名（FQDN）"文本框中，输入该邮件服务器的名称（此名称必须是已经创建的对应于邮件服务器的 A 记录）。本例为"DNS2.long.com"。

**STEP 3** 在"邮件服务器优先级"文本框中设置当前 MX 记录的优先级；如果存在两个或更多的 MX 记录，则在解析时将首选优先级高的 MX 记录。

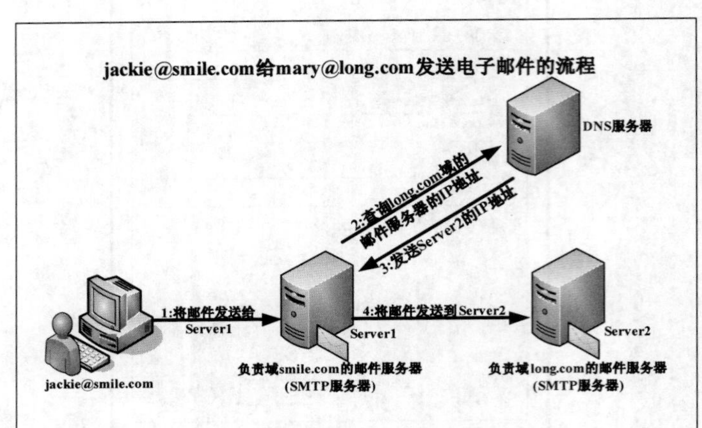


图 7-20　发送电子邮件的流程

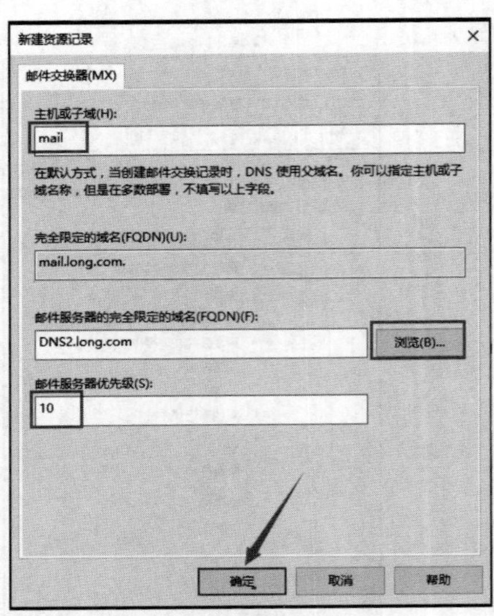


图 7-21　创建 MX 记录

（4）创建指针记录。

**STEP 1** 以域管理员账户登录 DNS1，打开“DNS 管理器”控制台。

**STEP 2** 在左侧控制台树中选择要创建资源记录的反向主要区域 10.168.192.in-addr.arpa，然后在右侧控制台窗口空白处单击鼠标右键，或右键单击要创建资源记录的反向主要区域，在弹出的快捷菜单中选择“新建指针（PTR）”命令（见图 7-22），在打开的“新建资源记录”对话框的“指针（PTR）”选项卡中即可创建 PTR 记录（见图 7-23）。同理创建 192.168.10.1 的指针记录。

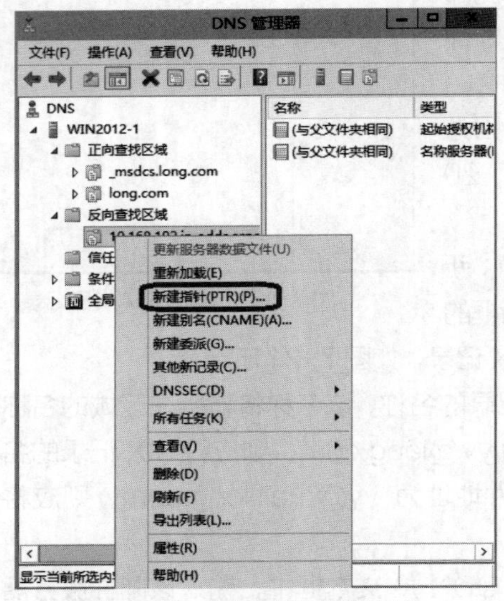


图 7-22　创建 PTR 记录（1）

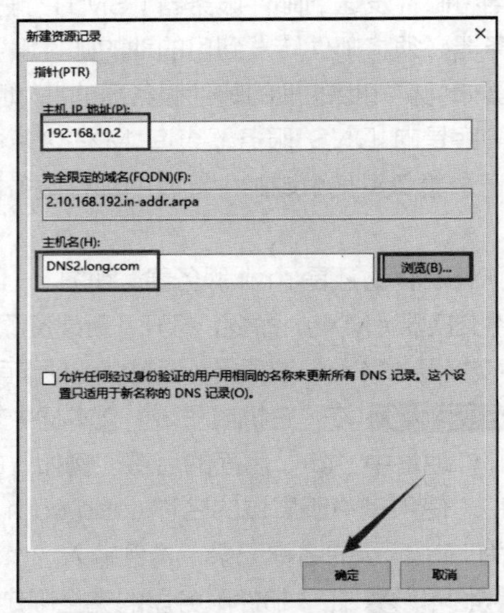


图 7-23　创建 PTR 记录（2）

**STEP 3** 资源记录创建完成之后，在“DNS 管理器”控制台和区域数据库文件中都可以看到这些资源记录，如图 7-24 所示。

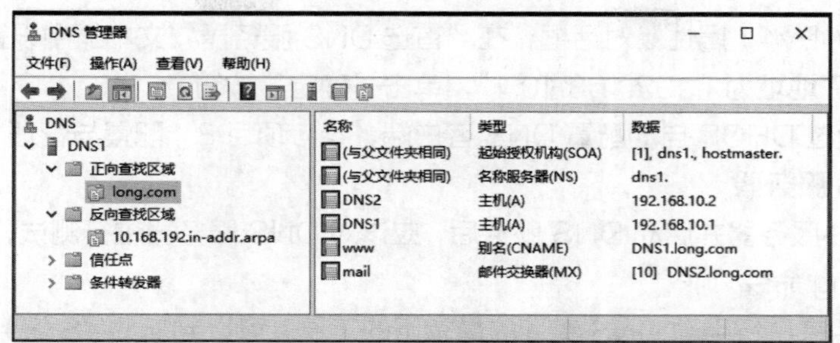


图 7-24 通过“DNS 管理器”控制台查看反向主要区域中的资源记录

**注意** 如果区域是和 Active Directory 域服务集成，那么资源记录将保存到活动目录中；如果不是和 Active Directory 域服务集成，那么资源记录将保存到区域文件中。默认 DNS 服务器的区域文件存储在“C:\windows\system32\dns”下。若不集成活动目录，则本例正向区域文件为 long.com.dns，反向区域文件为 10.168.192.in-addr.arpa.dns。这两个文件可以用记事本打开。

### 4. 将 long.com 区域更新为活动目录集成区域

将该服务器升级为域控制器，升级过程可参考前面项目 3 的相关内容。全部安装完成后的 DNS 服务器如图 7-25 所示。

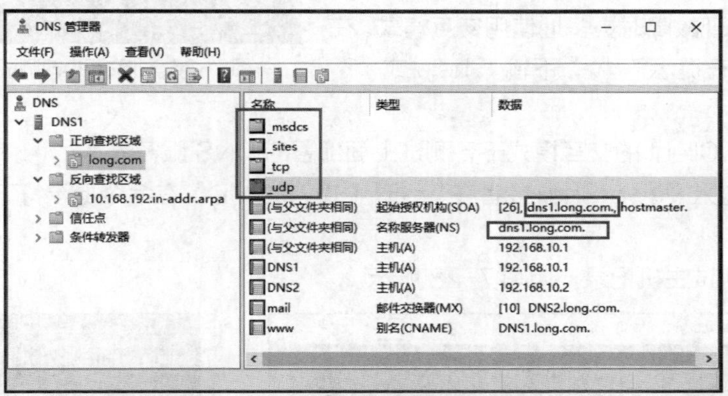


图 7-25 活动目录集成区域 long.com

**注意** 注意图中框选部分，请读者对照本图与图 7-24，看一下有什么区别？总结一下，独立区域与活动目录集成区域有什么不一样。

## 任务 7-3 配置 DNS 客户端并测试主 DNS 服务器

微课 7-4 配置 DNS 客户端并测试主 DNS 服务器

可以通过手动方式配置 DNS 客户端，也可以通过 DHCP 自动配置 DNS 客户端（要求 DNS 客户端是 DHCP 客户端）。

### 1. 配置 DNS 客户端

**STEP 1** 以管理员账户登录 DNS 客户端计算机 Client，打开“Internet

协议版本 4（TCP/ IPv4）属性”对话框，在“首选 DNS 服务器”文本框中设置所部署的主 DNS 服务器 DNS1 的 IP 地址为“192.168.10.1”，单击“确定”按钮。

**STEP 2** 通过 DHCP 自动配置 DNS 客户端，参考项目 8“配置与管理 DHCP 服务器”。

### 2. 测试 DNS 服务器

部署完主 DNS 服务器并启动 DNS 服务后，应该对 DNS 服务器进行测试，最常用的测试工具是 nslookup 和 ping 命令。

nslookup 是用来进行手动 DNS 查询的最常用的工具，可以判断 DNS 服务器是否工作正常。如果有故障的话，可以判断可能的故障原因。它的一般命令用法为：

```
nslookup  [-option…]  [host to find]  [sever]
```

这个工具可以用于两种模式：非交互模式和交互模式。

（1）非交互模式。

非交互模式要在命令行中输入完整的命令：nslookup　www.long.com，如图 7-26 所示。

（2）交互模式。

键入 nslookup 并按 Enter 键，不需要参数，就可以进入交互模式。在交互模式下，直接输入 FQDN 进行查询。

任何一种模式都可以将参数传递给 nslookup，但在域名服务器出现故障时更多地使用交互模式。在交互模式下，可以在提示符“>”下输入 help 或“?”来获得帮助信息。

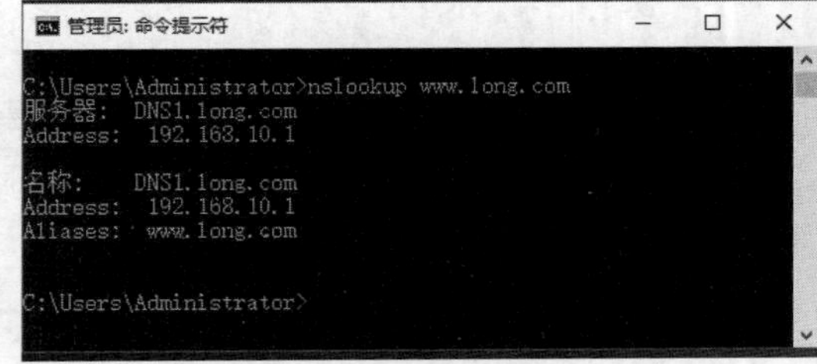


图 7-26　非交互模式测试 DNS 服务器配置

下面在客户端 Client 的交互模式下，测试上面部署的 DNS 服务器。

**STEP 1** 进入 PowerShell 或者在“运行”中输入“CMD”，在命令提示符下输入“nslookup”，如图 7-27 所示。

**STEP 2** 测试主机记录，如图 7-28 所示。

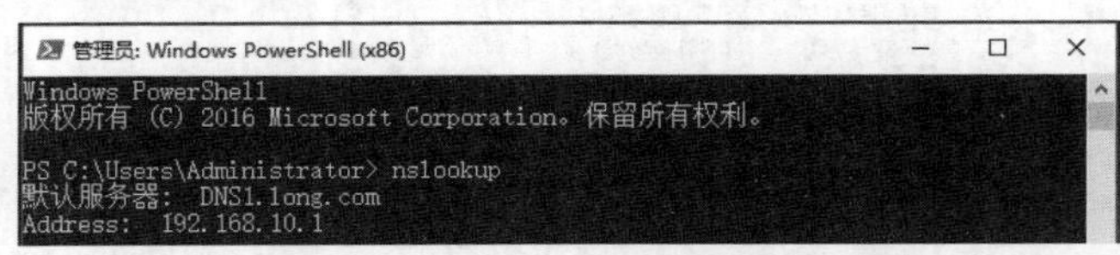


图 7-27　进入 nslookup 交互模式测试 DNS 服务器配置

```
> DNS2.long.com
服务器:  DNS1.long.com
Address:  192.168.10.1

名称:    DNS2.long.com
Address:  192.168.10.2

> _
```

图 7-28　测试主机记录

**STEP 3** 测试正向解析的邮件交换记录，如图 7-29 所示。

**STEP 4** 测试邮件服务器记录，如图 7-30 所示。

> **说明**　set type 表示设置查找的类型。set type=MX，表示查找邮件服务器记录；
> set type=cname，表示查找别名记录；set type=A，表示查找主机记录；
> set type=PTR，表示查找指针记录；set type=NS，表示查找区域。

**STEP 5** 测试指针记录，如图 7-31 所示。

**STEP 6** 查找区域信息，结束退出 nslookup 环境，如图 7-32 所示。

```
> www.long.com
服务器:  DNS1.long.com
Address:  192.168.10.1

名称:    dns1.long.com
Address:  192.168.10.1
Aliases:  www.long.com
```

图 7-29　测试正向解析的邮件交换记录

```
> set type=MX
> long.com
服务器:  DNS1.long.com
Address:  192.168.10.1

long.com
        primary name server = dns1.long.com
        responsible mail addr = hostmaster.long.com
        serial  = 26
        refresh = 900 (15 mins)
        retry   = 600 (10 mins)
        expire  = 86400 (1 day)
        default TTL = 3600 (1 hour)
```

图 7-30　测试 MX 记录

```
> set type=PTR
> 192.168.10.1
服务器:  DNS1.long.com
Address:  192.168.10.1

1.10.168.192.in-addr.arpa       name = DNS1.long.com
> 192.168.10.2
服务器:  DNS1.long.com
Address:  192.168.10.1

2.10.168.192.in-addr.arpa       name = DNS2.long.com
```

图 7-31　测试指针记录

```
> set type=NS
> long.com
服务器:  DNS1.long.com
Address:  192.168.10.1

long.com        nameserver = dns1.long.com
dns1.long.com   internet address = 192.168.10.1
> exit
PS C:\Users\Administrator>
```

图 7-32　查找区域信息

**做一做**　可以利用“ping 域名或 IP 地址”简单测试 DNS 服务器与客户端的配置，读者不妨试一试。

### 3. 管理 DNS 客户端缓存

① 进入 PowerShell 或者在“运行”中输入“CMD”，进入命令提示符。

② 输入以下命令，查看 DNS 客户端缓存：

```
C:\>ipconfig /displaydns
```

③ 输入以下命令，清空 DNS 客户端缓存：

```
C:\>ipconfig /flushdns
```

## 任务 7-4　部署唯缓存 DNS 服务器

尽管所有的 DNS 服务器都会缓存其已解析的结果，但唯缓存 DNS 服务器是仅执行查询、缓存解析结果的 DNS 服务器，不存储任何区域数据库。唯缓存 DNS 服务器对任何域来说都不是权威的，并且它所包含的信息限于解析查询时已缓存的内容。

微课 7-5　部署唯缓存DNS服务器

当唯缓存 DNS 服务器初次启动时，并没有缓存任何信息，只有在响应客户端请求时才会缓存。如果 DNS 客户端位于远程网络，且该远程网络与主 DNS 服务器（或辅助 DNS 服务器）所在的网络通过慢速广域网链路进行通信，则在远程网络中部署唯缓存 DNS 服务器是一种合理的解决方案。因此，一旦唯缓存 DNS 服务器（或辅助 DNS 服务器）建立了缓存，其与主 DNS 服务器的通信量便会减少。此外，唯缓存 DNS 服务器不需要执行区域传输，因此不会出现因区域传输而导致网络通信量增大的情况。

### 1. 部署唯缓存 DNS 服务器的需求和环境

任务 7-5 的所有实例均按图 7-33 所示的信息部署网络环境。DNS2 为 DNS 转发器，仅安装 DNS

服务器角色和功能，不创建任何区域。DNS2 的 IP 地址为 192.168.10.2，首选 DNS 服务器的 IP 地址是 192.168.10.1，该计算机是 Windows Server 2016 的独立服务器。

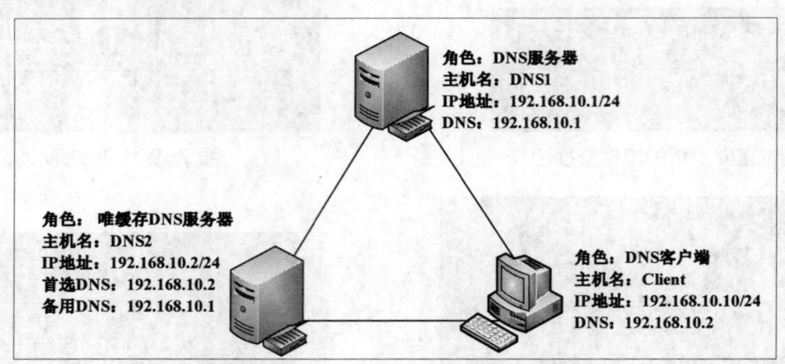


图 7-33 配置 DNS 转发器网络拓扑图

### 2. 配置 DNS 转发器

（1）更改客户端 DNS 服务器 IP 地址指向。

**STEP 1** 登录 DNS 客户端计算机 Client，将其首选 DNS 服务器指向 192.168.10.2，备用 DNS 服务器设置为空。

**STEP 2** 打开命令提示符，输入“ipconfig/flushdns”命令清空客户端计算机 Client 上的缓存。输入“ping www.long.com”命令发现不能解析，因为该记录存在于服务器 DNS1 上，不存在于服务器 DNS2 上。

（2）在唯缓存 DNS 服务器上安装 DNS 服务并配置 DNS 转发器。

**STEP 1** 以具有管理员权限的用户账户登录将要部署唯缓存 DNS 服务器的计算机 DNS2。

**STEP 2** 参考任务 7-1 安装“DNS 服务器”角色和功能。

**STEP 3** 打开“DNS 管理器”控制台，在左侧的控制台树中用鼠标右键单击“DNS 服务器 DNS2”选项，在弹出的快捷菜单中选择“属性”命令。

**STEP 4** 在打开的“DNS2 属性”对话框中单击“转发器”选项卡，如图 7-34 所示。

**STEP 5** 单击“编辑”按钮，打开“编辑转发器”对话框。在“转发服务器的 IP 地址”选项区域中，添加需要转发到的 DNS 服务器的地址为“192.168.10.1”，该计算机能解析到相应服务器的完全合格域名（Fully Qualified Domain Name，FQDN），如图 7-35 所示。最后单击“确定”按钮即可。

**STEP 6** 采用同样的方法，根据需要配置其他区域的 DNS 转发器。

### 3.“根提示”服务器

注意图 7-34 中的“如果没有转发器可用，请使用根提示”复选框。那么什么是根提示呢？

根提示内的 DNS 服务器就是图 7-1 根（root）内的 DNS 服务器，这些服务器的名称与 IP 地址等数据存储在%Systemroot%\System32\DNS\cache.dns 文件中，也可以在“DNS 管理器”控制台中用鼠标右键单击服务器，在弹出的快捷菜单中选择“属性”命令，单击图 7-36 所示的“根提示”选项卡来查看这些信息。

可以在“根提示”选项卡下添加、编辑与删除 DNS 服务器，这些数据变化会被存储到 cache.dns 文件内，也可以单击图 7-36 中的“从服务器复制”按钮，从其他 DNS 服务器复制根提示。

当 DNS 服务器收到 DNS 客户端的查询请求后，如果要查询的记录不在其所管辖的区域内（或不在缓存区内），那么此 DNS 服务器默认会转向根提示内的 DNS 服务器查询。如果企业内部拥有多台 DNS 服务器，可能会出于安全考虑而只允许其中一台 DNS 服务器可以直接与外界 DNS 服务器通信，并让其他 DNS 服务器将查询请求委托给这一台 DNS 服务器来负责，也就是说这一台 DNS 服务器是其他 DNS 服务器的转发器。

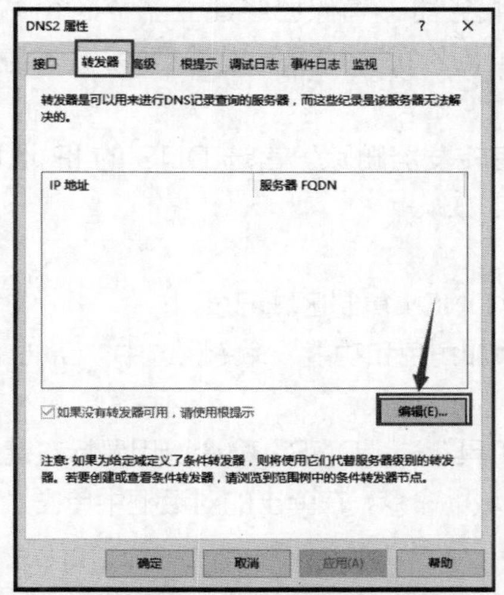

图 7-34 “转发器”选项卡

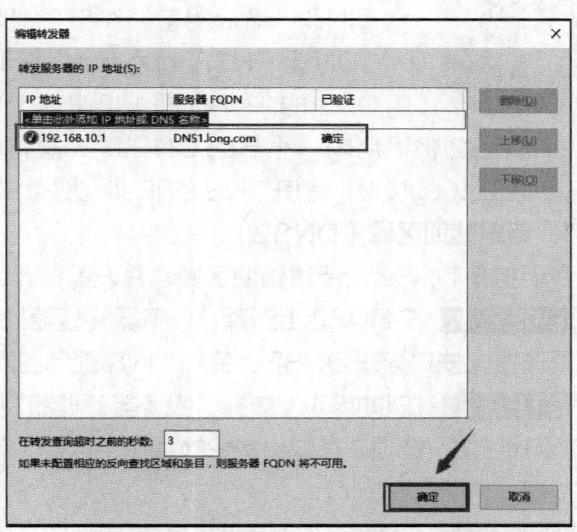

图 7-35 添加解析转达请求的 DNS 服务器的 IP 地址

### 4．测试唯缓存 DNS 服务器

在 Client 上打开命令提示符窗口，使用 nslookup 命令测试唯缓存 DNS 服务器，如图 7-37 所示。

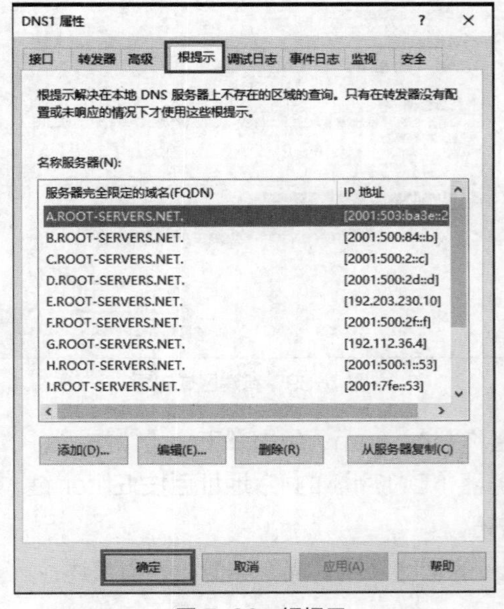

图 7-36 根提示

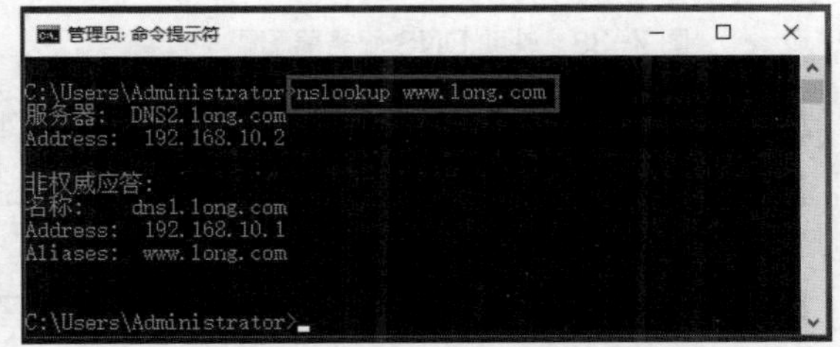

图 7-37 在 Client 上测试唯缓存 DNS 服务器

## 任务 7-5 部署辅助 DNS 服务器

辅助区域用来存储此区域内的副本记录，这些记录是只读的，不能修改。下面利用图 7-38 所

微课 7-6 部署辅助 DNS 服务器

示的信息来练习建立辅助区域的操作。

我们将在 DNS2 上建立一个辅助区域 long.com，此区域内的记录是从其主服务器 DNS1 通过区域传送复制过来的。

- DNS1 仍沿用前一小节的 DNS 服务器，确保已经建立了 A 资源记录（FQDN 为 DNS2. long.com，IP 地址为 192.168.10.2）。首选 DNS 是本身，备用 DNS 的 IP 地址是 192.168.10.2。
- DNS2 仍沿用前一小节的 DNS 服务器，但是将转发器删除。首选 DNS 的 IP 地址是 192.168.10.2，备用 DNS 的 IP 地址是 192.168.10.1。

**1. 新建辅助区域（DNS2）**

我们将在 DNS2 上新建辅助区域，并设置让此区域从 DNS1 复制区域记录。

**STEP 1** 在 DNS2 上选择"服务器管理器"→"添加角色和功能"命令，选中"DNS 服务器"复选框，按向导在 DNS2 上完成 DNS 服务器的安装。

**STEP 2** 在 DNS2 上选择"服务器管理器"→"工具"→"DNS"命令，用鼠标右键单击"正向查找区域"选项，在弹出的快捷菜单中选择"新建区域"命令，在弹出的对话框中单击"下一步"按钮。

**STEP 3** 在图 7-39 所示的对话框中选中"辅助区域"单选按钮，单击"下一步"按钮。

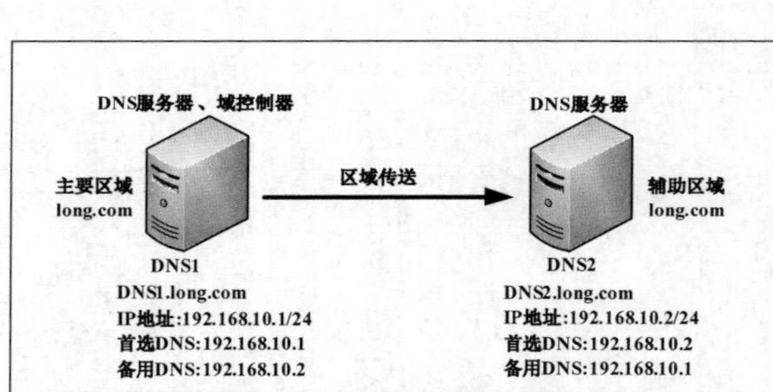


图 7-38 辅助 DNS 服务器配置

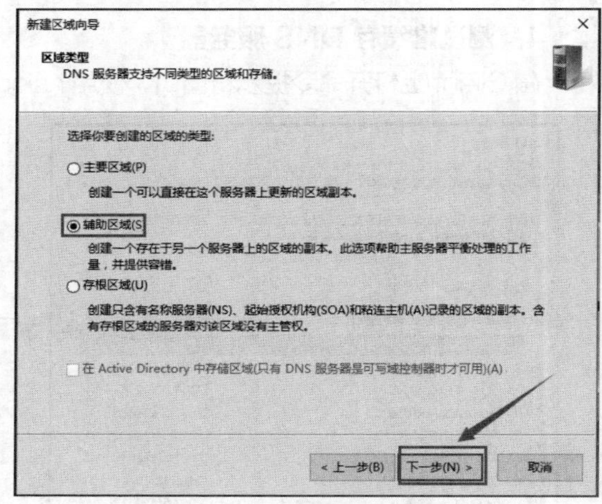


图 7-39 新建区域向导

**STEP 4** 在图 7-40 所示的对话框中输入区域名称 long.com，单击"下一步"按钮。

**STEP 5** 在图 7-41 所示的对话框中输入主服务器（DNS1）的 IP 地址后按 Enter 键，单击"下一步"按钮，在弹出的对话框中单击"完成"按钮。

**STEP 6** 重复步骤 2～5，新建"反向查找区域"的辅助区域。操作类似，不再赘述。

**2. 确认 DNS1 是否允许区域传送（DNS1）**

如果 DNS1 不允许将区域记录传送给 DNS2，那么 DNS2 向 DNS1 提出区域传送请求时会被拒绝。下面先设置让 DNS1 允许区域传送给 DNS2。

**STEP 1** 在 DNS1 上单击"开始"菜单，在弹出的快捷菜单中选择"Windows 管理工具"→"DNS"→"long.com"→"属性"命令，如图 7-42 所示。

**STEP 2** 勾选"区域传送"选项卡下的"允许区域传送"复选框，选中"只允许到下列服务器"单选按钮，单击"编辑"按钮以便选择 DNS2 的 IP 地址，如图 7-43 所示。

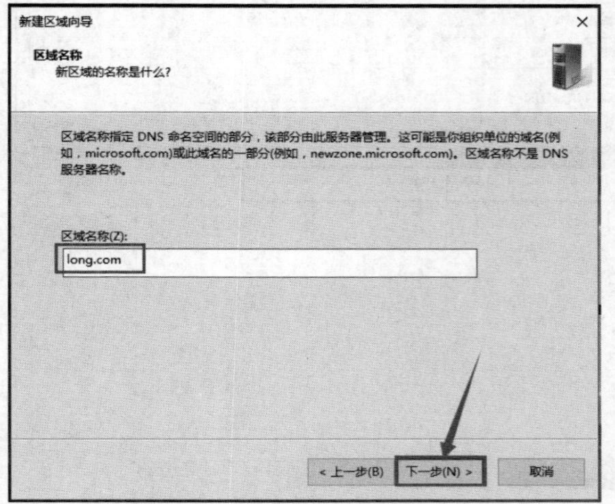


图 7-40　新建区域向导-区域名称

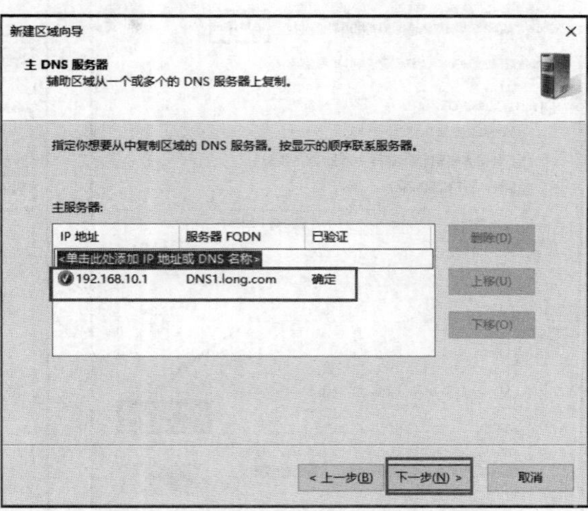


图 7-41　新建区域向导-主 DNS 服务器

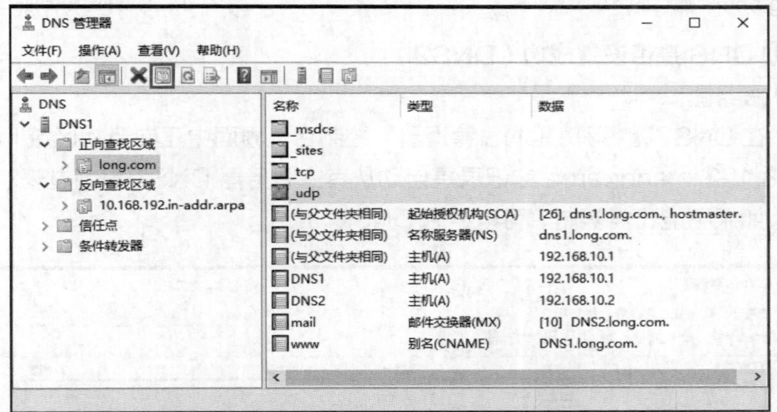


图 7-42　选中"long.com"属性

**提示**　也可以选中"到所有服务器"单选按钮，此时它将接受其他任何一台 DNS 服务器所提出的区域传送请求。建议不要选择此选项，否则此区域记录将被轻易地传送到其他外部 DNS 服务器。

**STEP 3** 输入 DNS2 的 IP 地址后，按 Enter 键，单击"确定"按钮，如图 7-44 所示。

**注意**　DNS1 会通过反向查询来尝试解析拥有此 IP 地址的 DNS 主机名——完全限定域名。如果没有反向查找区域可供查询，则会显示无法解析的警告信息，此时可以不必理会此信息，它并不会影响到区域传送。本例中我们已事先建好了 PTR 指针。

**STEP 4** 单击"确定"按钮完成区域传送设置。类似地，重复步骤 1～4，允许"反向查找区域”向 DNS2 进行区域传送。

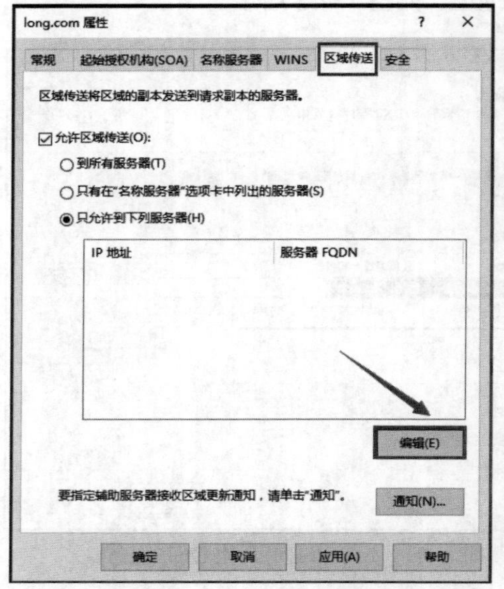


图 7-43 “long.com”属性的“区域传送”

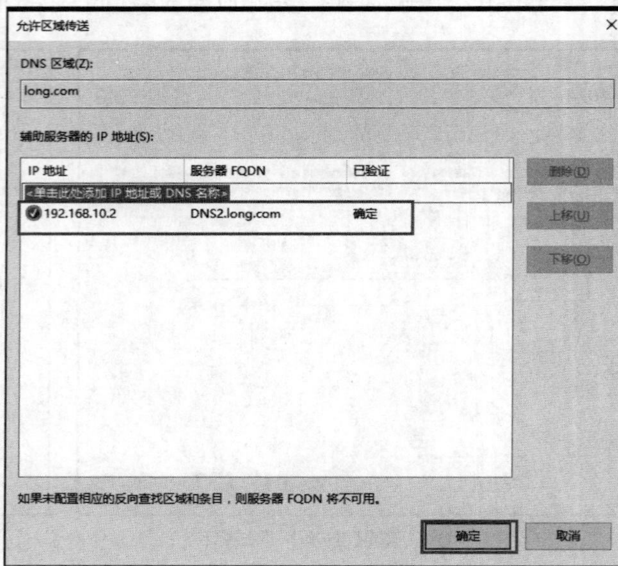


图 7-44 允许区域传送

### 3. 测试辅助 DNS 是否设置成功（DNS2）

回到 DNS2 服务器。

**STEP 1** 在 DNS2 上打开“DNS 管理器”控制台。界面中正向查找区域 long.com 和反向查找区域 10.168.192.in.addr.arpa 的记录是自动从其主服务器 DNS1 复制过来的，如图 7-45、图 7-46 所示。（如果不能正常复制，可以重启 DNS2。）

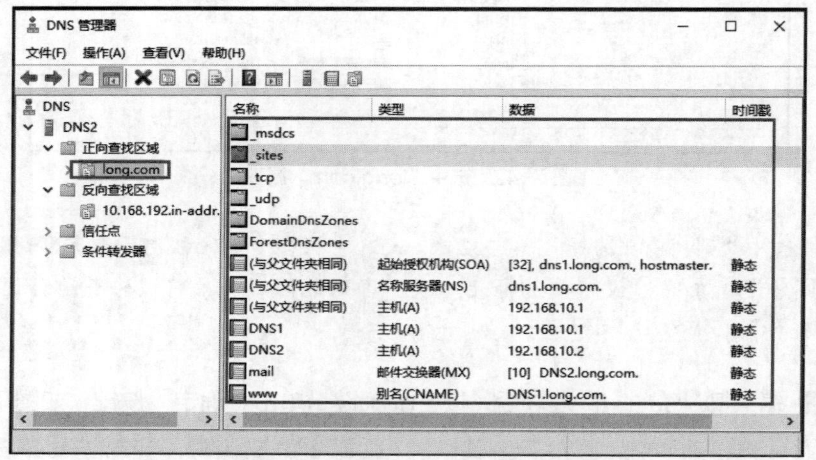


图 7-45 自动从其主服务器 DNS1 复制正向查找区域数据

**提示** 如果设置都正确，但一直都看不到这些记录，请单击区域 long.com 后按 F5 键刷新，如果仍看不到的话，请将“DNS 管理器”控制台关闭再重新打开，或者重新启动 DNS2 计算机。

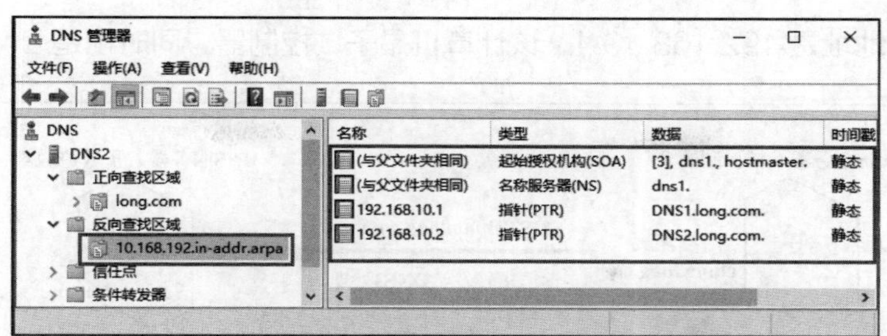

图 7-46　自动从其主服务器 DNS1 复制反向查找区域数据

**STEP 2** 存储辅助区域的 DNS 服务器默认会每隔 15 分钟自动向主服务器请求执行区域传送的操作。也可以选中“辅助区域”单击鼠标右键，在弹出的快捷菜单中选择“从主服务器传输”或“从主服务器传送区域的新副本”命令来手动要求执行区域传送的操作，如图 7-47 所示。

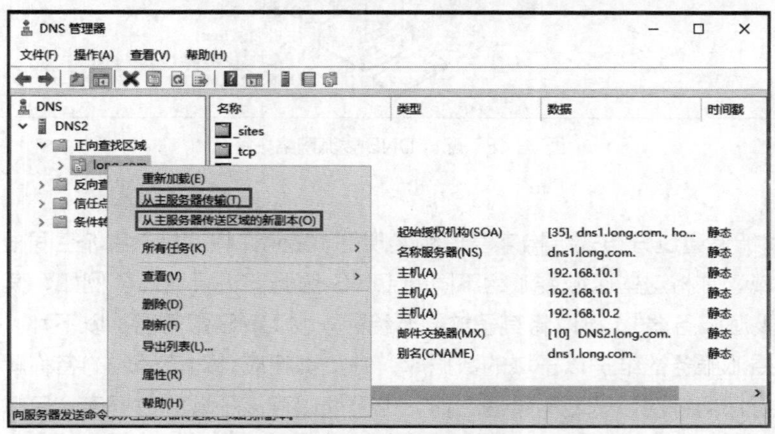

图 7-47　手动执行区域传送

- 从主服务器传输：它会执行常规的区域传送操作，也就是依据 SOA 记录内的序号判断在主服务器内有新版本记录的话，就会执行区域传送操作。
- 从主服务器传送区域的新副本：不理会 SOA 记录的序号，重新从主服务器复制完整的区域记录。

**提示** 如果发现界面上所显示的记录存在异常，可以尝试选中区域并单击鼠标右键，在弹出的快捷菜单中选择“重新加载”命令来从区域文件中重载记录。

**做一做** 请读者在 DNS1 上新建 DNS2 的 PTR 指针，同时设置允许反向区域传送给 DSN2。设置完成后，检查 DNS2 服务器的反向区域是否复制成功。

## 任务 7-6　部署委派域

微课 7-7　部署委派域

### 1. 部署子域和委派的需求和环境

本小节的所有实例都部署在图 7-48 所示的网络环境下。在原有网络环境下增加主机名为 DNS3 的委派 DNS 服务器，其 IP 地址为 192.168.10.3，首选

DNS 服务器的 IP 地址是 192.168.10.1，该计算机是子域控制器，同时也是 DNS 服务器。

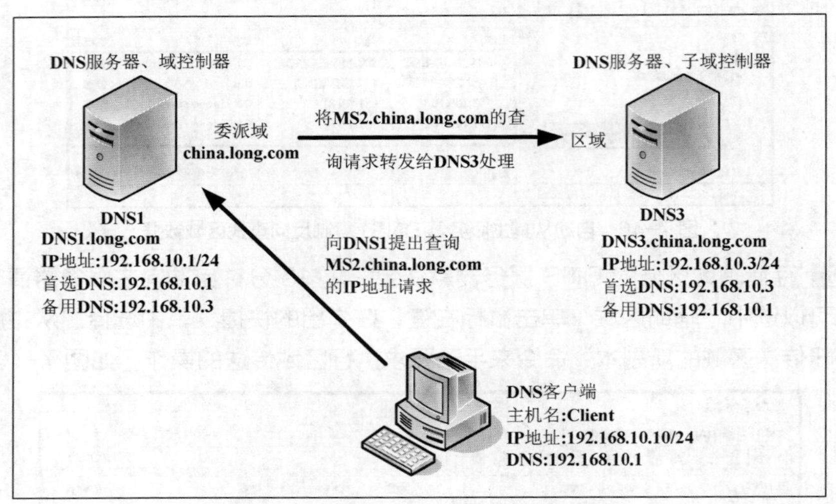


图 7-48　配置 DNS 委派网络拓扑图

**2．区域委派**

DNS 名称解析是通过分布式结构来管理和实现的，它允许将 DNS 名称空间根据层次结构分割成一个或多个区域，并将这些区域委派给不同的 DNS 服务器进行管理。例如，某区域的 DNS 服务器（以下称“委派服务器”）可以将其子域委派给另一台 DNS 服务器（以下称“受委派服务器”）全权管理，由受委派服务器维护该子域的数据库，并负责响应针对该子域的名称解析请求。而委派服务器则无须进行任何针对该子域的管理工作，也无须保存该子域的数据库，只需保留到达受委派服务器的指向，即当 DNS 客户端请求解析该子域的名称时，委派服务器将无法直接响应该请求，但其明确知道应由哪个 DNS 服务器（即受委派服务器）来响应该请求。

采用区域委派可有效地均衡负载。将子域的管理和解析任务分配到各个受委派服务器，可以大幅度降低父级或顶级域名服务器的负载，提高解析效率。同时，这种分布式结构使得真正提供解析的受委派服务器更接近于客户端，从而减少了带宽资源的浪费。

部署区域委派需要在委派服务器和受委派服务器中都进行必要的配置。

在图 7-48 中，在受委派的 DNS 服务器 DNS3 上创建主区域“china.long.com”，并且在该区域中创建资源记录，然后在委派的 DNS 服务器 DNS1 上创建委派区域“china”。具体步骤如下。

（1）配置受委派服务器。

**STEP 1** 使用具有管理员权限的用户账户登录受委派服务器 DNS3。

**STEP 2** 在受委派服务器上安装 DNS 服务器。

**STEP 3** 在受委派服务器 DNS3 上创建正向主要区域 china.long.com（正向主要区域的名称必须与受委派区域的名称相同），如图 7-49、图 7-50 所示。

**STEP 4** 在受委派服务器 DNS3 上创建反向主要区域 10.168.192.addr.arpa。

**STEP 5** 创建区域完成后，新建资源记录，如建立主机 Client.china.long.com，对应的 IP 地址是 192.168.10.10，DNS3.china.long.com 对应的 IP 地址是 192.168.10.3（必须新建）。MS2 是新建的测试记录。DNS 管理器设置完成后的界面如图 7-51 所示。

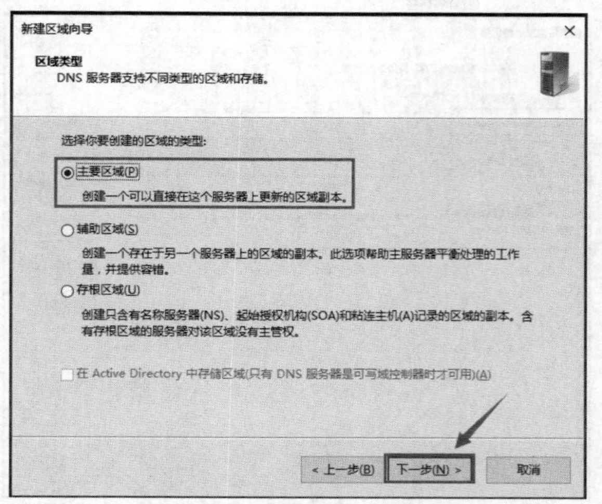


图 7-49　创建正向主要区域 china.long.com（1）

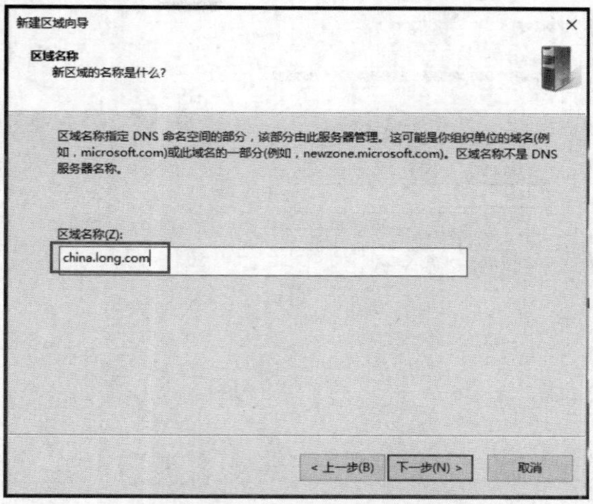

图 4-50　创建正向主要区域 china.long.com（2）

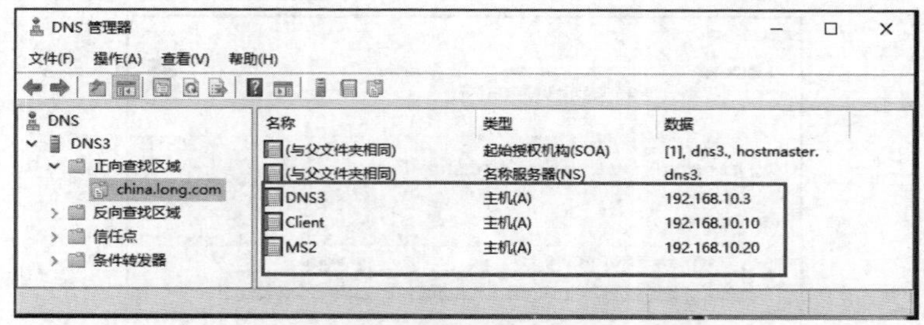


图 7-51　DNS 管理器设置完成后的界面

（2）配置委派服务器。

委派服务器 DNS1 将在 long.com 中新建 china 委派域，并将其委派给 DNS3（IP 地址：192.168.10.3）进行管理。

**STEP 1** 使用具有管理员权限的用户账户登录委派服务器 DNS1。

**STEP 2** 打开“DNS 管理器”控制台，在区域“long.com”下创建 DNS3 的主机记录，该主机记录是被委派DNS服务器的主机记录。（DNS3.long.com对应的IP地址是192.168.10.3）。

**STEP 3** 用鼠标右键单击域“long.com”选项，在弹出的快捷菜单中选择“新建委派”命令，打开“新建委派向导”对话框。

**STEP 4** 单击“下一步”按钮，将打开“新建委派向导-受委派域名”对话框，在此对话框中指定要委派给受委派服务器进行管理的域名 china，如图 7-52 所示。

**STEP 5** 单击“下一步”按钮，将打开“新建委派向导-名称服务器”对话框，在此对话框中指定受委派服务器，单击“添加”按钮，将打开“新建名称服务器记录”对话框，在“服务器完全限定的域名（FQDN）”文本框中输入被委派计算机的主机记录的完全限定的域名“DNS3.china.long.com”，在“IP 地址”文本框中输入被委派 DNS 服务器的 IP 地址“192.168.10.3”后按 Enter 键，如图 7-53 所示。然后单击“确定”按钮。注意，由于目前无法解析到 DNS3.china.long.com 的 IP 地址，因此输入主机名后不要单击“解析”按钮。

**STEP 6** 单击“确定”按钮，将返回“新建委派向导-名称服务器”对话框，从中可以看到受委派服务器，如图 7-54 所示。

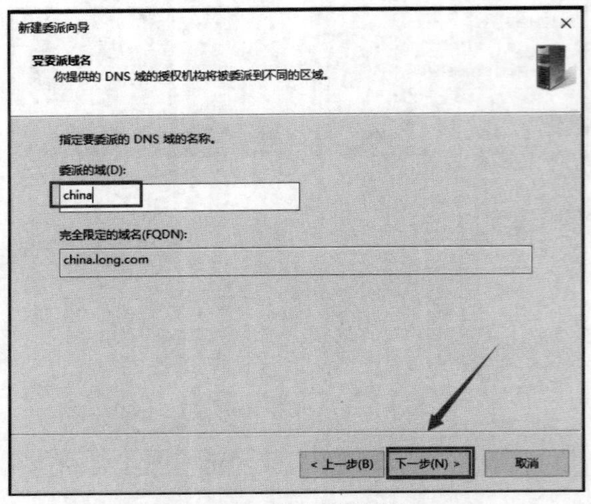


图 7-52 指定受委派域名

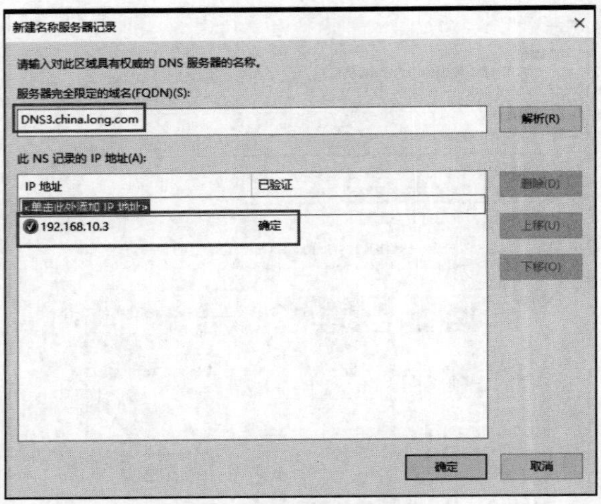

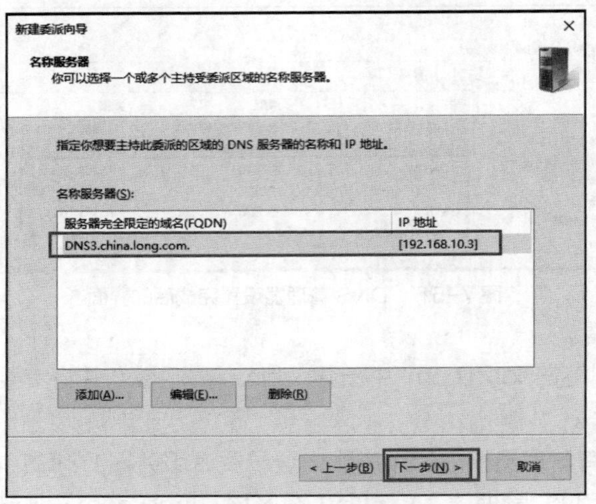


图 7-53 添加受委派服务器

图 7-54 名称服务器

**STEP 7** 单击“下一步”按钮，将打开“新建委派向导-完成”对话框，单击“完成”按钮，将返回“DNS 管理器”控制台。在“DNS 管理器”控制台可以看到已经添加的委派子域“china”。委派服务器配置完成，如图 7-55 所示。（注意一定不要在该域上建立 china 子域！）

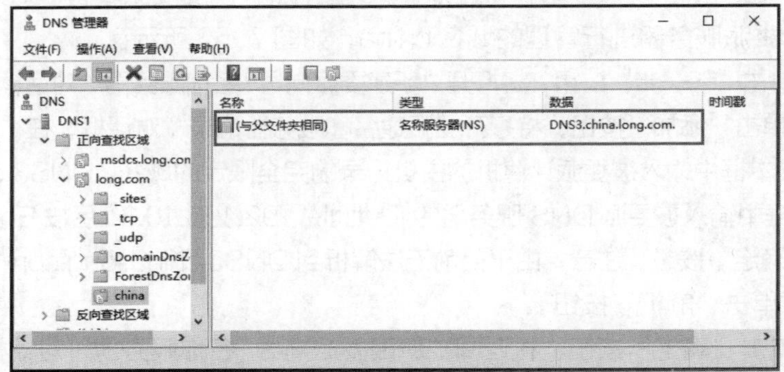


图 7-55 完成委派设置的界面

**注意** 受委派服务器必须在委派服务器中有一个对应的 A 记录，以便委派服务器指向受委派服务器。该 A 记录可以在新建委派之前创建，否则在新建委派时会自动创建。

（3）将 DNS3 升级为子域控制器。

需要说明的是，将 DNS3 升级为子域控制器在部署委派域时并不是必须的步骤。

**STEP 1** 参考项目 3 的相关内容，在 DNS3 上安装 Active Directory 域服务。

**STEP 2** 然后升级为域控制器。当出现图 7-56 所示的窗口时，选中“将新域添加到现有林”单选按钮，选择域类型为“子域”，父域为“long.com”，子域为“china”，单击“更改”按钮，输入域 long.com 的域管理员账户和密码，单击“确定”按钮。

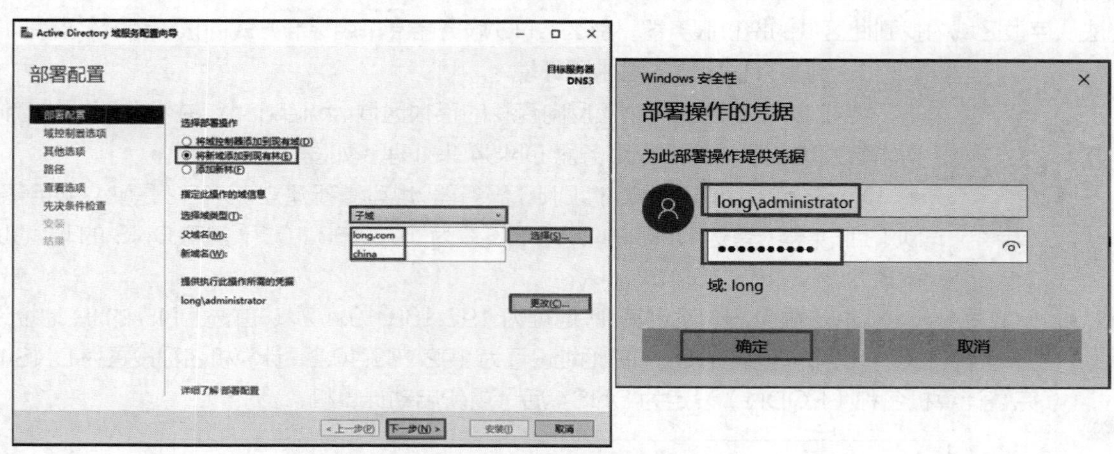


图 7-56 子域的部署配置

**STEP 3** 单击“下一步”按钮，直到完成安装，计算机自动重启。至此，DNS3 成功升级为子域 china.long.com 的域控制器。

### 3. 测试委派

**STEP 1** 使用具有管理员权限的用户账户登录客户端 Client。首选 DNS 服务器的 IP 地址设为 192.168.10.1。

**STEP 2** 使用 nslookup 命令，测试 Client.china.long.com。如果成功，说明 IP 地址为 192.168.10.1 的服务器到 IP 地址为 192.168.10.3 的服务器的委派成功，如图 7-57 所示。

图 7-57 测试委派成功

## 任务 7-7 部署存根区域

存根区域（stub zone）与委派域有点类似，但是此区域内只包含 SOA、NS 与粘连 A（记载授权服务器的 IP 地址）资源记录，利用这些记录可得知此区域的授权服务器。存根区域与委派域的主要差别如下。

- 存根区域内的 SOA、NS 与 A 资源记录是从其主机服务器（此区域的授权服务器）复制过来的，当主机服务器内的这些记录发生变化时，它们会通过区域转送的方式复制过来。存根区域的区域转送只会传送 SOA、NS 与 A 资源记录。其中的 A 资源记录用来记载授权服务器的 IP 地址，此 A 资源记录需要跟随 NS 记录一并被复制到存根区域，否则拥有存根区域的服务器无法解析到授权服务器的 IP 地址，这条 A 资源记录被称为 glue A 资源记录。
- 委派域内的 NS 记录是在执行委派操作时建立的，以后如果此域内有新授权服务器，需由系统管理员手动将此新 NS 记录输入委派域内。

当有 DNS 客户端来查询（查询模式为递归查询）存根区域内的资源记录时，DNS 服务器会利用区域内的 NS 记录得知此区域的授权服务器，然后向授权服务器查询（查询模式为迭代查询）。如果无法从存根区域内找到此区域的授权服务器，那么 DNS 服务器会采用标准方式向根（root）查询。

微课 7-8 部署存根区域

**1. 部署存根区域的需求和环境**

将在 DNS2 建立一个正反向查找的存根区域 smile.com，并将此区域的查询请求转发给此区域的授权服务器 DNS4 来处理，如图 7-58 所示。

- DNS2 可沿用前一小节的 DNS 服务器，也可重新建立。DNS2 是独立服务器、DNS 服务器，首选 DNS 的 IP 地址设置为 192.168.10.2，备用 DNS 的 IP 地址设置为 192.168.10.4。
- 建立另外一台 DNS 服务器，设定其 IP 地址为 192.168.10.4/24、首选 DNS 的 IP 地址设置为 192.168.10.4，备用 DNS 的 IP 地址设置为 192.168.10.2，计算机名称设置为 DNS4、完整计算机名称（FQDN）设定为 DNS4 后，重新启动计算机。

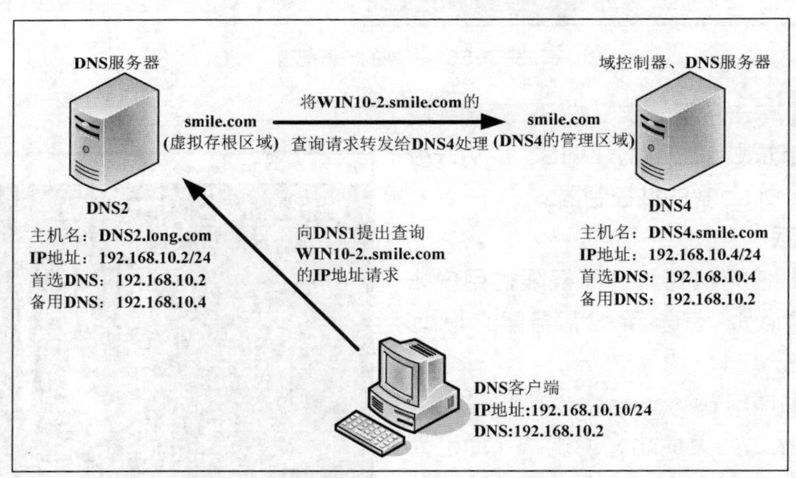


图 7-58 配置 DNS 存根区域网络拓扑图

**2. 确认是否允许区域传送**

DNS2 的存根区域内的记录是从授权服务器 DNS4 利用区域传送复制过来的，如果 DNS4 不允许将区域记录传送给 DNS2，那么 DNS1 向 DNS4 提出区域传送请求时会被拒绝。我们先设置让 DNS4 可以将记录通过区域传送复制给 DNS2。下面在 DNS4 上操作。

**STEP 1** 以管理员身份登录 DNS4，同时安装 Active Directory 域服务和 DNS 服务器角色和功能。

**STEP 2** 升级 DNS4 为域控制器，域为 smile.com。

**STEP 3** 打开“DNS 管理器”控制台，在 DNS4 内建立 smile.com 域的反向主要查找区域。

**STEP 4** 在 smile.com 中新建多条用来测试的主机记录和 PTR 指针，图 7-59 所示的 WIN10-1、WIN10-2、WIN10-3 等，并应包含 DNS4 自己的主机记录（系统自建）和 PTR 记录，接着单击区域“smile.com”→属性图标。新建主机记录后，再新建相应的 PTR 记录。

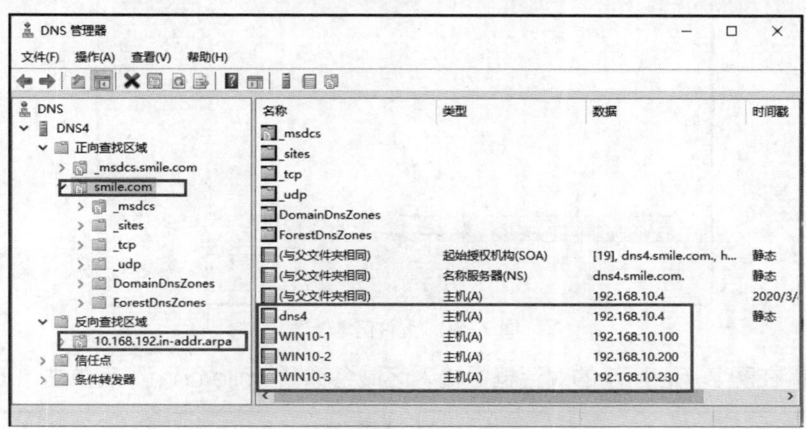

图 7-59 选择 smile.com 域属性

**STEP 5** 用鼠标右键单击“smile.com”选项，在弹出的快捷菜单中选择“属性”命令，在打开的对话框中单击“区域传送”选项卡，勾选“区域传送”选项卡下的“允许区域传送”复选框，选中“只允许到下列服务器”单选按钮，单击“编辑”按钮以便选择 DNS2 的 IP 地址。

> **注意** *您也可以选中“到所有服务器”单选按钮，此时它将接受其他任何一台 DNS 服务器所提出的区域传送要求。建议不要选中，否则此区域记录将轻易地被传送到其他外部 DNS 服务器。*

**STEP 6** 输入 DNS2 的 IP 地址后直接按 Enter 键，单击“确定”按钮。注意它会通过反向查询来尝试解析拥有此 IP 地址的主机名（FQDN），如果服务器 DNS4 没有反向查找区域可供查询，会显示无法解析的警告消息，但它并不会影响到区域传送。本例中第一步就要求已经建立了反向的主要区域，而新建主机记录的同时要新建 PTR 指针。请读者注意，不用理会警告信息，如图 7-60 所示。

**STEP 7** 依次单击“确定”“应用”“确定”按钮。

**STEP 8** 类似地，用鼠标右键单击图 7-59 所示的反向查找区域的 10.168.192.addr.arpa，在弹出的快捷菜单中选择“属性”命令，重复步骤 5~7，设置让 DNS4 可以将反向查找区域的记录通过区域传送复制给 DNS2。

### 3. 建立存根区域

到 DNS2 上创建存根区域 smile.com，并让它从 DNS4 复制区域记录。

**STEP 1** 到 DNS2 上选择“开始”→“Windows 管理工具”→“DNS”命令，选中正向查找区域后，单击鼠标右键，在弹出的快捷菜单中选择“新建区域”命令。

**STEP 2** 出现欢迎使用新建区域向导界面时，单击“下一步”按钮。

**STEP 3** 在图 7-61 所示的对话框中选中“存根区域”单选按钮后，单击“下一步”按钮。

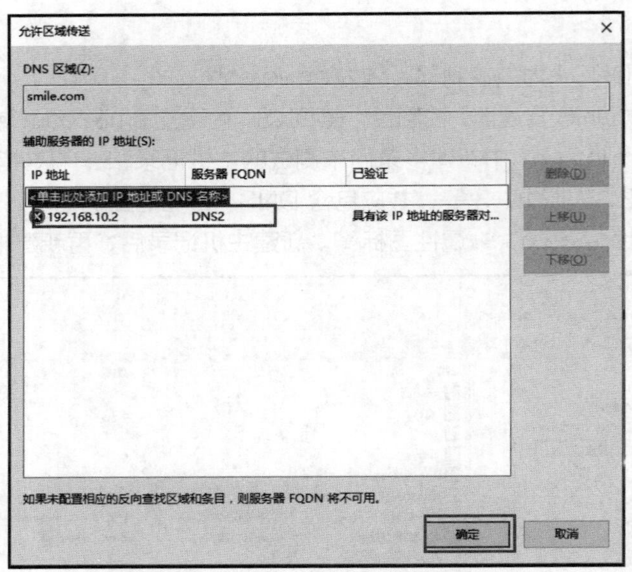


图 7-60　允许区域传送

**STEP 4** 在图 7-62 所示的对话框中输入区域名称“smile.com”后单击“下一步”按钮。

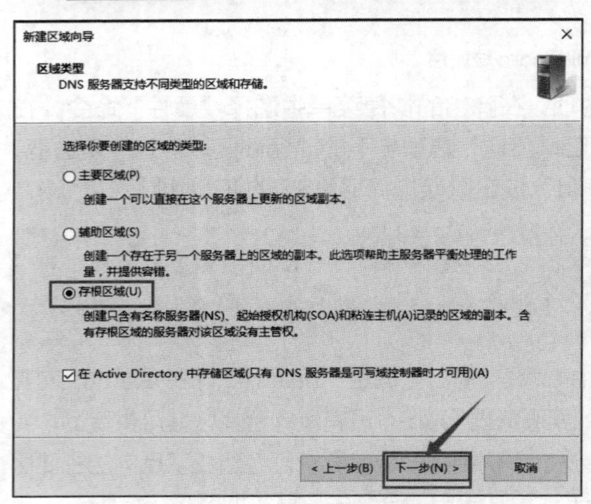


图 7-61　区域类型—存根区域

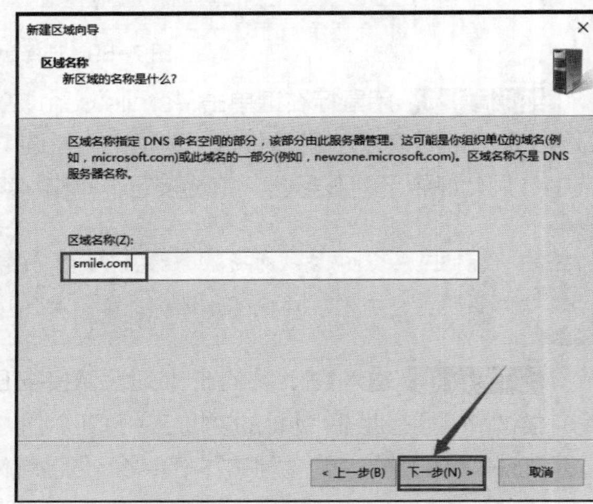


图 7-62　区域名称—smile.com

**STEP 5** 出现区域文件界面时，直接单击“下一步”按钮以采用默认的区域文件名。

**STEP 6** 在图 7-63 所示的对话框中输入主服务器 DNS4 的 IP 地址后按 Enter 键，单击“下一步”按钮。注意，它会通过反向查询来尝试解析拥有此 IP 地址的主机名（FQDN），若无反向查找区域可供查询或反向查询区域内并没有此记录，则会显示无法解析的警告消息，此时可以不必理会此信息，它并不会影响到区域传送。

**STEP 7** 出现“正在完成新建区域向导”界面时单击“完成”按钮。

**STEP 8** 类似地，重复步骤 1～7，新建反向查找区域。

**STEP 9** 图 7-64 中的 smile.com 就是所建立的存根区域的正向查找区域，其内的 SOA、NS 与记载着授权服务器 IP 地址的 A 资源记录是自动由其主机服务器 DNS4 复制过来的。同样，

DNS2 存根区域的反向查找区域也正确地从 DNS4 复制了过来。

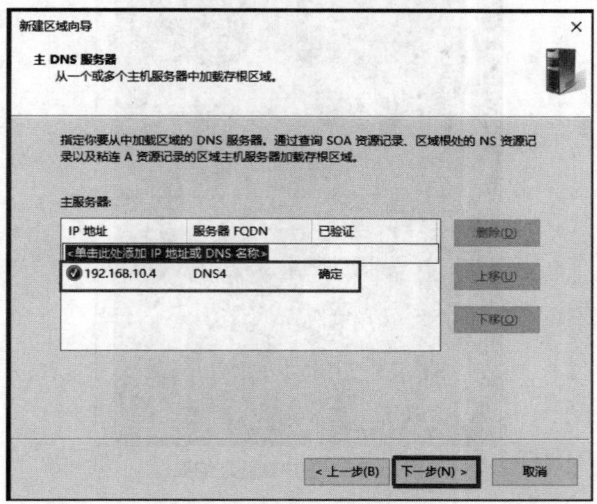


图 7-63　主 DNS 服务器

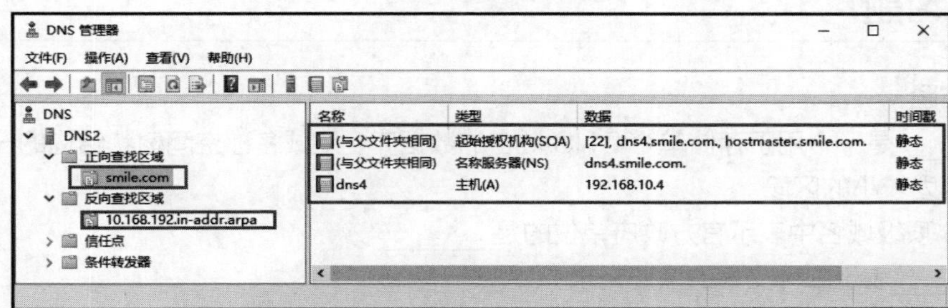


图 7-64　存根区域

**注意**　*如果确定所有配置都正确，但一直看不到这些记录，请单击区域 smile.com 后按 F5 键来刷新，如果仍然看不到，可以将“DNS 管理器”控制台关闭再重新打开。*

存储存根区域的 DNS 服务器默认会每隔 15 分钟自动请求其主机服务器执行区域传送的操作。也可以选中存根区域后鼠标单击右键，在弹出的快捷菜单中选择“从主服务器传输”或“从主服务器传送区域的新副本”命令来手动要求执行区域传送的操作，不过它只会传送 SOA、NS 与记载着授权服务器的 IP 地址的 A 资源记录。

- 从主服务器传输：它会执行常规的区域传送操作，也就是依据 SOA 记录内的序号判断出在主机服务器内有新版本记录的话，就会执行区域传送的操作。
- 从主服务器传送区域的新副本：不理会 SOA 记录的序号，重新从主机服务器复制 SOA、NS 与记载着授权服务器 IP 地址的 A 资源记录。

### 4．到客户端验证

现在可以利用 DNS 客户端 Client 来测试存根区域。Client 的 DNS 服务器的 IP 地址设置为 192.168.10.2。利用 nslookup 工具来测试，图 7-65 所示为成功得到 IP 地址的界面。

图 7-65　客户端验证结果

## 7.4 习题

**一、填空题**

1. ________是一个用于存储单个 DNS 域名的数据库，是域名称空间树状结构的一部分，它将域名空间分区为较小的区段。

2. DNS 顶级域名中表示官方政府单位的是________。

3. ________表示邮件交换的资源记录。

4. 可以用来检测 DNS 资源是否创建正确的两个工具是________、________。

5. DNS 服务器的查询方式有________、________。

**二、选择题**

1. 某企业的网络工程师安装了一台基本的 DNS 服务器，用来提供域名解析。网络中的其他计算机都作为这台 DNS 服务器的客户机。他在服务器创建了一个标准主要区域，在一台客户机上使用 nslookup 工具查询一个主机名称，DNS 服务器能够正确地将其 IP 地址解析出来。可是当使用 nslookup 工具查询该 IP 地址时，DNS 服务器却无法将其主机名称解析出来。请问：应如何解决这个问题？（　　）

A. 在 DNS 服务器反向解析区域中，为这条主机记录创建相应的 PTR 指针记录

B. 在 DNS 服务器区域属性上设置允许动态更新

C. 在要查询的这台客户机上运行命令 Ipconfig /registerdns

D. 重新启动 DNS 服务器

2. 在 Windows Server 2016 的 DNS 服务器上不可以新建的区域类型有（　　）。

A. 转发区域　　B. 辅助区域　　C. 存根区域　　D. 主要区域

3. DNS 提供了一个（　　）命名方案。

A. 分级　　B. 分层　　C. 多级　　D. 多层

4. DNS 顶级域名中表示商业组织的是（　　）。

A. COM　　B. GOV　　C. MIL　　D. ORG

5.（　　）表示别名的资源记录。

A. MX　　B. SOA　　C. CNAME　　D. PTR

**三、简答题**

1. DNS 的查询模式有哪几种？

2. DNS 的常见资源记录有哪些？

3. DNS 的管理与配置流程是什么？

4. DNS 服务器属性中的“转发器”的作用是什么？

5. 什么是 DNS 服务器的动态更新？

**四、案例分析**

某企业安装了自己的 DNS 服务器，为企业内部客户端计算机提供主机名称解析。然而企业内部的客户除了访问内部的网络资源外，还想访问 Internet 资源。作为企业的网络管理员，应该怎样配置 DNS 服务器？

## 7.5 项目实训　配置与管理 DNS 服务器

本项目实训所依据的网络拓扑图分别如图 7-5、图 7-33 和图 7-48 所示。

（1）依据图 7-5 完成任务：添加 DNS 服务器，部署主 DNS 服务器，配置 DNS 客户端并测试主 DNS 服务器的配置。

（2）依据图 7-33 完成任务：部署唯缓存 DNS 服务器，配置转发器，测试唯缓存 DNS 服务器。

（3）依据图 7-48 完成任务：部署 DNS 的委派服务。

**做一做**

根据项目实训视频进行项目的实训，检查学习效果。

## 拓展阅读　IPv4 的根服务器

你知道 IPv4 的根服务器有几台吗？在中国部署了几台？

根服务器主要用来管理互联网的主目录，最早使用的是 IPv4 根服务器。全球只有 13 台（这 13 台 IPv4 根服务器名字分别为“A”~“M”）：1 台为主根服务器，在美国；其余 12 台也都不在中国。那么中国的网络是否有可能被关掉呢？

为了国家的网络安全，我国早在 2003 年的时候就使用了镜像服务器，即使我们的网络中断，也有备用的服务器。而且在 2016 年，中国和其他国家共同建立了一台新的根服务器，目前我国已经有 4 台根服务器。

# 项目8

# 配置与管理DHCP服务器

某高校已经组建了学校的校园网，然而随着笔记本电脑的普及，教师移动办公以及学生移动学习的现象越来越多。当计算机从一个网络移动到另一个网络时，需要重新获知新网络的 IP 地址、网关等信息，并对计算机进行设置。这样，客户端就需要知道整个网络的部署情况，需要知道自己处于哪个网段、哪些 IP 地址是空闲的，以及默认网关是多少等信息，不仅用户觉得烦琐，同时也为网络管理员规划网络分配 IP 地址带来了困难。网络中的用户需要无论处于网络中什么位置，都不需要配置 IP 地址、默认网关等信息就能够上网。这就需要在网络中部署 DHCP 服务器。

在完成该项目之前，首先应当对整个网络进行规划，确定网段的划分以及每个网段可能的主机数量等信息。

## 本项目学习要点

- 了解 DHCP 服务器在网络中的作用
- 理解 DHCP 的工作过程
- 掌握 DHCP 服务器的基本配置方法
- 掌握 DHCP 客户端的配置和测试方法
- 掌握常用 DHCP 选项的配置方法
- 理解在网络中部署 DHCP 服务器的解决方案
- 掌握常见 DHCP 服务器的维护方法

## 8.1 项目基础知识

手动设置每一台计算机的 IP 地址是管理员最不愿意做的一件事，于是出现了自动配置 IP 地址的方法，这就是动态主机配置协议（Dynamic Host Configuration Protocol，DHCP）。DHCP 可以自动为局域网中的每一台计算机分配 IP 地址，并完成每台计算机的 TCP/IP 配置，包括 IP 地址、子网掩码、网关及 DNS 服务器等。DHCP 服务器能够从预先设置的 IP 地址池中自动给主机分配 IP 地址，它不仅能够解决 IP 地址冲突的问题，还能及时回收 IP 地址以提高 IP 地址的利用率。

微课 8-1 DHCP 服务

### 8.1.1 何时使用 DHCP 服务

网络中每一台主机的 IP 地址与相关配置，可以采用以下两种方式获得：手动配置和自动获得（自动向 DHCP 服务器获取）。

在网络主机数目少的情况下，可以手动为网络中的主机分配静态的 IP 地址，但有时工作量很大，这就需要动态 IP 地址方案。在该方案中，每台计算机并不设定固定的 IP 地址，而是在计算机开机时才被分配一个 IP 地址，这台计算机被称为 DHCP 客户端（DHCP Client）。在网络中提供 DHCP 服务的计算机称为 DHCP 服务器。DHCP 服务器利用 DHCP（动态主机配置协议）为网络中的主机分配动态 IP 地址，并提供子网掩码、默认网关、路由器的 IP 地址以及一个 DNS 服务器的 IP 地址等。

动态 IP 地址方案可以减少管理员的工作量。只要 DHCP 服务器正常工作，IP 地址就不会发生冲突。要大批量更改计算机的所在子网或其他 IP 参数，只要在 DHCP 服务器上进行即可，管理员不必为每一台计算机设置 IP 地址等参数。

需要动态分配 IP 地址的情况包括以下 3 种。

- 网络的规模较大，网络中需要分配 IP 地址的主机很多，特别是要在网络中增加和删除网络主机或者要重新配置网络时，使用手动分配工作量很大，而且常常会因为用户不遵守规则而出现错误，如导致 IP 地址的冲突等。
- 网络中的主机多，而 IP 地址不够用，这时也可以使用 DHCP 服务器来解决这一问题。例如，某个网络上有 200 台计算机，采用静态 IP 地址时，每台计算机都需要预留一个 IP 地址，即共需要 200 个 IP 地址。然而，这 200 台计算机并不同时开机，甚至可能只有 20 台同时开机，这样就浪费了 180 个 IP 地址。这种情况对互联网服务供应商（Internet Service Provider，ISP）来说是一个十分严重的问题。如果 ISP 有 100 000 个用户，是否需要 100 000 个 IP 地址？解决这个问题的方法就是使用 DHCP 服务。
- DHCP 服务使得移动客户可以在不同的子网中移动，并在他们连接到网络时自动获得网络中的 IP 地址。随着笔记本电脑的普及，移动办公的方式很常见。当计算机从一个网络移动到另一个网络时，每次移动也需要改变 IP 地址，并且移动的计算机在每个网络都需要占用一个 IP 地址。

利用拨号上网实际上就是从 ISP 那里动态获得一个共有的 IP 地址。

## 8.1.2 DHCP 地址分配类型

DHCP 允许 3 种类型的地址分配。

- 自动分配方式。当 DHCP 客户端第一次成功地从 DHCP 服务器端租用到 IP 地址之后，就永远使用这个地址。
- 动态分配方式。当 DHCP 客户端第一次从 DHCP 服务器端租用到 IP 地址之后，并非永久地使用该地址，只要租约到期，客户端就得释放这个 IP 地址，以让给其他工作站使用。当然，客户端可以比其他主机更优先地更新租约，或是租用其他 IP 地址。
- 手动分配方式。DHCP 客户端的 IP 地址是由网络管理员指定的，DHCP 服务器只是把指定的 IP 地址告诉给客户端。

## 8.1.3 DHCP 服务的工作过程

### 1. DHCP 工作站第一次登录网络

当 DHCP 客户机启动登录网络时，通过以下步骤从 DHCP 服务器获得租约。

① DHCP 客户机在本地子网中先发送 DHCP Discover 报文。此报文以广播的形式发送，因为客户机现在不知道 DHCP 服务器的 IP 地址。

② 在 DHCP 服务器收到 DHCP 客户机广播的 DHCP Discover 报文后，它向 DHCP 客户机发送 DHCP Offer 报文，其中包括一个可租用的 IP 地址。

如果没有 DHCP 服务器对客户机的请求做出反应，可能发生以下两种情况。

- 如果客户使用的是 Windows 2000 及后续版本的 Windows 操作系统，且自动设置 IP 地址的功能处于激活状态，那么客户端将自动从 Microsoft 保留 IP 地址段中选择一个自动专用 IP 地址（Automatic Private IP Addressing，APIPA）作为自己的 IP 地址。自动专用 IP 地址的范围是 169.254.0.1～169.254.255.254。使用自动专用 IP 地址可以确保在 DHCP 服务器不可用时，DHCP 客户端之间仍然可以利用自动专用 IP 地址进行通信。所以，即使网络中没有 DHCP 服务器，计算机之间仍能通过网上邻居发现彼此。
- 如果使用其他操作系统或自动设置 IP 地址的功能被禁止，则客户机无法获得 IP 地址，初始化失败。但客户机在后台会每隔 5 分钟发送 4 次 DHCP Discover 报文，直到它收到 DHCP Offer 报文。

③ 一旦客户机收到 DHCP Offer 报文，它就会发送 DHCP Request 报文到服务器，表示它将使用服务器所提供的 IP 地址。

④ DHCP 服务器在收到 DHCP Request 报文后，立即发送 DHCP YACK 确认报文，以确定此租约成立，且此报文还包含其他 DHCP 选项信息。

客户机收到确认信息后，利用其中的信息配置它的 TCP/IP 并加入网络中。上述过程如图 8-1 所示。

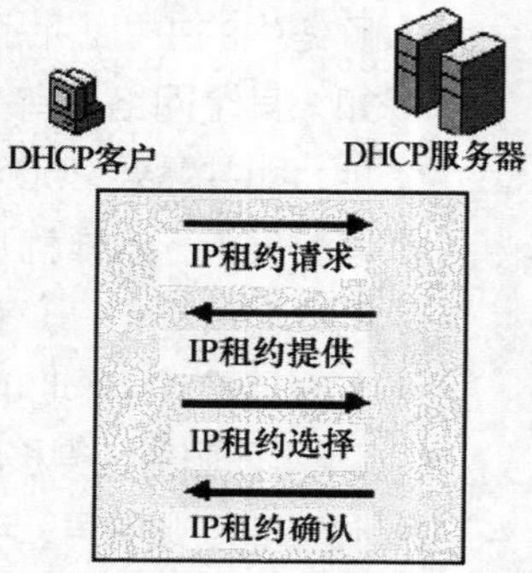

图 8-1 过程解析图

**2. DHCP 工作站第二次登录网络**

DHCP 客户机获得 IP 地址后再次登录网络时，就不需要再发送 DHCP Discover 报文了，而是直接发送包含前一次所分配的 IP 地址的 DHCP Request 报文。DHCP 服务器收到 DHCP Request 报文后，会尝试让客户机继续使用原来的 IP 地址，并回答一个 DHCP YACK（确认信息）报文。

如果 DHCP 服务器无法分配给客户机原来的 IP 地址，则回答一个 DHCP NACK（不确认信息）报文。当客户机接收到 DHCP NACK 报文后，就必须重新发送 DHCP Discover 报文来请求新的 IP 地址。

**3. DHCP 租约的更新**

DHCP 服务器将 IP 地址分配给 DHCP 客户机后，有租用时间的限制，DHCP 客户机必须在该次租用过期前对它进行更新。客户机在 50%租借时间过去以后，每隔一段时间就开始请求 DHCP 服务器更新当前租借。如果 DHCP 服务器应答，则租用延期。如果 DHCP 服务器始终没有应答，在有效租借期到达 87.5%时，客户机应该与任何一个其他 DHCP 服务器通信，并请求更新它的配置信息。如果客户机不能和任何 DHCP 服务器取得联系，租借时间到期后，它必须放弃当前的 IP 地址，并重新发送一个 DHCP Discover 报文开始上述 IP 地址获得过程。

客户端可以主动向服务器发出 DHCP Release 报文，将当前的 IP 地址释放。

## 8.2 项目设计与准备

部署 DHCP 之前应该先进行规划，明确哪些 IP 地址用于自动分配给客户端（作用域中应包含的 IP 地址），哪些 IP 地址用于手动指定给特定的服务器。例如，在项目中，将 IP 地址 192.168.10.10～

200/24 用于自动分配；将 IP 地址 192.168.10.100/24～192.168.10.120/24、192.168.10.10/24、192.168.10.20/24 排除，预留给需要手动指定 TCP/IP 参数的服务器；将 192.168.10.200/24 用作保留地址等。

根据图 8-2 所示的环境来部署 DHCP 服务。虚拟机的网络连接模式全部采用“仅主机模式”。

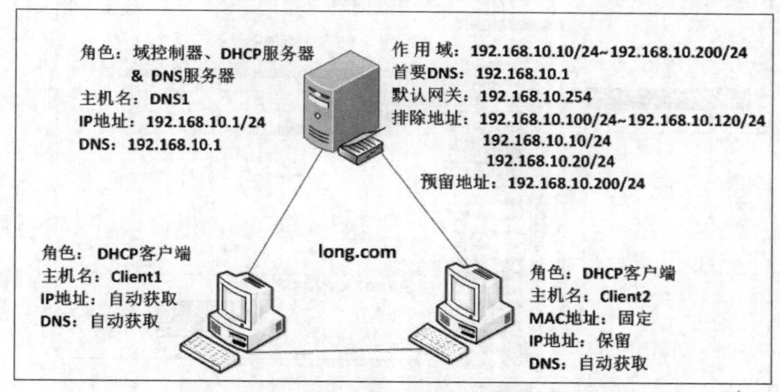


图 8-2　架设 DHCP 服务器的网络拓扑图

**注意**　用于手动配置的 IP 地址，一定是地址池之外的地址，或者是地址池内但已经被排除掉的地址，否则会造成 IP 地址冲突。请读者思考原因。

## 8.3 项目实施

若利用虚拟环境来练习，请注意以下两点。

① 请将这些计算机所连接的虚拟网络的 DHCP 服务器功能禁用；如果利用物理计算机练习，请将网络中其他 DHCP 服务器关闭或停用，如停用 IP 共享设备或宽带路由器内的 DHCP 服务器功能。这些 DHCP 服务器都会干扰实验。

② 若 DC 与 DHCP1 的硬盘是从同一个虚拟硬盘复制来的，则需要执行 C:\windows\System32\Sysprep 内的程序 sysprep.exe，并勾选“通用”复选框。

### 任务 8-1　安装 DHCP 服务器角色

DNS1 已经安装了活动目录集成的 DNS 服务器。下面在其上安装 DHCP 服务器。

微课 8-2　安装 DHCP 服务器角色

**STEP 1** 选择“开始”→“Windows 管理工具”→“服务器管理器”→“仪表板”→“添加角色和功能”命令，在弹出的对话框中持续单击“下一步”按钮，直到出现图 8-3 所示的“选择服务器角色”窗口时勾选“DHCP 服务器”复选框，在弹出的“添加角色和功能向导”对话框中单击“添加功能”按钮。

**STEP 2** 持续单击“下一步”按钮，最后单击“安装”按钮，开始安装 DHCP 服务器。安装完毕后，单击“关闭”按钮，完成 DHCP 服务器角色的安装。

**STEP 3** 单击“关闭”按钮关闭向导，DHCP 服务器安装完成。选择“开始”→“Windows

管理工具”→“DHCP”命令，打开“DHCP”控制台，如图 8-4 所示，可以在此配置和管理 DHCP 服务器。

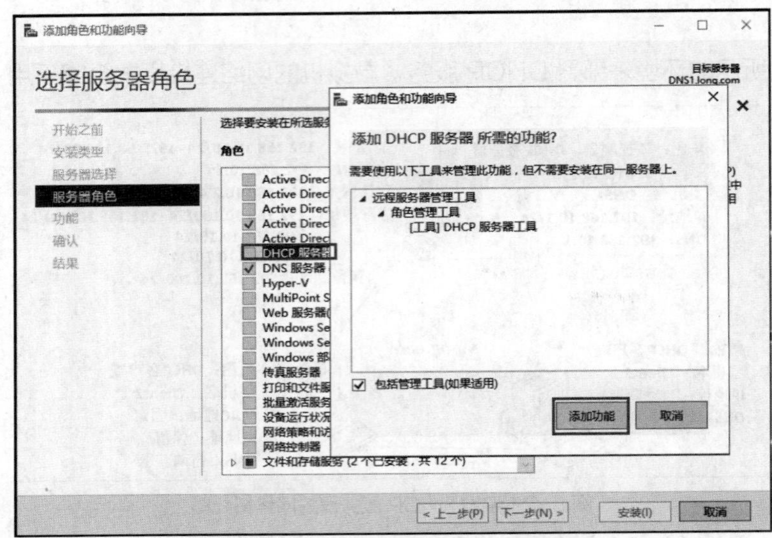

图 8-3 “选择服务器角色”对话框

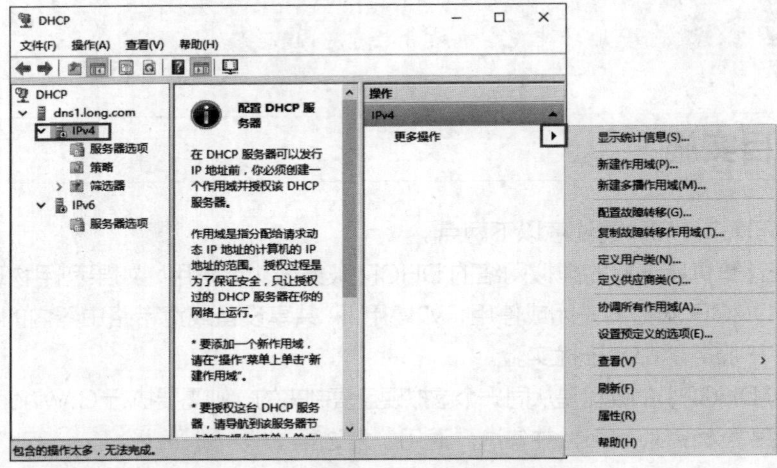

图 8-4 “DHCP”控制台

**提示** 由于 DHCP 是安装在域控制器上的，尚没有被“授权”，且 IP 作用域尚没有新建和“激活”，所以在“IPv4”处显示向下的红色箭头。

微课 8-3 授权 DHCP 服务器

## 任务 8-2 授权 DHCP 服务器

Windows Server 2016 为使用活动目录的网络提供了集成的安全性支持。针对 DHCP 服务器，它提供了授权的功能。使用这一功能可以对网络中配置正确的合法 DHCP 服务器进行授权，允许它们对客户端自动分配 IP 地址。同时，还能够检测未授权的非法 DHCP 服务器，以及防止这些服务器在网络中启动或运行，从而提高了网络的安全性。

### 1. 对域中的 DHCP 服务器进行授权

如果 DHCP 服务器是域的成员，并且在安装 DHCP 服务的过程中没有选择授权，那么在安装完成后就必须先进行授权，才能为客户端计算机提供 IP 地址，独立服务器不需要授权。步骤如下。

在图 8-4 所示的对话框中，用鼠标右键单击 DHCP 服务器 dns1.long.com，选择快捷菜单中的“授权”命令，即可为 DHCP 服务器授权，重新打开“DHCP”控制台，如图 8-5 所示，显示 DHCP 服务器已授权：IPV4 前面由红色向下箭头变为了绿色对勾。

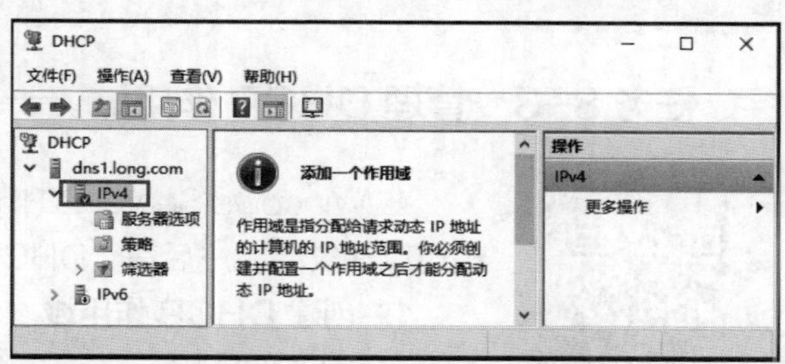


图 8-5　DHCP 服务器已授权

### 2. 为什么要授权 DHCP 服务器

由于 DHCP 服务器为客户端自动分配 IP 地址时均采用广播机制，而且客户端在发送 DHCP Request 报文进行 IP 租用选择时，也只是简单地选择第一个收到的 DHCP Offer 报文，这意味着在整个 IP 租用过程中，网络中所有的 DHCP 服务器都是平等的。如果网络中的 DHCP 服务器都是正确配置的，则网络将能够正常运行。如果网络中出现了错误配置的 DHCP 服务器，则可能会引发网络故障。例如，错误配置的 DHCP 服务器可能会为客户端分配不正确的 IP 地址，导致该客户端无法进行正常的网络通信。在图 8-6 所示的网络环境中，配置正确的 DHCP 服务器 DHCP1 可以为客户端提供的是符合网络规划的 IP 地址 192.168.10.51~150/24，而配置错误的非法 DHCP 服务器 bad_dhcp 为客户端提供的却是不符合网络规划的 IP 地址 10.0.0.21~100/24。对网络中的 DHCP 客户端 client1 来说，由于在自动获得 IP 地址的过程中，两台 DHCP 服务器具有平等的被选择权，因此 client 将有 50%的可能性获得一个由 bad_dhcp 提供的 IP 地址，这意味着网络出现故障的可能性将高达 50%。

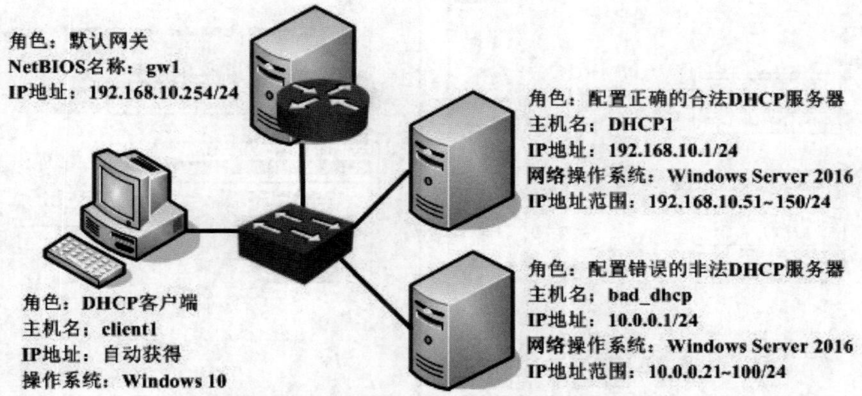


图 8-6　网络中出现非法的 DHCP 服务器

为了解决这一问题，Windows Server 2016 引入了 DHCP 服务器的授权机制。通过授权机制，DHCP 服务器在服务于客户端之前，需要验证是否已在 AD 中被授权。如果未经授权，将不能为客户端分配 IP 地址。这样就避免了由于网络中出现错误配置的 DHCP 服务器而导致的大多数意外网络故障。

**注意** （1）工作组环境中，DHCP 服务器肯定是独立的服务器，无须授权（也不能授权）也能向客户端提供 IP 地址。（2）域环境中，域控制器或域成员身份的 DHCP 服务器能够被授权，为客户端提供 IP 地址。（3）域环境中，独立服务器身份的 DHCP 服务器不能被授权，若域中有被授权的 DHCP 服务器，则该服务器不能为客户端提供 IP 地址；若域中没有被授权的 DHCP 服务器，则该服务器可以为客户端提供 IP 地址。

## 任务 8-3 管理 DHCP 作用域

微课 8-4 管理 DHCP 作用域

在 Windows Server 2016 中，作用域可以在安装 DHCP 服务的过程中创建，也可以在安装完成后在“DHCP”控制台中创建。

### 1. 创建 DHCP 作用域

一台 DHCP 服务器可以创建多个不同的作用域。如果在安装时没有建立作用域，也可以单独建立 DHCP 作用域。具体步骤如下。

**STEP 1** 在 DNS1 上打开“DHCP”控制台，展开服务器名，用鼠标右键单击“IPv4”选项，在弹出的快捷菜单中选择“新建作用域”命令，运行新建作用域向导。

**STEP 2** 单击“下一步”按钮，显示“作用域名”对话框，在“名称”文本框中键入新作用域的名称，用来与其他作用域相区分。本例为“作用域 1”。

**STEP 3** 单击“下一步”按钮，显示图 8-7 所示的“IP 地址范围”对话框。在“起始 IP 地址”和“结束 IP 地址”文本框中键入欲分配的 IP 地址范围。

**STEP 4** 单击“下一步”按钮，显示图 8-8 所示的“添加排除和延迟”对话框，设置客户端的排除地址。在“起始 IP 地址”和“结束 IP 地址”文本框中键入欲排除的 IP 地址或 IP 地址段，单击“添加”按钮，添加到“排除的地址范围”列表框中。

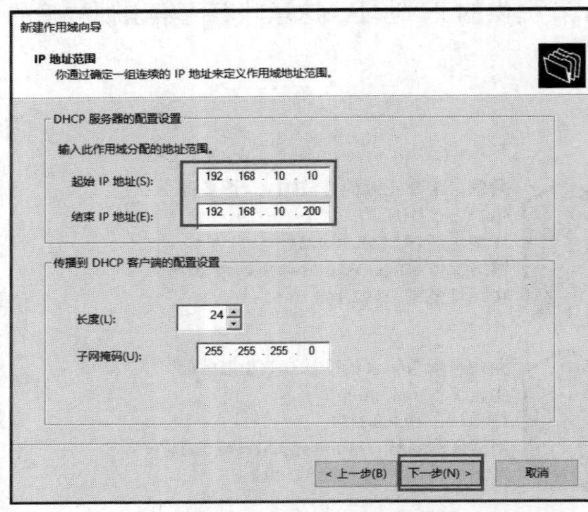


图 8-7 “IP 地址范围”对话框

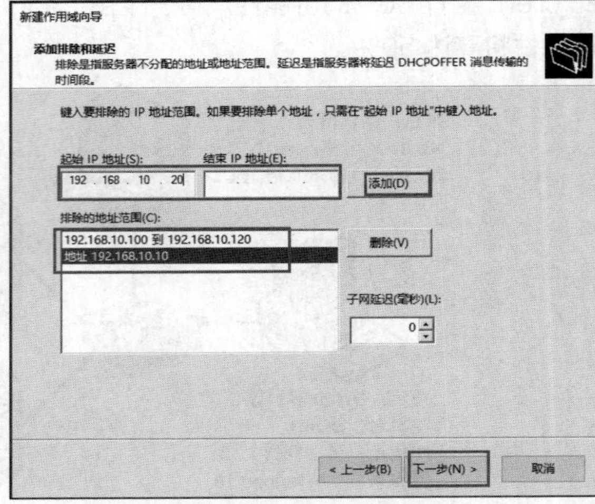


图 8-8 “添加排除和延迟”对话框

**STEP 5** 单击“下一步”按钮，显示“租用期限”对话框，设置客户端租用 IP 地址的时间。

**STEP 6** 单击“下一步”按钮，显示“配置 DHCP 选项”对话框，提示是否配置 DHCP 选项，选中默认的“是，我想现在配置这些选项”单选按钮。

**STEP 7** 单击“下一步”按钮，显示图 8-9 所示的“路由器（默认网关）”对话框，在“IP 地址”文本框中键入要分配的网关，单击“添加”按钮添加到列表框中。本例为 192.168.10.254。

**STEP 8** 单击“下一步”按钮，显示“域名称和 DNS 服务器”对话框。在“父域”文本框中输入进行 DNS 解析时所使用的父域，在“IP 地址”文本框中输入 DNS 服务器的 IP 地址，单击“添加”按钮添加到列表框中，如图 8-10 所示。本例为 192.168.10.1。

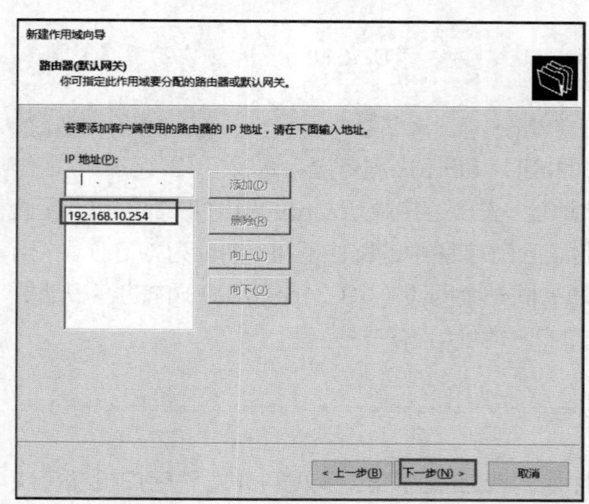


图 8-9 “路由器（默认网关）”对话框

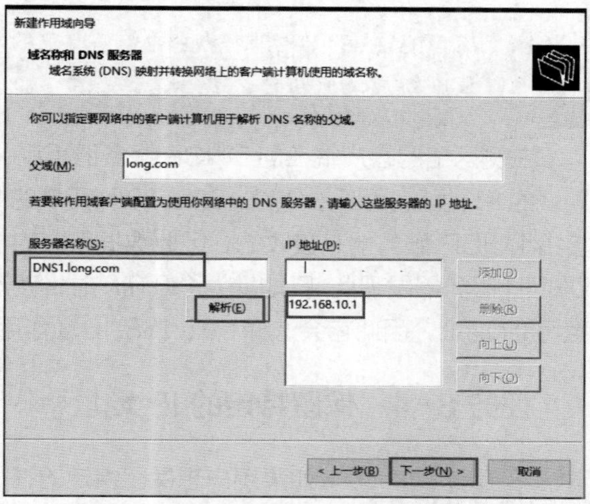

图 8-10 “域名称和 DNS 服务器”对话框

**STEP 9** 单击“下一步”按钮，显示“WINS 服务器”对话框，设置 WINS 服务器。如果网络中没有配置 WINS 服务器，则不必设置。

**STEP 10** 单击“下一步”按钮，显示“激活作用域”对话框，询问是否要激活作用域。建议选中默认的“是，我想现在激活此作用域”单选按钮。

**STEP 11** 单击“下一步”按钮，显示“正在完成新建作用域向导”对话框。

**STEP 12** 单击“完成”按钮，作用域创建完成并自动激活。

### 2. 建立多个 IP 作用域

可以在一台 DHCP 服务器内建立多个 IP 作用域，以便对多个子网内的 DHCP 客户端提供服务，图 8-11 所示的 DHCP 服务器内有两个 IP 作用域，一个用来提供 IP 地址给左边网络内的客户端，此网络的网络标识符为 192.168.10.0；另一个 IP 作用域用来提供 IP 地址给右边网络内的客户端，其网络标识符为 192.168.20.0。

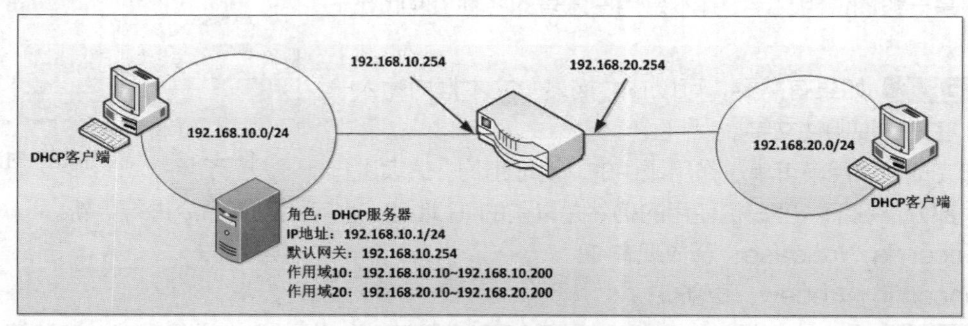


图 8-11 超级作用域应用实例

右侧网络的客户端在向 DHCP 服务器租用 IP 地址时，DHCP 服务器会选择 192.168.20.0 作用域的 IP 地址，而不是 192.168.10.0 作用域的 IP 地址：右侧客户端所发出的租用 IP 数据包，是通过路由器转发的，路由器会在这个数据包内的 GIADDR（gateway IP address）字段中填入路由器的 IP 地址（192.168.20.254），因此 DHCP 服务器便可以通过此 IP 地址得知 DHCP 客户端位于 192.168.20.0 的网段内，选择 192.168.20.0 作用域的 IP 地址给客户端。

**注意** 除了 GIADDR 之外，有些网络环境中的路由器还需要使用 DHCP option 82 内的更多信息来判断应该出租什么 IP 地址给客户端。

左侧网络的客户端在向 DHCP 服务器租用 IP 地址时，DHCP 服务器会选择 192.168.10.0 作用域的 IP 地址，而不是 192.168.20.0 作用域的 IP 地址：左侧客户端所发出的租用 IP 数据包，是直接由 DHCP 服务器来接收的，因此数据包内的 GIADDR 字段中的路由器 IP 地址为 0.0.0.0，当 DHCP 服务器发现此 IP 地址为 0.0.0.0 时，就知道是同一个网段（192.168.10.0）内的客户端要租用 IP 地址，因此它会选择 192.168.10.0 作用域的 IP 地址给客户端。

## 任务 8-4 保留特定的 IP 地址

微课 8-5 保留特定的 IP 地址

如果用户想保留特定的 IP 地址给指定的客户机，以便 DHCP 客户机在每次启动时都获得相同的 IP 地址，就需要将该 IP 地址与客户机的 MAC 地址绑定。设置步骤如下。

**STEP 1** 打开“DHCP”控制台，在左窗格中单击作用域中的“保留”选项。

**STEP 2** 选择“操作”→“新建保留”命令，打开“新建保留”对话框，如图 8-12 所示。

**STEP 3** 在“IP 地址”文本框中输入要保留的 IP 地址。本例为 192.168.10.200。

**STEP 4** 在“MAC 地址”文本框中输入 IP 地址要保留给哪一个网卡。本例为“000C2917CF7A”，可以在目标客户机的命令提示符下执行“ipconfig /all”命令查询 MAC（物理）地址。

**STEP 5** 在“保留名称”文本框中输入客户名称。注意此名称只是一般的说明文字，并不是用户账号的名称，但此处不能为空白。

**STEP 6** 如果有需要，可以在“描述”文本框内输入一些描述此客户的说明性文字。

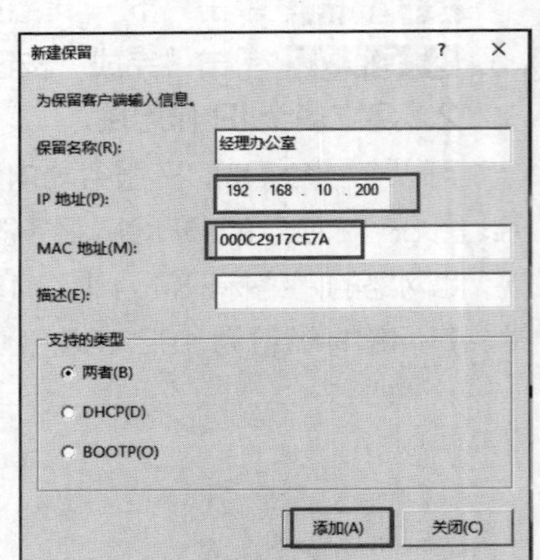

图 8-12 “新建保留”对话框

添加完成后，用户可单击作用域中的“地址租约”选项进行查看。大部分情况下，客户机使用的仍然是以前的 IP 地址。也可用以下命令进行更新。

- ipconfig /release：释放现有 IP。
- ipconfig /renew：更新 IP。

**STEP 7** 在 MAC 地址为 000C2917CF7A 的计算机 Client2 上进行测试，该计算机的 IP

地址获取方式为自动获取。测试结果如图 8-13 所示。

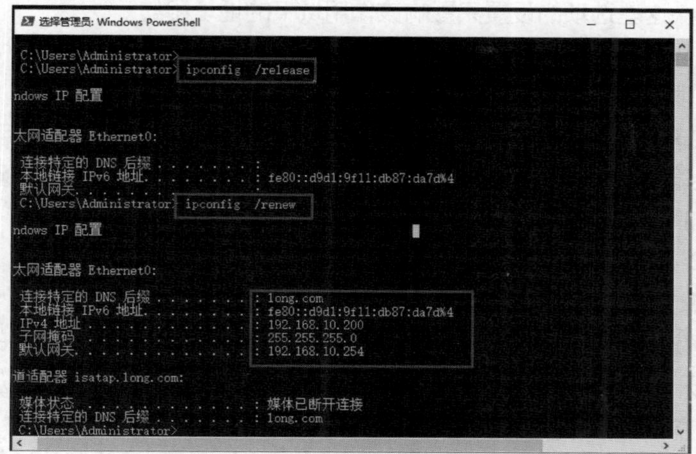


图 8-13　保留地址测试结果

**注意**  如果在设置保留地址时，网络上有多台 DHCP 服务器存在，用户需要在其他服务器中将此保留地址排除，使客户机可以获得正确的保留地址。

## 任务 8-5　配置 DHCP 选项

DHCP 服务器除了可以为 DHCP 客户机提供 IP 地址外，还可以设置 DHCP 客户机启动时的工作环境，如可以设置客户机登录的域名称、DNS 服务器、WINS 服务器、路由器、默认网关等。

微课 8-6　配置 DHCP 选项

### 1. DHCP 选项

在客户机启动或更新租约时，DHCP 服务器可以自动设置客户机启动后的 TCP/IP 环境。由于目前大多数 DHCP 客户端均不能支持全部的 DHCP 选项，因此在实际应用中，通常只需对一些常用的 DHCP 选项进行配置，常用的 DHCP 选项如表 8-1 所示。

表 8-1　常用的 DHCP 选项

| 选项代码 | 选项名称 | 说明 |
| --- | --- | --- |
| 003 | 路由器 | DHCP 客户端所在 IP 子网的默认网关的 IP 地址 |
| 006 | DNS 服务器 | DHCP 客户端解析 FQDN 时需要使用的首选和备用 DNS 服务器的 IP 地址 |
| 015 | DNS 域名 | 指定 DHCP 客户端在解析只包含主机但不包含域名的不完整 FQDN 时应使用的默认域名 |
| 044 | WINS 服务器 | DHCP 客户端解析 NetBIOS 名称时需要使用的首选和备用 WINS 服务器的 IP 地址 |
| 046 | WINS/NBT 节点类型 | DHCP 客户端使用的 NetBIOS 名称解析方法 |

DHCP 服务器提供了许多选项，如默认网关、域名、DNS、WINS、路由器等。选项包括以下 4 种类型。

- 默认服务器选项：这些选项的设置影响“DHCP”控制台窗口下该服务器的所有作用域中

的客户和类选项。

- 作用域选项：这些选项的设置只影响该作用域下的地址租约。
- 类选项：这些选项的设置只影响被指定使用该 DHCP 类 ID 的客户机。
- 保留客户选项：这些选项的设置只影响指定的保留客户。

如果在服务器选项与作用域选项中设置了不同的选项，则作用域选项起作用，即在应用时，作用域选项将覆盖服务器选项。同理，类选项会覆盖作用域选项、保留客户选项覆盖以上 3 种选项，它们的优先级表示如下。

保留客户选项 > 类选项 > 作用域选项 > 默认服务器选项。

**2. 配置 DHCP 服务器选项和作用域选项**

为了进一步了解选项设置，以在作用域中添加 DNS 选项为例说明 DHCP 的选项设置。

**STEP 1** 打开 DHCP 控制台，在左窗格中展开服务器，单击“作用域选项”选项，选择“操作”→“配置选项”命令。

**STEP 2** 打开“作用域选项”对话框，如图 8-14 所示。在“常规”选项卡的“可用选项”列表中勾选“006 DNS 服务器”复选框，输入 IP 地址，单击“确定”按钮结束。

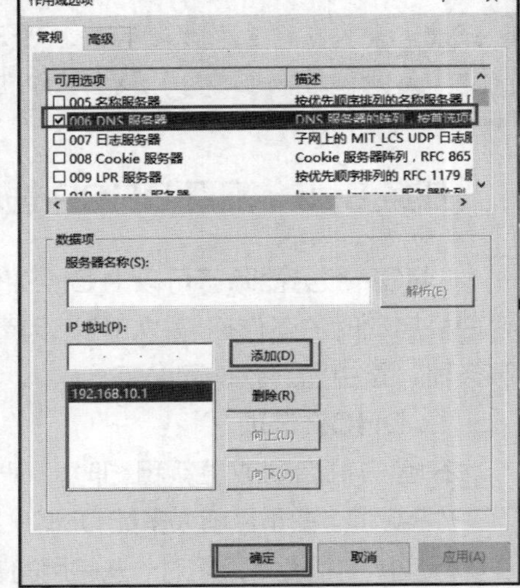

图 8-14 设置作用域选项

**3. 配置 DHCP 类别选项**

（1）类别选项概述。

通过策略为特定的客户端计算机分配不同的 IP 地址与选项时，可以通过 DHCP 客户端所发送的供应商类别、用户类来区分客户端计算机。

- 用户类。可以为某些 DHCP 客户端计算机设置用户类标识符，例如，标识符为“IT”，当这些客户端向 DHCP 服务器租用 IP 地址时，会将这个类标识符一并发送给服务器，而服务器会依据此类别标识符来为这些客户端分配专用的选项设置。
- 供应商类别。可以根据操作系统厂商所提供的供应商类别标识符来设置选项。Windows Server 网络操作系统的 DHCP 服务器已具备识别 Windows 客户端的能力，并通过以下 4 个内置的供应商类别选项来设置客户端的 DHCP 选项。

① DHCP Standard Options:适用于所有的客户端。

② Microsoft Windows 2000 选项：适用于 Windows 2000 操作系统（含）后的客户端。

③ Microsoft Windows 98 选项：适用于 Windows 98/ME 操作系统的客户端。

④ Microsoft 选项：适用于其他的 Windows 客户端。

如果要支持其他操作系统的客户端，就先查询其供应商类别标识符，然后在 DHCP 服务器内新建此供应商类别标识符，并针对这些客户端来设置选项。Android 系统的供应商类别标识符的前 6 码为 dhcpcd，因此可以利用 dhcpcd*来代表所有的 Android 设备。

（2）用户类实例的问题需求。

以下练习将通过用户类标识符来识别客户端计算机，且仍然采用图 8-2 所示的网络环境。假设客户端 client1 的用户类标识符为“IT”。当 client1 向 DHCP 服务器租用 IP 地址时，会将此标识符“IT”传递给服务器，我们希望服务器根据此标识符来分配客户端的 IP 地址，IP 地址的范围为 192.168.10.150/24～ 192.168.10.180/24，并且将客户端的 DNS 服务器的 IP 地址设置为 192.168.10.1。

（3）在 DHCP 服务器 DNS1 上新建用户类标识符。

**STEP 1** 选中“IPv4”选项后，单击鼠标右键，在弹出的快捷菜单中选择“定义用户类”命令，如图 8-15 所示。

**STEP 2** 单击“添加”按钮，假设在显示名称处将其设置为“技术部”，直接在 ASCII 处输入用户类标识符“IT”后，单击“确定”按钮，注意此处区分大小写，例如，“IT”与“it”是不同的，如图 8-16 所示。

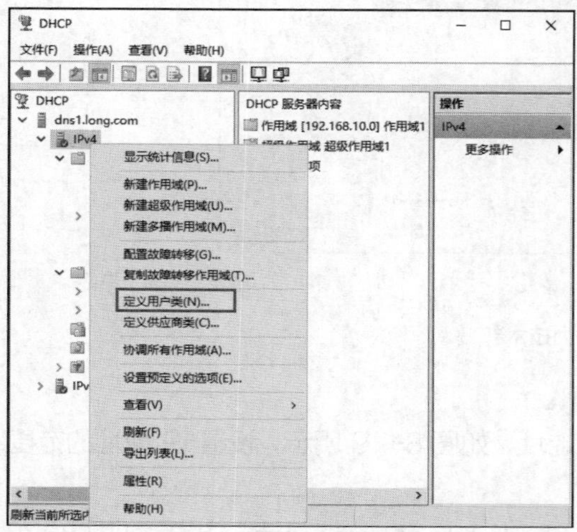

图 8-15　定义用户类

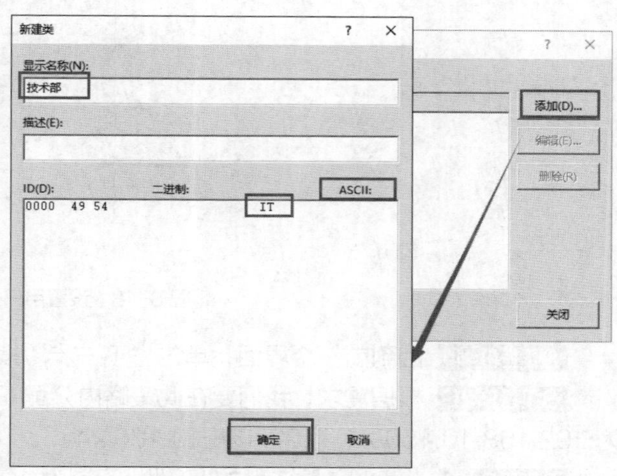

图 8-16　添加用户类 IT

**提示**　若要新建供应商类别标识符，则选中“IPv4”选项后，单击鼠标右键，在弹出的快捷菜单中选择“定义供应商类”命令。

（4）在 DHCP 服务器内针对标识符“IT”设置类别选项。

假设客户端计算机是通过前面所建立的作用域“作用域 1”来租用 IP 地址的，因此我们要通过此作用域的策略来将 DNS 服务器的 IP 地址 192.168.10.1 分配给用户类标识符为“IT”的客户端。

**STEP 1** 选中“作用域 1”内的“策略”选项后，单击鼠标右键，在弹出的快捷菜单中选择“新建策略”命令，如图 8-17 所示。

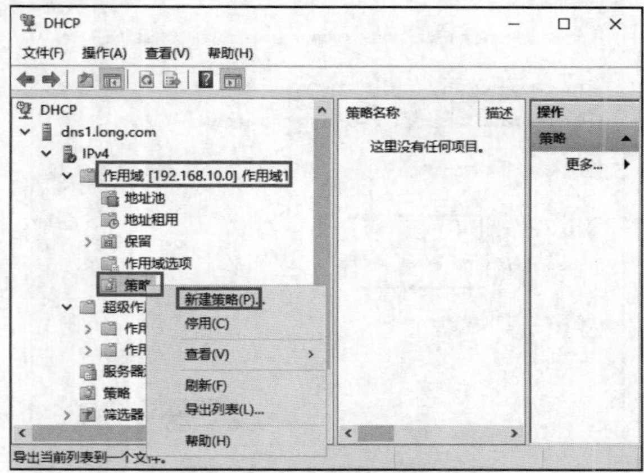

图 8-17　新建策略

**STEP 2** 设置此策略的名称（假设是 TestIT）后单击“下一步”按钮。

**STEP 3** 单击“添加”按钮来设置筛选条

件，在弹出的对话框中将“条件”下拉列表框的“用户类”设置为“技术部”（其标识符为 IT），单击“确定”按钮，如图 8-18 所示。

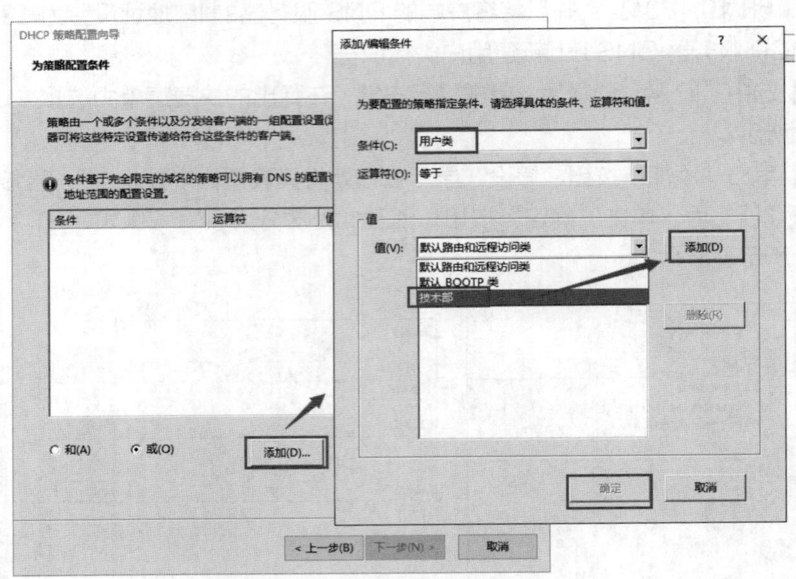

图 8-18 设置用户类为技术部

**STEP 4** 回到前一个界面，单击“下一步”按钮。

**STEP 5** 根据需求，我们要在此策略内分配 IP 地址，如图 8-19 所示，设置 IP 地址的范围为 192.168.10.150/24～192.168.10.180/24。

**STEP 6** 将 DNS 服务器的 IP 地址设置为 192.168.10.1，单击“下一步”按钮，如图 8-20 所示。

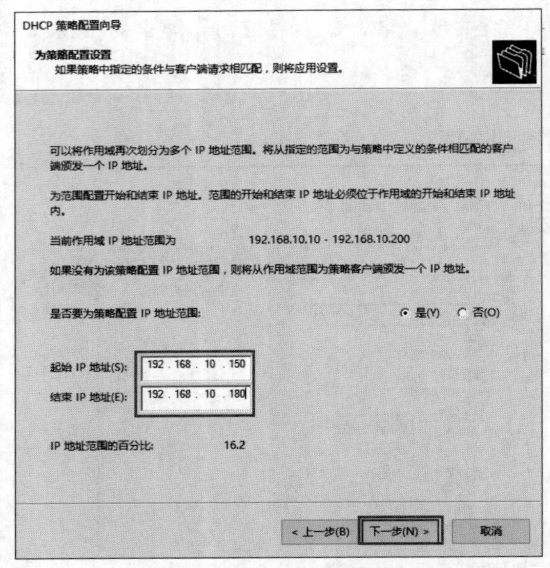

图 8-19 设置 IP 地址的范围

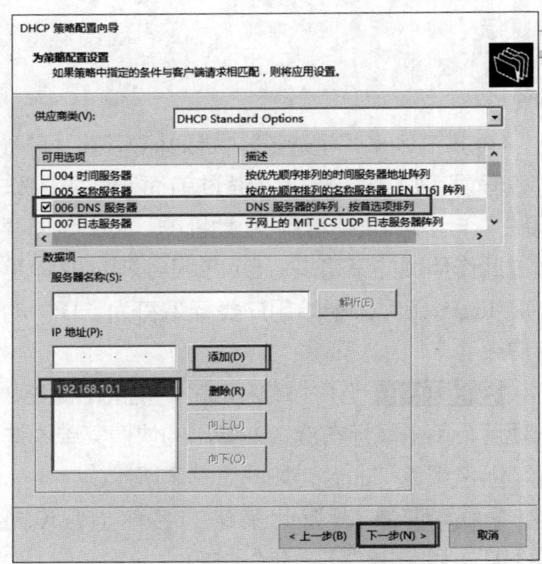

图 8-20 设置 IP 地址的范围

**STEP 7** 出现摘要界面时单击“完成”按钮。

**STEP 8** 图 8-21 所示的 TestIT 为刚才所建立的策略，DHCP 服务器会将这个策略内的设置分配给客户端计算机。

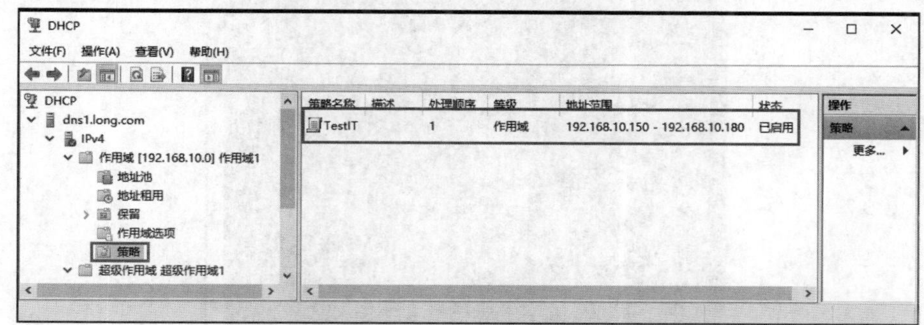


图 8-21 TestIT 策略已启用

（5）DHCP 客户端的设置。

**STEP 1** 需要先将 DHCP 客户端的用户类标识符设置为“IT”，假设客户端为 client1，选择“开始”→“Windows 系统”命令，打开“Windows 系统”对话框，用鼠标右键单击“命令提示符”选项，在弹出的快捷菜单中选择“更多”→“以管理员身份运行”命令，利用“ipcoiifig/setclassid”命令来设置用户类标识符（类标识符区分大小写），如图 8-22 所示。

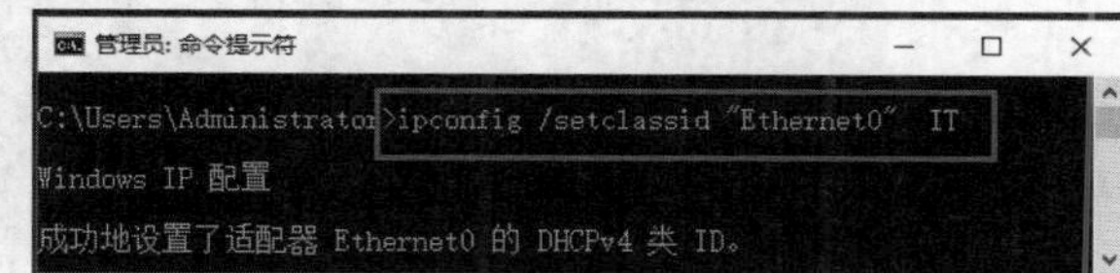


图 8-22 在客户端设置用户类标识符

> **提示** 图 8-22 中的“Ethernet0”是网络连接的名称，Windows 10 操作系统的客户端可以用鼠标右键单击“开始”菜单，在弹出的快捷菜单中选择“命令提示符”命令，输入“control”后，按 Enter 键，选择“网络和 Internet”→“网络和共享中心”命令来查看，每一个网络连接都可以设置一个用户类标识符，如图 8-23 所示。

图 8-23 查看“网络连接”名称

**STEP 2** 客户端设置完成后，可以利用 ipconfig /all 命令来检查，如图 8-24 所示。

**STEP 3** 到这台用户类标识符为“IT”的客户端计算机上利用 ipconfig /renew 命令来向服务器租用 IP 地址或更新 IP 租约，此时它所得到的 DNS 服务器的 IP 地址会是我们所设置的 192.168.10.1，所得到的 IP 地址也应处在所设的 IP 地址范围之内。读者可在客户端计算机上利用图 8-25 所示的 ipconfig /all 命令查看。可在客户端计算机上执行 ipconfig /setclassid “Ethernet0” 命令来删除用户类标识符。

```
管理员: 命令提示符
C:\Users\Administrator>ipconfig /all

Windows IP 配置

   主机名  . . . . . . . . . . . . . : WIN-B31QOTIUQLR
   主 DNS 后缀 . . . . . . . . . . . :
   节点类型  . . . . . . . . . . . . : 混合
   IP 路由已启用 . . . . . . . . . . : 否
   WINS 代理已启用 . . . . . . . . . : 否
   DNS 后缀搜索列表  . . . . . . . . : long.com

以太网适配器 Ethernet0:

   连接特定的 DNS 后缀 . . . . . . . : long.com
   描述. . . . . . . . . . . . . . . : Intel(R) 82574L Gigabit Netw
ork Connection
   物理地址. . . . . . . . . . . . . : 00-0C-29-17-CF-7A
   DHCP 已启用 . . . . . . . . . . . : 是
   自动配置已启用. . . . . . . . . . : 是
   本地链接 IPv6 地址. . . . . . . . : fe80::d9d1:9f11:db87:da7d%4(
首选)
   IPv4 地址 . . . . . . . . . . . . : 192.168.10.200(首选)
   子网掩码  . . . . . . . . . . . . : 255.255.255.0
   获得租约的时间  . . . . . . . . . : 2020年3月3日 10:04:45
   租约过期的时间  . . . . . . . . . : 2020年3月11日 11:35:39
   默认网关. . . . . . . . . . . . . : 192.168.10.254
   DHCPv4 类 ID . . . . . . . . . : IT
   DHCP 服务器 . . . . . . . . . . . : 192.168.10.1
   DHCPv6 IAID . . . . . . . . . . . : 50334761
   DHCPv6 客户端 DUID  . . . . . . . : 00-01-00-01-25-E2-6F-00-00-0
```

图 8-24　客户端设置成功

```
管理员: 命令提示符
C:\Users\Administrator>ipconfig /all

Windows IP 配置

   主机名  . . . . . . . . . . . . . : WIN-B31QOTIUQLR
   主 DNS 后缀 . . . . . . . . . . . :
   节点类型  . . . . . . . . . . . . : 混合
   IP 路由已启用 . . . . . . . . . . : 否
   WINS 代理已启用 . . . . . . . . . : 否
   DNS 后缀搜索列表  . . . . . . . . : long.com

以太网适配器 Ethernet0:

   连接特定的 DNS 后缀 . . . . . . . : long.com
   描述. . . . . . . . . . . . . . . : Intel(R) 82574L Gigabit Network Connection
   物理地址. . . . . . . . . . . . . : 00-0C-29-17-CF-7A
   DHCP 已启用 . . . . . . . . . . . : 是
   自动配置已启用. . . . . . . . . . : 是
   本地链接 IPv6 地址. . . . . . . . : fe80::d9d1:9f11:db87:da7d%4(首选)
   IPv4 地址 . . . . . . . . . . . . : 192.168.10.150(首选)
   子网掩码  . . . . . . . . . . . . : 255.255.255.0
   获得租约的时间  . . . . . . . . . : 2020年3月3日 12:00:33
   租约过期的时间  . . . . . . . . . : 2020年3月11日 12:00:33
   默认网关. . . . . . . . . . . . . : 192.168.10.254
   DHCPv4 类 ID  . . . . . . . . . . : IT
   DHCP 服务器 . . . . . . . . . . . : 192.168.10.1
   DHCPv6 IAID . . . . . . . . . . . : 50334761
   DHCPv6 客户端 DUID  . . . . . . . : 00-01-00-01-25-E2-6F-00-00-0C-29-17-CF-7A
   DNS 服务器  . . . . . . . . . . . : 192.168.10.1
```

图 8-25　客户端测试成功

## 任务 8-6　DHCP 中继代理

微课 8-7　DHCP 中继代理

如果 DHCP 服务器与客户端分别位于不同的网络，由于 DHCP 消息以广播为主，而连接这两个网络的路由器不会将此广播消息转发到另外一个网络，因此限制了 DHCP 的有效使用范围。

### 1. 跨网络 DHCP 服务器的使用

此时可采用以下方法来解决这个问题。

在每一个网络内都安装一台 DHCP 服务器，它们各自对所属网络内的客户端提供服务。

（1）选用符合 RFC 1542 规范的路由器。

此路由器可以将 DHCP 消息转发到不同的网络。图 8-26 所示为左侧 DHCP 客户端 A 通过路由器转发 DHCP 消息的步骤，图中的数字就是其工作顺序。

- DHCP 客户端 A 利用广播消息（DHCPDISCOVER）查找 DHCP 服务器。
- 路由器收到此消息后，将此广播消息转发到另一个网络。
- 另一个网络内的 DHCP 服务器收到此消息后，直接响应一个消息（DHCPOFFER）给路由器。
- 路由器将此消息广播（DHCPOFFER）给 DHCP 客户端 A。
- 之后由客户端所发出的 DHCPREQUEST 消息以及由服务器发出的 DHCPACK 消息也都是通过路由器来转发的。

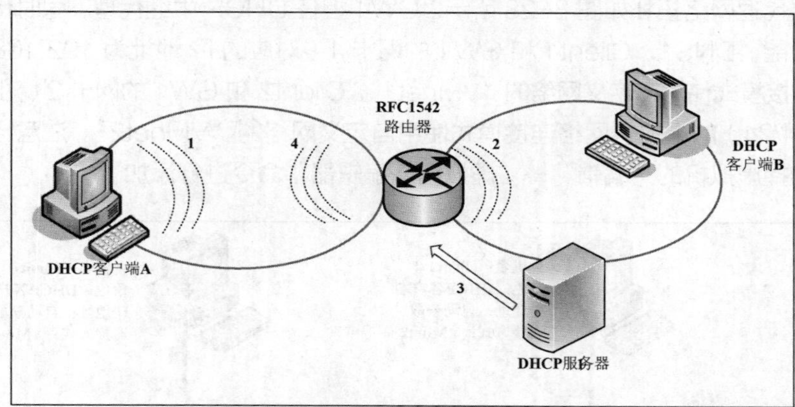


图 8-26　通过路由器转发 DHCP 消息

（2）如果路由器不符合 RFC 1542 规范。可在没有 DHCP 服务器的网络内将一台 Windows 服务器设置为 DHCP 中继代理（DHCP Relay Agent）来解决问题，因为它具备将 DHCP 消息直接转发给 DHCP 服务器的功能。

下面说明图 8-27 上方的 DHCP 客户端 A 通过 DHCP 中继代理的工作步骤。

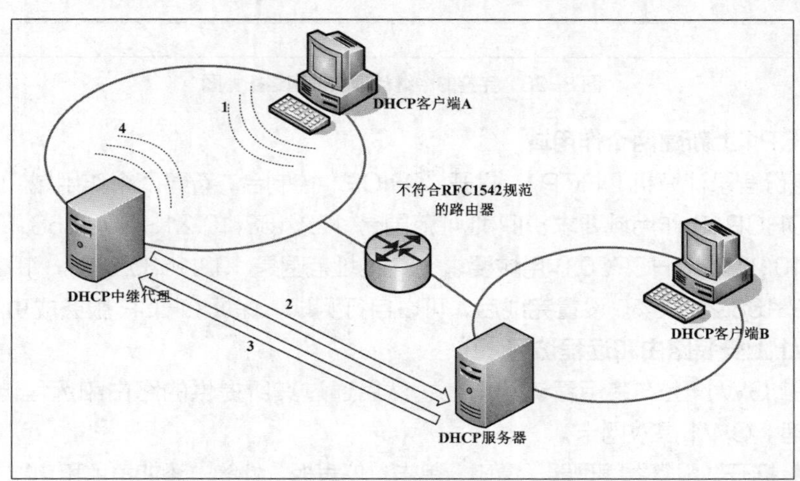


图 8-27　DHCP 中继代理的工作步骤

- DHCP 客户端 A 利用广播消息（DHCPDISCOVER）查找 DHCP 服务器。
- DHCP 中继代理收到此消息后，通过路由器将其直接发送给另一个网络内的 DHCP 服务器。
- DHCP 服务器通过路由器直接响应消息（DHCPOFFER）给 DHCP 中继代理。

- DHCP 中继代理将此消息广播（DHCPOFFER）给 DHCP 客户端 A。

之后由客户端所发出的 DHCPREQUEST 消息以及由服务器发出的 DHCPACK 消息也都是通过 DHCP 中继代理来转发的。

### 2. 中继代理网络拓扑图

我们以图 8-28 为例来说明如何设置 DHCP 中继代理。当 DHCP 中继代理 GW1 收到 DHCP 客户端的 DHCP 消息时会将其转发到“网络 B”的 DHCP 服务器。

完整的中继代理网络拓扑如图 8-28 所示。GW1 担任 DHCP 中继代理，同时代替路由器实现网络间的路由功能。DNS1、Client1 和 GW1 的网卡 1（对应的 IP 地址为 192.168.10.254/24）的虚拟机网络连接模式使用自定义网络的“VMnet1”，Client2 和 GW1 的网卡 2（对应的 IP 地址为 192.168.20.254/24）的虚拟机网络连接模式使用自定义网络的“VMnet2”。注意：自定义网络的子网可以通过选择虚拟机的“编辑”→“虚拟网络编辑器”命令进行添加。

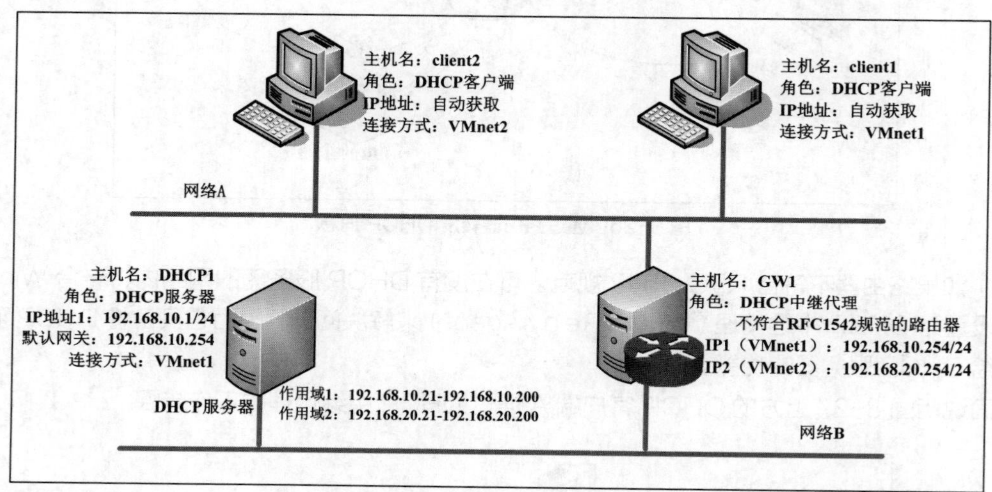

图 8-28　完整的中继代理实训网络拓扑图

### 3. 在 DHCP1 上新建两个作用域

以管理员身份登录计算机 DHCP1，打开“DHCP”控制台，新建两个作用域“DHCP10”和“DHCP20”。DHCP10 作用域要求：IP 地址范围是 192.168.10.21～192.168.10.200，默认网关是 192.168.10.254。DHCP20 作用域要求：IP 地址范围是 192.168.20.21～192.168.20.200，默认网关是 192.168.20.254。设置完成后，可以自行测试，保证 DHCP 服务成功配置。

### 4. 在 GW1 上安装路由和远程访问

我们需要在 GW1 上安装远程访问角色，然后通过其所提供的路由和远程访问服务来设置 DHCP 中继代理。GW1 是双网卡。

**STEP 1** 打开“服务器管理器”窗口，单击“仪表板”处的“添加角色和功能”按钮，持续单击“下一步”按钮，直到出现图 8-29 所示的“选择服务器角色”界面时，勾选“远程访问”复选框。

**STEP 2** 持续单击“下一步”按钮，直到出现图 8-30 所示的“选取角色服务”界面时，勾选“Direct Access 和 VPN (RAS)”复选框，单击“下一步”按钮，在新弹出的“添加角色和功能向导”对话框中单击“添加功能”→“确定”按钮。

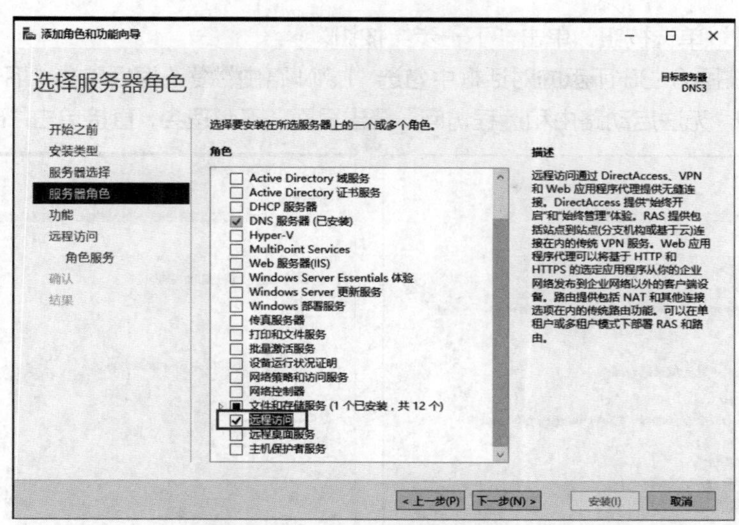

图 8-29　添加“远程访问”角色和功能

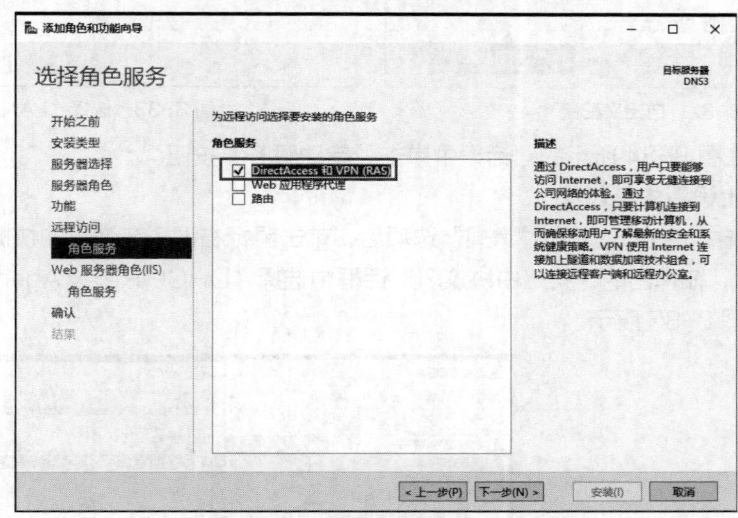

图 8-30　选择角色服务

**STEP 3** 持续单击“下一步”按钮，直到出现“确认安装所选内容”界面时，单击“安装”按钮，完成安装后单击“关闭”按钮，重新启动计算机并登录。

**STEP 4** 在“服务器管理器”界面选择右上方的“工具”→“路由和远程访问”命令，弹出“路由和远程访问”窗口，如图 8-31 所示，选中本地计算机后，单击鼠标右键，在弹出的快捷菜单中选择“配置并启用路由和远程访问”命令，单击“下一步”按钮。

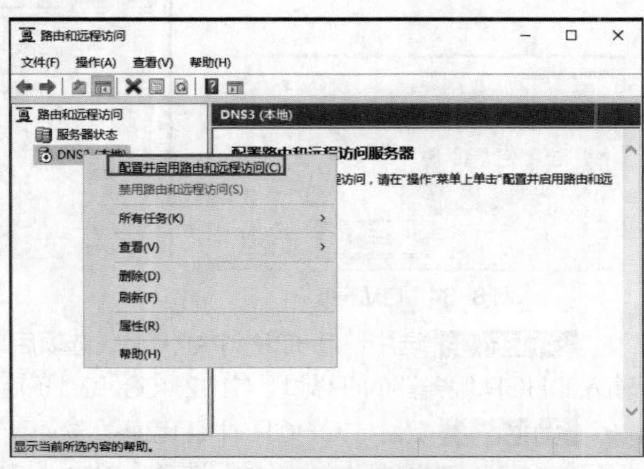

图 8-31　配置并启用路由和远程访问

**STEP 5** 在图 8-32 所示的对话框中

选中“自定义配置”单选按钮，单击“下一步”按钮。

**STEP 6** 在图 8-33 所示的对话框中勾选“LAN 路由”复选框后单击“下一步”→“完成”按钮（此时若出现“无法启动路由和远程访问”警告界面，不必理会，直接单击“确定”按钮即可）。

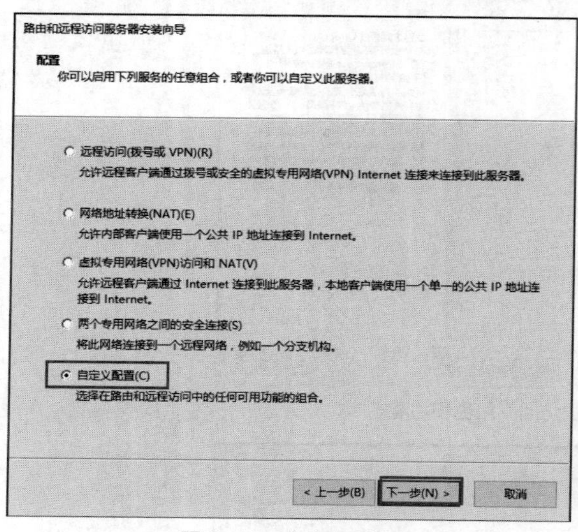


图 8-32 自定义配置

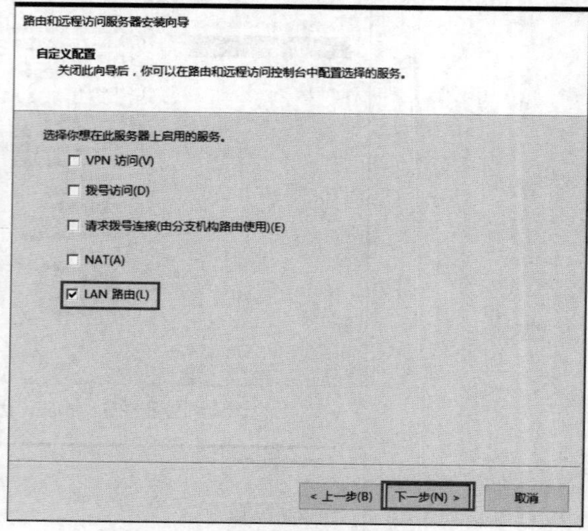


图 8-33 选择“LAN 路由”

**STEP 7** 在图 8-34 所示的对话框中单击“启动服务”按钮。

### 5. 在 GW1 上设置中继代理

**STEP 1** 选中 IPv4 之下的“常规”选项后，单击鼠标右键，在弹出的快捷菜单中选择“新增路由协议”命令，在弹出的“新路由协议”对话框中选择“DHCP Relay Agent”选项后，单击“确定”按钮，如图 8-35 所示。

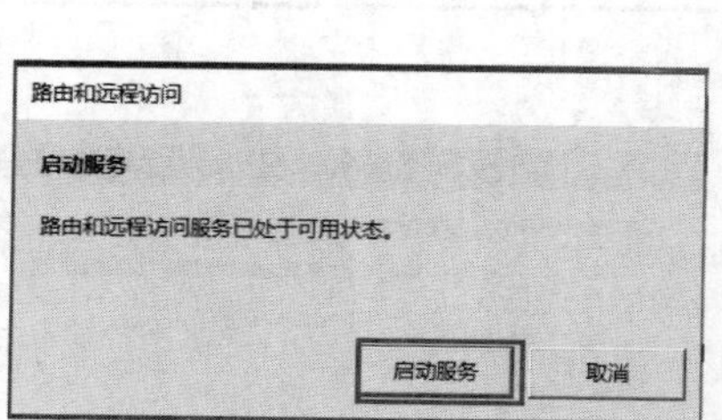


图 8-34 启动服务

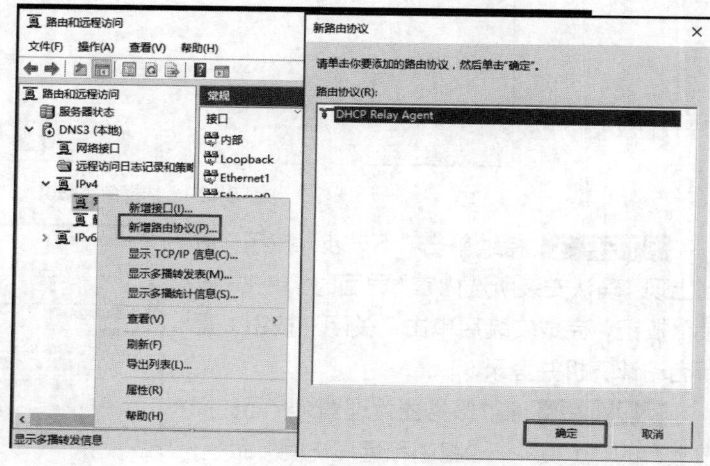


图 8-35 新增路由协议

**STEP 2** 选中“DHCP 中继代理”选项后单击“属性”按钮，在“服务器地址”文本框中输入 DHCP 服务器的 IP 地址（192.168.10.1）后单击“确定”按钮，如图 8-36 所示。

**STEP 3** 选中“DHCP 中继代理”选项后单击鼠标右键，在弹出的快捷菜单中选择“新增接口”命令，选择“Ethernet1”选项，单击“确定”按钮，如图 8-37 所示。当 DHCP 中继代理收到通过“Ethernet1”传输的 DHCP 数据包时，就会将它转发给 DHCP 服务器。这里所选择的以太网就是图 8-37 中 IP 地址为 192.168.20.254 的网络接口（通过未被选择的网络接口所发送过来的 DHCP 数据包，并不会被转发给 DHCP 服务器）。

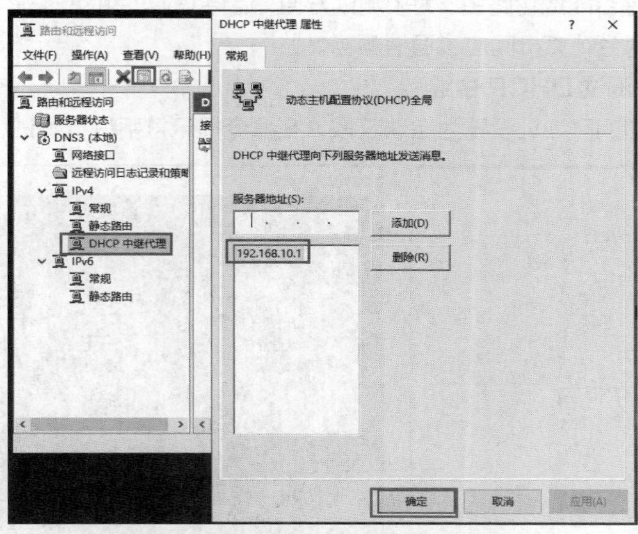

图 8-36 添加 DHCP 服务器的 IP 地址

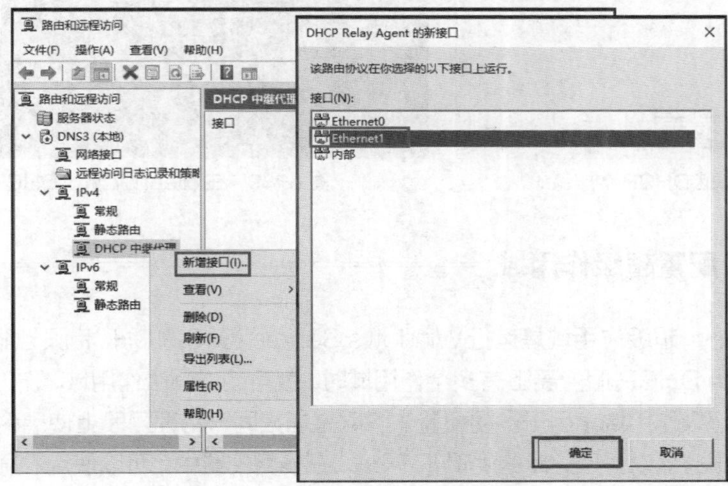

图 8-37 新增接口

**注意** Ethernet0 连接在 VMnet1 上，其 IP 地址是 192.168.10.254；Ethernet1 连接在 VMnet2 上，其 IP 地址是 192.168.20.254。

**STEP 4** 在图 8-38 所示的对话框中直接单击“确定”按钮即可。

- 跃点计数阈值。跃点计数阈值表示 DHCP 数据包在转发过程中最多能够经过多少个 RFC 1542 路由器。
- 启动阈值。在 DHCP 中继代理收到 DHCP 数据包后，会等此处的时间过后再将数据包转发给远程 DHCP 服务器。如果本地与远程网络内都有 DHCP 服务器，而又希望由本地网络的 DHCP 服务器优先提供服务，则此时可以通过此处的设置来延迟将消息发送到远程 DHCP 服务器，因为在这段时间内可以让同一网络内的 DHCP 服务器有机会先响应客户端的请求。

**STEP 5** 测试是否能成功路由。为了测试方便，请将 GW1 和 DHCP1 的防火墙关闭。使用 ping 命令进行测试，两台计算机间应该通信顺畅。

#### 6. 在 Client2 上测试 DHCP 中继

将客户端 Client2 的 IP 地址设置为自动获取，在命令提示符下进行测试，如图 8-39 所示。

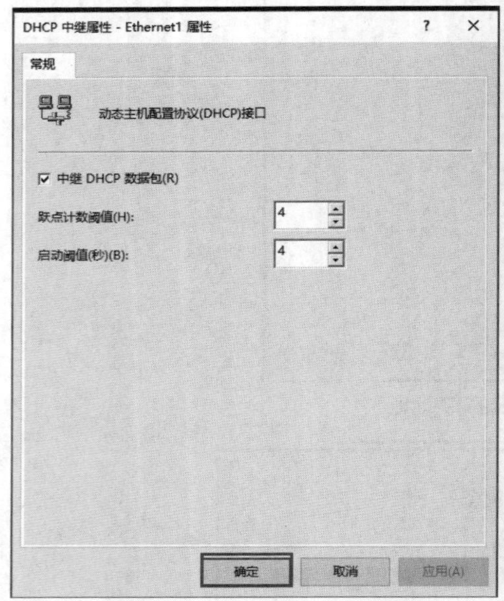


图 8-38　中继 DHCP 数据包

图 8-39　在 client1 上测试 DHCP 中继成功

## 任务 8-7　配置超级作用域

微课 8-8　配置超级作用域

超级作用域是运行 Windows Server 2016 的 DHCP 服务器的一种管理功能。当 DHCP 服务器上有多个作用域时，就可组成超级作用域，作为单个实体来管理。超级作用域常用于多网配置。多网是指在同一物理网段上使用两个或多个 DHCP 服务器以管理分离的逻辑 IP 网络。在多网配置中，可以使用 DHCP 超级作用域来组合多个作用域，为网络中的客户机提供来自多个作用域的租约。

#### 1. 超级作用域网络环境

其网络拓扑图如图 8-40 所示。

在图 8-40 中，GW1 是网关服务器，可以由带 3 块网卡的 Windows Server 2016 充当，3 块网卡分别连接虚拟机的 VMnet1、VMnet2 和 VMnet3。DHCP1 是 DHCP 服务器，作用域 1 的“003 路由器”选项为 192.168.10.254，作用域 2 的“003 路由器”选项为 192.168.20.254，作用域 3 的“003 路由器”选项为 192.168.30.254。

3 台客户端分别连接到虚拟机的 VMnet1、VMnet2 和 VMnet3，DHCP 客户端的 IP 地址获取方式是自动获取。

- DHCP 客户端 1 应该获取到 192.168.10.0/24 网络中的 IP 地址，网关是 192.168.10.254。
- DHCP 客户端 2 应该获取到 192.168.20.0/24 网络中的 IP 地址，网关是 192.168.20.254。
- DHCP 客户端 3 应该获取到 192.168.30.0/24 网络中的 IP 地址，网关是 192.168.30.254。图中是获取到有示例 IP 地址。

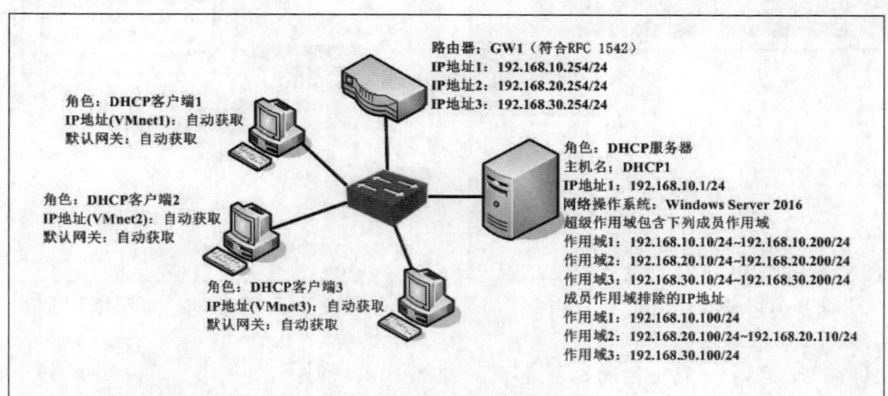


图 8-40　超级作用域网络拓扑图

**特别说明**　如果在实训中 GW1 由 Windows Server 2016 来替代，需满足以下两个条件。① 安装 3 块网卡，启用路由。可参考任务 8-6 的“4. 在 GW1 上安装路由和远程访问”相关内容。② GW1 必须和 DHCP1 集成到一台 Windows Server 2016 上。因为 Windows Server 2016 替代路由器无法转发 DHCP 广播报文，除非在 GW1 上部署 DHCP 中继代理。

### 2．超级作用域设置方法

（1）在 GW1 上安装路由和远程访问。

请读者参照任务 8-6 中的“4. 在 GW1 上安装路由和远程访问”的相关内容进行安装，安装完成后进行路由测试。

（2）在 DHCP1 上新建“超级作用域”。

**STEP 1** 在“DHCP”控制台中，按要求分别新建作用域 1、作用域 2 和作用域 3。

**STEP 2** 用鼠标右键单击 DHCP 服务器下的“IPv4”选项，在弹出的快捷菜单中选择“新建超级作用域”命令，打开“新建超级作用域向导”对话框。在“选择作用域”对话框中，可选择要加入超级作用域管理的作用域。本例中将作用域 1、作用域 2 和作用域 3 全部选择，如图 8-41 所示。

**STEP 3** 超级作用域创建以后会显示在“DHCP”控制台中，如图 8-42 所示。还可以将其他作用域也添加到该超级作用域中。

DHCP 客户端向 DHCP 服务器租用 IP 地址时，服务器会从超级作用域中的任何一个普通作用域中选择一个 IP 地址。超级作用域可以解决多网结构中的某些 DHCP 部署问题。比较典型的情况是，当前活动作用域的可用地址池几乎已耗尽，而又要向网络添加更多的计算机时，可使用另一个 IP 网络地址范围以扩展同一物理网段的地址空间。

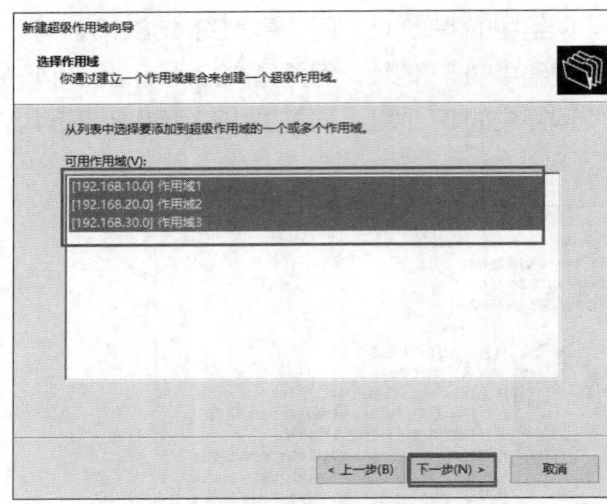


图 8-41 选择作用域

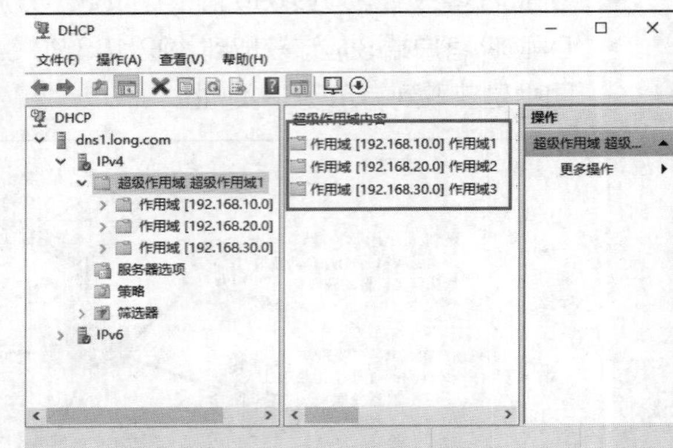


图 8-42 超级作用域

**注意** 超级作用域只是一个简单的容器，删除超级作用域时并不会删除其中的子作用域。

（3）在 DHCP 客户端进行测试。

分别在 DHCP 客户端 1、DHCP 客户端 2 和 DHCP 客户端 3 上进行测试。

## 任务 8-8 配置 DHCP 客户端和测试

微课 8-9 配置 DHCP 客户端和测试

目前常用的操作系统均可作为 DHCP 客户端，本任务仅以 Windows 平台为客户端。

### 1. 配置 DHCP 客户端

在 Windows 平台中配置 DHCP 客户端非常简单。

① 在客户端 client1 上，打开“Internet 协议版本 4（TCP/IPv4）属性”对话框。

② 选中“自动获得 IP 地址”和“自动获得 DNS 服务器地址”两个单选按钮即可。

**提示** 由于 DHCP 客户机是在开机的时候自动获得 IP 地址的，因此并不能保证每次获得的 IP 地址是相同的。

### 2. 测试 DHCP 客户端

在 DHCP 客户端上打开命令提示符窗口，使用 ipconfig /all 和 ping 命令对 DHCP 客户端进行测试。

### 3. 手动释放 DHCP 客户端 IP 地址租约

在 DHCP 客户端上打开命令提示符窗口，使用 ipconfig /release 命令手动释放 DHCP 客户端 IP 地址租约。请读者试着做一下。

### 4. 手动更新 DHCP 客户端 IP 地址租约

在 DHCP 客户端上打开命令提示符窗口，使用 ipconfig /renew 命令手动更新 DHCP 客户端 IP 地址租约。请读者试着做一下。

### 5. 在 DHCP 服务器上验证租约

使用具有管理员权限的用户账户登录 DHCP 服务器，打开“DHCP”控制台。在左侧控制台树中双击 DHCP 服务器，在展开的树中双击作用域，然后单击“地址租约”选项，将能够看到从当前 DHCP 服务器的当前作用域中租用 IP 地址的租约，如图 8-43 所示。

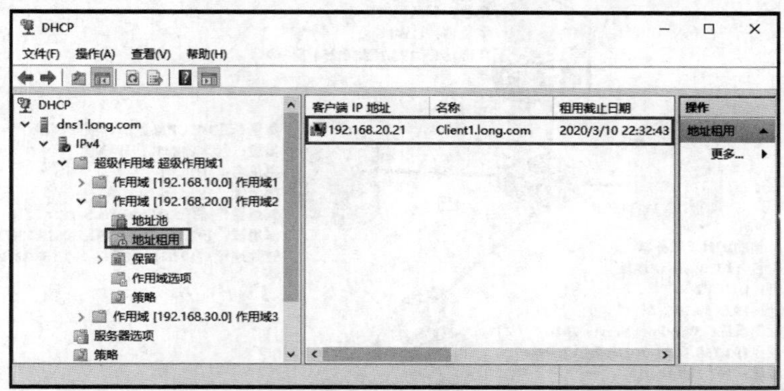

图 8-43 IP 地址租约

### 6. 客户端的备用设置

客户端如果因故无法向 DHCP 服务器租用到 IP 地址，客户端会每隔 5 分钟自动去找 DHCP 服务器租用 IP 地址，在未租用到 IP 地址之前，客户端可以暂时使用其他 IP 地址，此 IP 地址可以通过图 8-44 的“备用配置”选项卡进行设置。

- 自动专用 IP 地址(Automatic Private IP Addressing，APIPA)。这是默认值，当客户端无法从 DHCP 服务器租用到 IP 地址时，它们会自动使用 169.254.0.0/16 格式的专用 IP 地址。
- 用户配置。客户端会自动使用此处的 IP 地址与设置值。它特别适合客户端计算机需要在不同网络中使用的场合，例如，客户端为笔记本电脑，这台计算机在公司是向 DHCP 服务器租用 IP 地址的，但拿回家使用时，如果家里没有 DHCP 服务器，无法租用到 IP 地址，就自动使用此处所设置的 IP 地址。

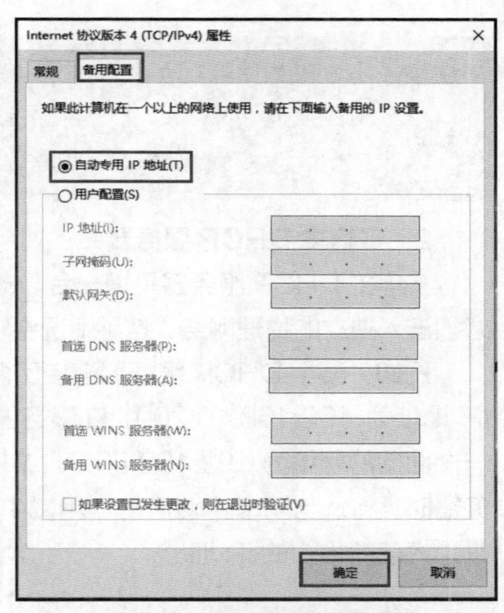

图 8-44 客户端的备用配置

## 任务 8-9 部署复杂网络的 DHCP 服务器

根据网络的规模，可在网络中安装一台或多台 DHCP 服务器。对于较复杂的网络，主要涉及以下几种情况：在单物理子网中配置多个 DHCP 服务器、多宿主 DHCP 服务器和跨网段的 DHCP 中继代理。

### 1. 在单物理子网中配置多个 DHCP 服务器

在一些比较重要的网络中，通常单个物理子网中需要配置多个 DHCP 服务器。这样有两大好处：一是提供容错，如果一个 DHCP 服务器出现故障或不可用，则另一个服务器就可以取代它，并继续提供租用新的地址或续租现有地址的服务；二是负载均衡，起到在网络中平衡 DHCP 服务器的作用。

为了平衡 DHCP 服务器的使用，较好的方法是使用 80/20 规则划分两个 DHCP 服务器之间的作用域地址。例如，将服务器 1 配置成可使用大多数地址（约 80%），则服务器 2 可以配置成让客户机使用其他地址（约 20%）。图 8-45 所示为 80/20 规则的典型应用示例。

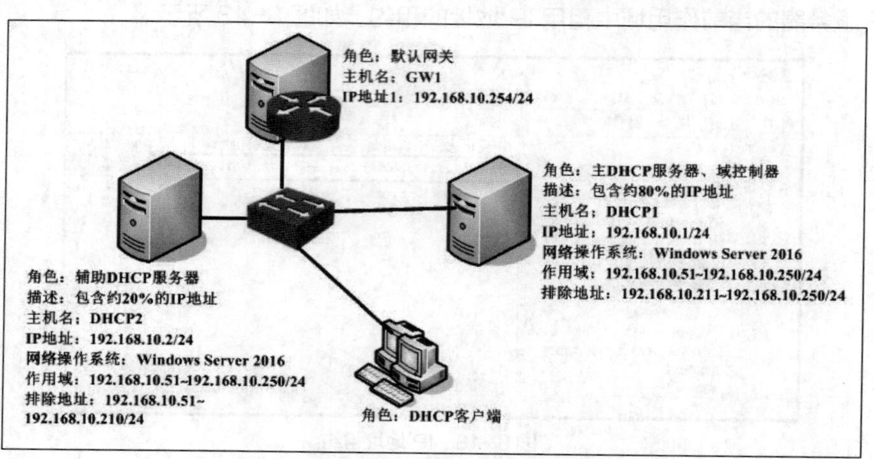


图 8-45　80/20 规则的典型应用示例

**注意**　要实现图 8-45 的目标，可以利用 DHCP 拆分作用域配置向导来帮助自动在备用服务器上建立作用域，并自动将这主、辅两台服务器的 IP 地址分配率设置好。由于本书篇幅限制，该项内容请读者参考作者的相关书籍。

### 2. 多宿主 DHCP 服务器

多宿主 DHCP 服务器是指一台 DHCP 服务器为多个独立的网段提供服务，其中每个网络连接都必须连入独立的物理网络。这种情况要求在计算机上使用额外的硬件，典型的情况是安装多个网卡。

例如，某个 DHCP 服务器连接了两个网络，网卡 1 的 IP 地址为 192.168.10.100，网卡 2 的 IP 地址为 192.168.10.200，在服务器上创建两个作用域，一个面向的网络为 192.168.10.0，另一个面向的网络为 192.168.20.0。这样当与网卡 1 位于同一网段的 DHCP 客户机访问 DHCP 服务器时，将从与网卡 1 对应的作用域中获取 IP 地址；同样，与网卡 2 位于同一网段的 DHCP 客户机也将获得相应的 IP 地址。

**提示**　跨网段的 DHCP 中继代理内容，请向作者索要电子版资料，在此不再赘述。

微课 8-10 维护 DHCP 数据库

## 任务 8-10　维护 DHCP 数据库

DHCP 服务器的数据库文件内存储着 DHCP 的配置数据，如 IP 作用域、出租地址、保留地址与选项设置等，系统默认将数据库文件存储在 %Systemroot%\System32\dhcp 文件夹内，如图 8-46 所示。其中最主要的是数据库文件 dhcp.mdb，其他是辅助文件，请勿随意更改或删除这些文件，否则 DHCP 服务器可能无法正常运行。

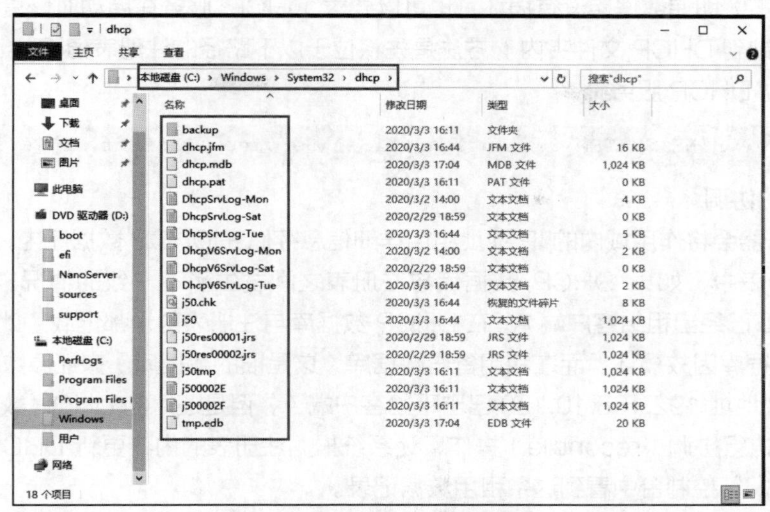

图 8-46　DHCP 数据库

**注意**　可以用鼠标右键单击 DHCP 服务器后，在弹出的快捷菜单中选择“内容”→“数据库路径”命令来变更存储数据库的文件夹。

### 1. 数据库的备份

可以对 DHCP 数据库进行备份，以便数据库有问题时利用它来修复。

- 自动备份。DHCP 服务默认会每隔 60 分钟就自动将 DHCP 数据库文件备份到图 8-46 中的 dhcp\backup\new 文件夹内。如果要更改此间隔时间，就修改 BackupInterval 注册表的设置值，它位于以下路径内：

```
HKEY_LOCAL_MACHINE\SYSTEM\CurrentControlSet\Services\DHCPServer\Parameters
```

- 手动备份。可以用鼠标右键单击 DHCP 服务器后，在弹出的快捷菜单中选择“备份”命令手动将 DHCP 数据库文件备份到指定文件夹内，系统默认将其备份到%Systemroot%\System32\dhcp\ backup 文件夹之下的 new 文件夹内。

**注意**　可以通过用鼠标右键单击 DHCP 服务器后，在弹出的快捷菜单中选择“属性”→“备份路径”命令的方法来更改备份的默认路径。

### 2. 数据库的还原

数据库的还原也有以下两种方式。

- 自动还原。如果 DHCP 服务检查到数据库已损坏，就会自动修复数据库。它利用存储在%Systemroot%\System32\dhcp\backup\new 文件夹内的备份文件来还原数据库。DHCP 服务启动时会自动检查数据库是否损坏。
- 手动还原。可以用鼠标右键单击 DHCP 服务器后，在弹出的快捷菜单中选择“还原”命令来手动还原 DHCP 数据库。

特别说明一下，即使数据库没有损坏，也可以要求 DHCP 服务在启动时修复数据库（将备份的数据库文件复制到 DHCP 文件夹内），方法是先将位于以下路径的注册表值 RestoreFlag 设置为 1，然后重新启动 DHCP 服务：

```
HKEY_LOCAL_MACHINE\SYSTEM\CurrentControlSet\Services\DHCPServer\Parameters
```

### 3．作用域的协调

DHCP 服务器会将作用域内的 IP 地址租用详细信息存储在 DHCP 数据库内，同时也会将摘要信息存储到注册表中，如果 DHCP 数据库与注册表之间发生了不一致的情况，例如，IP 地址 192.168.10.120 已经出租给客户端 A，在 DHCP 数据库与注册表内也都记载了此租用信息，不过后来 DHCP 数据库因故损坏，而在利用备份数据库（这是旧的数据库）来还原数据库后，虽然注册表内记载着 IP 地址 192.168.10.120 已出租给客户端 A，但是还原的 DHCP 数据库内并没有此记录，此时可以执行协调（reconcile）操作，让系统根据注册表的内容更新 DHCP 数据库，之后就可以在“DHCP”控制台中看到这条租用数据记录。

要协调某个作用域时，请进行如下操作：用鼠标右键单击该作用域，在弹出的快捷菜单中选择“协调”命令，然后单击“验证”按钮来协调此作用域；或用鼠标右键单击 IPv4，在弹出的快捷菜单中选择“协调所有的作用域”命令，然后单击“验证”按钮来协调此服务器内的所有 IPv4 作用域，如图 8-47 所示。

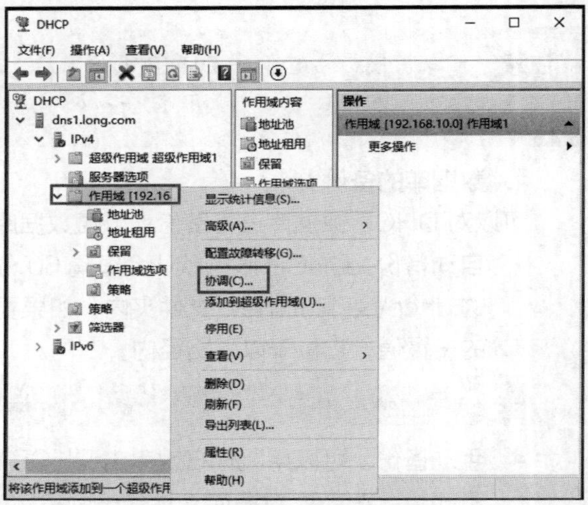

图 8-47　协调 DHCP 数据库

### 4．将 DHCP 数据库移动到其他的服务器

当需要将现有的一台 Windows Server 网络操作系统的 DHCP 服务器删除，改由另外一台 Windows Server 网络操作系统的 DHCP 服务器来提供 DHCP 服务时，可以通过以下步骤将原先存储在旧 DHCP 服务器内的数据库移动到新 DHCP 服务器。

**STEP 1** 到旧 DHCP 服务器上，打开“DHCP”控制台，用鼠标右键单击“DHCP 服务器”选项，在弹出的快捷菜单中选择“备份”命令来备份 DHCP 数据库，假设是备份到 C:\DHCPBackup 文件夹内，其中包含着 new 子文件夹。

**STEP 2** 用鼠标右键单击“DHCP 服务器”选项，在弹出的快捷菜单中选择“所有任务”→“停止”命令或执行“net stop dhcpserver”命令，将 DHCP 服务停止。此步骤可防止 DHCP 服务器继续出租 IP 地址给 DHCP 客户端。

**STEP 3** 单击左下角的“开始”菜单，在弹出的快捷菜单中选择“Windows 系统工具”→“服务”命令，双击“DHCP Server”选项，在启动类型处选择“禁用”选项。此步骤可避免 DHCP 服务器重新被启动。

**STEP 4** 将步骤 1 所备份的数据库文件复制到新的 DHCP 服务器内，假设是复制到 C:\DHCPBackup 文件夹内，其中包含 new 子文件夹。

**STEP 5** 如果新 DHCP 服务器尚未安装 DHCP 服务器角色，就打开“服务器管理器”窗口，单击“仪表板”处的“添加角色和功能”按钮来安装。

**STEP 6** 新 DHCP 服务器中的“DHCPBackup”文件夹需要赋予 NETWORK SERVICE 用户组“修改”的 NTFS 权限。用鼠标右键单击新 DHCP 服务器中的“DHCPBackup”文件夹，选择“属性”命令，在“DHCPBackup 属性”对话框中选择“安全”选项卡，单击“编辑”按钮。在弹出的“DHCPBackup 的权限”对话框中，添加“NETWORK SERVICE”用户组，并勾选允许“修改”复选框，单击“应用”→“确定”按钮，如图 8-48 所示。

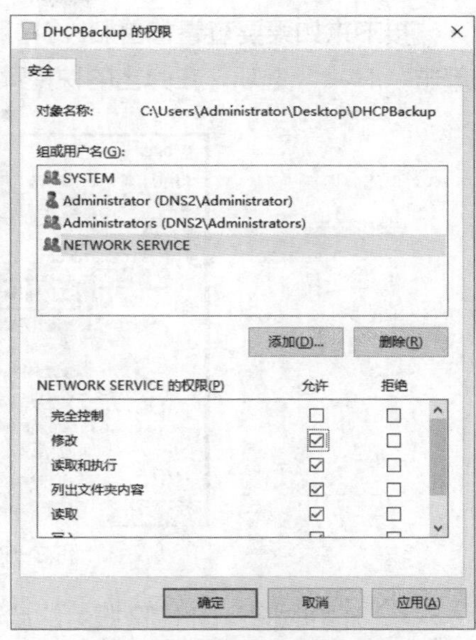

图 8-48 设置 DHCPServer 文件夹的 NTFS 权限

**STEP 7** 在新 DHCP 服务器上打开“DHCP”控制台，用鼠标右键单击“DHCP 服务器”选项，在弹出的快捷菜单中选择“还原”命令将 DHCP 数据库还原，并选择从旧 DHCP 服务器复制来的文件。

注意，请选择 C:\DHCPBackup 文件夹，而不是 C:\DHCPBackup\new 文件夹。

## 任务 8-11 监视 DHCP 服务器的运行

收集、查看与分析 DHCP 服务器的相关信息，可以帮助我们了解 DHCP 服务器的工作情况，找出效能瓶颈、问题所在，以便作为改善的参考。

微课 8-11 监视 DHCP 服务器的运行

### 1. 服务器的统计信息

可以查看整台服务器或某个作用域的统计信息。首先，启用 DHCP 统计信息的自动更新功能，选中“IPv4”选项，单击上方的“属性”图标，勾选“自动更新统计信息的时间间隔”复选框，设定自动更新间隔时间，单击“确定”按钮，如图 8-49 所示。

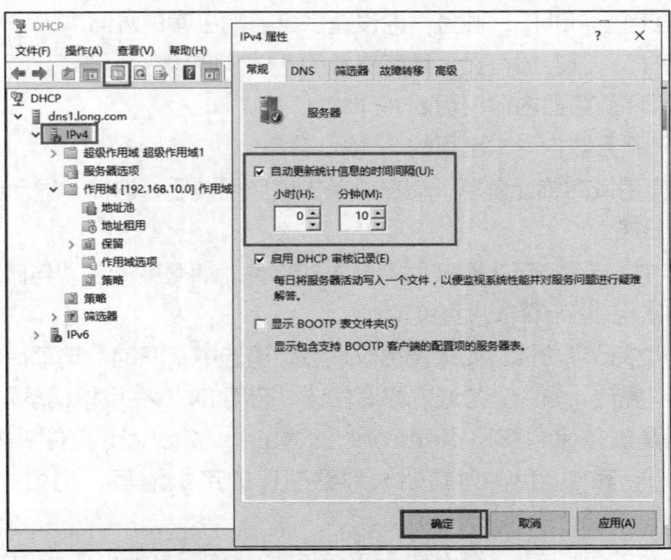

图 8-49 自动更新统计信息的时间间隔

接下来如果要查看整台 DHCP 服务器的统计信息，则可以在图 8-50 所示的窗口中用鼠标右键单击“IPv4”选项，在弹出的快捷菜单中选择“显示统计信息”命令。

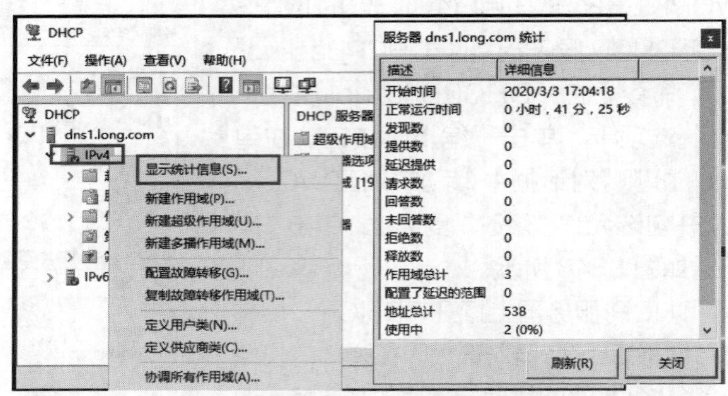

图 8-50 查看整台 DHCP 服务器的统计信息

- 开始时间：DHCP 服务的启动时间。
- 正常运行时间：DHCP 服务已经持续运行的时间。
- 发现数：已收到的 DHCPDISCOVER 数据包数量。
- 提供数：已发出的 DHCPOFFER 数据包数量。
- 延迟提供：被延迟发出的 DHCPOFFER 数据包数量。
- 请求数：已收到的 DHCPREQUEST 数据包数量。
- 回答数：已发出的 DHCPACK 数据包数量。
- 未回答数：已发出的 DHCPNACK 数据包数量。
- 拒绝数：已收到的 DHCPDECLINE 数据包数量。
- 释放数：已收到的 DHCPRELEASE 数据包数量。
- 作用域总计：DHCP 服务器内现有的作用域数量。
- 配置了延迟的范围：DHCP 服务器内设置了延迟响应客户端请求的作用域数量。
- 地址总计：DHCP 服务器可提供给客户端的 IP 地址总数。
- 使用中：DHCP 服务器内已出租的 IP 地址总数。
- 可用：DHCP 服务器内尚未出租的 IP 地址总数。

如果要查看某个作用域的统计信息，请右键单击该作用域后，选择“显示统计信息”命令。

**2. DHCP 审核日志**

DHCP 审核日志中记录着与 DHCP 服务有关的事件，如服务的启动与停止时间、服务器是否已被授权、IP 地址的出租/更新/释放/拒绝等信息。

系统默认已启用审核日志功能，如果要更改设置，请选中“IPv4”选项后单击鼠标右键，在弹出的快捷菜单中选择“属性”命令，勾选或取消勾选“启用 DHCP 审核记录”复选框，如图 8-49 所示。日志文件默认是被存储到%Systemroot%\System32\dhcp 文件夹内的，其文件格式为 dhcpSrvLog-day.log，其中 day 为星期一到星期日的英文缩写，例如，星期六的文件名为 dhcpSrvLog-Sat.log，如图 8-51 所示。

如果要更改日志文件的存储位置，请用鼠标右键单击“IPv4”选项后，在弹出的快捷菜单中选择“属性”命令打开“IPv4 属性”对话框，通过“高级”选项卡处的审核日志文件路径来设置，如图 8-52 所示。

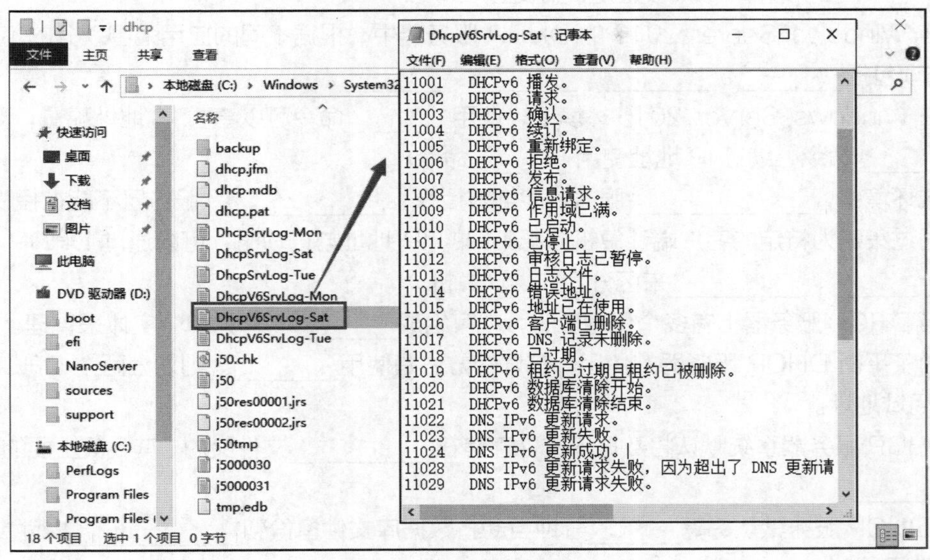


图 8-51　审核日志文件内容

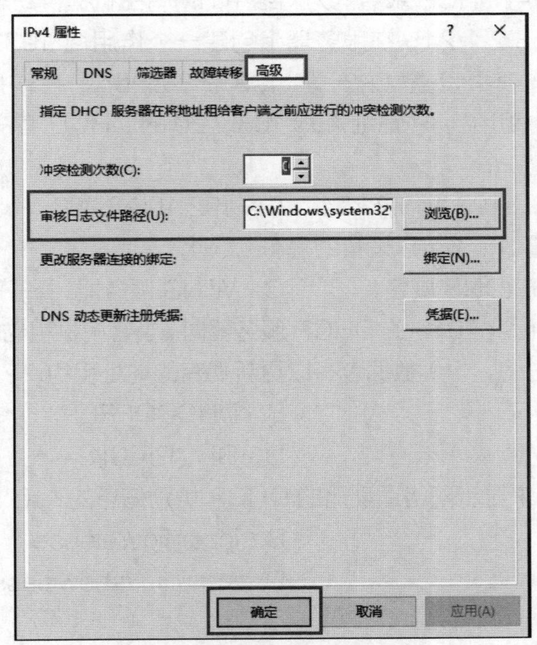


图 8-52　审核日志文件路径

## 8.4 习题

### 一、填空题

1. DHCP 工作过程包括________、________、________、________4 种报文。

2. 如果 Windows 操作系统的 DHCP 客户端无法获得 IP 地址，将自动从 Microsoft 保留地址段________中选择一个作为自己的地址。

3. 在 Windows Server 2016 的 DHCP 服务器中，根据不同的应用范围划分的不同级别的 DHCP 选项包括________、________、________、________。

4. 在 Windows Server 2016 环境下，使用________命令可以查看 IP 地址配置，释放 IP 地址使用________命令，续订 IP 地址使用________命令。

5. 域环境中，______________服务器能够被授权，______________服务器不能被授权。

6. 通过策略为特定的客户端计算机分配不同的 IP 地址与选项时，可以通过 DHCP 客户端所发送的__________、__________来区分客户端计算机。

7. 当 DHCP 服务器上有多个作用域时，就可组成________，作为单个实体来管理。

8. 为了平衡 DHCP 服务器的使用，较好的方法是使用________规则划分两个 DHCP 服务器之间的作用域地址。

9. DHCP 服务器系统默认将数据库文件存储在___________文件夹内，其中最主要的是数据库文件__________。

10. DHCP 服务默认每隔_______分钟自动将数据库文件备份到_____________文件夹内。

**二、选择题**

1. 在一个局域网中利用 DHCP 服务器为网络中的所有主机提供动态 IP 地址分配，DHCP 服务器的 IP 地址为 192.168.2.1/24，在服务器上创建一个作用域 192.168.2.11～200/24 并激活。在 DHCP 服务器选项中设置 003 为 192.168.2.254，在作用域选项中设置 003 为 192.168.2.253，则网络中租用到 IP 地址 192.168.2.20 的 DHCP 客户端所获得的默认网关地址应为（　　）。

A. 192.168.2.1　　B. 192.168.2.254　　C. 192.168.2.253　　D. 192.168.2.20

2. DHCP 选项的设置中，不可以设置的是（　　）。

A. DNS 服务器　　B. DNS 域名　　C. WINS 服务器　　D. 计算机名

3. 使用 Windows Server 2016 的 DHCP 服务器时，当客户机租约使用时间超过租约的 50% 时，客户机会向服务器发送（　　）数据包，以更新现有的地址租约。

A. DHCPDISCOVER　　B. DHCPOFFER

C. DHCPREQUEST　　D. DHCPIACK

4. 下列哪个命令是用来显示网络适配器的 DHCP 类别信息的？（　　）

A. ipconfig /all　　B. ipconfig /release

C. ipconfig /renew　　D. ipconfig /showclassid

**三、简答题**

1. 动态 IP 地址方案有什么优点和缺点？简述 DHCP 服务器的工作过程。

2. 如何配置 DHCP 作用域选项？如何备份与还原 DHCP 数据库？

**四、案例分析**

1. 某企业用户反映，他的一台计算机从人事部搬到财务部后就不能连接到 Internet 了。这是什么原因？应该怎么处理？

2. 学校因为计算机数量的增加，需要在 DHCP 服务器上添加一个新的作用域。可用户反映客户端计算机并不能从服务器获得新的作用域中的 IP 地址。可能是什么原因？如何处理？

## 8.5 项目实训 配置与管理 DHCP 服务器

**一、实训目的**

- 掌握 DHCP 服务器的配置方法。
- 掌握 DHCP 的用户类别的配置方法。
- 掌握测试 DHCP 服务器的方法。

**二、项目环境**

本项目实训根据图 8-2 所示的环境来部署 DHCP 服务。

**三、项目要求**

① 将 DHCP 服务器的 IP 地址池设为 192.168.20.10/24～192.168.20.200/24。

② 将 IP 地址 192.168.20.104/24 预留给需要手动指定 TCP/IP 参数的服务器。

③ 将 IP 地址 192.168.20.100 用作保留地址。

④ 增加一台客户端 client2，要使 client1 客户端与 client2 客户端自动获取的路由器和 DNS 服务器地址不同。

⑤ 完成“任务 8-7 配置超级作用域”的实例。注意 GW1 和 DHCP1 可以用一台 Windows Server 2016 来替代。

**四、做一做**

根据项目实训视频进行项目的实训，检查学习效果。

## 拓展阅读 国产操作系统“银河麒麟”

你了解国产操作系统银河麒麟吗？它的深远影响是什么？

国产操作系统银河麒麟 V10 面世引发了业界和公众关注。这一操作系统不仅可以充分适应“5G 时代”需求，其独创的 kydroid 技术还能支持海量安卓应用，将 300 余万款安卓适配软硬件无缝迁移到国产平台。银河麒麟 V10 作为国内安全等级最高的操作系统，是首款具有内生安全体系的操作系统，成功打破了相关技术封锁与垄断，有能力成为承载国家基础软件的安全基石。

银河麒麟 V10 的推出，让人们看到了国产操作系统与日俱增的技术实力和不断攀登科技高峰的坚实脚步。

核心技术从不是别人给予的，必须依靠自主创新。从 2019 年 8 月华为发布自主操作系统鸿蒙操作系统，到 2020 年银河麒麟 V10 面世，我国操作系统正加速走向独立创新的发展新阶段。当前，麒麟操作系统在海关、交通、统计、农业等很多部门得到规模化应用，采用这一操作系统的机构和企业已经超过 1 万家。这一数字证明，麒麟操作系统已经获得了市场一定程度的认可。只有坚持开放兼容，让操作系统与更多产品适配，才能推动产品性能更新迭代，让用户拥有更好的使用体验。

# 项目9 配置与管理Web服务器

目前，大部分公司都有自己的网站，用来实现信息发布、资料查询、数据处理、网络办公、远程教育和视频点播等功能，还可以用来实现电子邮件服务。搭建网站要靠 Web 服务来实现，而在中小型网络中使用最多的网络操作系统是 Windows Server，因此微软公司的 IIS 系统提供的 Web 服务和 FTP 服务也成为使用最为广泛的服务。

## 本项目学习要点

- 学会安装与配置 IIS
- 学会配置与管理 Web 站点
- 学会创建 Web 站点和虚拟主机
- 学会管理 Web 站点的目录

## 9.1 项目基础知识

微课 9-1 WWW 与 FTP 服务器

IIS 提供了基本服务，包括发布信息、传输文件、支持用户通信和更新这些服务所依赖的数据存储。

### 1．万维网发布服务

通过将客户端 HTTP 请求连接到在 IIS 中运行的网站上，万维网发布服务向 IIS 最终用户提供 Web 发布。WWW 服务管理 IIS 的核心组件，这些组件处理 HTTP 请求并配置和管理 Web 应用程序。

### 2．文件传输协议服务

通过文件传输协议（File Transfer Protocol，FTP）服务，IIS 提供对管理和处理文件的完全支持。该服务使用传输控制协议（Transmission Control Protocol，TCP），从而确保了文件传输的完成和数据传输的准确性。该版本的 FTP 支持在站点级别上隔离用户，以帮助管理员保护其 Internet 站点的安全并使之商业化。

### 3．简单邮件传输协议服务

通过简单邮件传输协议（Simple Mail Transfer Protocol，SMTP）服务，IIS 能够发送和接收电子邮件。例如，为确认用户提交表格成功，可以对服务器编程以自动发送邮件来响应事件。也可以使用 SMTP 服务接收来自网站客户反馈的消息。SMTP 不支持完整的电子邮件服务，要提供完整的电子邮件服务，可使用 Microsoft Exchange Server。

**4. 网络新闻传输协议服务**

可以使用网络新闻传输协议（Network News Transfer Protocol，NNTP）服务主控单个计算机上的 NNTP 本地讨论组。因为该功能完全符合 NNTP，所以用户可以使用任何新闻阅读客户端程序加入新闻组进行讨论。

**5. 管理服务**

该项功能管理 IIS 配置数据库，并为 WWW 服务、FTP 服务、SMTP 服务和 NNTP 服务更新 Microsoft Windows 操作系统注册表。配置数据库用来保存 IIS 的各种配置参数。IIS 管理服务对其他应用程序公开配置数据库，这些应用程序包括 IIS 核心组件、在 IIS 上建立的应用程序以及独立于 IIS 的第三方应用程序（如管理或监视工具）。

## 9.2 项目设计与准备

在架设 Web 服务器之前，读者需要了解本任务实例部署的需求和实验环境。

**1. 部署需求**

在部署 Web 服务前需满足以下要求。

- 设置 Web 服务器的 TCP/IP 属性，手动指定 IP 地址、子网掩码、默认网关和 DNS 服务器的 IP 地址等。
- 部署域环境，域名为 long.com。

**2. 部署环境**

本节任务所有实例都部署在一个域环境下，域名为 long.com。其中 Web 服务器主机名为 DNS1，其本身也是域控制器和 DNS 服务器，IP 地址为 192.168.10.1。Web 客户端主机若干，分别名为 WIN10-1 和 WIN10-2，客户端主机安装 Windows 10 操作系统，IP 地址分别为 192.168.10.30 和 192.168.10.40。网络拓扑图如图 9-1 所示。

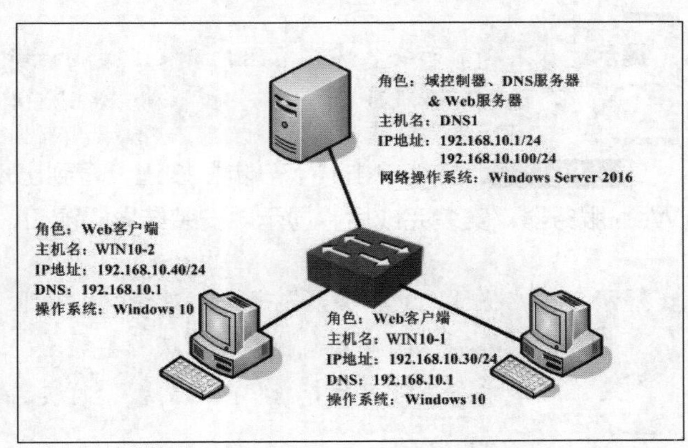


图 9-1 架设 Web 服务器网络拓扑图

## 9.3 项目实施

### 任务 9-1 安装 Web 服务器（IIS）角色

微课 9-2 安装 Web 服务器（IIS）角色

在计算机 DNSI 上的“服务器管理器”窗口中安装 Web 服务器（IIS）角色，具体步骤如下。

**STEP 1** 选择“开始”→“服务器管理器”→“仪表板”→“添加角色和功能”命令，在弹出的对话框中持续单击“下一步”按钮，直到出现图 9-2 所示的“选择服务器角色”窗口，勾选“Web 服务器（IIS）”复选框，全部选中“安全性”复选框，全部选中“常见 HTTP 功能”复选框，同时勾选“FTP 服务器”复选框。

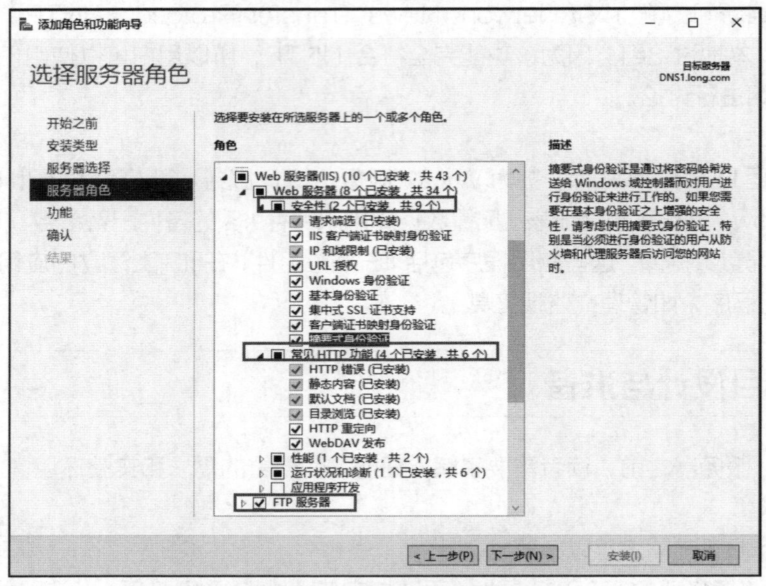


图 9-2 “选择服务器角色”窗口

> **提示** 如果在前面安装某些角色时安装了功能和部分 Web 角色，界面将稍有不同，这时请注意勾选“FTP 服务器”“安全性”和“常见 HTTP 功能”复选框。

**STEP 2** 持续单击“下一步”按钮，直到出现“安装”按钮，单击“安装”按钮开始安装 Web 服务器。安装完成后，显示“安装结果”窗口，单击“关闭”按钮完成安装。

> **提示** 在此将“FTP 服务器”复选框选中，在安装 Web 服务器的同时，也安装了 FTP 服务器。建议将“角色服务”的全部选项都安装上，特别是身份验证方式。如果“角色服务”安装不完全，后面做有关“网站安全”的实训时会有部分功能不能使用。

安装完 IIS 以后，还应对该 Web 服务器进行测试，以检测网站是否正确安装并运行。在局域网中的一台计算机（本例为 WIN10-1）上，打开浏览器使用以下 3 种地址格式进行测试。

- DNS 域名地址（延续前面的 DNS 设置）：http://DNS1.long.com/。
- IP 地址：http://192.168.10.1/。
- 计算机名：http://DNS1/。

如果 IIS 安装成功，则会在 IE 浏览器中显示图 9-3 所示的网页。如果没有显示出该网页，则检查 IIS 是否出现问题或重新启动 IIS 服务，也可

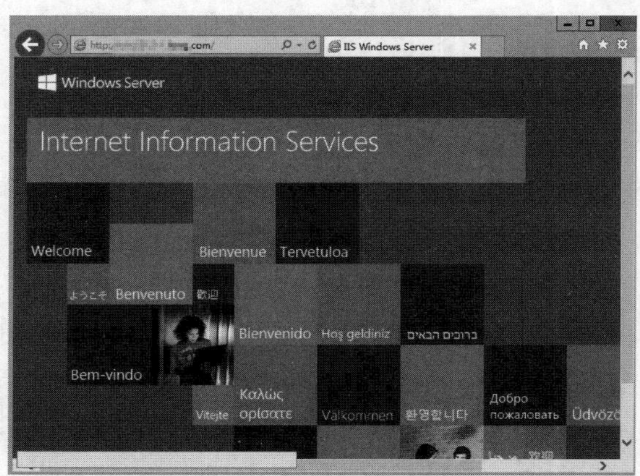


图 9-3 IIS 安装成功

以删除 IIS 重新安装。

## 任务 9-2　创建 Web 站点

在 Web 服务器上创建一个新网站 web，使用户在客户端计算机上能通过 IP 地址和域名进行访问。

微课 9-3　创建 Web 网站

### 1. 创建使用 IP 地址访问的 Web 站点

创建使用 IP 地址访问的 Web 站点的具体步骤如下。

（1）停止默认网站（Default Web Site）。

以域管理员账户登录 Web 服务器，选择“开始”→“Windows 管理工具”→“Internet Information Services（IIS）管理器”命令，打开“Internet Information Services（CIIS）管理器”控制台。在控制台树中依次展开服务器和“网站”节点。用鼠标右键单击“Default Web Site”选项，在弹出的快捷菜单中选择“管理网站”→“停止”命令，即可停止正在运行的默认网站，如图 9-4 所示。停止后，默认网站的状态显示为“已停止”。

（2）准备 Web 站点内容。

在 C 盘上创建文件夹“C:\web”作为网站的主目录，并在该文件夹中存放网页 index.htm 作为网站的首页，网站首页可以用记事本或 Dreamweaver 软件编写。

（3）创建 Web 站点。

**STEP 1** 在“Internet Information Services（IIS）管理器”控制台树中，展开服务器节点，用鼠标右键单击“网站”选项，在弹出的菜单中选择“添加网站”命令，打开“添加网站”对话框。在该对话框中可以指定网站名称、应用程序池、网站内容目录、传递身份验证、网站类型、IP 地址、端口号、主机名以及是否启动网站。在此设置网站名称为 Test Web，物理路径为 C:\web，类型为 http，IP 地址为 192.168.10.1，默认端口号为 80，如图 9-5 所示。单击“确定”按钮，完成 Web 站点的创建。

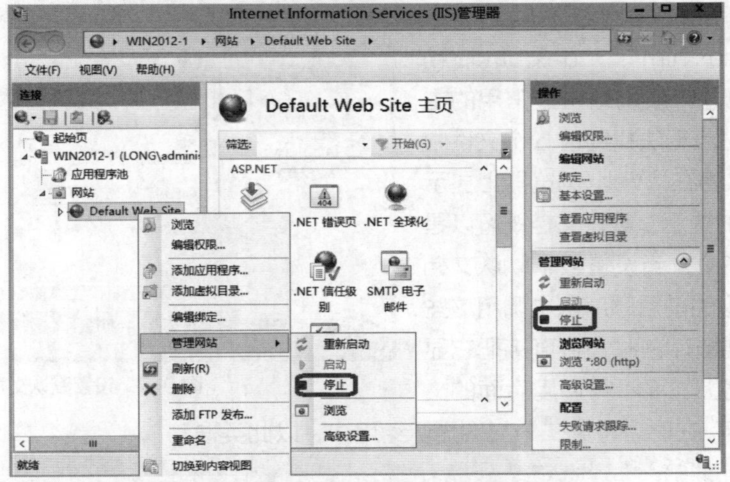


图 9-4　停止默认网站（Default Web Site）

**STEP 2** 返回“Internet Information Services（IIS）管理器”控制台，可以看到刚才创建的网站已经启动，如图 9-6 所示。

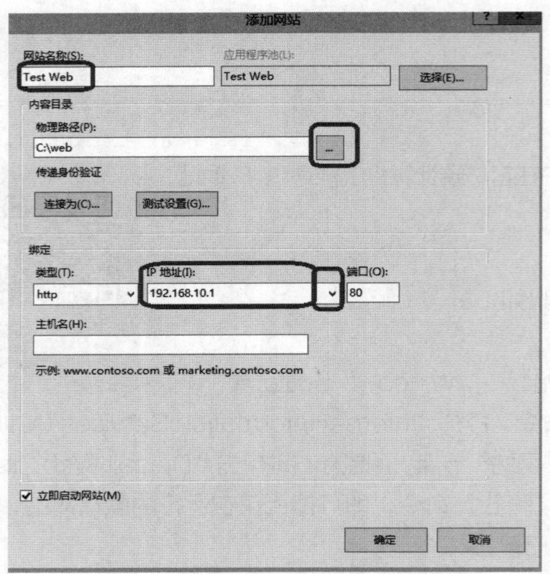


图 9-5 “添加网站”对话框

图 9-6 “Internet Information Services（IIS）管理器”控制台

**STEP 3** 用户在客户端计算机 WIN10-1 上打开浏览器，输入“http://192.168.10.1”就可以访问刚才建立的网站了。

> **特别注意** 在图 9-6 所示的窗口中，双击右侧窗格中的“默认文档”，打开图 9-7 所示的“默认文档”窗口，可以对默认文档进行添加、删除及更改顺序的操作。

默认文档是指在 Web 浏览器中键入 Web 站点的 IP 地址或域名即显示出来的 Web 页面，也就是通常所说的主页（Home Page）。IIS 8.0 默认文档的文件名有 5 种，分别为 Default.htm、Default.asp、index.htm、index.html 和 iisstar.htm。这也是一般网站中最常用的主页名。如果 Web 站点无法找到这 5 个文件中的任何一个，那么将在 Web 浏览器上显示“该页无法显示”的提示。默认文档既可以是一个，也可以是多个。当设置多个默认文档时，IIS 将按照排列的前后顺序依次调用这些文档。当第一个文档存在时，将直接把它显示在用户的浏览器上，而不再调用后面的文档；第一个文档不存在时，将第二个文件显示给用户，以此类推。

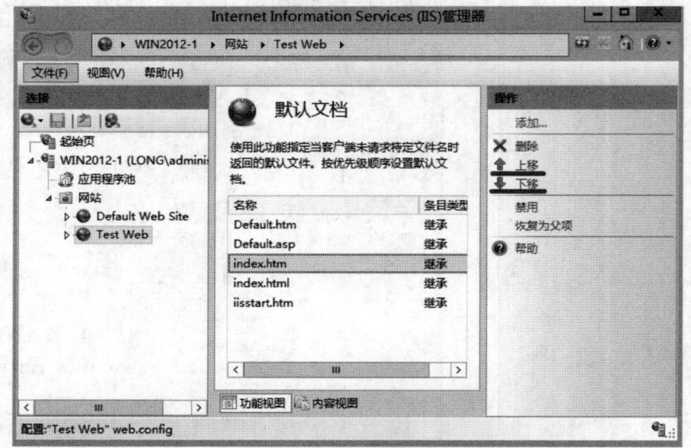


图 9-7 设置默认文档

> **思考与实践** 由于本例首页文件名为 index.htm，所以在客户端直接输入 IP 地址即可浏览网站。如果网站首页的文件名不在列出的 5 个默认文档中，该如何处理？请读者试着做一下。

### 2. 创建使用域名访问的 Web 站点

创建用域名 www.long.com 访问的 Web 站点，具体步骤如下。

**STEP 1** 在 DNS1 上打开“DNS 管理器”控制台，依次展开服务器和“正向查找区域”节点，单击区域 long.com。

**STEP 2** 创建别名记录。用鼠标右键单击区域 long.com，在弹出的快捷菜单中选择“新建别名”命令，出现“新建资源记录”对话框。在“别名”文本框中输入 www，在“目标主机的完全合格的域名（FQDN）”文本框中输入 DNS1.long.com，或者单击“浏览”按钮，查找 DNS1 的 FQDN 并选中。

**STEP 3** 单击“确定”按钮，别名创建完成。

**STEP 4** 用户在客户端计算机 WIN10-1 上打开浏览器，输入 http://www.long.com 就可以访问刚才建立的网站了。

> **注意** 保证客户端计算机 WIN10-1 的 DNS 服务器的地址是 192.168.10.1。

## 任务 9-3 管理 Web 站点的目录

在 Web 站点中，Web 内容文件都会保存在一个或多个目录树下，包括 HTML 内容文件、Web 应用程序和数据库等，甚至有的会保存在多个计算机上的多个目录中。因此，为了使其他目录中的内容和信息也能够通过 Web 站点发布，可通过创建虚拟目录来实现。当然，也可以在物理目录下直接创建目录来管理内容。

微课 9-4 管理 Web 网站的目录

### 1. 虚拟目录与物理目录

在 Internet 上浏览网页时，经常会看到一个网站下面有许多子目录，这就是虚拟目录。虚拟目录只是一个文件夹，并不一定位于主目录内，但在浏览 Web 站点的用户看来就像位于主目录中一样。

对于任何一个网站，都需要使用目录来保存文件，即将所有的网页及相关文件都存放到网站的主目录之下，也就是在主目录之下建立文件夹，然后将文件放到这些子文件夹内，这些文件夹也称物理目录。也可以将文件保存到其他物理文件夹内，如本地计算机或其他计算机内，然后通过虚拟目录映射到这个文件夹，每个虚拟目录都有一个别名。虚拟目录的好处是在不需要改变别名的情况下，可以随时改变其对应的文件夹。

在 Web 站点中，默认发布主目录中的内容。但如果要发布其他物理目录中的内容，就需要创建虚拟目录。虚拟目录也就是网站的子目录，每个网站都可能会有多个子目录，不同的子目录内容不同，在磁盘中会用不同的文件夹来存放不同的文件。例如，使用 BBS 文件夹存放论坛程序，用 image 文件夹存放网站图片等。

### 2. 创建虚拟目录

在 www.long.com 对应的网站上创建一个名为 BBS 的虚拟目录，其路径为本地磁盘中的“C:\MY_BBS”文件夹，该文件夹下有个文档 index.htm。具体创建过程如下。

**STEP 1** 以域管理员身份登录 DNS1。在 IIS 管理器中，展开左侧的“网站”目录树，选择要创建虚拟目录的网站 Test Web，单击鼠标右键，在弹出的快捷菜单中选择“添加虚拟目录”命令，显示虚拟目录创建向导。利用该向导便可为该虚拟网站创建不同的虚拟目录。

**STEP 2** 在"别名"文本框中设置该虚拟目录的别名，本例为 bbs，用户用该别名来连接虚拟目录。该别名必须唯一，不能与其他网站或虚拟目录重名。在"物理路径"文本框中输入该虚拟目录的文件夹路径，或单击"浏览"按钮选择，本例为"C:\MY_BBS"。这里既可以使用本地计算机上的路径，也可以使用网络中的文件夹路径。设置完成后的界面如图 9-8 所示。

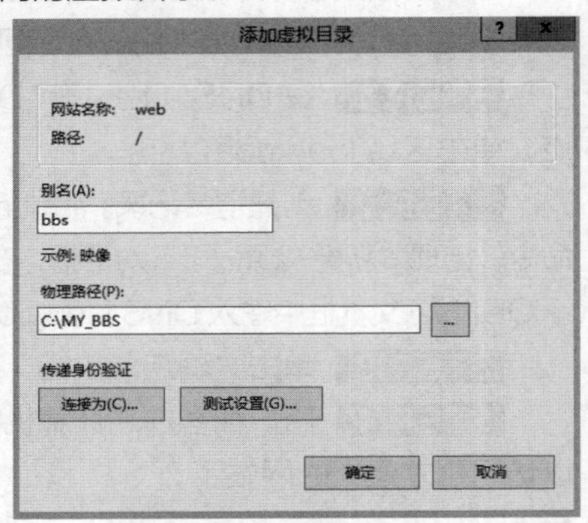

图 9-8 添加虚拟目录

**STEP 3** 用户在客户端计算机 WIN10-1 上打开浏览器，输入 http://www.long.com/bbs 就可以访问 C:\MY_BBS 中的默认网站。

## 任务 9-4 架设多个 Web 站点

微课 9-5 架设多个 Web 网站

使用 IIS 8.0 的虚拟主机技术，通过分配 TCP 端口、IP 地址和主机头名，可以在一台服务器上建立多个虚拟 Web 站点。每个网站都具有唯一的，由端口号、IP 地址和主机头名 3 部分组成的网站标识，用来接收来自客户端的请求。不同的 Web 站点可以提供不同的 Web 服务，而且每一个虚拟主机和一台独立的主机完全一样。这种方式适用于企业或组织需要创建多个网站的情况，可以节省成本。

不过，这种虚拟技术将一个物理主机分割成多个逻辑上的虚拟主机使用，虽然能够节省经费，对访问量较小的网站来说比较经济实惠，但由于这些虚拟主机共享这台服务器的硬件资源和带宽，所以在访问量较大时容易出现资源不够用的情况。

架设多个 Web 站点可以通过以下 3 种方式。

- 使用不同 IP 地址架设多个 Web 站点。
- 使用不同端口号架设多个 Web 站点。
- 使用不同主机头名架设多个 Web 站点。

在创建一个 Web 站点时，要根据企业本身现有的条件，如投资的多少、IP 地址的多少、网站性能的要求等，选择不同的虚拟主机技术。

### 1. 使用不同端口号架设多个 Web 站点

如今 IP 地址资源越来越紧张，有时需要在 Web 服务器上架设多个网站，但计算机只有一个 IP 地址，这该怎么办呢？利用这一个 IP 地址，使用不同的端口号也可以达到架设多个网站的目的。

其实，用户访问所有的网站都需要使用相应的 TCP 端口。不过，Web 服务器默认的 TCP 端口为 80，在用户访问时不需要输入；但如果网站的 TCP 端口不为 80，在输入网址时就必须添加上端口号。利用 Web 服务的这个特点，可以架设多个网站，每个网站均使用不同的端口号。使用这种方式创建的网站，其域名或 IP 地址部分完全相同，仅端口号不同。用户在使用网址访问时，必须添加相应的端口号。

在同一台 Web 服务器上使用同一个 IP 地址、两个不同的端口号（80、8080）创建两个网站，具体步骤如下。

（1）新建第 2 个 Web 站点。

**STEP 1** 以域管理员账户登录到 Web 服务器 DNS1 上。

**STEP 2** 在“Internet Informetion Services（IIS）管理器”控制台中，创建第 2 个 Web 站点，网站名称为 web8080，内容目录物理路径为 C:\web2，IP 地址为 192.168.10.1，端口号为 8080，如图 9-9 所示。

（2）在客户端上访问两个网站。

在 WIN10-1 上打开 IE 浏览器，分别输入 http://192.168.10.1 和 http://192.168.10.1:8080，这时会发现打开了两个不同的网站 Test Web 和 web8080。

> **提示** 如果在访问 Web2 时出现不能访问的情况，请检查防火墙，最好将全部防火墙（包括域的防火墙）关闭！后面类似问题不再说明。

### 2. 使用不同的主机头名架设多个 Web 站点

使用 www.long.com 访问第 1 个 Web 站点 Test Web，使用 www1.long.com 访问第 2 个 Web 站点 web8080。具体步骤如下。

（1）在区域 long.com 上创建别名记录。

**STEP 1** 以域管理员账户登录到 Web 服务器 DNS1 上。

**STEP 2** 打开“DNS 管理器”控制台，依次展开服务器和“正向查找区域”节点，单击区域 long.com。

**STEP 3** 创建别名记录。用鼠标右键单击区域 long.com，在弹出的快捷菜单中选择“新建别名”命令，出现“新建资源记录”对话框。在“别名”文本框中输入 www1，在“目标主机的完全合格的域名（FQDN）”文本框中输入 DNS1.long.com。

**STEP 4** 单击“确定”按钮，别名创建完成，如图 9-10 所示。

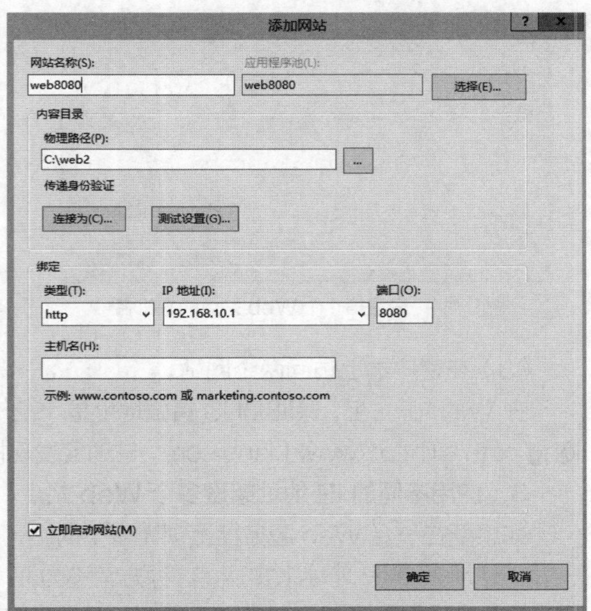


图 9-9 “添加网站”对话框

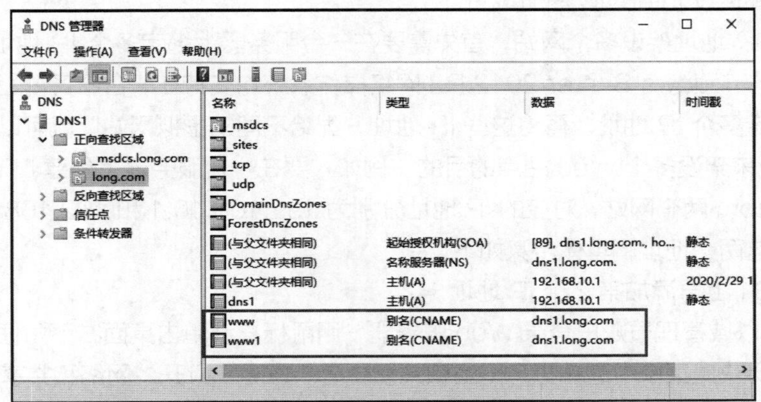


图 9-10 DNS 配置结果

（2）设置 Web 站点的主机名。

**STEP 1** 以域管理员账户登录 Web 服务器，用鼠标右键单击第 1 个 Web 站点“Test Web”，在弹出的快捷菜单中选择“编辑绑定”命令，在对话框中选中“192.168.10.1”地址行，单击“编辑”按钮，打开“编辑网站绑定”对话框，在“主机名”文本框中输入 www.long.com，端口设为 80，IP 地址设为 192.168.10.1，如图 9-11 所示，单击“确定”按钮即可。

**STEP 2** 用鼠标右键单击第 2 个 Web 站点“web8080”，在弹出的快捷菜单中选择“编辑绑定”命令，在对话框中选中“192.168.10.1”地址行，单击“编辑”按钮，打开“编辑网站绑定”对话框，在“主机名”文本框中输入 www1.long.com，端口设为 80，IP 地址设为 192.168.10.1，如图 9-12 所示，单击“确定”按钮即可。

图 9-11 设置第 1 个 Web 站点的主机名

图 9-12 设置第 2 个 Web 站点的主机名

（3）在客户端上访问两个网站。

在 WIN10-1 上，保证 DNS 首要地址是 192.168.10.1。打开 IE 浏览器，分别输入 http://www.long.com 和 http://www1.long.com，这时会发现打开了两个不同的网站 Test Web 和 web8080。

### 3. 使用不同的 IP 地址架设多个 Web 站点

如果要在一台 Web 服务器上创建多个网站，为了使每个网站域名都能对应于独立的 IP 地址，一般都使用多个 IP 地址来实现。这种方案称为 IP 虚拟主机技术，也是比较传统的解决方案。当然，为了使用户在浏览器中可使用不同的域名来访问不同的 Web 站点，必须将主机名及其对应的 IP 地址添加到域名解析系统（Domain Name System，DNS）中。如果使用此方法在 Internet 上维护多个网站，也需要通过 InterNIC 注册域名。

要使用多个 IP 地址架设多个网站，首先需要在一台服务器上绑定多个 IP 地址。而 Windows Server 2008 及 Windows Server 2012 R2 网络操作系统均支持在一台服务器上安装多块网卡，一张网卡可以绑定多个 IP 地址，再将这些 IP 地址分配给不同的虚拟网站，就可以达到一台服务器利用多个 IP 地址来架设多个 Web 站点的目的。例如，要在一台服务器上创建 Linux.long.com 和 Windows.long.com 两个网站，对应的 IP 地址分别为 192.168.10.1 和 192.168.10.5，需要在服务器网卡中添加这两个地址，具体步骤如下。

（1）在 DNS1 上再添加第 2 个 IP 地址。

**STEP 1** 以域管理员账户登录 Web 服务器，用鼠标右键单击桌面右下角任务托盘区域的网络连接图标，选择快捷菜单中的“打开网络和共享中心”命令，打开“网络和共享中心”窗口。

**STEP 2** 单击“本地连接”，打开“本地连接状态”对话框。

**STEP 3** 单击“属性”按钮，显示“本地连接属性”对话框。Windows Server 2016 中包含 IPv6 和 IPv4 两个版本的 Internet 协议，并且默认都已启用。

**STEP 4** 在“此连接使用下列项目”选项框中选择“Internet 协议版本 4（TCP/IP）”，单击“属性”按钮，显示“Internet 协议版本 4（TCP/IPv4）属性”对话框。单击“高级”按钮，打开“高级 TCP/IP 设置”对话框。

**STEP 5** 单击“添加”按钮，在 TCP/IP 对话框中输入 IP 地址 192.168.10.5，子网掩码为 255.255.255.0。单击“确定”按钮，完成设置，如图 9-13 所示。

（2）更改第 2 个网站的 IP 地址和端口号。

以域管理员账户登录 Web 服务器。用鼠标右键单击第 2 个 Web 站点“web8080”，在弹出的快捷菜单中选择“编辑绑定”命令，在对话框中选中“192.168.10.1”地址行，单击“编辑”按钮，打开“编辑网站绑定”对话框，在“主机名”文本框中不输入内容（清空原有内容），端口设为 80，IP 地址设为 192.168.10.5，如图 9-14 所示，最后单击“确定”按钮即可。

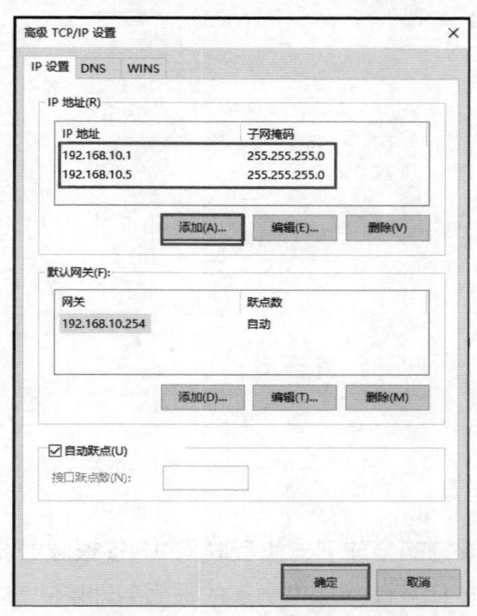


图 9-13 “高级 TCP/IP 设置”对话框

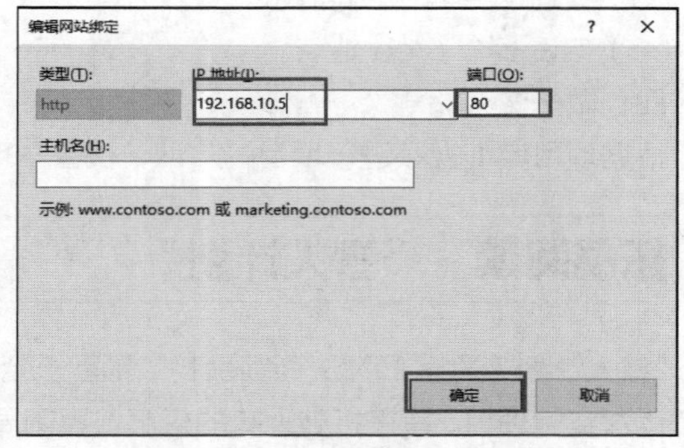


图 9-14 “编辑网站绑定”对话框

（3）在客户端上进行测试。

在 WIN10-1 上，打开 IE 浏览器，分别输入 http://192.168.10.1 和 http://192.168.10.5，这时会发现打开了两个不同的网站 Test Web 和 web8080。

## 9.4 习题

**一、填空题**

1. 微软 Windows Server 2016 家族的互联网信息服务（Internet Information Server，IIS）在________、________或________上提供了集成、可靠、可伸缩、安全和可管理的 Web 服务器功能，是为动态网络应用程序创建强大的通信平台的工具。

2. Web 中的目录分为两种类型：________和________。

**二、简答题**

1. 简述架设多个 Web 站点的方法。
2. IIS 8.0 提供的服务有哪些?
3. 什么是虚拟主机?

## 9.5 项目实训 配置与管理 Web 服务器

**一、实训目的**

掌握 Web 服务器的配置方法。

**二、项目环境**

本项目实训根据图 9-1 所示的环境来部署 Web 服务器。

**三、项目要求**

根据网络拓扑图（见图 9-1），完成如下任务。

（1）安装 Web 服务器。

（2）创建 Web 站点。

（3）管理 Web 站点目录。

（4）管理 Web 站点的安全。

（5）管理 Web 站点的日志。

（6）架设多个 Web 站点。

**四、做一做**

根据项目实训视频进行项目的实训，检查学习效果。

## 拓展阅读 “雪人计划”

“雪人计划（Yeti DNS Project）”是基于全新技术架构的全球下一代互联网 IPv6 根服务器测试和运营实验项目，旨在打破现有的根服务器困局，为下一代互联网提供更多的根服务器解决方案。

“雪人计划”是 2015 年 6 月 23 日在国际互联网名称与数字地址分配机构（the Internet Corporation for Assigned Names and Numbers，ICANN）第 53 届会议上正式对外发布的。

发起者包括中国“下一代互联网关键技术和评测北京市工程中心”、日本 WIDE 机构（M 根运营者）、国际互联网名人堂入选者保罗・维克西（Paul Vixie）博士等组织和个人。

2019 年 6 月 26 日，中华人民共和国工业和信息化部同意中国互联网络信息中心设立域名根服务器及运行机构。“雪人计划”于 2016 年在中国、美国、日本、印度、俄罗斯、德国、法国等全球 16 个国家完成 25 台 IPv6 根服务器架设，其中 1 台主根服务器和 3 台辅根服务器部署在中国，事实上形成了 13 台原有根服务器加 25 台 IPv6 根服务器的新格局，为建立多边、透明的国际互联网治理体系打下坚实基础。

# 项目10 配置与管理FTP服务器

10

文件传输协议（File Transfer Protocol，FTP）是用来在两台计算机之间传输文件的通信协议，这两台计算机，一台是 FTP 服务器，一台是 FTP 客户端。FTP 客户端可以从 FTP 服务器上下载文件，也可以将文件上传到 FTP 服务器。

## 本项目学习要点

- FTP 概述
- 安装 FTP 服务器
- 创建虚拟目录
- 创建虚拟机
- 配置与使用客户端
- 在配置域环境下隔离 FTP 服务器

## 10.1 项目基础知识

以 HTTP 为基础的 WWW 服务功能虽然强大，但对文件传输来说却略显不足。一种专门用于文件传输的服务——FTP 服务应运而生。

FTP 服务就是文件传输服务，它具备更强的文件传输可靠性和更高的效率。

### 10.1.1 FTP 工作原理

FTP 大大简化了文件传输的复杂性，它能够使文件通过网络从一台主机传送到另一台计算机上却不受计算机和操作系统类型的限制。无论是 PC、服务器、大型机，还是 iOS、Linux、Windows 操作系统，只要双方都支持 FTP，就可以方便、可靠地传送文件。

FTP 服务的具体工作过程如图 10-1 所示。

（1）客户端向服务器发出连接请求，同时客户端系统动态地打开一个大于 1024 的端口（如 1031 端口）等候服务器连接。

（2）若 FTP 服务器在端口 21 侦听到该请求，则会在客户端的 1031 端口和服务器的 21 端口之间建立起一个 FTP 会话连接。

（3）当需要传输数据时，FTP 客户端再动态地打开一个大于 1024 的端口（如 1032 端口）连接到服务器的 20 端口，并在这两个端口之间传输数据。当数据传输完毕，这两个端口（1032 和

20 端口）会自动关闭。

（4）客户端的 1031 端口和服务器的 21 端口之间的会话连接继续保持，等待接受其他客户进程发起的请求。

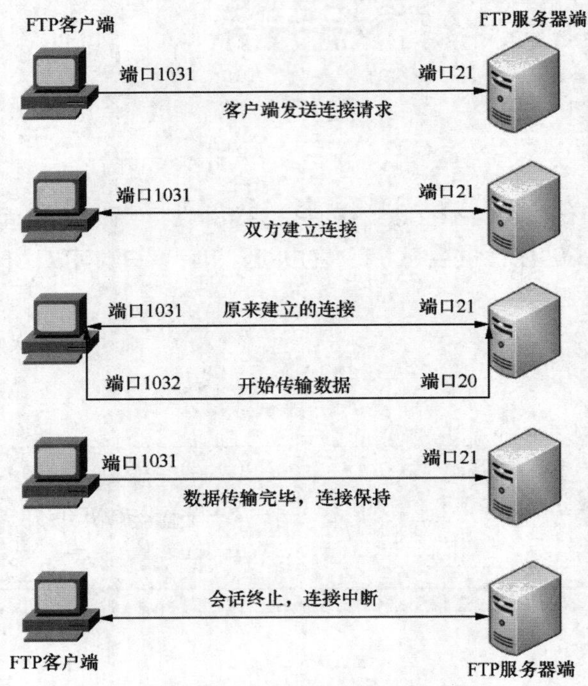


图 10-1　FTP 服务的具体工作过程

（5）当 FTP 客户端断开与 FTP 服务器的连接时，客户端上动态分配的端口将自动释放。

### 10.1.2　匿名用户

FTP 服务不同于 WWW，它首先要求登录到服务器上，然后传输文件，这对很多公开提供软件下载的服务器来说十分不便，于是匿名用户访问就诞生了。通过使用一个共同的用户名 anonymous、密码不限的管理策略（一般使用用户的邮箱作为密码即可），任何用户都可以很方便地从这些服务器上下载软件。

## 10.2　项目设计与准备

在架设 FTP 服务器之前，需要了解本任务实例的部署需求和实验环境。

**1. 部署需求**

在部署 FTP 服务前需满足以下要求。

- 设置 FTP 服务器的 TCP/IP 属性，手动指定 IP 地址、子网掩码、默认网关和 DNS 服务器 IP 地址等。
- 部署域环境，域名为 long.com。

**2. 部署环境**

本节任务所有实例都部署在一个域环境下，域名为 long.com。其中 FTP 服务器主机名为 DNS1，其本身也是域控制器和 DNS 服务器，IP 地址为 192.168.10.1 和 192.168.10.5。FTP 客户端主机若干，分别名为 WIN10-1 和 WIN10-2，客户端主机安装 Windows 10 操作系统，IP 地址分别为 192.168.10.30 和 192.168.10.40。网络拓扑图如图 10-2 所示。

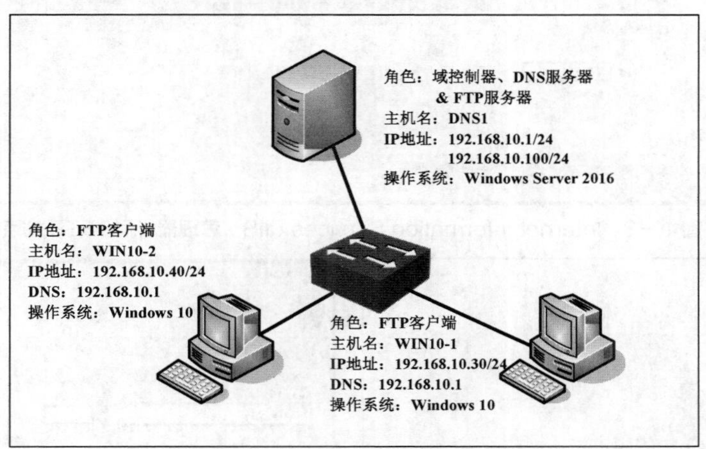


图 10-2 架设 FTP 服务器网络拓扑图

## 10.3 项目实施

### 任务 10-1 创建和访问 FTP 站点

在计算机 DNS1 上的“服务器管理器”窗口中安装 Web 服务器（IIS）角色，同时安装 FTP 服务器。

在 FTP 服务器上创建一个新网站 Test FTP，使用户在客户端计算机上能通过 IP 地址和域名进行访问。

微课 10-1 创建和访问 FTP 站点

**1. 创建使用 IP 地址访问的 FTP 站点**

创建使用 IP 地址访问的 FTP 站点的具体步骤如下。

（1）准备 FTP 主目录。

在 C 盘上创建文件夹 C:\ftp 作为 FTP 主目录，并在该文件夹内存放一个文件 test.txt，供用户在客户端计算机上下载和上传测试。

（2）创建 FTP 站点。

**STEP 1** 在“Internet Information Services（IIS）管理器”控制台树中，用鼠标右键单击服务器 DNS1，在弹出的快捷菜单中选择“添加 FTP 站点”命令，如图 10-3 所示，打开“添加 FTP 站点”对话框。

**STEP 2** 在“FTP 站点名称”文本框中输入 Test FTP，物理路径为 C:\ftp，如图 10-4 所示。

**STEP 3** 单击“下一步”按钮，打开图 10-5 所示的“绑定和 SSL 设置”对话框，在“IP 地址”文本框中输入 192.168.10.1，端口为 21，在 SSL 选项区下面选中“无 SSL”单选按钮。

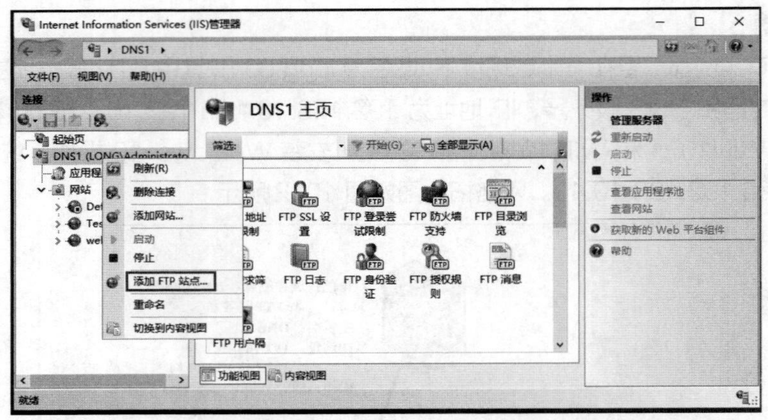

图 10-3　Internet Information Services（IIS）管理器-添加 FTP 站点

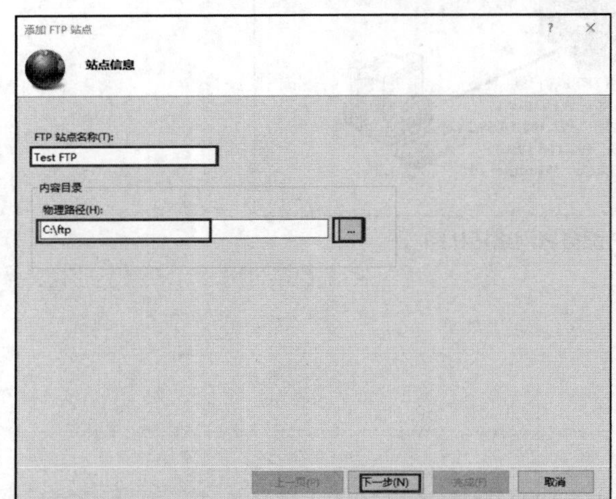

图 10-4　“添加 FTP 站点”对话框

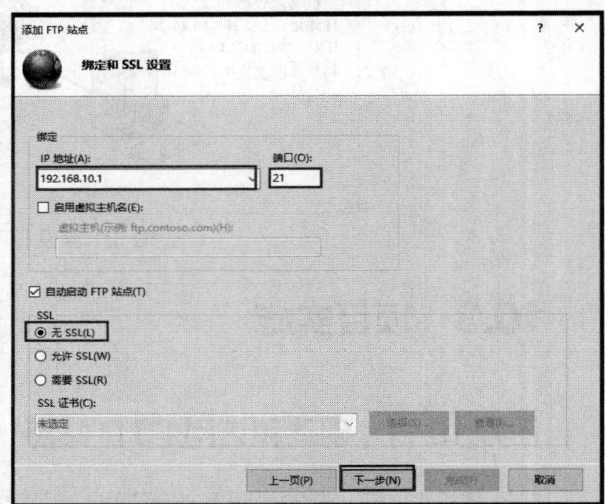

图 10-5　“绑定和 SSL 设置”对话框

**STEP 4** 单击“下一步”按钮，打开图 10-6 所示的“身份验证和授权信息”对话框，输入相应信息。本例允许匿名访问，也允许特定用户访问。

**注意** 访问 FTP 服务器主目录的最终权限由此处的权限与用户对 FTP 主目录的 NTFS 权限共同作用，哪一个严格就采用哪一个。

（3）测试 FTP 站点。

用户在客户端计算机 WIN10-1 上用鼠标右键单击“开始”菜单，在弹出的快捷菜单中选择“文件资源管理器”命令，输入“ftp://192.168.10.1”就可以访问刚才建立的 FTP 站点。或者在浏览器中输入“ftp://192.168.10.1”，也可以访问 Test FTP 网站。

**2. 创建使用域名访问的 FTP 站点**

创建使用域名访问的 FTP 站点的具体步骤如下。

（1）在 DNS 区域中创建别名。

**STEP 1** 以管理员账户登录到 DNS 服务器 DNS1 上，打开“DNS 管理器”控制台，在控制台树中依次展开服务器和“正向查找区域”节点，然后用鼠标右键单击区域 long.com，在弹出的快捷菜单中选择“新建别名”命令，打开“新建资源记录”对话框。

**STEP 2** 在“别名”文本框中输入别名 ftp，在“目标主机的完全合格的域名（FQDN）”文本框中输入 FTP 服务器的完全合格域名，在此输入 dns1.long.com，如图 10-7 所示。

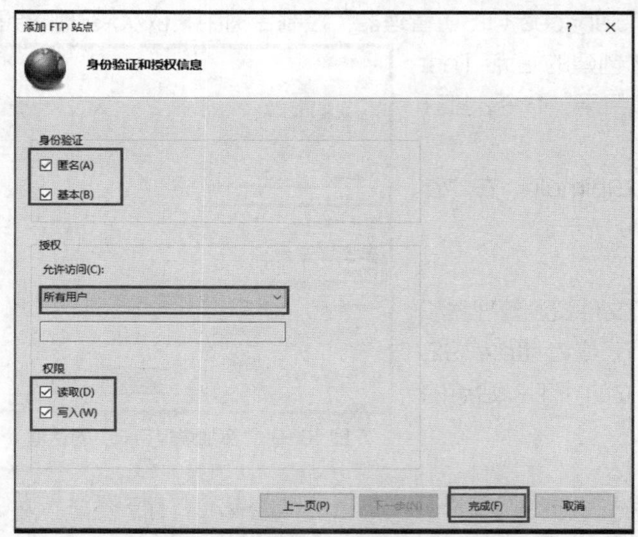


图 10-6 “身份验证和授权信息”对话框

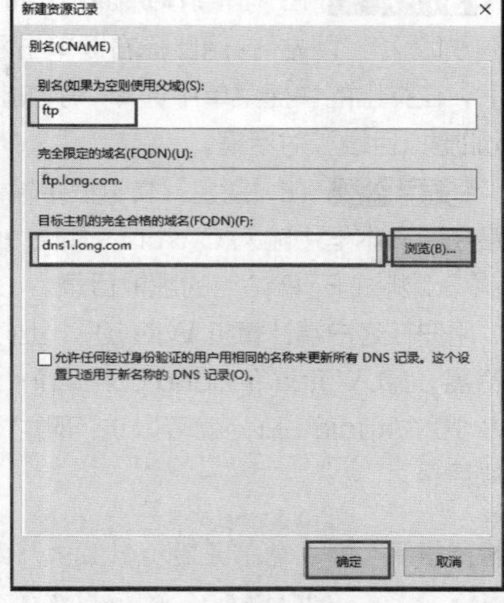


图 10-7 新建别名记录

**STEP 3** 单击“确定”按钮，完成别名记录的创建。

（2）测试 FTP 站点。

用户在客户端计算机 WIN10-1 上打开文件资源管理器或浏览器，输入 ftp://ftp.long.com 就可以访问刚才建立的 FTP 站点，如图 10-8 所示。

图 10-8 使用完全合格的域名（FQDN）访问 FTP 站点

## 任务 10-2 创建虚拟目录

使用虚拟目录可以在服务器硬盘上创建多个物理目录，或者引用其他计算机上的主目录，从而为不同上传或下载服务的用户提供不同的目录，并且可以为不同的目录分别设置不同的权限，如读取、写入等。使用 FTP 虚拟目录时，由于用户不知道文件的具体存储位置，所以文件存储更加安全。

微课 10-2 创建虚拟目录

在 FTP 站点上创建虚拟目录 xunimulu 的具体步骤如下。

（1）准备虚拟目录内容。

以管理员账户登录到 DNS 服务器 DNS1 上，创建文件夹 C:\xuni，作为 FTP 虚拟目录的主目录，在该文件夹下存入一个文件 test1.txt 供用户在客户端计算机上下载。

（2）创建虚拟目录。

**STEP 1** 在“Internet Information Services（IIS）管理器”控制台树中，依次展开服务器“DNS1”和“网站”，用鼠标右键单击刚才创建的站点 Test FTP，在弹出的快捷菜单中选择“添加虚拟目录”命令，打开“添加虚拟目录”对话框。

**STEP 2** 在“别名”文本框中输入 xunimulu，在“物理路径”文本框中输入 C:\xuni，如图 10-9 所示。

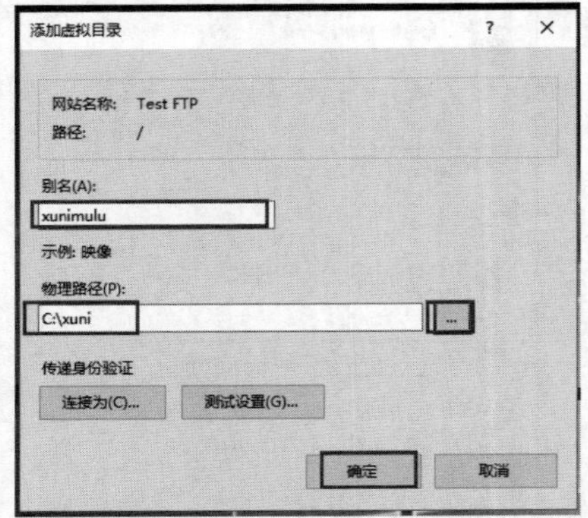


图 10-9 “添加虚拟目录”对话框

（3）测试 FTP 站点的虚拟目录。

用户在客户端计算机 WIN10-1 上打开文件资源管理器和浏览器，输入 ftp://ftp.long.com/xunimulu 或者 ftp://192.168.10.1/xunimulu，就可以访问刚才建立的 FTP 站点的虚拟目录。

**特别提示** 在各种服务器的配置中，要时刻注意账户的 NTFS 权限，避免由于 NTFS 权限设置不当而无法完成相关配置，同时注意防火墙的影响。

## 任务 10-3 安全设置 FTP 服务器

微课 10-3 安全设置 FTP 服务器

FTP 服务的配置和 Web 服务相比要简单得多，主要是站点的安全性设置，包括指定不同的授权用户，如允许不同权限的用户访问，允许来自不同 IP 地址的用户访问，或限制不同 IP 地址的不同用户的访问等。再就是和 Web 站点一样，FTP 服务器也要设置 FTP 站点的主目录和性能等。

### 1. 设置 IP 地址和端口

**STEP 1** 在“Internet Information Services（IIS）管理器”控制台树中，依次展开服务器“DNS1”和“网站”，选择 FTP 站点 Test FTP，然后单击操作列的“绑定”按钮，弹出“网站绑定”对话框，如图 10-10 所示。

**STEP 2** 选择 ftp 条目后，单击“编辑”按钮，完成 IP 地址和端口号的更改，如改为 2121。

**STEP 3** 测试 FTP 站点。用户在客户端计算机 WIN10-1 上打开浏览器或资源管理器，输入 ftp://192.168.10.1:2121 就可以访问刚才建立的 FTP 站点了。

**STEP 4** 为了继续完成后面的实训，测试完毕，请再将端口号改为默认，即 21。

### 2. 其他配置

在“Internet Information Services（IIS）管理器”控制台树中，依次展开 FTP 服务器，选择 FTP 站点 Test FTP。可以分别进行“FTP SSL 设置”“FTP 当前会话”“FTP 防火墙支持”“FTP 目录浏览”“FTP 请求筛选”“FTP 日志”“FTP 身份验证”“FTP 授权规则”“FTP 消息”“FTP 用户隔离”等内容的设置或浏览，如图 10-11 所示。

在“操作”列中，可以进行“浏览”“编辑权限”“绑定”“基本设置”“查看应用程序”“查看虚拟目录”“重新启动 FTP 站点”“启动或停止 FTP 站点”“高级设置”等操作。

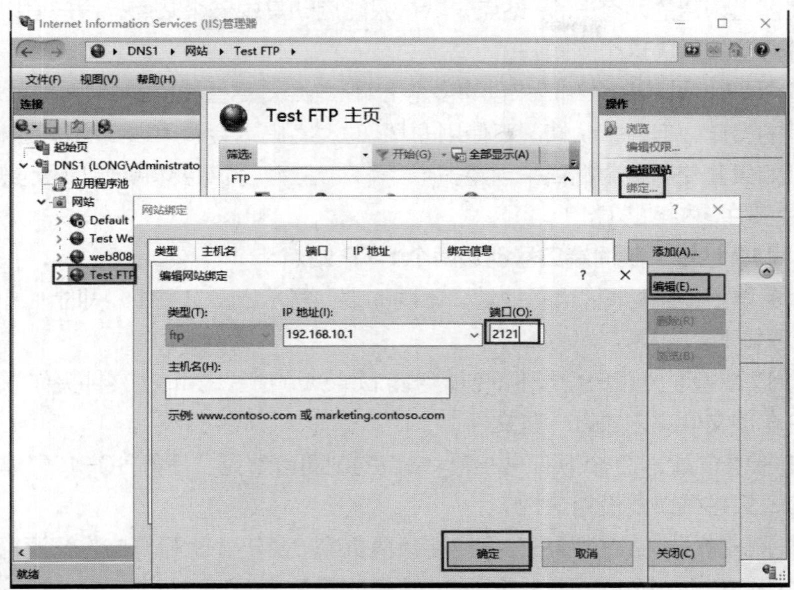


图 10-10 “网站绑定”对话框

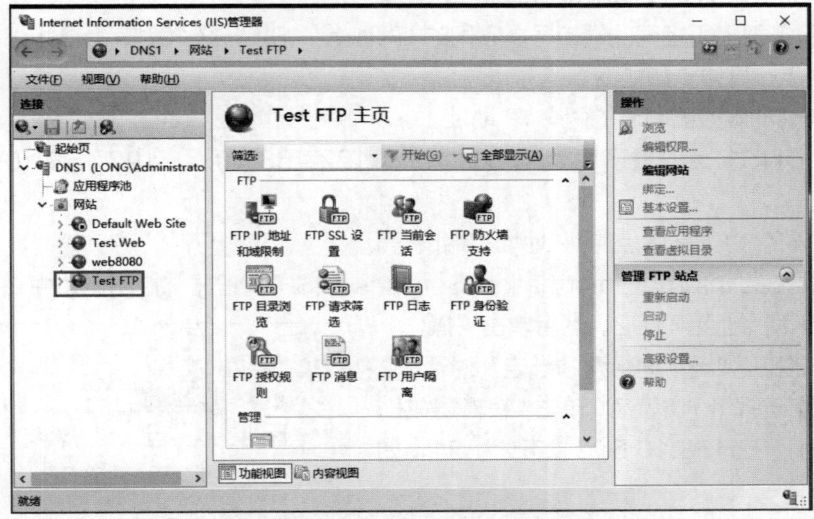


图 10-11 “Test FTP 主页”窗口

## 任务 10-4 创建虚拟主机

### 1. 虚拟主机简介

微课 10-4 创建虚拟主机

一个 FTP 站点是由一个 IP 地址和一个端口号唯一标识的，改变其中任意一项均标识不同的 FTP 站点。但是在 FTP 服务器上，通过“Internet Information Services（IIS）管理器”控制台只能创建一个 FTP 站点。在实际应用环境中，有时需要在一台服务器上创建两个不同的 FTP 站点，这就涉及虚拟主机的问题。

在一台服务器上创建的两个 FTP 站点，默认只能启动其中一个站点，用户可以通过更改 IP 地址或端口号两种方法来解决这个问题。

可以使用多个 IP 地址和多个端口来创建多个 FTP 站点。尽管使用多个 IP 地址来创建多个站点是常见并且推荐的操作，但在默认情况下使用 FTP 时，客户端会调用端口 21，这样情况会变得非常复杂。因此，如果要使用多个端口来创建多个 FTP 站点，就需要将新端口号通知用户，以便其 FTP 客户能够找到并连接到该端口。

**2. 使用相同 IP 地址、不同端口号创建两个 FTP 站点**

在同一台服务器上使用相同的 IP 地址、不同的端口号（21、2121）同时创建两个 FTP 站点 FTP2，具体步骤如下。

**STEP 1** 以域管理员账户登录 FTP 服务器 DNS1，创建 C:\ftp2 文件夹作为第 2 个 FTP 站点的主目录，并在该文件夹内放入一些文件。

**STEP 2** 接着创建第 2 个 FTP 站点，站点的创建可参见“任务 10-1 创建和访问 FTP 站点”的相关内容，只是端口要设为 2121。

**STEP 3** 测试 FTP 站点。用户在客户端计算机 WIN10-1 上打开文件资源管理器或浏览器，输入 ftp://192.168.10.1:2121 就可以访问刚才建立的第 2 个 FTP 站点。

**3. 使用两个不同的 IP 地址创建两个 FTP 站点**

在同一台服务器上用相同的端口号、不同的 IP 地址（192.168.10.1、192.168.10.5）同时创建两个 FTP 站点，具体步骤如下。

（1）设置 FTP 服务器网卡的两个 IP 地址。

前面已在 DNS1 上设置了两个 IP 地址，即 192.168.10.1、192.168.10.5，此处不再赘述。

（2）更改第 2 个 FTP 站点的 IP 地址和端口号。

**STEP 1** 在“Internet Information Services（IIS）管理器”控制台树中，依次展开 FTP 服务器，选择 FTP 站点 FTP2。然后单击“操作”列的“绑定”按钮，弹出“编辑网站绑定”对话框。

**STEP 2** 选择 ftp 类型后，单击“编辑”按钮，将 IP 地址改为 192.168.10.5，端口改为 21，如图 10-12 所示。

**STEP 3** 单击“确定”按钮完成更改。

（3）测试 FTP 的第 2 个站点。

在客户端计算机 WIN10-1 上打开浏览器，输入 ftp://192.168.10.5 就可以访问刚才建立的第 2 个 FTP 站点。

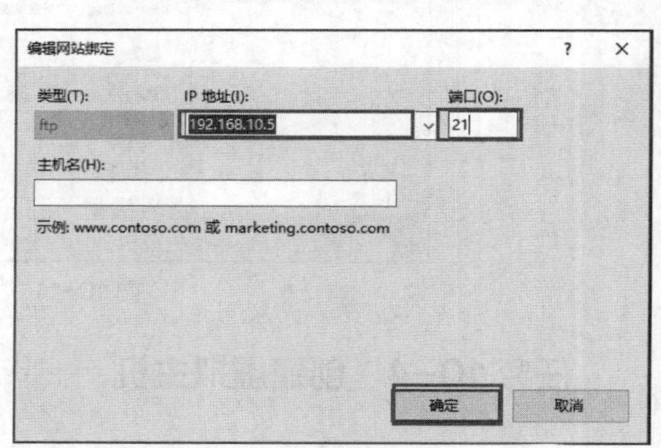


图 10-12 “编辑网站绑定”对话框

> **试一试** 请读者参照任务 9-4 中的“2. 使用不同的主机头名架设多个 Web 站点”的相关内容，自行完成“使用不同的主机头名架设多个 FTP 站点”的实训。

## 任务 10-5　实现 AD 环境下多用户隔离 FTP

微课 10-5 实现 AD 环境下多用户隔离 FTP

### 1. 任务需求

未名公司已经搭建好域环境，业务组因业务需求，需要在服务器上存储相关业务数据，但是业务组希望各用户目录相互隔离（仅允许访问自己的目录而无法访问他人的目录），每一个业务员允许使用的 FTP 空间大小为 100MB。为此，公司决定通过 AD 中的 FTP 隔离来实现此应用。

建立基于域的隔离用户 FTP 站点和使用磁盘配额技术可以实现本任务。在实现本任务前，请将前面所做的 FTP 站点删除或停止，以避免影响本实训。

### 2. 创建业务部 OU 及用户

**STEP 1** 在 DNS1 中新建一个名为 sales 的 OU，在 sales 中新建用户，用户名分别为 salesuser1、salesuser2、sales_master，用户密码为 P@ssw0rd，如图 10-13 所示。

**STEP 2** 用鼠标右键单击“sales”选项，单击“委派控制”命令，接着单击“下一步”→“添加”按钮，添加 sales_master 用户，选择“读取所有用户信息”复选项，如图 10-14 所示。

**STEP 3** 单击“下一步”→“完成”按钮。这样就委派了 sales_master 用户对“sales” OU 有读取所有用户信息的权限（sales_master 为 FTP 的服务账号）。

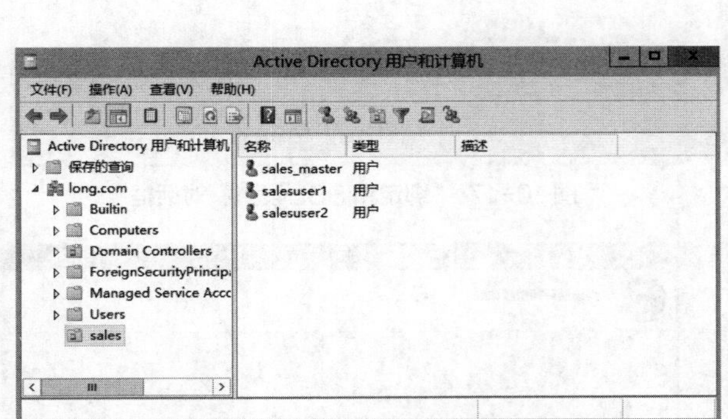


图 10-13　创建 OU 及用户

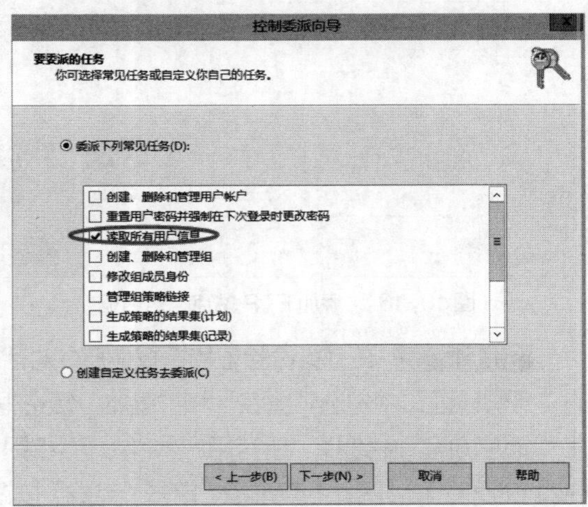


图 10-14　委派权限

### 3. FTP 服务器配置

**STEP 1** 仍使用 long\administrator 登录 FTP 服务器 DNS1（该服务器集域控制器、DNS 服务器和 FTP 服务器于一身，在真实环境中可能需要单独的 FTP 服务器）。FTP 服务器角色和功能已经添加。

**STEP 2** 在 C 盘（或其他任意盘）建立主目录 FTP_sales，在 FTP_sales 中分别建立用户名对应的文件夹 salesuser1、salesuser2，如图 10-15 所示。为了测试方便，请事先在两个文件夹中新建一些文件或文件夹。

**STEP 3** 选择“服务器管理器”→“工具”→“Internet Information Server(IIS)管理器”命令，在弹出的对话框中用鼠标右键单击“网站”选项，在弹出的快捷菜单中选择“添加 FTP 站点”命令，在弹出的“添加 FTP 站点”对话框中输入“FTP 站点名称”和选择“物理路径”，如图 10-16 所示。

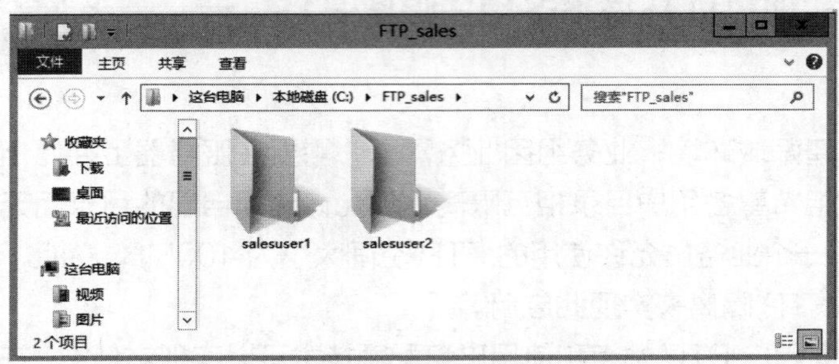

图 10-15 新建文件夹

**STEP 4** 在“绑定和 SSL 设置”对话框中选择“绑定”的“IP 地址”，在 SSL 中选中“无 SSL”单选按钮，如图 10-17 所示。

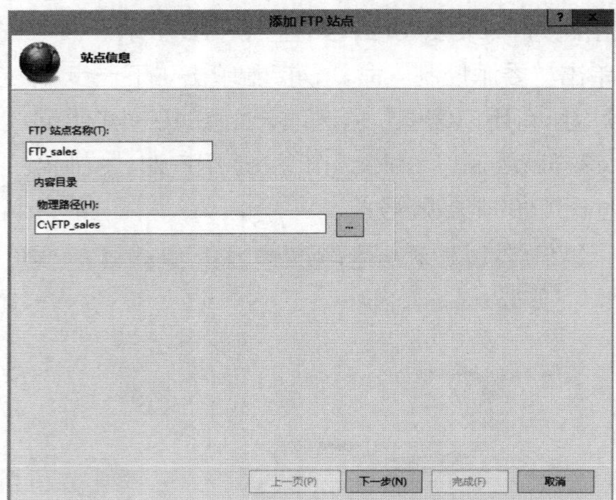

图 10-16 “添加 FTP 站点”对话框

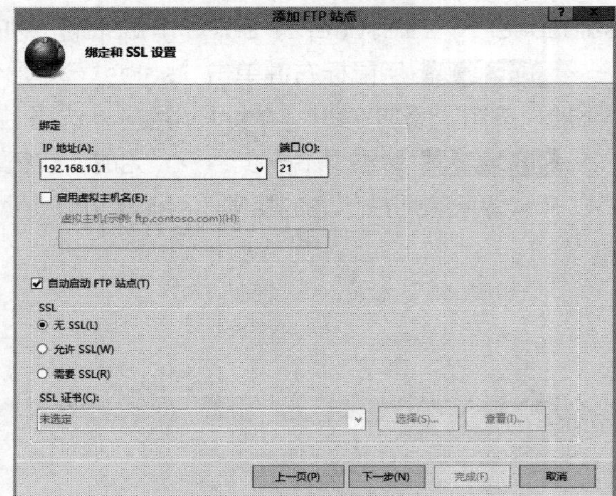

图 10-17 “绑定和 SSL 设置”对话框

**STEP 5** 在“身份验证和授权信息”对话框的“身份验证”中勾选“匿名”和“基本”复选框，在“允许访问”中选择“所有用户”，勾选“权限”中的“读取”和“写入”复选框，单击“完成”按钮，如图 10-18 所示。

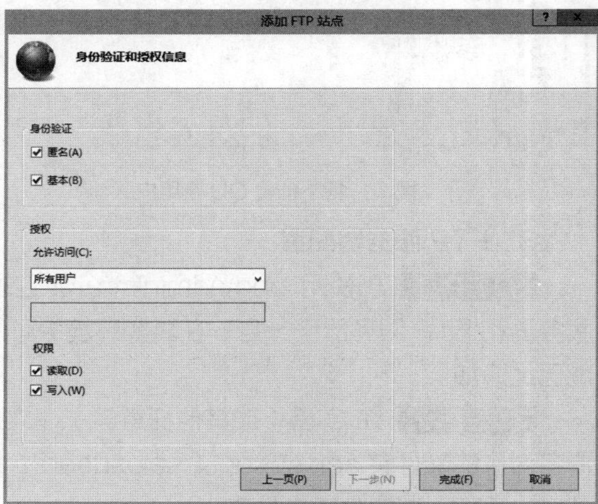

图 10-18 “身份验证和授权信息”对话框

**STEP 6** 在“Internet Information Services（IIS）管理器”控制台的 FTP_sales 中单击“FTP 用户隔离”按钮，如图 10-19 所示。

**STEP 7** 在“FTP 用户隔离”中选中“在 Active Directory 中配置的 FTP 主目录”单选按钮，单击“设置”按钮添加刚刚委派的用户，再单击“应用”按钮，如图 10-20 所示。

**STEP 8** 选择 DNS1 的“服务器管理器”→“工具”→“ADSI 编辑器”→“操作”→“连接到”命令，单击“确定”按钮，如图 10-21 所示。

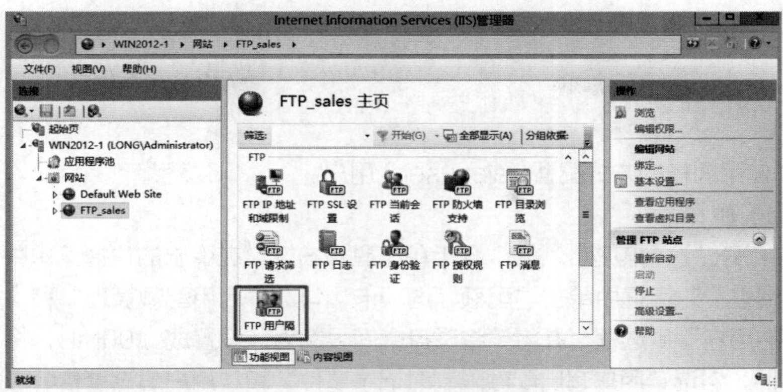

图 10-19　选择“FTP 用户隔离”

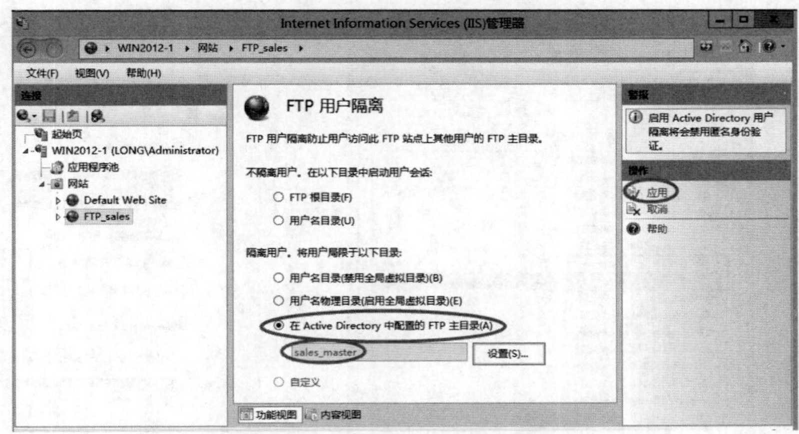

图 10-20　配置“FTP 用户隔离”

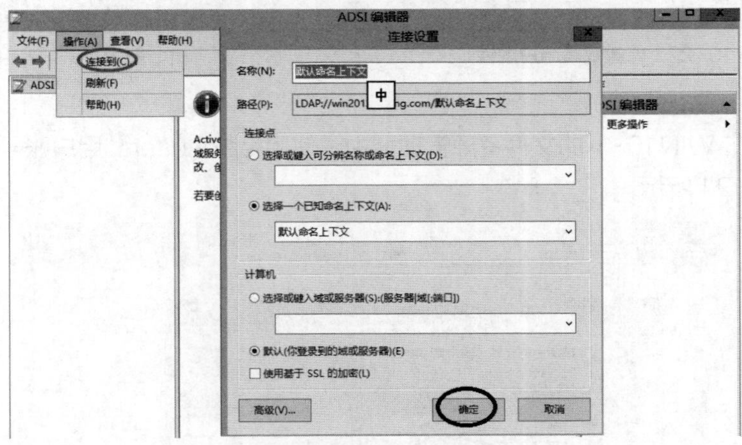

图 10-21　“连接设置”对话框

**STEP 9** 展开左子树，用鼠标右键单击 sales OU 中的 salesuser1 用户，在弹出的快捷菜单中选择“属性”命令，在弹出的对话框中找到 msIIS-FTPDir，该选项设置用户对应的目录，将其修改为 salesuser1；msIIS-FTPRoot 用于设置用户对应的路径，将其设为 C:\FTP_sales，如图 10-22 所示。

**注意** msIIS-FTPRoot 对应于用户的 FTP 根目录，msIIS-FTPDir 对应于用户的 FTP 主目录，用户的 FTP 主目录必须是 FTP 根目录的子目录。

**STEP 10** 使用同样的方式配置 salesuser2 用户。

### 4. 配置磁盘配额

在 DNS1 上打开“这台电脑”，在 C 盘上单击鼠标右键，在弹出的快捷菜单中选择“属性”命令，在弹出的“属性”对话框中单击“配额”选项卡，勾选“启用配额管理”和“拒绝将磁盘空间给超过配额限制的用户”复选框，并将“将磁盘空间限制为”设置成 100MB，将“将警告等级设为”设置成 90MB，勾选“用户超出配额限制时记录事件”和“用户超过警告等级时记录事件”复选框，然后单击“应用”按钮，如图 10-23 所示。

图 10-22 修改隔离用户属性

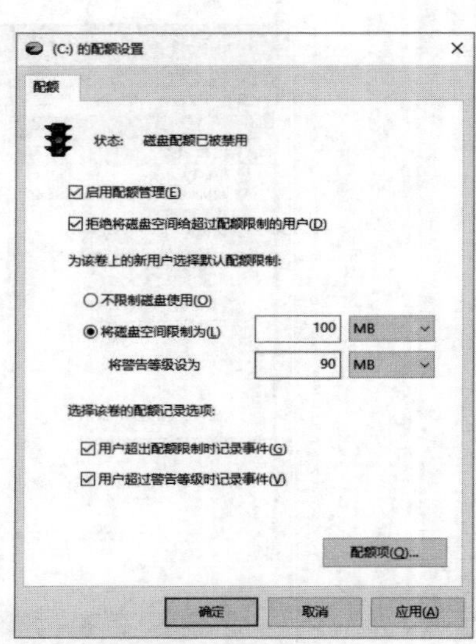


图 10-23 启用磁盘“配额”

### 5. 测试验证

**STEP 1** 在 WIN10-1 的文件资源管理器中，使用 salesuser1 用户账号和密码登录 FTP 服务器，如图 10-24 所示。

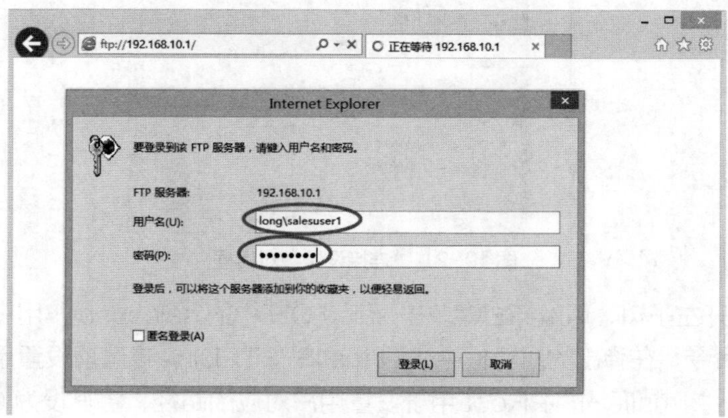


图 10-24 在客户端访问 FTP 服务器

**注意** 必须使用 long\salesuser1 或 salesuser1@long.com 登录。为了不受防火墙的影响，建议暂时关闭所有的防火墙。

**STEP 2** 在 WIN10-1 上使用 salesuser1 用户访问 FTP，并成功上传文件，如图 10-25 所示。

图 10-25　salesuser1 登录成功并可上传文件

**STEP 3** 使用 salesuser2 用户访问 FTP 并成功上传文件，如图 10-26 所示。

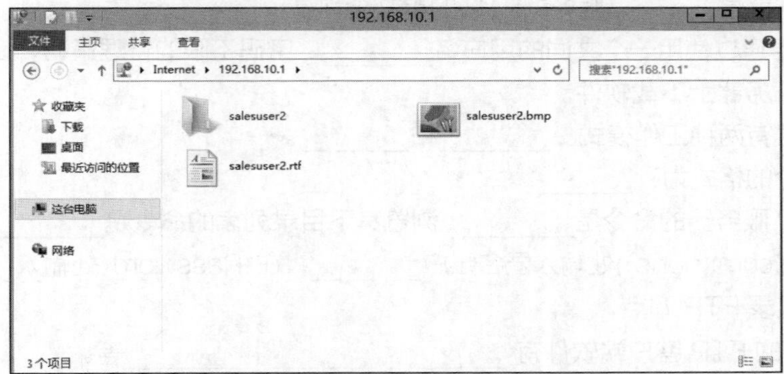


图 10-26　salesuser2 登录成功并可上传文件

**STEP 4** 当 salesuser1 用户上传文件超过 100MB 时，会提示上传失败。例如，将大于 100MB 的 Administrator 文件夹上传到 FTP 服务器时会上传失败，如图 10-27 所示。

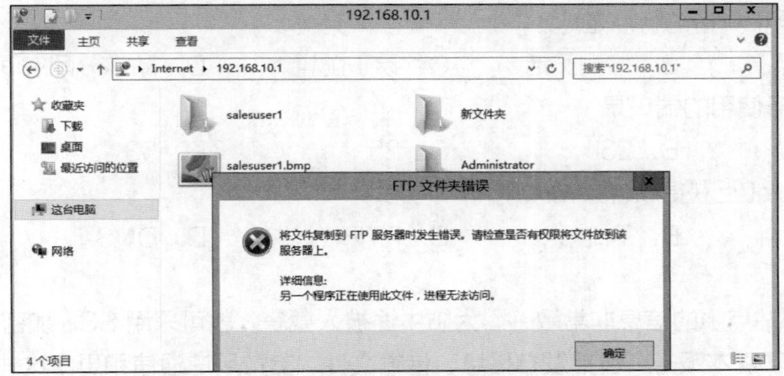


图 10-27　提示上传出错

**STEP 5** 在 DNS1 上打开“这台电脑”，在 C 盘上单击鼠标右键，在弹出的快捷菜单中选择“属性”命令，在弹出的“属性”对话框中单击“配额”选项卡，单击“配额项”按钮可以查看用户使用的空间，如图 10-28 所示。

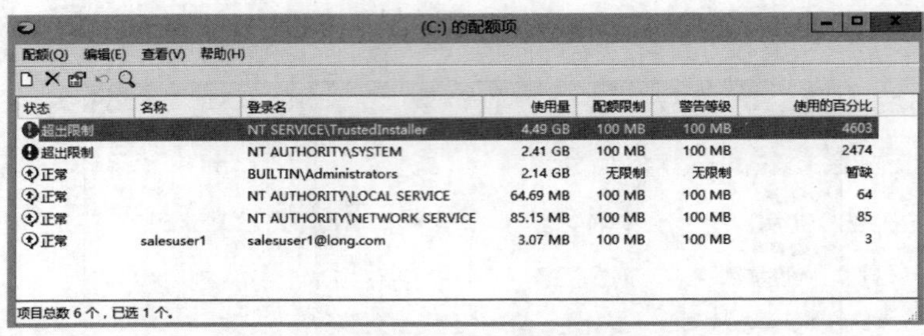


图 10-28　查看“配额项”

## 10.4 习题

**一、填空题**

1. FTP 服务就是________服务，FTP 的英文全称是________。

2. FTP 服务通过使用一个共同的用户名________、密码不限的管理策略，让任何用户都可以很方便地从这些服务器上下载软件。

3. FTP 服务有两种工作模式：________和________。

4. FTP 命令的格式为：________。

5. 打开 FTP 服务器的命令是________，浏览其下目录列表的命令是________。如果匿名登录，在 User (ftp.long.com:(none))处输入匿名账户________，在 Password 处输入________或直接按 Enter 键，即可登录 FTP 站点。

6. 比较著名的 FTP 客户端软件有________、________、________等。

7. FTP 身份验证方法有两种：________和________。

**二、选择题**

1. 虚拟主机技术不能通过（　　）架设网站。

A. 计算机名　　B. TCP 端口　　C. IP 地址　　D. 主机头名

2. 虚拟目录不具备的特点是（　　）。

A. 便于扩展　　B. 增删灵活　　C. 易于配置　　D. 动态分配空间

3. FTP 服务使用的端口是（　　）。

A. 21　　B. 23　　C. 25　　D. 53

4. 从 Internet 上获得软件最常采用（　　）。

A. www　　B. Telnet　　C. FTP　　D. DNS

**三、判断题**

1. 若 Web 站点中的信息非常敏感，为防中途被人截获，就可采用 SSL 加密方式。（　　）

2. IIS 提供了基本服务，包括发布信息、传输文件、支持用户通信和更新这些服务所依赖的数据存储。（　　）

3. 虚拟目录是一个文件夹，一定位于主目录内。（　　）

4. FTP 的全称是 File Transfer Protocol（文件传输协议），是用于传输文件的协议。（　　）

5. 当使用“用户隔离”模式时，所有用户的主目录都在单一 FTP 主目录下，每个用户均被限制在自己的主目录中，且用户名必须与相应的主目录匹配，不允许用户浏览除自己主目录之外的其他内容。（　　）

**四、简答题**

1. 非域的用户隔离和域用户隔离的主要区别是什么？

2. 能否使用不存在的域用户进行多用户配置？

3. 磁盘配额的作用是什么？

## 10.5 项目实训　配置与管理 FTP 服务器

本项目实训根据图 10-2 所示的环境来部署 FTP 服务器。

（1）安装 FTP 服务器。

（2）创建和访问 FTP 站点。

（3）创建虚拟目录。

（4）安全设置 FTP 服务器。

（5）创建虚拟主机。

（6）配置与使用客户端。

（7）设置 AD 隔离用户 FTP 服务器，测试用户为 Jane 和 Mike。参见任务 10-5。

**做一做**

根据实训项目视频进行项目的实训，检查学习效果。

## 拓展阅读　中国的“龙芯”

你知道“龙芯”吗？你知道“龙芯”的应用水平吗？

通用处理器是信息产业的基础部件，是电子设备的核心器件。通用处理器是关系到国家命运的战略产业之一，其发展直接关系到国家技术创新能力，关系到国家安全，是国家的核心利益所在。

“龙芯”是我国最早研制的高性能通用处理器系列，于 2001 年在中国科学院计算所开始研发，得到了“863”“973”“核高基”等项目的大力支持，完成了 10 年的核心技术积累。2010 年，中国科学院和北京市政府共同牵头出资，龙芯中科技术有限公司正式成立，开始市场化运作，旨在将龙芯处理器的研发成果产业化。

龙芯中科技术有限公司研制的处理器产品包括龙芯 1 号、龙芯 2 号、龙芯 3 号三大系列。为了将国家重大创新成果产业化，龙芯中科技术有限公司努力探索，在国防、教育、工业、物联网等行业取得了重大市场突破，龙芯产品取得了良好的应用效果。

# 项目11 配置与管理VPN服务器

11

作为网络管理员，必须熟悉网络安全保护的各种策略环节以及可以采取的安全措施，这样才能合理地进行安全管理，使得网络和计算机处于安全保护的状态。

虚拟专用网（Virtual Private Network，VPN）可以让远程用户通过 Internet 来安全地访问公司内部网络的资源。

## 本项目学习要点

- 理解 VPN 的基本概念和基本原理
- 理解远程访问 VPN 的构成和连接过程
- 掌握配置并测试远程访问 VPN 的方法
- 掌握 VPN 服务器的网络策略的配置方法

## 11.1 项目基础知识

微课 11-1 VPN 服务器

远程访问（Remote Access）也称为远程接入，通过这种技术，可以将远程或移动用户连接到组织内部网络上，使远程用户可以像他们的计算机物理地连接到内部网络上一样工作。实现远程访问最常用的连接方式就是 VPN 技术。目前，Internet 中的多个企业网络常常选择 VPN 技术（通过加密技术、验证技术、数据确认技术的共同应用）连接起来，就可以轻易地在 Internet 上建立一个专用网络，让远程用户通过 Internet 来安全地访问网络内部的网络资源。

虚拟专用网是指在公共网络（通常为 Internet）中建立一个虚拟的、专用的网络，是 Internet 与 Intranet 之间的专用通道，为企业提供一个高安全、高性能、简便易用的环境。当远程的 VPN 客户端通过 Internet 连接到 VPN 服务器时，它们之间所传送的信息会被加密，所以即使信息在 Internet 传送的过程中被拦截，也会因为信息已被加密而无法识别，因此可以确保信息的安全性。

### 11.1.1 VPN 的构成

（1）远程访问 VPN 服务器。远程访问 VPN 服务器用于接收并响应 VPN 客户端的连接请求，并建立 VPN 连接。它可以是专用的 VPN 服务器设备，也可以是运行 VPN 服务的主机。

（2）VPN 客户端。VPN 客户端用于发起连接 VPN 的连接请求，通常为 VPN 连接组件的主机。

（3）隧道协议。VPN 的实现依赖于隧道协议，通过隧道协议，可以将一种协议用另一种协议或相同协议封装，同时还可以提供加密、认证等安全服务。VPN 服务器和客户端必须支持相同的隧道协议，以便建立 VPN 连接。目前最常用的隧道协议有 PPTP 和 L2TP。

- 点对点隧道协议（Point-to-Point Tunneling Protocol，PPTP）是点对点协议（Point-to-Point Protocol，PPP）的扩展，并协调使用 PPP 的身份验证、压缩和加密机制。PPTP 的客户端支持内置于 Windows XP 操作系统的远程访问客户端中。只有 IP 网络（如 Internet）才可以建立 PPTP 的 VPN。两个局域网之间若通过 PPTP 来连接，则两端直接连接到 Internet 的 VPN 服务器必须要执行 TCP/IP，但网络内的其他计算机不一定需要支持 TCP/IP，它们可执行 TCP/IP、IPX 或 NetBEUI 通信协议，因为当它们通过 VPN 服务器与远程计算机通信时，这些不同通信协议的数据包会被封装到 PPP 的数据包内，然后经过 Internet 传送，信息到达目的地后，再由远程的 VPN 服务器将其还原为 TCP/IP、IPX 或 NetBEUI 的数据包。PPTP 是利用微软点对点加密术（Microsoft Point-to-Point Encryption，MPPE）来将信息加密的。PPTP 的 VPN 服务器支持内置于 Windows Server 2003 家族的成员中。PPTP 与 TCP/IP 一同安装，根据运行“路由和远程访问服务器安装向导”时所做的选择，PPTP 可以配置为 5 个或 128 个 PPTP 端口。
- 第二层隧道协议（Layer Two Tunneling Protocol，L2TP）是基于 RFC 的隧道协议，该协议是一种业内标准。L2TP 同时具有身份验证、加密与数据压缩的功能。L2TP 的验证与加密方法都是采用 IPSec。与 PPTP 类似，L2TP 也可以将 IP、IPX 或 NetBEUI 的数据包封装到 PPP 的数据包内。与 PPTP 不同，运行在 Windows Server 2016 服务器上的 L2TP 不利用微软点对点加密（MPPE）来加密点对点协议（PPP）数据报。L2TP 依赖于加密服务的 Internet 协议安全性（IPSec）。L2TP 和 IPSec 的组合被称为 L2TP/IPSec。L2TP/IPSec 提供专用数据的封装和加密的主要虚拟专用网（VPN）服务。VPN 客户端和 VPN 服务器必须支持 L2TP 和 IPSec。在 VPN 客户端方面，L2TP 支持 Windows 8/10 等远程访问客户端。在 VPN 服务器方面，L2TP 支持 Windows Server 家族的成员。L2TP 与 TCP/IP 一同安装，根据运行“路由和远程访问服务器安装向导”时所做的选择，L2TP 可以配置为 5 个或 128 个 L2TP 端口。

（4）Internet 连接。VPN 服务器和客户端必须都接入 Internet，并且能够通过 Internet 进行正常的通信。

### 11.1.2 VPN 应用场合

VPN 的实现可以分为软件和硬件两种方式。Windows 服务器版的操作系统以完全基于软件的方式实现了虚拟专用网，成本非常低廉。无论身处何地，只要能连接到 Internet，就可以与企业网在 Internet 上的虚拟专用网相关联，登录到内部网络浏览或交换信息。

一般来说，VPN 使用在以下两种场合。

（1）远程客户端通过 VPN 连接到局域网。

总公司（局域网）的网络已经连接到 Internet，而用户通过远程拨号连接 ISP 连上 Internet 后，就可以通过 Internet 来与总公司（局域网）的 VPN 服务器建立 PPTP 或 L2TP 的 VPN，并通过 VPN 来安全地传送信息。

（2）两个局域网通过 VPN 互连。

两个局域网的 VPN 服务器都连接到 Internet，并且通过 Internet 建立 PPTP 或 L2TP 的 VPN，它可以让两个网络之间安全地传送信息，不用担心在 Internet 上传送时泄密。

除了使用软件方式实现外，VPN 的实现需要建立在交换机、路由器等硬件设备的基础上。目前，在 VPN 技术和产品方面，最具有代表性的当数 Cisco 和华为 3Com。

### 11.1.3 VPN 的连接过程

VPN 的连接过程如下。

（1）客户端向服务器连接 Internet 的接口发送建立 VPN 连接的请求。

（2）服务器接收到客户端建立连接的请求之后，将对客户端的身份进行验证。

（3）如果身份验证未通过，则拒绝客户端的连接请求。

（4）如果身份验证通过，则允许客户端建立 VPN 连接，并为客户端分配一个内部网络的 IP 地址。

（5）客户端将获得的 IP 地址与 VPN 连接组件绑定，并使用该地址与内部网络进行通信。

### 11.1.4 认识网络策略

**1. 什么是网络策略**

部署网络访问保护（Network Access Protection，NAP）时，将向网络策略配置中添加健康策略，以便在授权的过程中使用网络策略服务器（Network Policy Server，NPS）执行客户端健康检查。

当处理作为 RADIUS 服务器的连接请求时，网络策略服务器对此连接请求既执行身份验证，又执行授权。在身份验证过程中，NPS 验证连接到网络的用户或计算机的身份。在授权过程中，NPS 决定是否允许用户或计算机访问网络。

若要进行此决定，NPS 使用在 NPS 微软管理控制台（Microsoft Management Console，MMC）管理单元中配置的网络策略。NPS 还检查 Active Directory 域服务（AD DS）中账户的拨入属性以执行授权。

可以将网络策略视为规则。每个规则都具有一组条件和设置。NPS 将规则的条件与连接请求的属性进行对比。如果规则和连接请求之间出现匹配，则规则中定义的设置会应用于连接。

当在 NPS 中配置了多个网络策略时，它们是一组有序的规则。NPS 根据列表中的第一个规则检查每个连接请求，然后根据第二个规则进行检查，依次类推，直到找到匹配项为止。

每个网络策略都有“策略状态”设置，使用该设置可以启用或禁用策略。如果禁用网络策略，则授权连接请求时，NPS 不评估策略。

**2. 网络策略属性**

每个网络策略中都有以下 4 种类别的属性。

（1）概述。

使用这些属性可以指定是否启用策略、是允许还是拒绝访问策略，以及连接请求是需要特定网络连接方法还是需要网络访问服务器类型。使用概述属性还可以指定是否忽略 AD DS 中的用户账户的拨入属性。如果选择该选项，则 NPS 只使用网络策略中的设置来确定是否授权连接。

（2）条件。

使用这些属性，可以指定为了匹配网络策略，连接请求所必须具有的条件；如果策略中配置的条件与连接请求匹配，则 NPS 将把网络策略中指定的设置应用于连接。例如，如果将网络访问服务器 IPv4 地址（NAS IPv4 地址）指定为网络策略的条件，并且 NPS 从具有指定 IP 地址的 NAS 接收连接请求，则策略中的条件与连接请求相匹配。

（3）约束。

约束是匹配连接请求所需的网络策略的附加参数。如果连接请求与约束不匹配，则 NPS 自动拒绝该请求。与 NPS 对网络策略中不匹配条件的响应不同，如果约束不匹配，则 NPS 不评估附加网络策略，只拒绝连接请求。

（4）设置。

使用这些属性，可以指定在策略的所有网络策略条件都匹配时，NPS 应用于连接请求的设置。

## 11.2 项目设计与准备

**1. 任务设计**

所有任务将根据图 11-1 所示的环境部署远程访问 VPN 服务器。

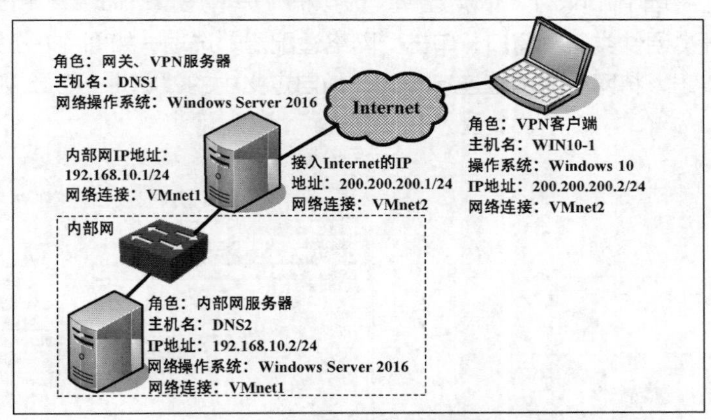


图 11-1 架设 VPN 服务器网络拓扑图

DNS1、DNS2、WIN10-1 可以是 VMware 的虚拟机。内部网络的连接方式是 VMnet1，外部网络的连接方式是 VMnet2。VPN 客户端与内部网络间的实际应用中应该有路由通达，图 11-1 仅是实训时所用的网络拓扑图，请读者注意。

**2. 任务准备**

部署远程访问 VPN 服务器之前，应做如下准备。

（1）使用提供远程访问 VPN 服务的 Windows Server 2016 网络操作系统。

（2）VPN 服务器 DNS1 至少要有两个网络连接，IP 地址如图 11-1 所示。

（3）VPN 服务器 DNS1 必须与内部网络相连，因此需要配置与内部网络连接所需要的 TCP/IP 参数（私有 IP 地址）。本例的 DNS1 的 IP 地址为 192.168.10.1/24，内部网中的 DNS2 的 IP 地址为 192.168.10.2/24，默认网关为 192.168.10.1（必须设置）。

（4）VPN 服务器必须同时与 Internet 相连，因此需要建立和配置与 Internet 的连接。VPN 服务器与 Internet 的连接通常采用较快的连接方式，如专线连接。本例 IP 地址为 200.200.200.1/24。

（5）合理规划分配给 VPN 客户端的 IP 地址。VPN 客户端在请求建立 VPN 连接时，VPN 服务器需要为其分配内部网络的 IP 地址。配置的 IP 地址也必须是内部网络中未使用的 IP 地址，地址的数量根据同时建立 VPN 连接的客户端数量来确定。在本任务中部署远程访问 VPN 服务器时，使用静态 IP 地址池为远程访问客户端分配 IP 地址，地址范围采用 192.168.100.100/24～192.168.100.200/24。

（6）客户端在请求建立 VPN 连接时，服务器要对其进行身份验证，因此应合理规划需要建立 VPN 连接的用户账户。客户端的 IP 地址为 200.200.200.2/24。

## 11.3 项目实施

### 任务 11-1 架设 VPN 服务器

微课 11-2 架设 VPN 服务器

在架设 VPN 服务器之前，读者需要了解本小节实例部署的需求和实验环境。本小节使用 VMware Workstation 或 Hyper-V 服务器构建虚拟环境。

#### 1. 为 VPN 服务器 DNS1 添加第二块网卡

选中 DNS1，依次选择“虚拟机”→“设置”命令，单击“添加”按钮，打开“硬件类型”窗口，单击“网络适配器”选项，如图 11-2 所示，单击“完成”按钮，将网卡的网络连接模式改为自定义中的“VMnet2”，如图 11-3 所示。

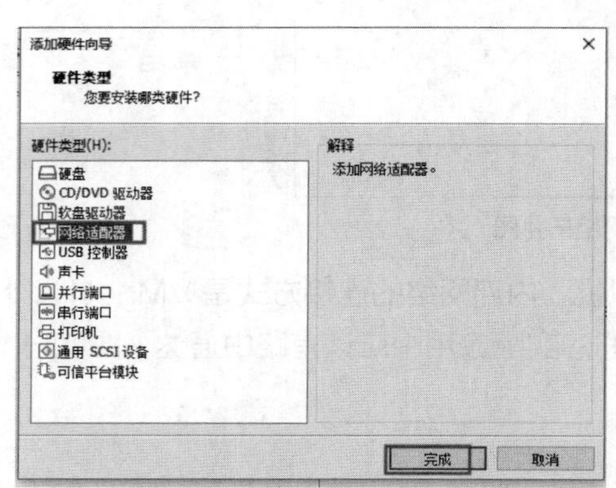


图 11-2 选择硬件类型

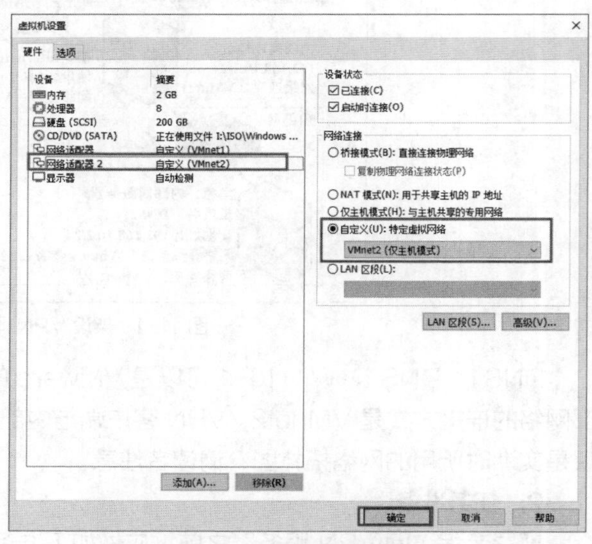


图 11-3 选择网络连接模式

#### 2. 未连接到 VPN 服务器时的测试（WIN10-1）

**STEP 1** 以管理员身份登录 WIN10-1，打开 Windows powershell 或者在运行处输入“cmd”。

**STEP 2** 在 WIN10-1 上使用 ping 命令测试与 DNS1 和 DNS2 的连通性，如图 11-4 所示。

### 3. 安装“路由和远程访问服务”角色

要配置 VPN 服务器，必须安装“路由和远程访问”服务。Windows Server 2016 中的路由和远程访问是包括在“网络策略和访问服务”角色中的，并且默认没有安装。用户可以根据自己的需要选择同时安装网络策略和访问服务中的所有服务组件或者只安装路由和远程访问服务。

路由和远程访问服务的安装步骤如下。

**STEP 1** 以管理员身份登录服务器 DNS1，打开“服务器管理器”窗口的“仪表板”，单击“添加角色”链接，打开图 11-5 所示的“选择服务器角色”窗口，勾选“网络策略和访问服务”和“远程访问”复选框。

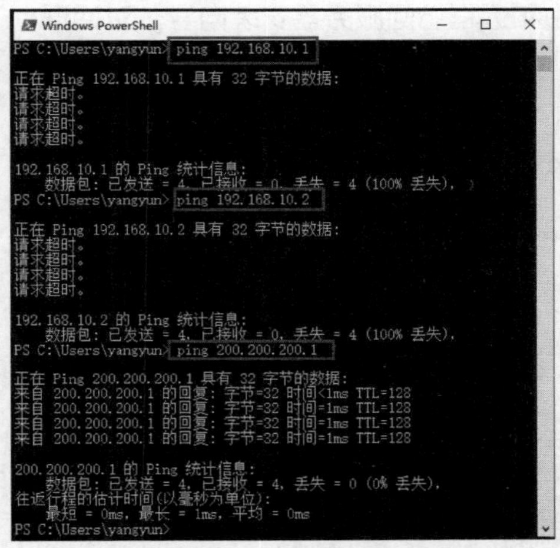


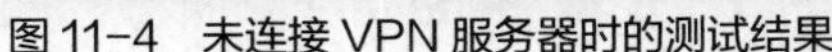

图 11-4 未连接 VPN 服务器时的测试结果

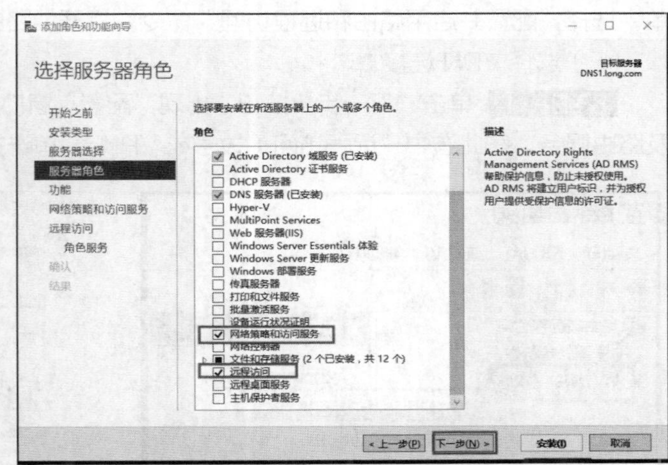


图 11-5 “选择服务器角色”窗口

**STEP 2** 持续单击“下一步”按钮，显示“网络策略和访问服务”的“角色服务”对话框，网络策略和访问服务中包括“网络策略服务器”“健康注册机构”和“主机凭据授权协议”角色服务，勾选“网络策略服务器”复选框。

**STEP 3** 单击“下一步”按钮，显示“远程访问”的“角色服务”列表框。将角色服务全部选中，如图 11-6 所示。

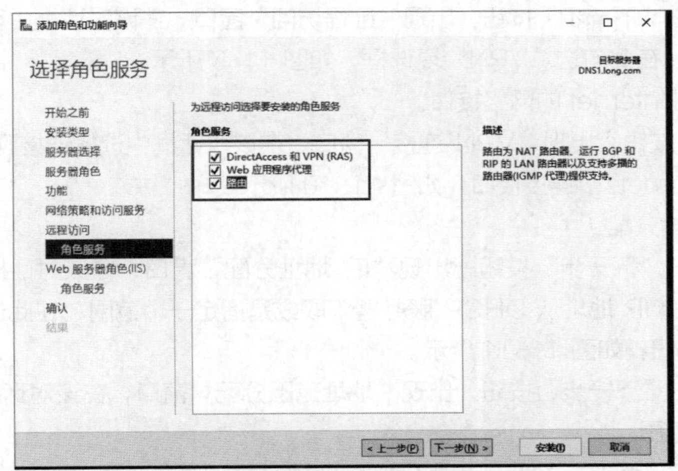


图 11-6 “远程访问”的“角色服务”列表框

**STEP 4** 最后单击“安装”按钮即可开始安装，完成后显示“安装结果”对话框。

**4. 配置并启用 VPN 服务**

在已经安装“路由和远程访问”角色服务的计算机“DNS1”上通过“路由和远程访问”控制台配置并启用路由和远程访问，具体步骤如下。

（1）打开“路由和远程访问服务器安装向导”对话框。

**STEP 1** 以域管理员账户登录到需要配置 VPN 服务的计算机 DNS1 上，选择“开始”→“Windows 管理工具”→“路由和远程访问”命令，打开图 11-7 所示的“路由和远程访问”控制台。

**STEP 2** 在该控制台树上用鼠标右键单击服务器“DNS1（本地）”选项，在弹出的快捷菜单中选择“配置并启用路由和远程访问”命令，打开“路由和远程访问服务器安装向导”对话框。

（2）选择 VPN 连接。

**STEP 1** 单击“下一步”按钮，出现“配置”窗口，在该对话框中可以配置 NAT、VPN 以及路由服务，在此选中“远程访问（拨号或 VPN）”单选按钮，如图 11-8 所示。

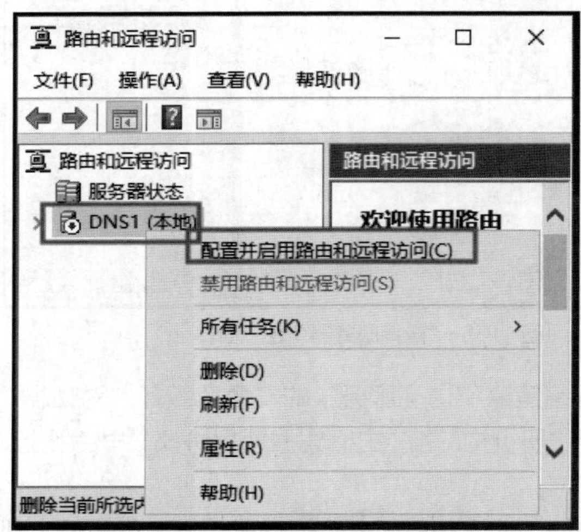


图 11-7 “路由和远程访问”控制台

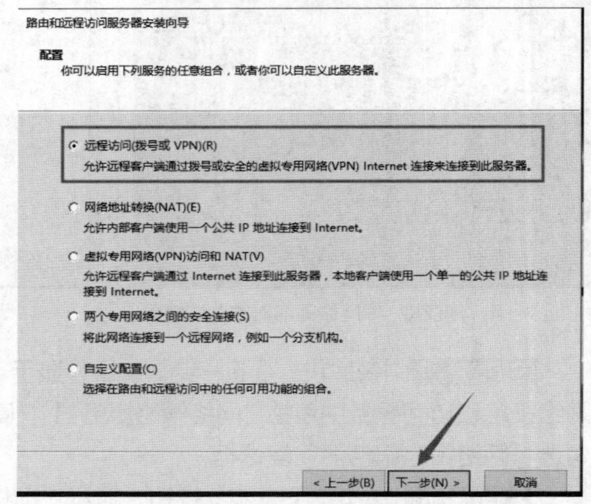


图 11-8 选中“远程访问（拨号或 VPN）”单选按钮

**STEP 2** 单击“下一步”按钮，出现“远程访问”窗口，在该对话框中可以选择创建拨号或 VPN 远程访问连接，在此勾选“VPN”复选框，如图 11-9 所示。

（3）选择连接到 Internet 的网络接口。

单击“下一步”按钮，出现“VPN 连接”窗口，在该对话框中选择连接到 Internet 的网络接口，在此选择“Ethernet1”连接接口，如图 11-10 所示。

（4）设置 IP 地址分配。

**STEP 1** 单击“下一步”按钮，出现“IP 地址分配”窗口，在该对话框中可以设置分配给 VPN 客户端计算机的 IP 地址从 DHCP 服务器获取或是指定一个范围，在此选中“来自一个指定的地址范围”单选按钮，如图 11-11 所示。

**STEP 2** 单击“下一步”按钮，出现“地址范围分配”窗口，在该对话框中指定 VPN 客户端计算机的 IP 地址范围。

**STEP 3** 单击“新建”按钮，出现“新建 IPv4 地址范围”对话框，在“起始 IP 地址”文本框中输入“192.168.100.100”，在“结束 IP 地址”文本框中输入“192.168.100.200”，如图 11-12 所示，然后单击“确定”按钮即可。

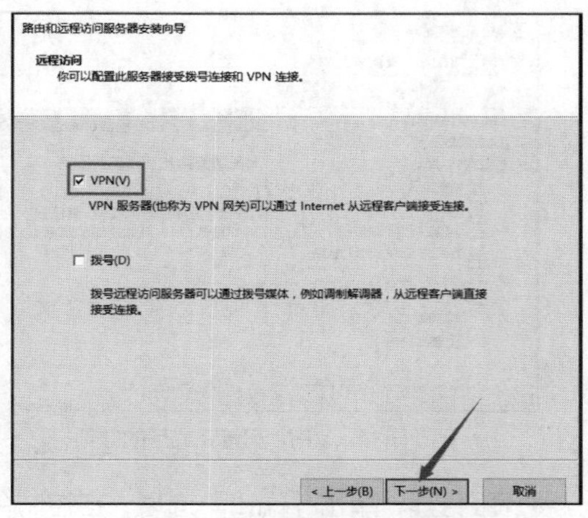


图 11-9　选择 VPN 连接

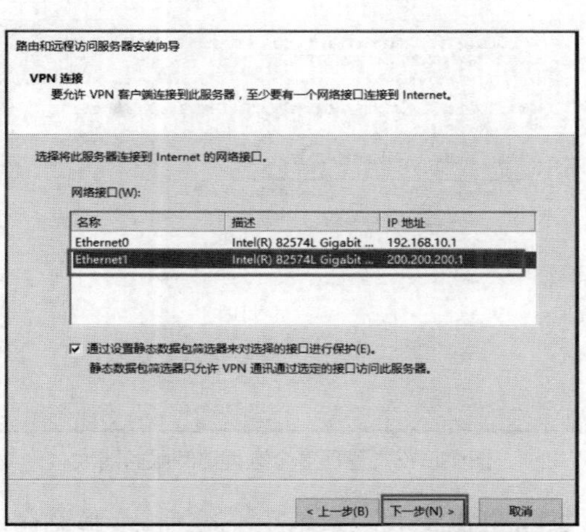


图 11-10　选择连接到 Internet 的网络接口

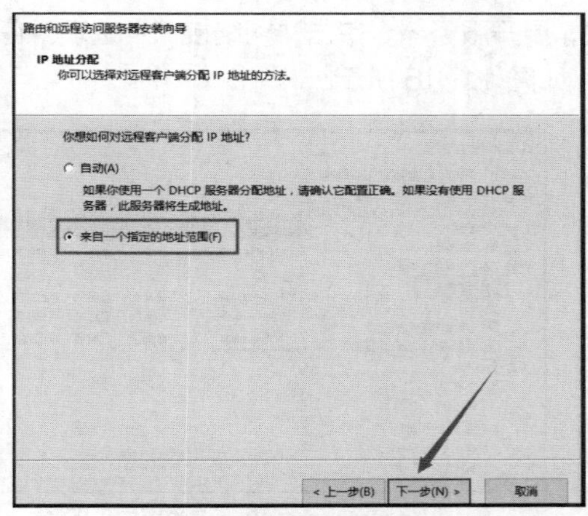


图 11-11　设置 IP 地址分配

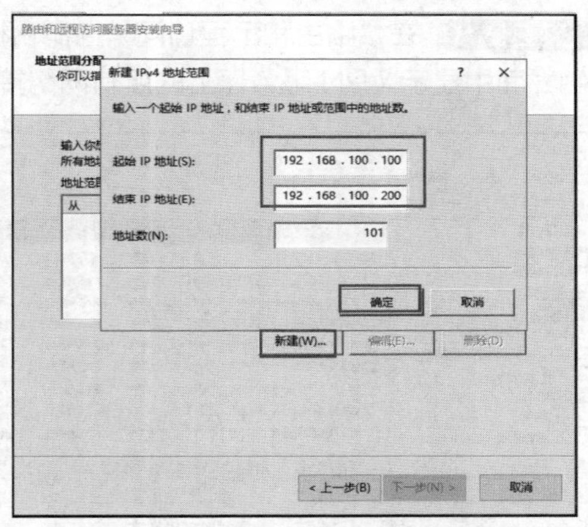


图 11-12　输入 VPN 客户端 IP 地址范围

**STEP 4** 返回到“地址范围分配”对话框，可以看到已经指定了一段 IP 地址范围。

（5）结束 VPN 配置。

**STEP 1** 单击“下一步”按钮，出现“管理多个远程访问服务器”窗口。在该对话框中可以指定身份验证的方法是路由和远程访问服务器还是 RADIUS 服务器，在此选中“否，使用路由和远程访问来对连接请求进行身份验证”单选按钮，如图 11-13 所示。

**STEP 2** 单击“下一步”按钮，出现“摘要”窗口，在该对话框中显示了之前步骤所设置的信息。

**STEP 3** 单击“完成”按钮，最后单击“确定”按钮即可。

（6）查看 VPN 服务器的状态。

**STEP 1** 完成 VPN 服务器的创建，返回到图 11-14 所示的“路由和远程访问”控制台。由于目前已经启用了 VPN 服务，所以显示绿色向上的标识箭头。

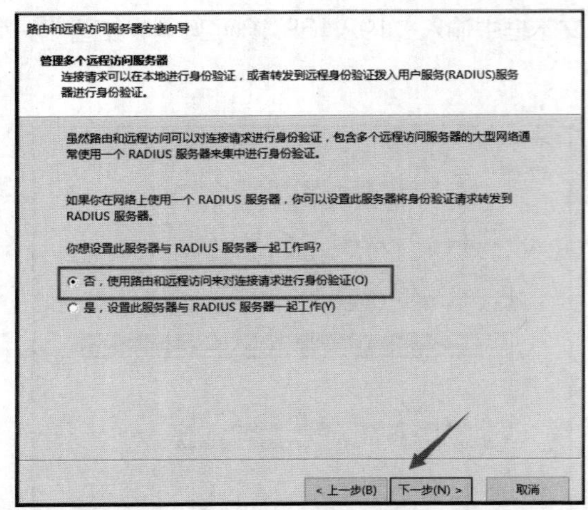


图 11-13　管理多个远程访问服务器

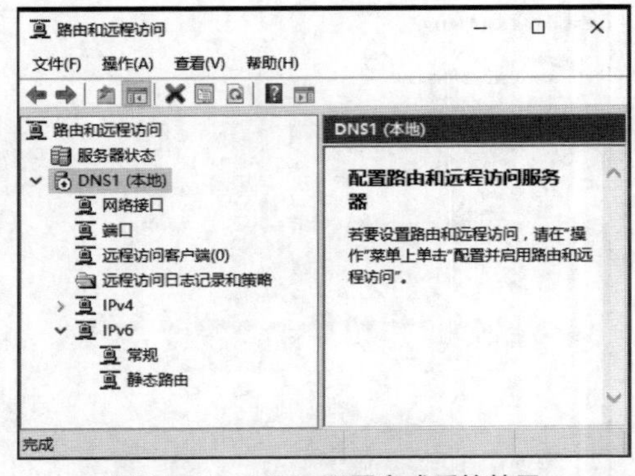


图 11-14　VPN 配置完成后的效果

**STEP 2** 在“路由和远程访问”控制台树中，展开服务器，单击“端口”选项，在控制台右侧界面中显示所有端口的状态为“不活动”，如图 11-15 所示。

**STEP 3** 在“路由和远程访问”控制台树中，展开服务器，单击“网络接口”选项，在控制台右侧界面中显示 VPN 服务器上的所有网络接口，如图 11-16 所示。

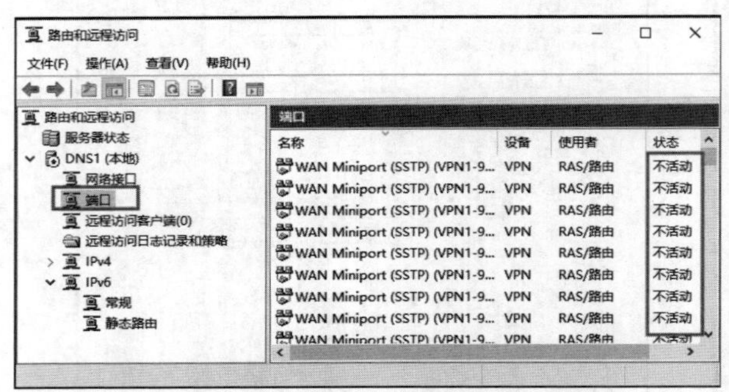


图 11-15　查看端口状态

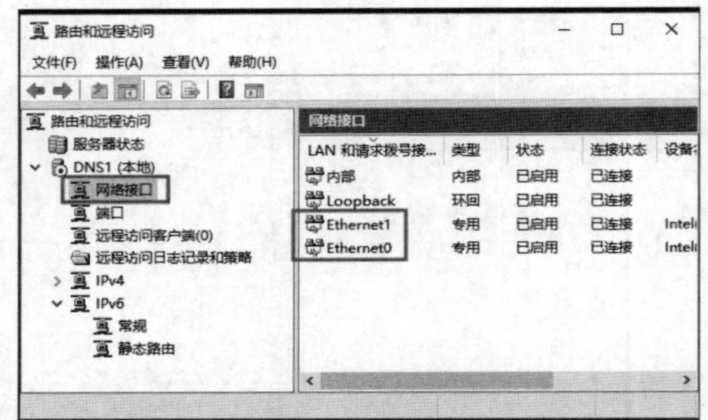


图 11-16　查看网络接口

### 5. 停止和启动 VPN 服务

要启动或停止 VPN 服务，可以使用 net 命令、“路由和远程访问”控制台或“服务”控制台，具体步骤如下。

（1）使用 net 命令。

以域管理员账户登录到 VPN 服务器 DNS1 上，在命令行提示符界面中，输入命令“net stop remoteaccess”停止 VPN 服务，输入命令“net start remoteaccess”启动 VPN 服务。

（2）使用“路由和远程访问”控制台。

在“路由和远程访问”控制台中，用鼠标右键单击服务器 DNS1，在弹出的快捷菜单中选择“所有任务”→“停止”或“启动”命令，即可停止或启动 VPN 服务。

VPN 服务停止以后，“路由和远程访问”控制台界面如图 11-7 所示，显示红色向下标识箭头。

（3）使用“服务”控制台。

选择“服务器管理器”→“工具”→“服务”命令，打开“服务”控制台，找到服务“Routing

and Remote Access”，单击“停止此服务”或“重启动此服务”选项即可停止或启动 VPN 服务，如图 11-17 所示。

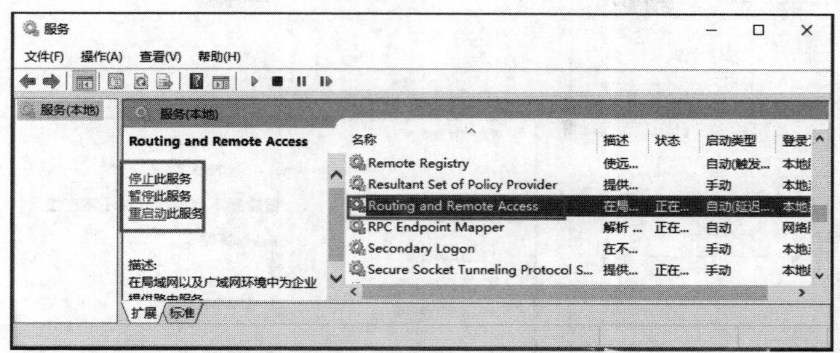

图 11-17　使用“服务”控制台启动或停止 VPN 服务

### 6. 配置域用户账户允许 VPN 连接

在域控制器 DNS1 上设置允许用户“Administrator@long.com”使用 VPN 连接到 VPN 服务器的具体步骤如下。

**STEP 1** 以域管理员账户登录到域控制器 DNS1 上，打开“Active Directoy 用户和计算机”控制台。依次打开“long.com”和“Users”节点，用鼠标右键单击用户“Administrator”，在弹出的快捷菜单中选择“属性”命令，打开“Administrator 属性”对话框。

**STEP 2** 在“Administrator 属性”对话框中单击“拨入”选项卡。在“网络访问权限”选项区域中选中“允许访问”单选按钮，如图 11-18 所示，最后单击“确定”按钮即可。

### 7. 在 VPN 端建立并测试 VPN 连接

在 VPN 端计算机 WIN10-1 上建立 VPN 连接并连接到 VPN 服务器上，具体步骤如下。

（1）在客户端计算机上新建 VPN 连接。

**STEP 1** 以本地管理员账户登录到 VPN 客户端计算机 WIN10-1 上，选择“开始”→“Windows 系统”→“控制面板”→“网络和 Internet”→“网络和共享中心”命令，打开图 11-19 所示的“网络和共享中心”窗口。

**STEP 2** 单击“设置新的连接或网络”按钮，打开“设置连接或网络”对话框，通过该对话框可以建立连接以连接到 Internet 或专用网络，在此选择“连接到工作区”选项，如图 11-20 所示。

**STEP 3** 单击“下一步”按钮，出现“连接到工作区-你希望如何连接？”对话框，在该对话框中指定使用 Internet 还是拨号方式连接到 VPN 服务器，在此单击“使用我的 Internet 连接 (VPN)”选项，如图 11-21 所示。

**STEP 4** 接着出现“连接到工作区-你想在继续之前设置 Internet 连接吗？”对话框，在该对话框中设置 Internet 连接，由于本实例的 VPN 服务器和 VPN 客户机是物理直接连接在一起的，所以单击“我将稍后设置 Internet 连接”选项，如图 11-22 所示。

**STEP 5** 接着出现图 11-23 所示的“连接到工作区-键入要连接的 Internet 地址”对话框，在“Internet 地址”文本框中输入 VPN 服务器的外网网卡 IP 地址“200.200.200.1”，并设置目标名称为“VPN 连接”。

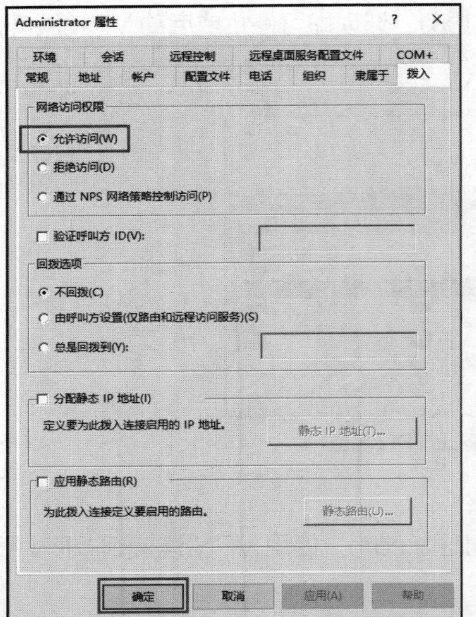


图 11-18　“administrator 属性-拨入”对话框

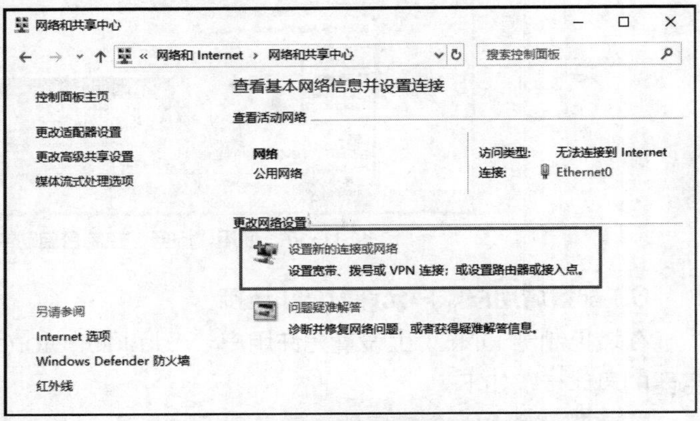

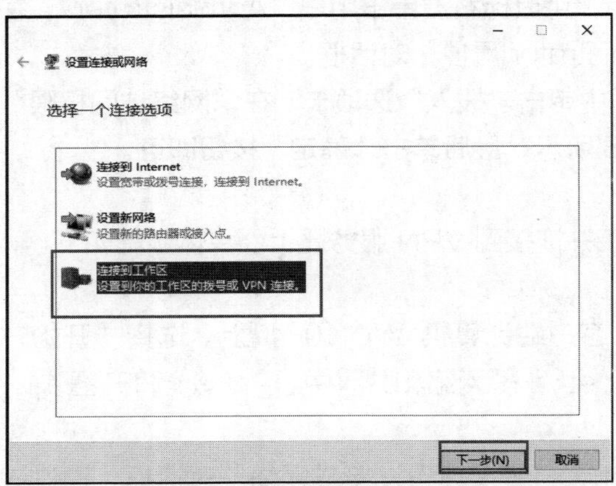


图 11-19　“网络和共享中心”窗口

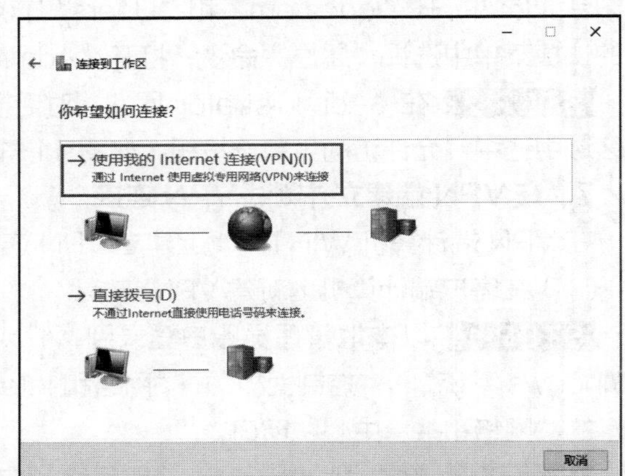


图 11-20　选择“连接到工作区”

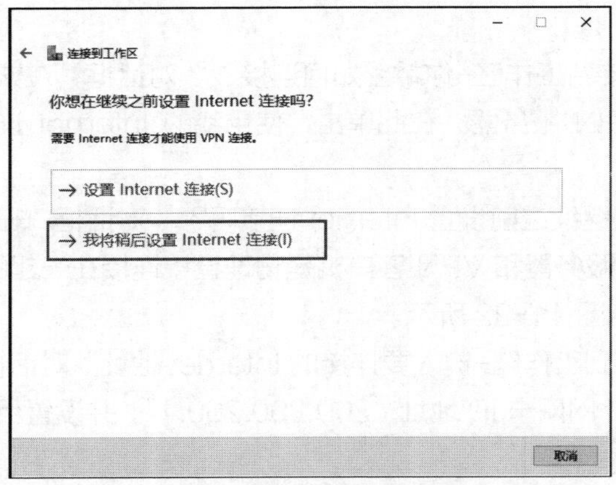


图 11-21　选择“使用我的 Internet 连接（VPN）”

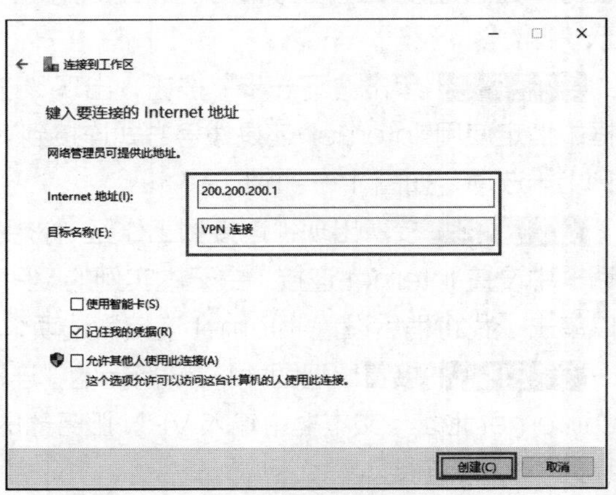


图 11-22　设置 Internet 连接



图 11-23　键入要连接的 Internet 地址

**STEP 6** 单击“创建”按钮创建 VPN 连接。

（2）连接到 VPN 服务器。

**STEP 1** 用鼠标右键单击“开始”菜单，在弹出的快捷菜单中单击“网络连接”→“VPN”→“VPN 连接”→“连接”按钮，如图 11-24 所示，打开图 11-25 所示的对话框。在该对话框中输入允许 VPN 连接的账户和密码，在此使用账户“administrator@long.com”建立连接。

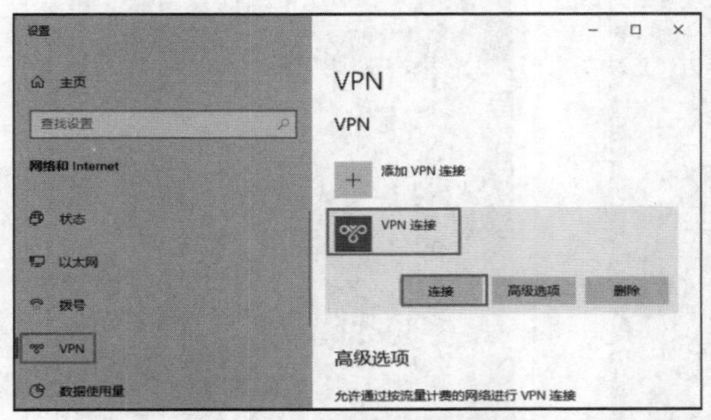


图 11-24　网络连接-VPN 连接

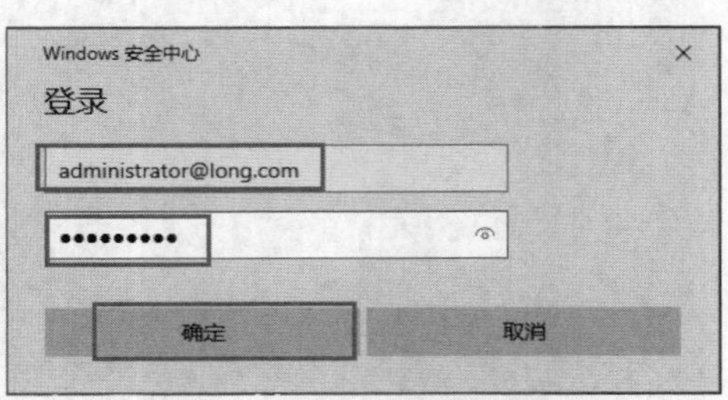


图 11-25　连接 VPN

**STEP 2** 单击“确定”按钮，经过身份验证后即可连接到 VPN 服务器，在图 11-26 所示的“网络连接”界面中可以看到“VPN 连接”的状态是“已连接”。

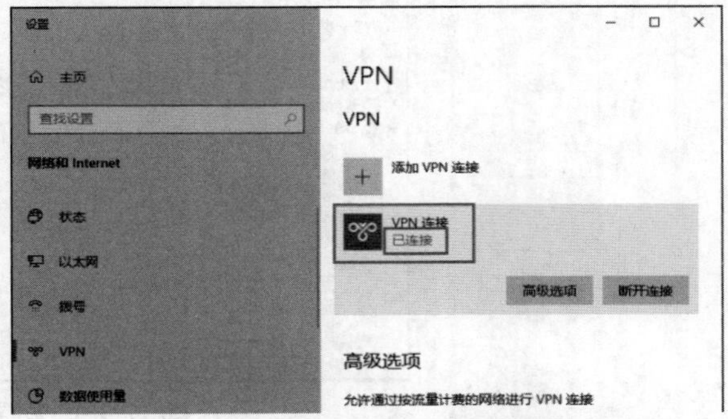


图 11-26　已经连接到 VPN 服务器的效果

### 8. 验证 VPN 连接

当 VPN 客户端计算机 WIN10-1 连接到 VPN 服务器 DNS1 上之后，可以访问公司内部局域网络中的共享资源，具体步骤如下。

（1）查看 VPN 客户机获取到的 IP 地址。

**STEP 1** 在 VPN 客户端计算机 WIN10-1 上，打开 Windows powershell 或者命令提示符，使用命令“ipconfig /all”查看 IP 地址信息，如图 11-27 所示，可以看到 VPN 连接获得的 IP 地址为“192.168.10.13”。

**STEP 2** 先后输入命令“ping 192.168.10.1”和“ping 192.168.10.2”测试 VPN 客户端计算机和 VPN 服务器以及内网计算机的连通性，但这时使用命令“ping 200.200.200.1”是不成功的，如图 11-28 所示。

（2）在 VPN 服务器上的验证。

**STEP 1** 以域管理员账户登录到 VPN 服务器上，在“路由和远程访问”控制台树中，展开服务器节点，单击“远程访问客户端（1）”选项，在控制台右侧界面中显示连接时间以及连接的账户，这表明已经有一个客户端建立了 VPN 连接，如图 11-29 所示。

**STEP 2** 单击“端口”选项，在控制台右侧界面中可以看到其中一个端口的状态是“活动”，表明有客户端连接到 VPN 服务器。

**STEP 3** 双击该活动端口，打开“端口状态”对话框，在该对话框中显示连接时间、用户以及分配给 VPN 客户端计算机的 IP 地址，如图 11-30 所示。

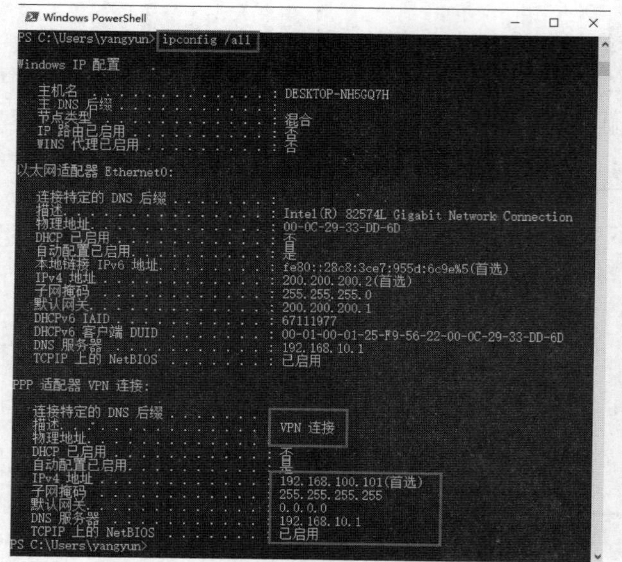


图 11-27 查看 VPN 客户机获取到的 IP 地址

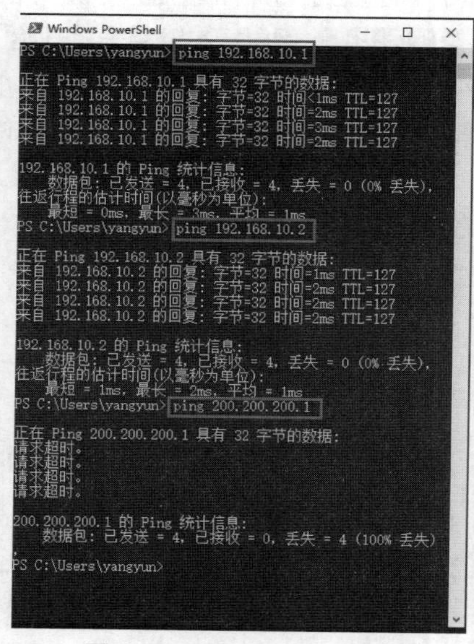


图 11-28 测试 VPN 连接

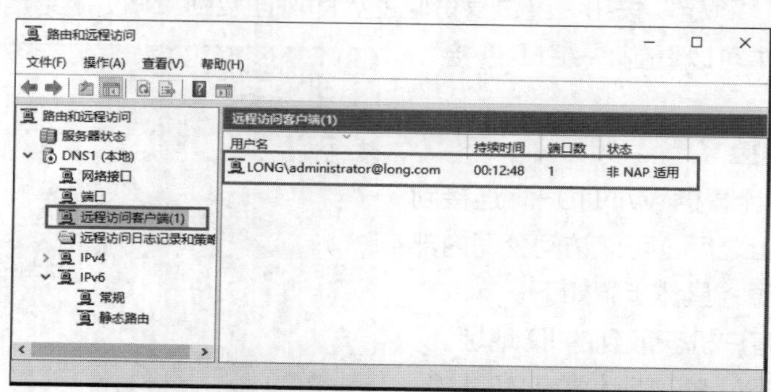


图 11-29 查看远程访问客户端

（3）访问内部局域网的共享文件。

**STEP 1** 以管理员账户登录到内部网服务器 DNS2 上，在“计算机”管理器中创建文件夹“C:\share”作为测试目录，在该文件夹内存入一些文件，并将该文件夹共享给“特定用户”，如 administrator。

**STEP 2** 以本地管理员账户登录到 VPN 客户端计算机 WIN10-1 上，选择“开始”→“运行”命令，输入内部网服务器 DNS2 上共享文件夹的 UNC 路径为\\192.168.10.2。由于已经连接到 VPN 服务器上，所以可以访问内部局域网络中的共享资源，但需要输入网络凭据，在这里一定要输入 DNS2 的管理员账户和密码，不要输错了，如图 11-31 所示。按“确定”按钮后就可以访问 DNS2 上的共享资源了。

（4）断开 VPN 连接。

① 在客户端 WIN10-1 上，单击“断开”按钮断开客户端计算机的 VPN 连接。

② 以域管理员账户登录到 VPN 服务器 DNS1 上，在“路由和远程访问”控制台树中依次展开服务器和“远程访问客户端(1)”节点，在控制台右侧界面中，用鼠标右键单击连接的远程客户端，

在弹出的快捷菜单中选择“断开”命令，即可断开客户端计算机的 VPN 连接。

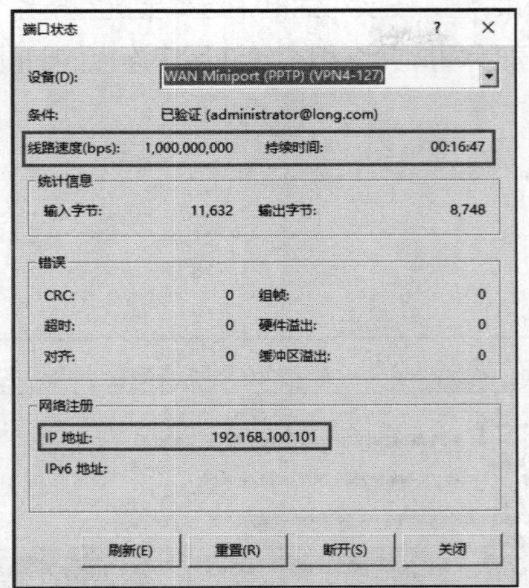


图 11-30 VPN 活动端口状态

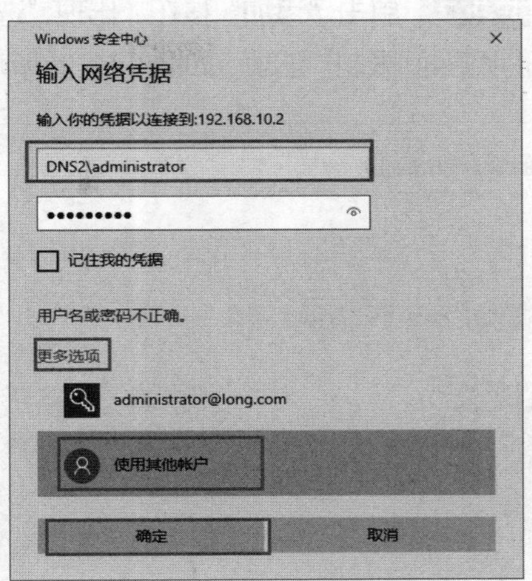


图 11-31 输入网络凭据

## 任务 11-2 配置 VPN 服务器的网络策略

任务要求如下：在 VPN 服务器 DNS1 上创建网络策略“VPN 网络策略”，使得用户在进行 VPN 连接时使用该网络策略，如图 11-1 所示。具体步骤如下。

微课 11-3 配置 VPN 服务器的网络策略

### 1. 新建网络策略

**STEP 1** 以域管理员账户登录到 VPN 服务器 DNS1 上，选择“开始”→“Windows 管理工具”→“网络策略服务器”命令，打开图 11-32 所示的“网络策略服务器”控制台。

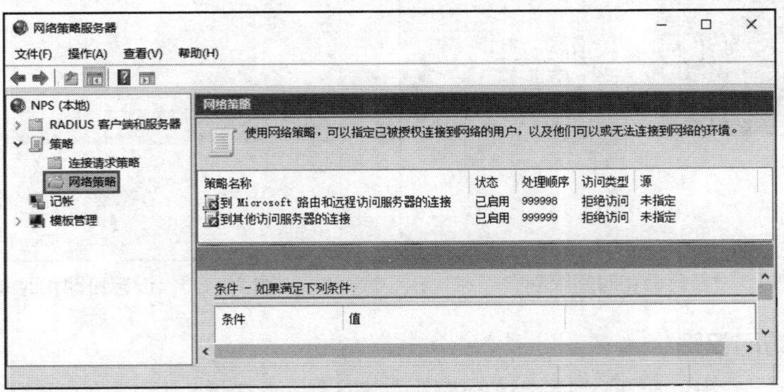


图 11-32 “网络策略服务器”控制台

**STEP 2** 用鼠标右键单击“网络策略”选项，在弹出的快捷菜单中选择“新建”命令，打开“新建网络策略”对话框，在“指定网络策略名称和连接类型”对话框中指定“策略名称”为“VPN 策略”，指定“网络访问服务器的类型”为“远程访问服务器（VPN 拨号）”，如图 11-33 所示。

### 2. 指定网络策略条件-日期和时间限制

**STEP 1** 单击“下一步”按钮，出现“指定条件”对话框，在该对话框中设置网络策略的条件，如日期和时间、用户组等。

**STEP 2** 单击“添加”按钮，出现“选择条件”对话框。在该对话框中选择要配置的条件属性，选择“日期和时间限制”选项，如图 11-34 所示，该选项表示每周允许和不允许用户连接的时间和日期。

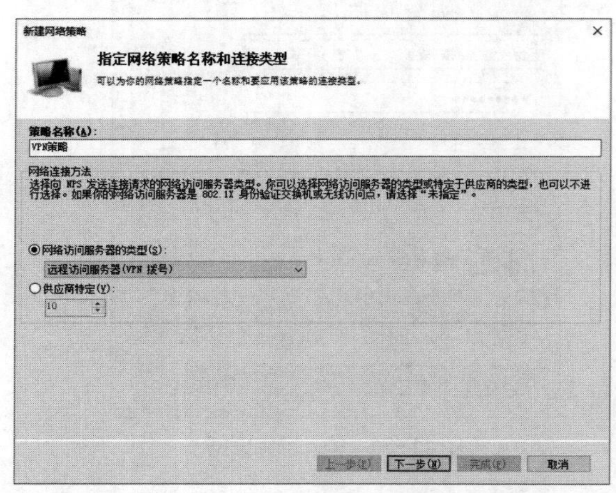

图 11-33 设置网络策略名称和连接类型

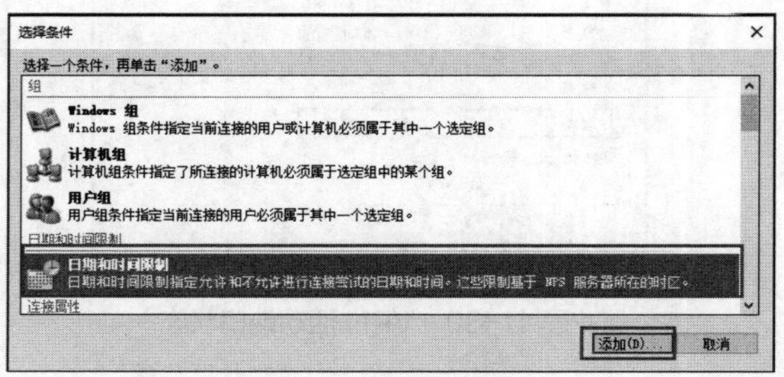

图 11-34 选择条件

**STEP 3** 单击“添加”按钮，出现“日期和时间限制”对话框，在该对话框中设置允许建立 VPN 连接的时间和日期，如图 11-35 所示，设置允许访问的时间，单击“确定”按钮。

**STEP 4** 返回图 11-36 所示的“指定条件”对话框，从中可以看到已经添加了一条网络条件。

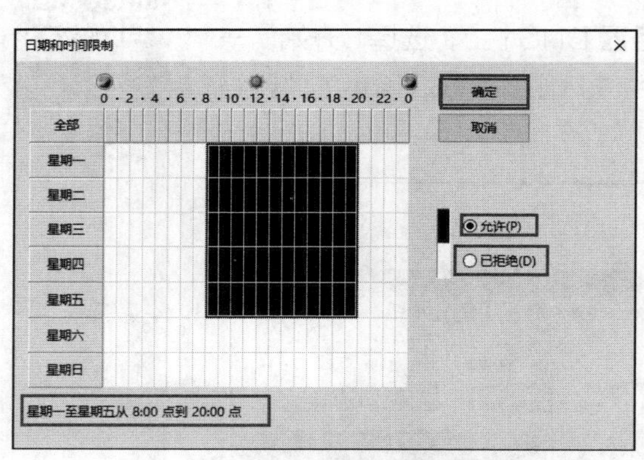

图 11-35 设置日期和时间限制

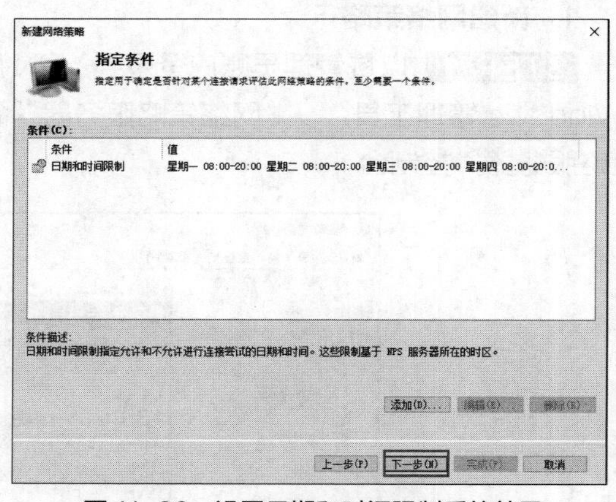

图 11-36 设置日期和时间限制后的效果

### 3. 授予远程访问权限

单击“下一步”按钮，出现“指定访问权限”对话框，在该对话框中指定连接访问权限是允许还是拒绝，在此选中“已授予访问权限”单选按钮，如图 11-37 所示。

### 4. 配置身份验证方法

单击“下一步”按钮，出现图 11-38 所示的“配置身份验证方法”对话框，在该对话框中指定身份验证的方法和 EAP 类型。

### 5. 配置约束

单击“下一步”按钮，出现图 11-39 所示的“配置约束”对话框，在该对话框中配置网络策略的约束，如身份验证方法、空闲超时、会话超时、被叫站 ID、日期和时间限制、NAS 端口类型。

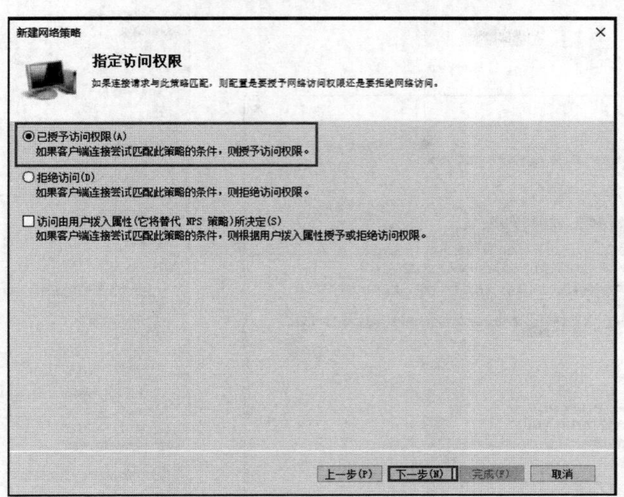


图 11-37　已授予访问权限

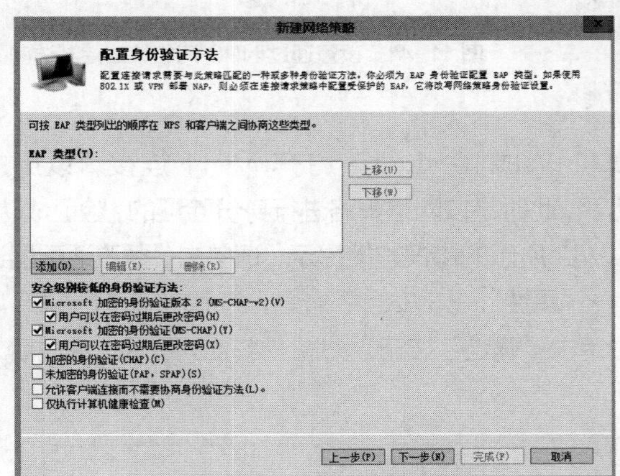


图 11-38　配置身份验证方法

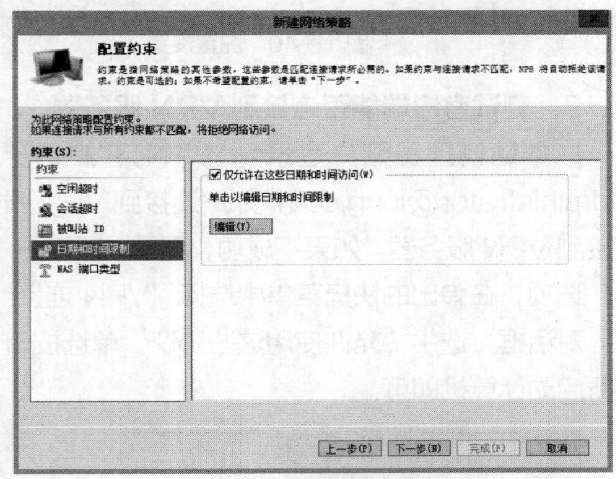


图 11-39　“配置约束”

### 6. 配置设置

单击“下一步”按钮，出现图 11-40 所示的“配置设置”窗口，在该对话框中配置此网络策略的设置，如 RADIUS 属性、多链路和带宽分配协议（BAP）、IP 筛选器、加密、IP 设置。

### 7. 正在完成新建网络策略

单击“下一步”按钮，出现“正在完成新建网络策略”窗口，最后单击“完成”按钮即可完成网络策略的创建。

### 8. 设置用户远程访问权限

以域管理员账户登录到域控制器 DNS1 上，打开“Active Directory 用户和计算机”控制台，依次展开“long.com”和“Users”节点，用鼠标右键单击用户“Administrator”选项，在弹出的快捷菜单中选择“属性”命令，打开“Administrator 属性”对话框。单击“拨入”选项卡，在“网络访问权限”选项区域中选中“通过 NPS 网络策略控制访问”单选按钮，如图 11-41 所示，设置完毕后单击“确定”按钮即可。

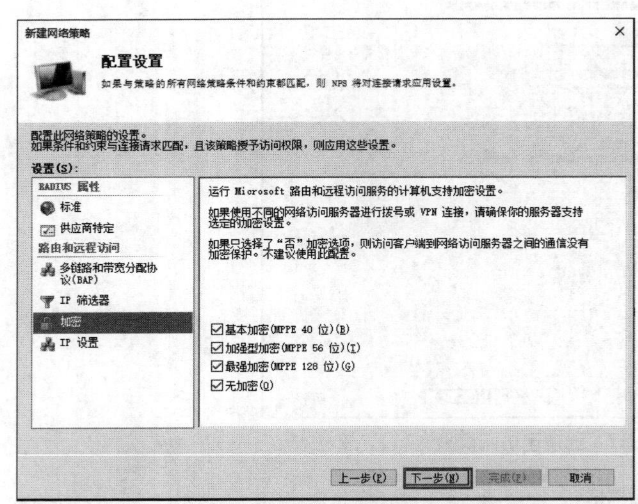

图 11-40 配置设置

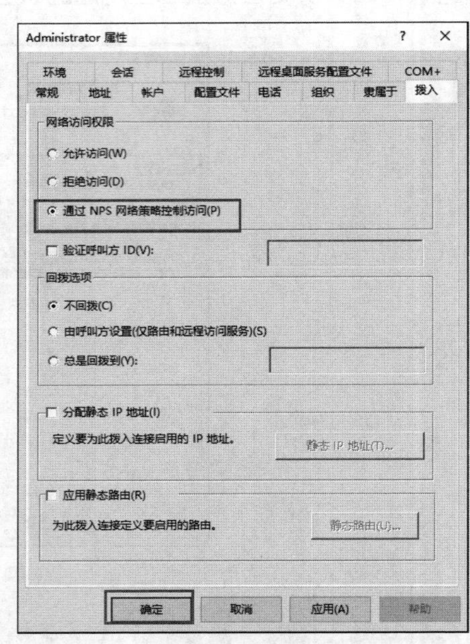

图 11-41 设置通过 NPS 网络策略控制访问

### 9. 测试客户端能否连接到 VPN 服务器

以本地管理员账户登录到 VPN 客户端计算机 WIN10-1 上，打开 VPN 连接，以用户“administrator@long.com”账户连接到 VPN 服务器，此时是按网络策略进行身份验证的，验证成功，连接到 VPN 服务器。如果不成功，而是出现了图 11-42 所示的错误连接提示，请单击“更改适配器选项”选项，在弹出的快捷菜单中选择“VPN 连接”→“属性”→“安全”命令，打开“VPN 连接 属性”对话框，选中“允许使用这些协议”单选按钮，单击“确定”按钮，如图 11-43 所示。完成后，重新启动计算机即可。

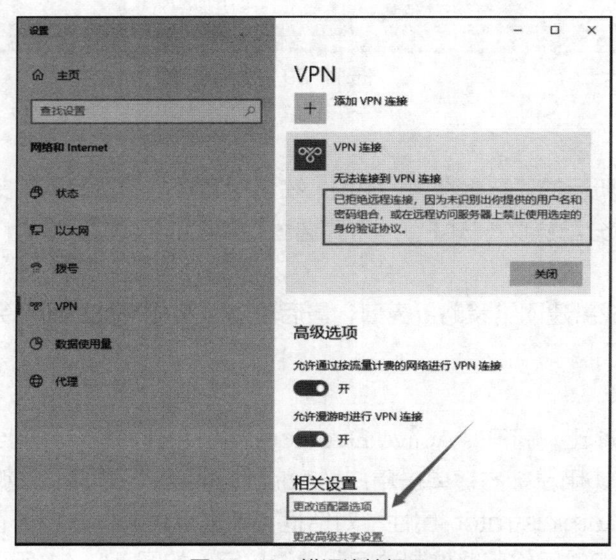

图 11-42 错误连接提示

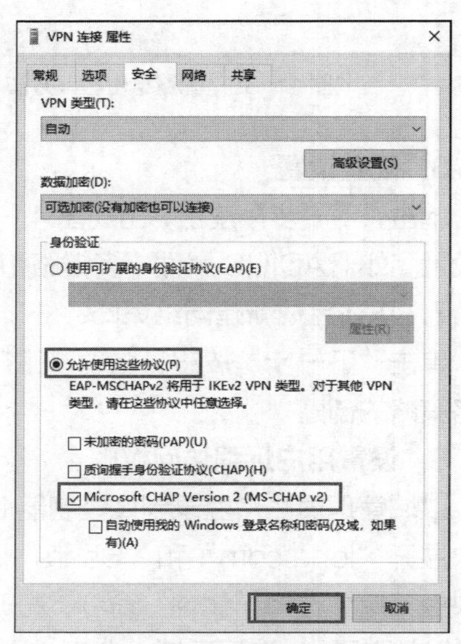

图 11-43 VPN 连接属性

## 11.4 习题

**一、填空题**

1. VPN 是________的简称，中文是________。

2. 一般来说，VPN 使用在以下两种场合：________、________。

3. VPN 使用的两种隧道协议是________和________。

4. 在 Windows Server 网络操作系统的命令提示符下，可以使用________命令查看本机的路由表信息。

5. 每个网络策略中都有以下 4 种类别的属性:________、________、________、________。

**二、简答题**

1. 什么是专用地址和公用地址?

2. 简述 VPN 的连接过程。

3. 简述 VPN 的构成及应用场合。

## 11.5 项目实训　配置与管理 VPN 服务器

**一、实训目的**

- 掌握远程访问服务的实现方法。
- 掌握 VPN 的实现方法。

**二、项目环境**

本项目实训根据图 11-1 所示的环境来部署 VPN 服务器。

**三、项目要求**

根据网络拓扑图 11-1，完成如下任务。

① 部署架设 VPN 服务器的需求和环境。

② 为 VPN 服务器添加第二块网卡。

③ 安装“路由和远程访问服务”角色。

④ 配置并启用 VPN 服务。

⑤ 停止和启动 VPN 服务。

⑥ 配置域用户账户允许 VPN 连接。

⑦ 在 VPN 端建立并测试 VPN 连接。

⑧ 验证 VPN 连接。

⑨ 通过网络策略控制访问 VPN。

**四、做一做**

根据实训项目视频进行项目的实训，检查学习效果。

# 项目12 配置与管理NAT服务器

12

Windows Server 2016 的网络地址转换（Network Address Translation，NAT）让位于内部网络的多台计算机只需要共享一个 Public IP 地址，就可以同时连接 Internet、浏览网页与收发电子邮件。

## 本项目学习要点

- NAT 的基本概念和基本原理
- NAT 的工作过程
- 配置并测试 NAT 服务器的方法
- 外部网络主机访问内部 Web 服务器的实现方法
- DHCP 分配器与 DHCP 中继代理的相关知识

## 12.1 项目基础知识

### 12.1.1 NAT 概述

微课 12-1 NAT 服务器

网络地址转换器（Network Address Translator，NAT）位于使用专用地址的 Intranet 和使用公用地址的 Internet 之间。从 Intranet 传出的数据包由 NAT 将它们的专用地址转换为公用地址，从 Internet 传入的数据包由 NAT 将它们的公用地址转换为专用地址。这样在内网中计算机使用未注册的专用 IP 地址，而在与外部网络通信时使用注册的公用 IP 地址，大大降低了连接成本。同时 NAT 也起到将内部网络隐藏起来，保护内部网络的作用，因为对外部用户来说只有使用公用 IP 地址的 NAT 是可见的。

### 12.1.2 认识 NAT 的工作过程

NAT 地址转换协议的工作过程主要有以下 4 个步骤。

① 客户机将数据包发给运行 NAT 的计算机。

② NAT 将数据包中的端口号和专用的 IP 地址换成它自己的端口号和公用的 IP 地址，然后将

数据包发给外部网络的目的主机，同时记录一个跟踪信息在映像表中，以便向客户机发送回答信息。

③ 外部网络发送回答信息给 NAT。

④ NAT 将所收到的数据包的端口号和公用 IP 地址转换为客户机的端口号和内部网络使用的专用 IP 地址并转发给客户机。

以上步骤对于网络内部的主机和网络外部的主机都是透明的，对它们来讲就如同直接通信一样，如图 12-1 所示。担当 NAT 的计算机有两块网卡、两个 IP 地址。IP1 为 192.168.0.1，IP2 为 202.162.4.1。

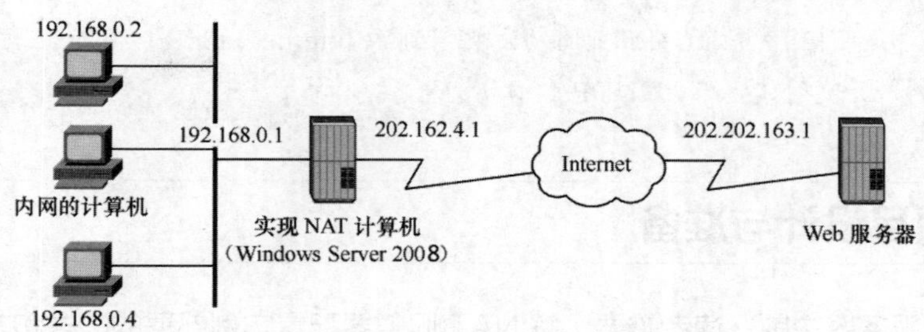


图 12-1 NAT 的工作过程

下面举例来说明。

① 192.168.0.2 用户使用 Web 浏览器连接到 IP 地址为 202.202.163.1 的 Web 服务器，则用户计算机将创建带有下列信息的 IP 数据包。

- 目标 IP 地址：202.202.163.1。
- 源 IP 地址：192.168.0.2。
- 目标端口：TCP 端口 80。
- 源端口：TCP 端口 1350。

② IP 数据包转发到运行 NAT 的计算机上，它将传出的数据包地址转换成下面的形式，用自己的 IP 地址新打包后转发。

- 目标 IP 地址：202.202.163.1。
- 源 IP 地址：202.162.4.1。
- 目标端口：TCP 端口 80。
- 源端口：TCP 端口 2500。

③ NAT 协议在表中保留了{192.168.0.2,TCP 1350}到 {202.162.4.1,TCP 2500}的映射，以便回传。

④ 转发的 IP 数据包是通过 Internet 发送的。Web 服务器响应通过 NAT 协议发回和接收。当接收时，数据包包含下面的公用地址信息。

- 目标 IP 地址：202.162.4.1。
- 源 IP 地址：202.202.163.1。
- 目标端口：TCP 端口 2500。
- 源端口：TCP 端口 80。

⑤ NAT 协议检查转换表，将公用地址映射到专用地址，并将数据包转发给 IP 地址为 192.168.0.2 的计算机。转发的数据包包含以下地址信息。

- 目标 IP 地址：192.168.0.2。
- 源 IP 地址：202.202.163.1。
- 目标端口：TCP 端口 1350。
- 源端口：TCP 端口 80。

**说明** 对于来自 NAT 协议的传出数据包，源 IP 地址（专用地址）被映射到 ISP 分配的地址（公用地址），并且 TCP/IP 端口号也会被映射到不同的 TCP/IP 端口号。对于到 NAT 协议的传入数据包，目标 IP 地址（公用地址）被映射到源 Internet 地址（专用地址），并且 TCP/UDP 端口号被重新映射回源 TCP/UDP 端口号。

## 12.2 项目设计与准备

在架设 NAT 服务器之前，读者需要了解 NAT 服务器配置实例部署的需求和实训环境。

**1. 部署需求**

在部署 NAT 服务前需满足以下要求。

- 设置 NAT 服务器的 TCP/IP 属性，手动指定 IP 地址、子网掩码、默认网关和 DNS 服务器的 IP 地址等。
- 部署域环境，域名为 long.com。

**2. 部署环境**

所有实例都被部署在图 12-2 所示的网络环境下。DNS1、DNS 2、DNS 3、Client 是 VMware 的虚拟机，网络连接方式如图 12-2 所示。

NAT 服务器主机名为 DNS1，该服务器连接内部局域网网卡的 IP 地址为 192.168.10.1/24，连接外部网络网卡（WAN）的 IP 地址为 200.200.200.1/24；NAT 客户端主机名为 DNS2，同时也是内部 Web 服务器，其 IP 地址为 192.168.10.2/24，默认网关的 IP 地址为 192.168.10.1；Internet 上的 Web 服务器主机名为 DNS3，IP 地址为 200.200.200.2/24。NAT 客户端 2，即计算机 Client，本次实训可以不进行配置。

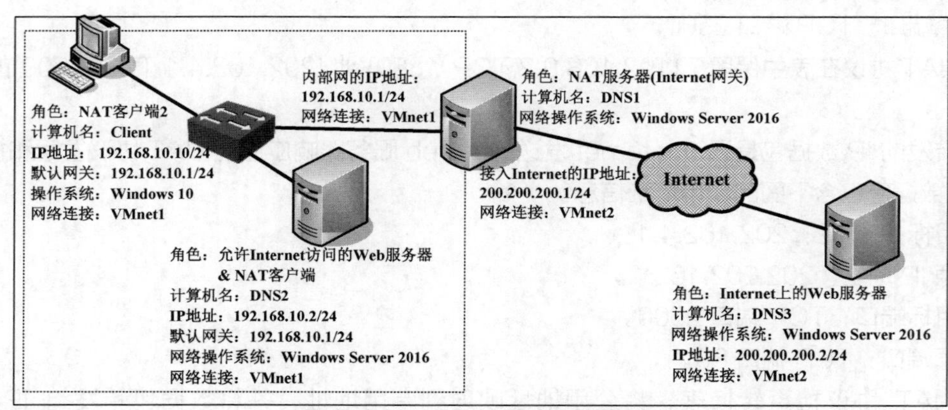


图 12-2 架设 NAT 服务器网络拓扑图

# 12.3 项目实施

## 任务 12-1 安装“路由和远程访问”服务器

### 1. 安装“路由和远程访问服务”角色服务

**STEP 1** 首先按照图 12-1 所示的网络拓扑图配置各计算机的 IP 地址等参数。

**STEP 2** 在计算机 DNS1 上通过“服务器管理器”安装“路由和远程访问服务”角色服务，具体步骤参见任务 11-1。注意安装的角色名称是“远程访问”。

微课 12-2 安装“路由和远程访问”服务器

### 2. 配置并启用 NAT 服务

在计算机 DNS1 上通过“路由和远程访问”控制台配置并启用 NAT 服务，具体步骤如下。

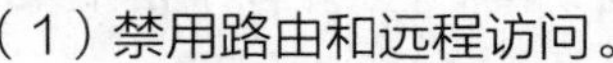

（1）禁用路由和远程访问。

以管理员账户登录到需要添加 NAT 服务的计算机 DNS1 上，打开“服务器管理器”窗口，选择“工具”→“路由和远程访问”命令，打开“路由和远程访问”控制台。用鼠标右键单击服务器 DNS1，在弹出的快捷菜单中选择“禁用路由和远程访问”命令（清除 VPN 实验的影响）。

（2）选择网络地址转换（NAT）。

用鼠标右键单击服务器 DNS1，在弹出的快捷菜单中选择“配置并启用路由和远程访问”命令，打开“路由和远程访问服务器安装向导”对话框，单击“下一步”按钮，出现“配置”窗口，在该窗口中可以配置 NAT、VPN 以及路由服务，在此选中“网络地址转换（NAT）”单选按钮，如图 12-3 所示。

（3）选择连接到 Internet 的网络接口。

单击“下一步”按钮，出现“NAT Internet 连接”窗口，在该窗口中指定连接到 Internet 的网络接口，即 NAT 服务器连接到外部网络的网卡，选中“使用此公共接口连接到 Internet”单选按钮，并选择接口为“Ethernet1”，如图 12-4 所示。

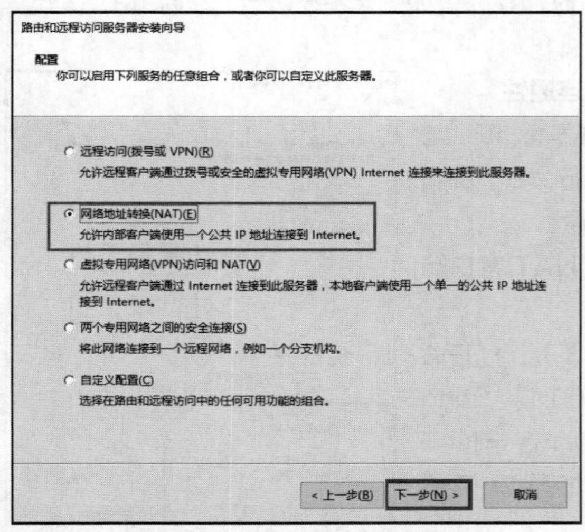


图 12-3 选择网络地址转换（NAT）

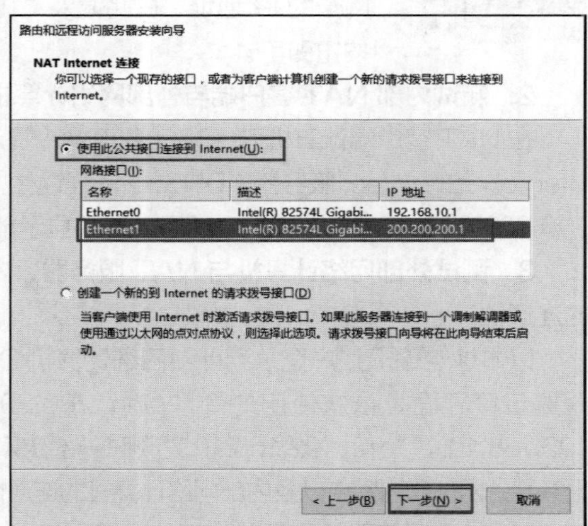


图 12-4 选择连接到 Internet 的网络接口

（4）结束 NAT 配置。

单击“下一步”按钮，出现“正在完成路由和远程访问服务器安装向导”窗口，最后单击“完成”按钮即可完成 NAT 服务的配置和启用。

**3. 停止 NAT 服务**

可以使用“路由和远程访问”控制台停止 NAT 服务，具体步骤如下。

**STEP 1** 以管理员账户登录到 NAT 服务器上，打开“路由和远程访问”控制台，NAT 服务启用后显示绿色向上标识箭头。

**STEP 2** 用鼠标右键单击服务器，在弹出的快捷菜单中选择“所有任务”→“停止”命令，停止 NAT 服务。

**STEP 3** NAT 服务停止以后，显示红色向下标识箭头，表示 NAT 服务已停止。

**4. 禁用 NAT 服务**

要禁用 NAT 服务，可以使用“路由和远程访问”控制台，具体步骤如下。

**STEP 1** 以管理员登录到 NAT 服务器上，打开“路由和远程访问”控制台，用鼠标右键单击服务器，在弹出的快捷菜单中选择“禁用路由和远程访问”命令。

**STEP 2** 接着弹出“禁用 NAT 服务警告信息”界面。该信息表示禁用路由和远程访问服务后，如要重新启用路由器，需要重新配置。

**STEP 3** 禁用路由和远程访问后的控制台界面，显示红色向下标识箭头。

## 任务 12-2 NAT 客户端计算机配置和测试

微课 12-3 NAT 客户端计算机配置和测试

配置 NAT 客户端计算机，并测试内部网络和外部网络计算机之间的连通性，步骤如下。

**1. 设置 NAT 客户端计算机的网关地址**

以管理员账户登录 NAT 客户端计算机 DNS2，打开“Internet 协议版本 4（TCP/IPv4）属性”对话框。设置其“默认网关”的 IP 地址为 NAT 服务器的 LAN 网卡的 IP 地址，在此输入“192.168.10.1”，如图 12-5 所示。最后单击“确定”按钮即可。

**2. 测试内部 NAT 客户端与外部网络计算机的连通性**

在 NAT 客户端计算机 DNS2 上打开命令提示符界面，测试与 Internet 上的 Web 服务器（DNS3）的连通性，执行命令“ping 200.200.200.2”，如图 12-6 所示，结果显示能连通。

**3. 测试外部网络计算机与 NAT 服务器、内部 NAT 客户端的连通性**

以本地管理员账户登录到外部网络计算机 DNS3 上，打开命令提示符界面，依次使用命令“ping 200.200.200.1”“ping 192.168.10.1”“ping 192.168.10.2”测试外部计算机 DNS3 与 NAT 服务器外网卡和内网卡以及内部网络计算机的连通性，如图 12-7 所示，除 NAT 服务器外网卡外均不能连通。

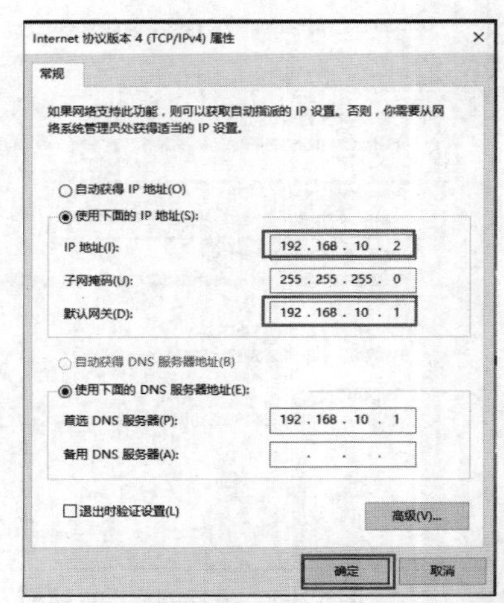


图 12-5 设置 NAT 客户端的网关地址

图 12-6　测试 NAT 客户端计算机与外部计算机的连通性

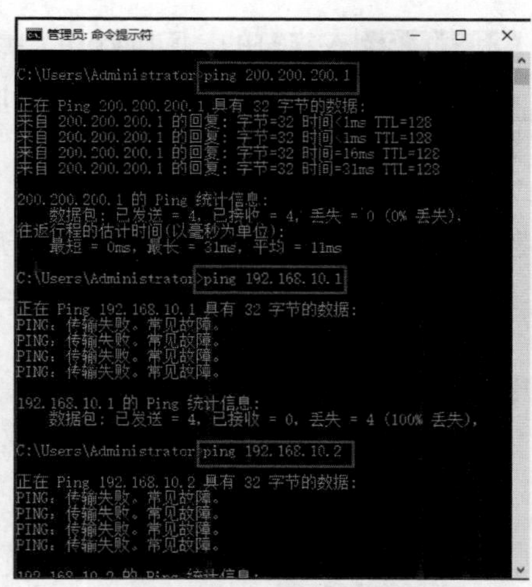


图 12-7　测试外部网络计算机与 NAT 服务器、内部 NAT 客户端的连通性

## 任务 12-3　外部网络主机访问内部 Web 服务器

要让外部网络的计算机 DNS3 能够访问内部 Web 服务器 DNS2，具体步骤如下。

微课 12-4　外部网络主机访问内部 Web 服务器

### 1. 在内部网络计算机 DNS2 上安装 Web 服务器

如何在 DNS2 上安装 Web 服务器，请参考“项目 9 配置与管理 Web 服务器”。

### 2. 将内部网络计算机 DNS2 配置成 NAT 客户端

以管理员账户登录 NAT 客户端计算机 DNS2，打开“Internet 协议版本 4（TCP/IPv4）属性”对话框。设置其“默认网关”的 IP 地址为 NAT 服务器的内网网卡（LAN）的 IP 地址，在此输入“192.168.10.1”。最后单击“确定”按钮即可。

**特别注意**　使用端口映射等功能时，内部网络计算机一定要配置成 NAT 客户端。

### 3. 设置端口地址转换

**STEP 1**　以管理员账户登录到 NAT 服务器上，打开“路由和远程访问”控制台，依次展开服务器“DNS1”和“IPv4”节点，单击“NAT”选项，在控制台右侧界面中，用鼠标右键单击 NAT 服务器的外网网卡“Ethernet1”，在弹出的快捷菜单中选择“属性”命令，如图 12-8 所示，打开“Ethernet1 属性”对话框。

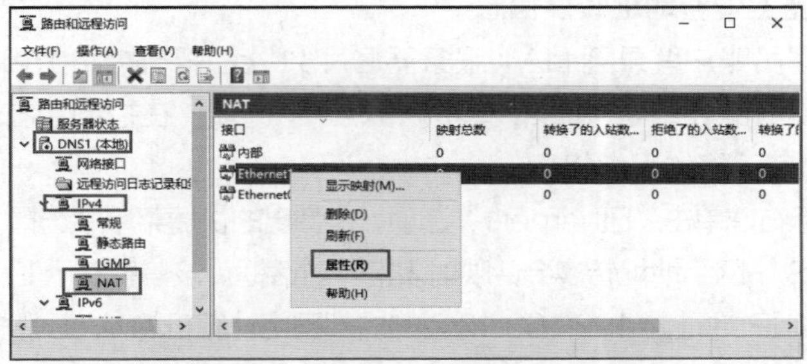


图 12-8　打开“Ethernet1 属性”对话框

**STEP 2** 在打开的“Ethernet1 属性”对话框中，单击图 12-9 所示的“服务和端口”选项卡，在此可以设置将 Internet 用户重定向到内部网络上的服务。

**STEP 3** 勾选“服务”列表中的“Web 服务器（HTTP）”复选框，打开“编辑服务”对话框，在“专用地址”文本框中输入安装 Web 服务器的内部网络计算机的 IP 地址，在此输入“192.168.10.2”，如图 12-10 所示。最后单击“确定”按钮即可。

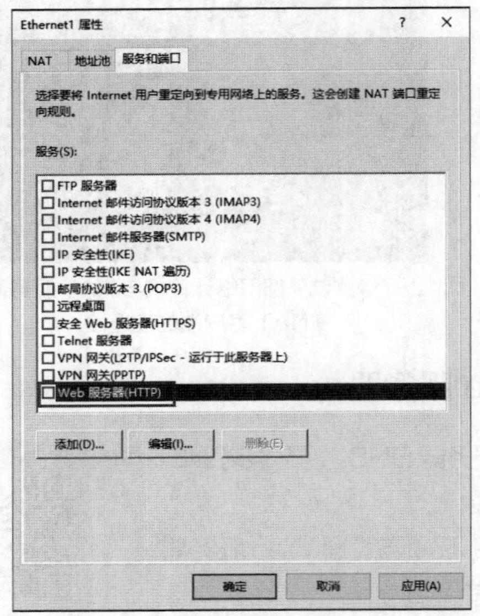


图 12-9 “服务和端口”选项卡

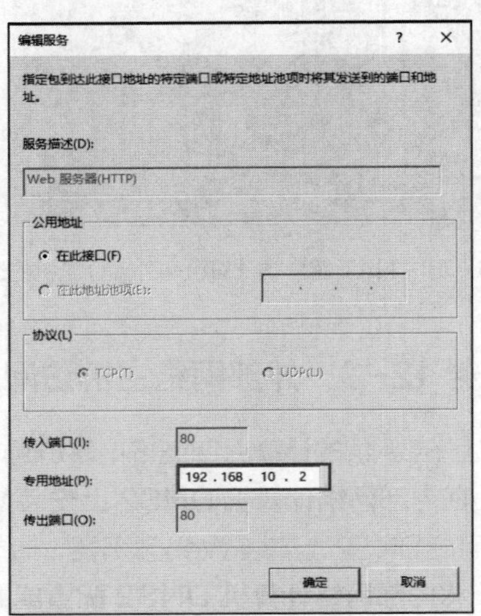


图 12-10 “编辑服务”对话框

**STEP 4** 返回“服务和端口”选项卡，可以看到已经勾选了“Web 服务器（HTTP）”复选框，然后单击“应用”→“确定”按钮即可完成端口地址转换的设置。

### 4. 从外部网络访问内部 Web 服务器

**STEP 1** 以管理员账户登录到外部网络的计算机 DNS3 上。

**STEP 2** 打开 IE 浏览器，输入 http://200.200.200.1，会打开内部计算机 DNS2 上的 Web 站点。请读者试一试。

> **注意** “200.200.200.1”是 NAT 服务器外部网卡的 IP 地址。

### 5. 在 NAT 服务器上查看地址转换信息

**STEP 1** 以管理员账户登录到 NAT 服务器 DNS1 上，打开“路由和远程访问”控制台，依次展开服务器“DNS1”和“IPv4”节点，单击“NAT”选项，在控制台右侧界面中显示 NAT 服务器正在使用的连接内部网络的网络接口。

**STEP 2** 用鼠标右键单击“Ethernet1”选项，在弹出的快捷菜单中选择“显示映射”命令，打开图 12-11 所示的“DNS1-网络地址转换会话映射表格”对话框。该信息表示 IP 地址为 200.200.200.2 的外部网络计算机访问到 IP 地址为 192.168.10.2 的内部网络计算机的 Web 服务，NAT 服务器将 NAT 服务器外网卡的 IP 地址“200.200.200.1”转换成了内部网络计算机的 IP 地址“192.168.10.2”。

DNS1 - 网络地址转换会话映射表格

| 协议 | 方向 | 专用地址 | 专用端口 | 公用地址 | 公用端口 | 远程地址 | 远程端口 | 空闲时间 |
|---|---|---|---|---|---|---|---|---|
| TCP | 入站 | 192.168.10.2 | 80 | 200.200.200.1 | 80 | 200.200.200.2 | 61,311 | 43 |

图 12-11　网络地址转换会话映射表格

## 任务 12-4　配置筛选器

数据包筛选器用于 IP 数据包的过滤。数据包筛选器分为入站筛选器和出站筛选器，分别对应接收到的数据包和发出去的数据包。对某一个接口而言，入站数据包指的是从此接口接收到的数据包，而不论此数据包的源 IP 地址和目的 IP 地址；出站数据包指的是从此接口发出的数据包，而不论此数据包的源 IP 地址和目的 IP 地址。

可以在入站筛选器和出站筛选器中定义 NAT 服务器只是允许筛选器中所定义的 IP 数据包或者允许除了筛选器中定义的 IP 数据包外的所有数据包。对于没有允许的数据包，NAT 服务器默认会将此数据包丢弃。

## 任务 12-5　设置 NAT 客户端

前面已经实践过设置 NAT 客户端了，在这总结一下。局域网 NAT 客户端只要修改 TCP/IP 的设置即可。可以选择以下两种设置方式。

### 1. 自动获得 TCP/IP

此时客户端会自动向 NAT 服务器或 DHCP 服务器请求获取 IP 地址、默认网关、DNS 服务器的 IP 地址等参数。

### 2. 手动设置 TCP/IP

手动设置 IP 地址要求客户端的 IP 地址必须与 NAT 局域网接口的 IP 地址在相同的网段内，也就是网络 ID 必须相同。默认网关必须设置为 NAT 局域网接口的 IP 地址，本例中为 192.168.10.1。首选 DNS 服务器可以设置为 NAT 局域网接口的 IP 地址，或是任何一台合法的 DNS 服务器的 IP 地址。

完成后，客户端的用户只要上网、收发电子邮件、连接 FTP 服务器等，NAT 就会自动通过 PPPoE 请求拨号来连接 Internet。

## 任务 12-6　配置 DHCP 分配器与 DNS 代理

NAT 服务器另外还具备以下两个功能。

- DHCP 分配器（DHCP Allocator）：用来分配 IP 地址给内部的局域网客户端计算机。
- DNS 代理（DNS proxy）：可以替局域网内的计算机来查询 IP 地址。

### 1. DHCP 分配器

DHCP 分配器扮演着类似 DHCP 服务器的角色，用来给内部网络的客户端分配 IP 地址。若要修改 DHCP 分配器的设置，展开“IPv4”节点，单击“NAT”选项，单击上方的属性图标，在弹出的“NAT 属性”对话框中，单击“地址分配”选项卡，如图 12-12 所示。

**注意**　在配置 NAT 服务器时，若系统检测到内部网络上有 DHCP 服务器，就不会自动启动 DHCP 分配器。

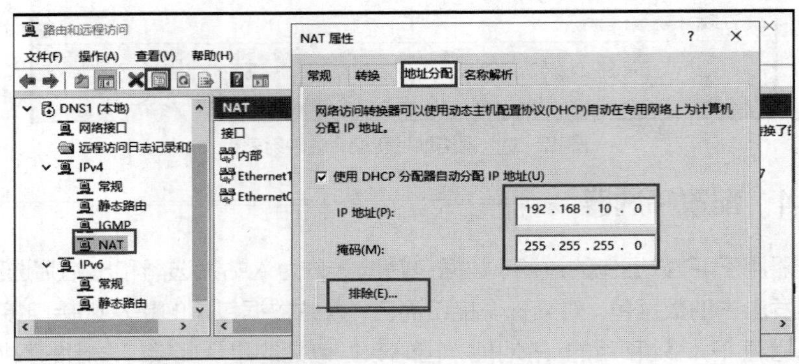

图 12-12 NAT 属性-地址分配

图 12-12 中 DHCP 分配器分配给客户端的 IP 地址的网络标识符为 192.168.10.0，这个默认值是根据 NAT 服务器内网卡的 IP 地址（192.168.10.1）产生的。可以修改此默认值，不过必须与 NAT 服务器内网卡的 IP 地址一致，也就是网络 ID 需相同。

若内部网络内某些计算机的 IP 地址是手动输入的，且这些 IP 地址位于上述 IP 地址范围内，则通过界面中的“排除”按钮来将这些 IP 地址排除，以免这些 IP 地址被发放给其他客户端计算机。

若内部网络包含多个子网或 NAT 服务器拥有多个专用网接口，由于 NAT 服务器的 DHCP 分配器只能够分配一个网段的 IP 地址，因此其他网络内的计算机的 IP 地址需手动设置或另外通过其他 DHCP 服务器来分配。

**2. DNS 中继代理**

当内部计算机需要查询主机的 IP 地址时，它们可以将查询请求发送到 NAT 服务器，然后由 NAT 服务器的 DNS 中继代理（DNS proxy）来替它们查询 IP 地址。可以通过图 12-13 中的“名称解析”选项卡来启动或修改 DNS 中继代理的设置，勾选“使用域名系统（DNS）的客户端”复选框，表示要启用 DNS 中继代理的功能，以后只要客户端要查询主机的 IP 地址时（这些主机可能位于 Internet 或内部网络），NAT 服务器就可以代替客户端来向 DNS 服务器查询。

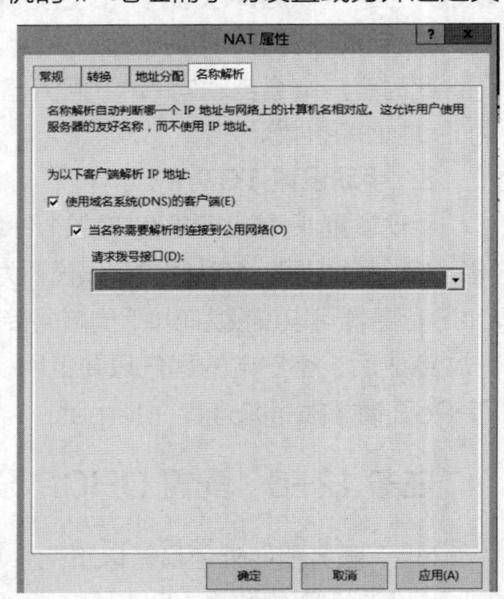

图 12-13 NAT 属性设置-地址解析

NAT 服务器会向哪一台 DNS 服务器查询呢？它会向其 TCP/IP 配置处的首选 DNS 服务器（备用 DNS 服务器）来查询。若此 DNS 服务器位于 Internet 内，而且 NAT 服务器是通过 PPPoE 请求拨号来连接 Internet 的，则勾选图 12-13 中的“当名称需要解析时连接到公用网络”复选框，以便让 NAT 服务器可以自动利用 PPPoE 请求拨号（如 Hinet）来连接 Internet。

## 12.4 习题

**一、填空题**

1. NAT 是__________的简称，中文是__________。

2. NAT 位于使用专用地址的________和使用公用地址的________之间。从 Intranet 传出的数据包由 NAT 将它们的________地址转换为________地址。从 Internet 传入的数据包由 NAT 将它们的________地址转换为________地址。

3. NAT 也起到将________网络隐藏起来，保护________网络的作用，因为对外部用户来说只有使用________地址的 NAT 是可见的。

4. NAT 让位于内部网络的多台计算机只需要共享一个 Public IP 地址，就可以同时连接 Internet、浏览网页与收发电子邮件。

**二、简答题**

1. NAT 的功能是什么?

2. 简述地址转换的原理，即 NAT 的工作过程。

3. 下列不同技术有何异同?（可参考课程网站上的补充资料）

① NAT 与路由；② NAT 与代理服务器；③ NAT 与 Internet 共享。

## 12.5 项目实训 配置与管理 NAT 服务器

**一、实训目的**

- 掌握使局域网内部的计算机连接到 Internet 的方法。
- 掌握使用 NAT 实现网络互连的方法。
- 掌握远程访问服务的实现方法。

**二、项目环境**

本项目实训根据图 12-2 所示的环境来部署 NAT 服务器。

**三、项目要求**

根据网络拓扑图 12-2，完成如下任务。

① 部署架设 NAT 服务器的需求和环境。

② 安装“路由和远程访问服务”角色服务。

③ 配置并启用 NAT 服务。

④ 停止 NAT 服务。

⑤ 禁用 NAT 服务。

⑥ 配置并测试 NAT 客户端计算机。

⑦ 使用外部网络主机访问内部 Web 服务器。

⑧ 配置筛选器。

⑨ 设置 NAT 客户端。

⑩ 配置 DHCP 分配器与 DNS 中继代理。

**四、做一做**

根据实训项目视频进行项目的实训，检查学习效果。

# 项目13 配置与管理证书服务器

13

对于大型的计算机网络，数据的安全和管理的自动化历来都是人们追求的目标。特别是随着 Internet 的迅猛发展，在 Internet 上处理事务、交流信息和交易等越来越频繁，越来越多的重要数据要在网上传输，网络安全问题也更加被重视。尤其是在电子商务活动中，必须保证交易双方能够互相确认身份，安全地传输敏感信息，同时还要防止被人截获、篡改，或者假冒交易等。因此，如何保证重要数据不受到恶意的损坏，成为网络管理最关键的问题之一。而部署公开密钥基础架构（Public Key Infrastructure，PKI），利用 PKI 提供的密钥体系来实现数字证书签发、身份认证、数据加密和数字签名等功能，可以确保电子邮件、电子商务交易、文件传送等各类数据传输的安全性。

## 本项目学习要点

- PKI 概述
- 配置与管理证书
- SSL 网站证书实例

## 13.1 项目基础知识

### 13.1.1 PKI 概述

用户通过网络将数据发送给接收者时，可以利用 PKI 提供的以下 3 种功能来确保数据传输的安全性。

- 将传输的数据加密（Encryption）。
- 接收者计算机会验证收到的数据是否是由发件人本人发送来的（Authentication）。
- 接收者计算机还会确认数据的完整性（Integrity），也就是检查数据在传输过程中是否被篡改。

PKI 根据公开密钥加密（Public Key Cryptography）来提供上述功能，而用户需要拥有以下的一组密钥来支持这些功能。

- 公钥：用户的公钥（Public Key）可以公开给其他用户。
- 私钥：用户的私钥（Private Key）是该用户私有的，且存储在用户的计算机内，只有他能够访问。

用户需要通过向证书颁发机构（Certification Authority，CA）申请证书（Certificate）的方法

来拥有与使用这一组密钥。

**1. 公钥加密法**

数据被加密后，必须经过解密才能读取数据的内容。PKI 使用公钥加密（Public Key Encryption）机制来对数据进行加密与解密。发件人利用收件人的公钥将数据加密，而收件人利用自己的私钥将数据解密。例如，图 13-1 所示为用户 Bob 发送一封经过加密的电子邮件给用户 Alice 的流程。

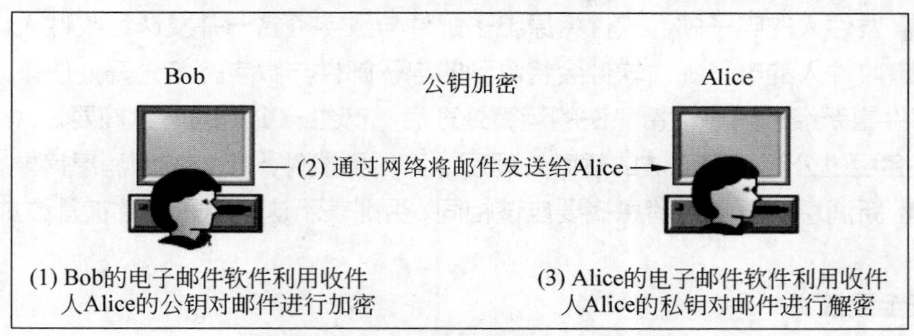


图 13-1　发送一封经过加密的电子邮件

在图 13-1 中，Bob 必须先取得 Alice 的公钥，才可以利用此密钥来将电子邮件加密，而因为 Alice 的私钥只存储在她的计算机内，故只有她的计算机可以将此邮件解密，因此她可以正常读取此邮件。其他用户即使拦截这封邮件，也无法读取邮件的内容，因为他们没有 Alice 的私钥，无法将其解密。

**注意**　公钥加密体系使用公钥来加密，私钥来解密，此方法又称为非对称式（Asymmetric）加密。另一种加密法是单密钥加密（Secret Key Encryption），又称为对称式（Symmetric）加密，其加密、解密都使用同一个密钥。

**2. 公钥验证**

发件人可以利用公钥验证（Public Key Authentication）来将待发送的数据进行“数字签名”（Digital Signature），而收件人计算机在收到数据后，便能够通过此数字签名来验证数据是否确实是由发件人本人发出的，同时还会检查数据在传输的过程中是否被篡改。

发件人是利用自己的私钥对数据进行签名的，而收件人计算机会利用发件人的公钥来验证此份数据。例如，图 13-2 所示为用户 Bob 发送一封经过数字签名的电子邮件给用户 Alice 的流程。

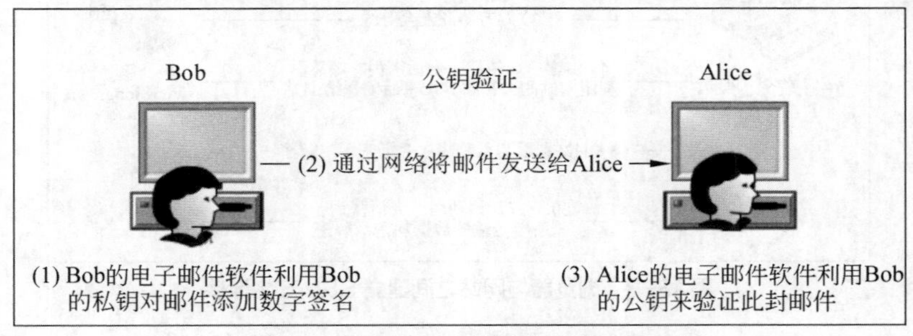


图 13-2　发送一封经过数字签名的电子邮件

由于图 13-2 中的邮件经过 Bob 的私钥签名，而公钥与私钥是一对的，因此收件人 Alice 必须先取得发件人 Bob 的公钥后，才可以利用此密钥来验证这封邮件是否是由 Bob 本人发送过来的，并检查这封邮件是否被篡改。

数字签名是如何产生的？又是如何用来验证用户身份的呢？其流程如下。

**STEP 1** 发件人的电子邮件经过消息哈希算法（Message Hash Algorithm）的运算处理后，产生一个消息摘要（Message Digest），它是一个数字指纹（Digital Fingerprint）。

**STEP 2** 发件人的电子邮件软件利用发件人的私钥将此消息摘要加密，所使用的加密方法为公钥加密算法（Public Key Encryption Algorithm），加密后的结果被称为数字签名。

**STEP 3** 发件人的电子邮件软件将原电子邮件与数字签名一并发送给收件人。

**STEP 4** 收件人的电子邮件软件会将收到的电子邮件与数字签名分开处理。

- 电子邮件重新经过消息哈希算法的运算处理后，产生一个新的消息摘要。
- 数字签名经过公钥加密算法的解密处理后，可得到发件人传来的原消息摘要。

**STEP 5** 新消息摘要与原消息摘要应该相同，否则表示这封电子邮件被篡改或是冒用发件人身份发来的。

### 3. 网站安全连接

微课 13-1 SSL 网站安全连接

安全套接层（Secure Sockets Layer，SSL）是一个以 PKI 为基础的安全性通信协议，若要让网站拥有 SSL 安全连接功能，就需要为网站向证书颁发机构（CA）申请 SSL 证书（Web 服务器证书），证书内包含公钥、证书有效期限、发放此证书的 CA、CA 的数字签名等数据。

在网站拥有 SSL 证书之后，浏览器与网站之间就可以通过 SSL 安全连接来通信了，也就是将 URL 路径中的 http 改为 https，例如，若网站为 www.long.com，则浏览器是利用 https://www.long.com/来连接网站的。

以图 13-3 为例来说明浏览器与网站之间如何建立 SSL 安全连接。建立 SSL 安全连接时，会建立一个双方都同意的会话密钥（Session Key），并利用此密钥来将双方所传送的数据加密、解密并确认数据是否被篡改。

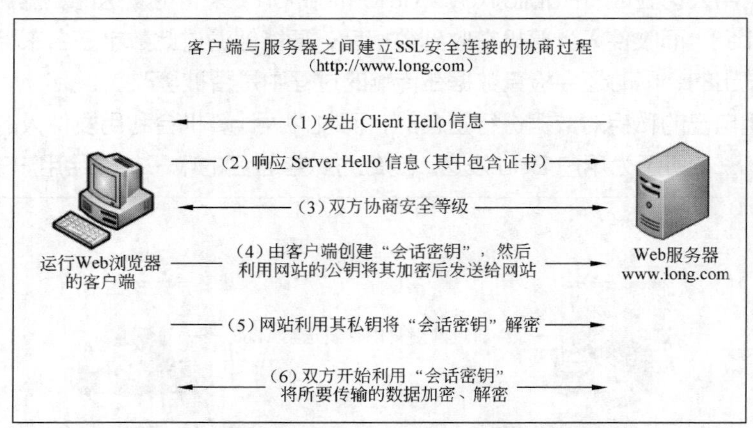


图 13-3 浏览器与网站之间建立 SSL 安全连接

**STEP 1** 客户端浏览器利用 https://long.com 来连接网站时，客户端会先发出 Client Hello 信息给 Web 服务器。

**STEP 2** Web 服务器会响应 Server Hello 信息给客户端，此信息内包含网站的证书信息（内含公钥）。

**STEP 3** 客户端浏览器与网站双方开始协商 SSL 连接的安全等级，例如，选择 40 或 128 位加密密钥。密钥位数越多，越难破解，数据越安全，但网站性能就越差。

**STEP 4** 浏览器根据双方同意的安全等级来创建会话密钥，利用网站的公钥将会话密钥加密，将加密过后的会话密钥发送给网站。

**STEP 5** 网站利用它自己的私钥来将会话密钥解密。

**STEP 6** 浏览器与网站双方相互之间传送的所有数据，都会利用这个会话密钥进行加密与解密。

## 13.1.2 证书颁发机构概述与根 CA 的安装

无论是电子邮件保护还是 SSL 网站安全连接，都需要申请证书才可以使用公钥与私钥来执行数据加密与身份验证的操作。证书就好像是汽车驾驶执照一样，必须拥有汽车驾驶执照（证书）才能开车（使用密钥）。而负责发放证书的机构被称为证书颁发机构。

用户或网站的公钥与私钥是如何产生的呢？在申请证书时，需要输入姓名、地址与电子邮件地址等数据，这些数据会被发送到一个称为 CSP（Cryptographic Service Provider）的程序，此程序已经被安装在申请者的计算机内或此计算机可以访问的设备内。

CSP 会自动创建一对密钥：一个公钥与一个私钥。CSP 会将私钥存储到申请者计算机的注册表（Registry）中，然后将证书申请数据与公钥一并发送给 CA。CA 检查这些数据无误后，会利用 CA 自己的私钥对要发放的证书进行签名，然后发放此证书。申请者收到证书后，将证书安装到他的计算机内。

证书内包含了证书的颁发对象（用户或计算机）、证书有效期限、颁发此证书的 CA 与 CA 的数字签名（类似于汽车驾驶执照上的盖章），还有申请者的姓名、地址、电子邮件地址、公钥等数据。

**注意**  用户计算机若安装读卡设备，就可以利用智能卡来登录，不过也需要通过类似的程序来申请证书，CSP 会将私钥存储到智能卡内。

### 1. CA 的信任

在 PKI 架构下，当用户利用某 CA 发放的证书来发送一封经过签名的电子邮件时，收件人的计算机应该要信任（Trust）由此 CA 发放的证书，否则收件人的计算机会将此电子邮件视为有问题的邮件。

又如，客户端利用浏览器连接 SSL 网站时，客户端计算机也必须信任发放 SSL 证书给此网站的 CA，否则客户端浏览器会显示警告信息。

系统默认已经自动信任一些知名商业 CA，而 Windows 10 操作系统的计算机可通过打开桌面版 Internet Explorer，按 Alt 键，单击“工具”菜单，选择 Internet 选项，在“内容”选项卡中单击“证书”按钮，在“证书”对话框的“受信任的根证书颁发机构”选项卡中查看其已经信任的 CA，如图 13-4 所示。

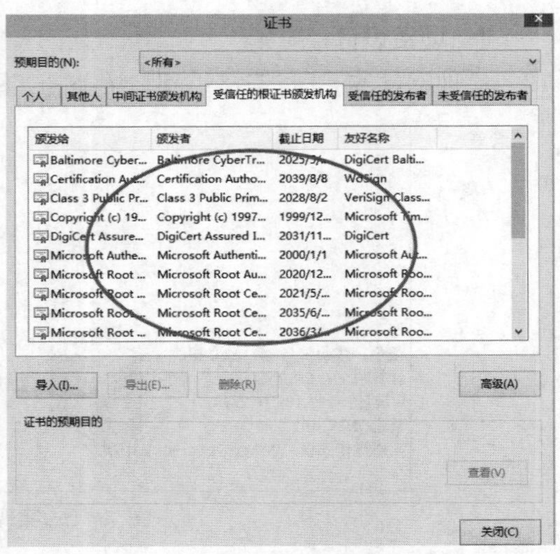


图 13-4　受信任的根证书颁发机构

用户可以向上述商业 CA 申请证书，如 VeriSign，但若公司只是希望在各分公司、事业合作伙伴、供货商与客户之间能够安全地通过 Internet 传送数据，则不需要向上述商业 CA 申请证书，因为可以利用 Windows Server 2016 的 Active Directory 证书服务（Active Directory Certificate Services，AD CS）来自行配置 CA，然后利用此 CA 将证书发放给员工、客户与供货商等，并让他们的计算机信任此 CA。

**2. AD CS 的 CA 种类**

若使用 Windows Server 2016 的 Active Directory 证书服务（AD CS）来提供 CA 服务，则可以选择将此 CA 设置为以下角色之一。

- 企业根 CA（Enterprise Root CA）。它需要 Active Directory 域，可以将企业根 CA 安装到域控制器或成员服务器。它发放证书的对象仅限于域用户，当域用户申请证书时，企业根 CA 会从 Active Directory 中得知该用户的账户信息并据以决定该用户是否有权利申请所需证书。企业根 CA 主要应该用于发放证书给从属 CA，虽然企业根 CA 还可以发放保护电子邮件安全、网站 SSL 安全连接等证书，不过应该将发放这些证书的工作交给从属 CA 来负责。
- 企业从属 CA（Enterprise Subordinate CA）。企业从属 CA 也需要 Active Directory 域，企业从属 CA 适合用来发放保护电子邮件安全、网站 SSL 安全连接等证书。企业从属 CA 必须从其父 CA（如企业根 CA）取得证书之后，才会正常工作。企业从属 CA 也可以发放证书给下一层的从属 CA。
- 独立根 CA（Standalone Root CA）。独立根 CA 类似于企业根 CA，但不需要 Active Directory 域，扮演独立根 CA 角色的计算机可以是独立服务器、成员服务器或域控制器。无论是否为域用户，都可以向独立根 CA 申请证书。
- 独立从属 CA（Standalone Subordinate CA）。独立从属 CA 类似于企业从属 CA，但不需要 Active Directory 域，扮演独立从属 CA 角色的计算机可以是独立服务器、成员服务器或域控制器。无论是否为域用户，都可以向独立从属 CA 申请证书。

## 13.2 项目设计与准备

**1. 项目设计**

实现网站的 SSL 连接访问，拓扑图如图 13-5 所示。

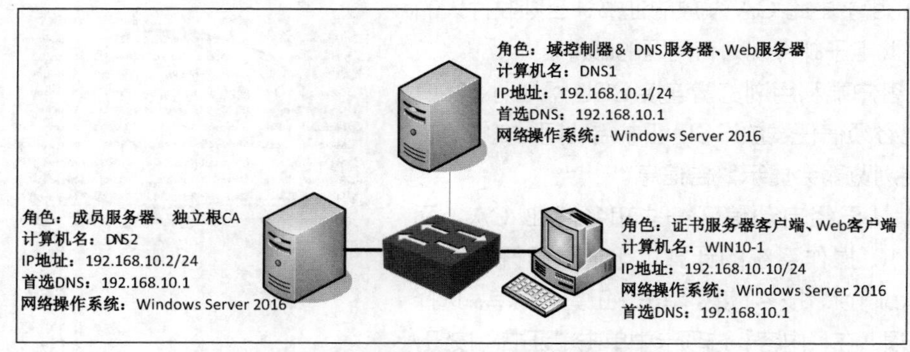


图 13-5　实现网站的 SSL 连接访问拓扑图

在部署 CA 服务前需满足以下要求。

- DNS1：域控制器、DNS 服务器、Web 服务器，也可以部署企业 CA，IP 地址为

192.168.10.1/24，首选 DNS 的 IP 地址为 192.168.10.1。

- DNS2：成员服务器（独立服务器也可以），部署独立根 CA，IP 地址为 192.168.10.2/24，首选 DNS 的 IP 地址为 192.168.10.1。
- WIN10-1：客户端（使用 Windows 10 操作系统），IP 地址为 192.168.10.10/24，首选 DNS 的 IP 地址为 192.168.10.1，Windows 10 计算机 WIN10-1 信任独立根 CA。

DNS1、DNS2、WIN10-1 可以是 VMware 的虚拟机，网络连接模式皆为“VMnet1”。

**2. 项目准备**

只有为网站申请了 SSL 证书，网站才会具备 SSL 安全连接的能力。若网站要向 Internet 用户提供服务，需向商业 CA 申请证书，如 VeriSign；若网站只是向内部员工、企业合作伙伴提供服务，则可自行利用 Active Directory 证书服务（AD CS）来配置 CA，并向此 CA 申请证书。我们将利用 AD CS 来配置 CA，并通过以下步骤演示 SSL 网站的配置过程。

① 在 DNS2 上安装独立根 CA：DNS2-CA。可以在 DNS1 上安装企业 CA：long-DNS1-CA。

② 在 Web 客户端计算机上创建证书申请文件。

③ 利用浏览器将证书申请文件发送给 CA，然后下载证书文件。

- 企业 CA：由于企业 CA 会自动发放证书，因此在将证书申请文件发送给 CA 后，就可以直接下载证书文件。
- 独立根 CA：独立根 CA 默认并不会自动发放证书，因此必须等 CA 管理员手动发放证书后，再利用浏览器来连接 CA 并下载证书文件。

④ 将 SSL 证书安装到 IIS 计算机，并将其绑定（Binding）到网站，该网站便拥有 SSL 安全连接的能力。

⑤ 测试客户端浏览器与网站之间 SSL 的安全连接功能是否正常。

参照图 13-5 来练习 SSL 安全连接。

- 图 13-5 中要启用 SSL 的网站为计算机 DNS1 的 Web Test Site，其网址为 www.long.com，请先在此计算机上安装好 IIS 角色（提前做好）。
- DNS1 同时扮演 DNS 服务器角色，请安装好 DNS 服务器角色，并在其内建立正向查找区域 long.com。在该区域下建立别名记录 www 和 www2，分别对应 IP 地址为 192.168.10.1 和 192.168.10.2。
- 独立根 CA 安装在 DNS2 上，其名称为 DNS2-CA。
- 需要在 WIN10-1 计算机上利用浏览器来连接 SSL 网站。CA2（DNS2）与 WIN10-1 计算机需指定首选 DNS 服务器的 IP 地址为 192.168.10.1。

## 13.3 项目实施

### 任务 13-1 安装证书服务并架设独立根 CA

在 DNS2 上安装证书服务并架设独立根 CA。

微课 13-2 安装证书服务并架设独立根 CA

### 1. 安装证书服务器

**STEP 1** 利用 Administrators 组成员的身份登录图 13-5 中的 DNS2，安装 CA2。（若要安装企业根 CA，请利用域 Enterprise Admins 组成员的身份登录 DNS1，安装 CA。）

**STEP 2** 打开“服务器管理器”窗口，单击“仪表板”处的“添加角色和功能”按钮，持续单击“下一步”按钮，直到出现图 13-6 所示的“选择服务器角色”窗口时勾选“Active Directory 证书服务”复选框，随后在弹出的对话框中单击“添加功能”按钮。（如果没安装 Web 服务器，在此一并安装。）

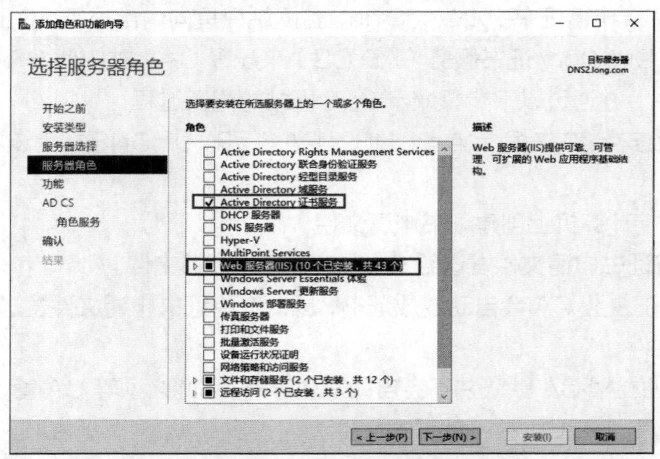

图 13-6 添加 AD CS 和 Web 服务器角色

**STEP 3** 持续单击“下一步”按钮，直到出现图 13-7 所示的界面，请确保勾选“证书颁发机构”和“证书颁发机构 Web 注册”复选框，单击“安装”按钮，顺便安装 IIS 网站，以便让用户可以利用浏览器来申请证书。

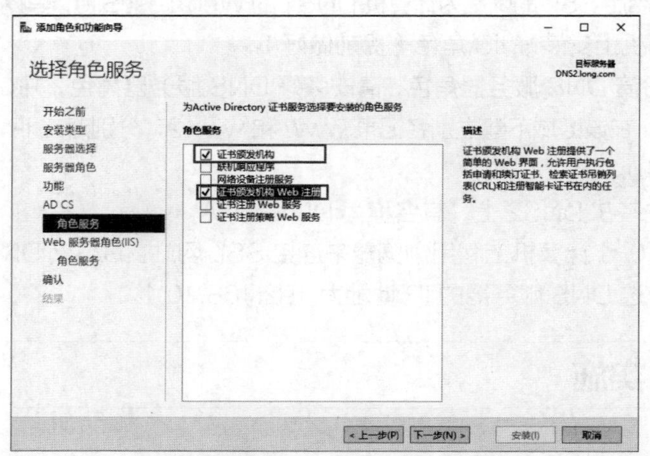

图 13-7 勾选“证书颁发机构”和“证书颁发机构 Web 注册”复选框

**STEP 4** 持续单击“下一步”按钮，直到出现确认安装所选内容界面时，单击“安装”按钮。

**STEP 5** 单击“关闭”按钮，重新启动计算机。

## 2. 架设独立根 CA

**STEP 1** 单击“配置目标服务器上的 Active Directory 证书服务”选项，如图 13-8 所示。

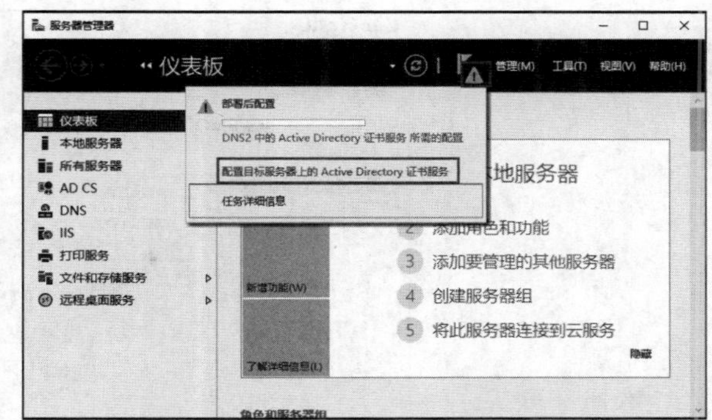

图 13-8 配置目标服务器上的 Active Directory 证书服务

**STEP 2** 弹出图 13-9 所示的窗口，单击“下一步”按钮，开始配置 AD CS。

**STEP 3** 勾选“证书颁发机构”和“证书颁发机构 Web 注册”复选框，如图 13-10 所示，单击“下一步”按钮。

**STEP 4** 在图 13-11 所示的窗口中选择 CA 的类型后，单击“下一步”按钮。

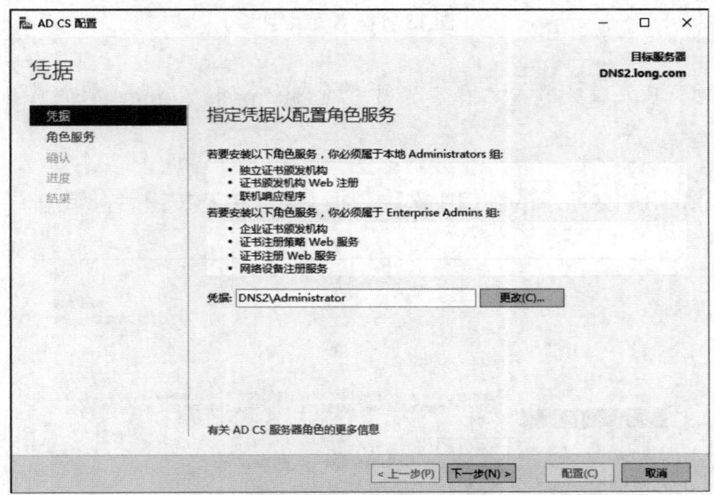

图 13-9 开始配置 AD CS

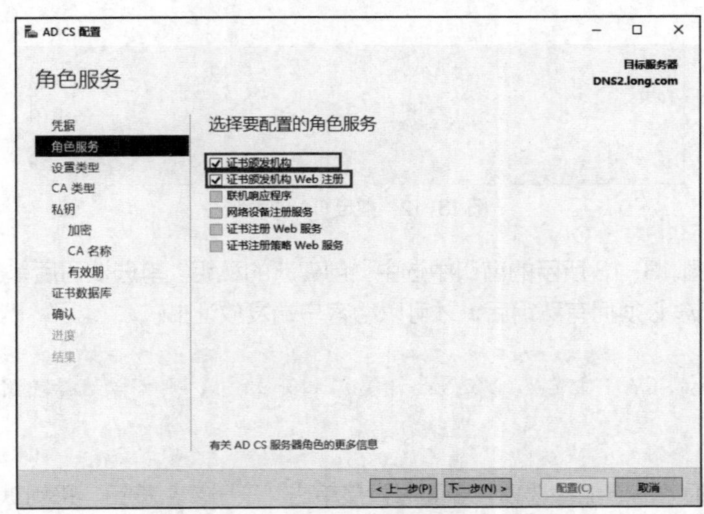

图 13-10 角色服务

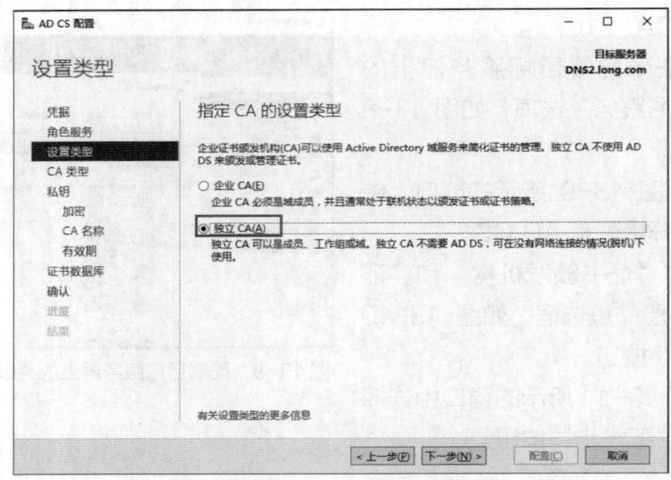


图 13-11　设置类型

**注意**　若此计算机是独立服务器或用户不是利用域 Enterprise Admins 的成员身份登录的，就无法选择企业 CA。

**STEP 5** 在图 13-12 所示的窗口中选中“根 CA”单选按钮后，单击“下一步”按钮。

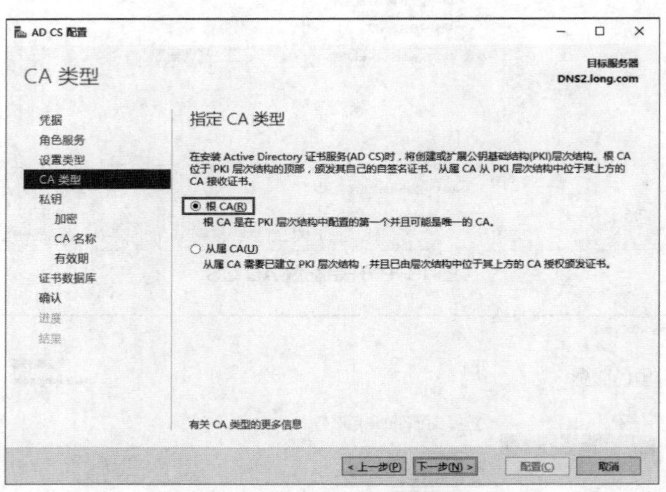


图 13-12　指定 CA 的类型

**STEP 6** 在图 13-13 所示的窗口中选中“创建新的私钥”单选按钮后单击“下一步”按钮。此为 CA 的私钥，CA 必须拥有私钥后，才可以给客户端发放证书。

**注意**　若是重新安装 CA（之前已经在这台计算机上安装过），则可以选择使用前一次安装时创建的私钥。

**STEP 7** 出现“指定加密选项”界面时直接单击“下一步”按钮，采用默认的建立私钥的方法即可。

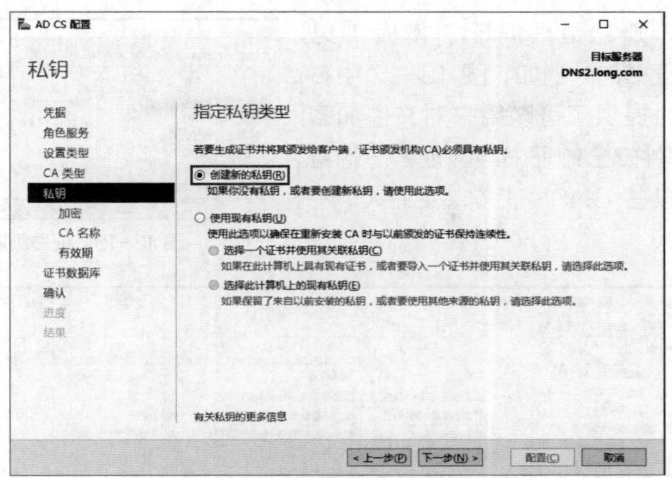


图 13-13　创建新的私钥

**STEP 8** 出现“指定 CA 名称”界面时，将此 CA 的公用名称设置为 DNS2-CA，如图 13-14 所示。

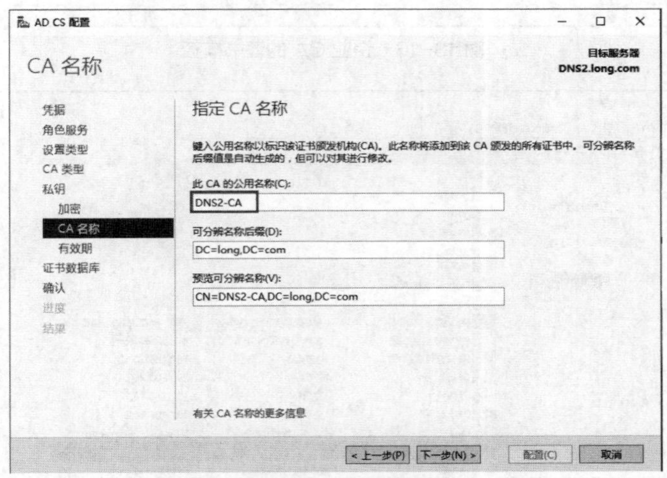


图 13-14　指定 CA 名称

**特别说明**　由于 DNS2 是 long.com 的成员服务器，所以默认的 CA 的公用名称为 long- DNS2-CA，为区别于企业 CA，我们在此将“此 CA 的公用名称”改为 DNS2-CA。

**STEP 9** 单击“下一步”按钮。在“指定有效期”界面中单击“下一步”按钮。CA 的有效期默认为 5 年。

**STEP 10** 在“指定数据库位置”界面中单击“下一步”按钮，采用默认值即可。

**STEP 11** 在“确认”界面中单击“配置”按钮，出现“结果”界面时单击“关闭”按钮。

**STEP 12** 安装完成后，可按 Windows 键，切换到“开始”菜单，选择“开始”→“Windows 管理工具”→“证书颁发机构”命令或在服务器管理器中选择右上方的“工具”→“证书颁发机构”命令，打开证书颁发机构的管理界面，以此来管理 CA。图 13-15 所示为独立根 CA 的管理界面。

若是企业 CA，则它是根据证书模板（见图 13-16）来发放证书的。例如，图 13-17 中右方的用户模板内同时提供了可以用来对文件加密的证书、保护电子邮件安全的证书与验证客户端身份的证书。（读者可以在 DNS1 上安装企业 CA：long- DNS1-CA。）

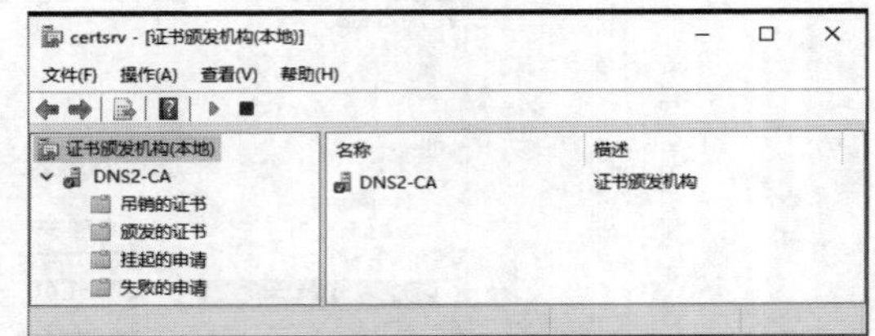


图 13-15 证书颁发机构（本地）

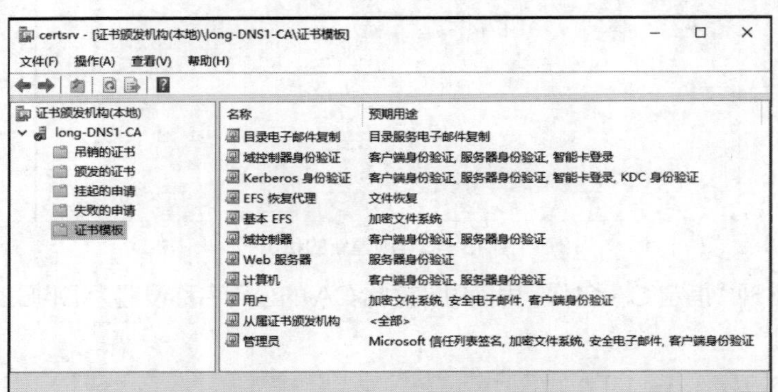


图 13-16 企业 CA 的证书模板

图 13-17 在 DNS1 上配置 DNS

## 任务 13-2 DNS 与测试网站准备

微课 13-3 DNS 与测试网站准备

将网站建立在 DNS1 上。

**STEP 1** 在 DNS1 上配置 DNS，新建别名记录，如图 13-17 所示。DNS1（IP 地址为 192.168.10.1）为 www.long.com，DNS2（IP 地址为 192.168.10.2）为 www2.long.com。

**STEP 2** 在 DNS1 上配置 Web 服务器，停用网站 Default Web Site，重新建立测试网站，其对应的 IP 地址为 192.168.10.1，网站的主目录是 C:\Web，如图 13-18 所示。

图 13-18 新建 SSL 测试网站

**STEP 3** 为了测试 SSL 网站是否正常，在网站主目录下（假设是 C:\Web）利用记事本创建文件名为 index.htm 的首页文件，如图 13-19 所示。建议先在文件资源管理器内单击“查看”菜单，勾选文件“扩展名”复选框，如此，在建立文件时才不容易弄错扩展名，同时在图 13-18 中才能看到文件 index.htm 的扩展名为.htm。

图 13-19 在主目录创建文件 index.htm

## 任务 13-3 让浏览器计算机 WIN10-1 信任 CA

网站 Web（DNS1）与运行浏览器的计算机 WIN10-1 都应该信任发放 SSL 证书的 CA（DNS2），否则浏览器在利用 https（SSL）连接网站时会显示警告信息。

微课 13-4 让浏览器计算机信任 CA

若是企业 CA，而且网站与浏览器计算机都是域成员，则它们都会自动信任此企业 CA。然而图 13-5 中的 CA 为独立根 CA，且 WIN10-1 没有加入域，故需要在这台计算机上手动执行信任 CA 的操作。以下步骤是让图 13-5 中的 Windows 10 计算机 WIN10-1 信任图 13-5 中的独立根 CA。

**STEP 1** 在 WIN10-1 上打开 Internet Explorer，并输入 URL 路径：http://192.168.10.2/ certsrv。其中，192.168.10.2 为图 13-5 中独立根 CA 的 IP 地址，此处也可改为 CA 的 DNS 主机名（http://www2.long.com/certsrv）或 NetBIOS 计算机名称。

**STEP 2** 在图 13-20 所示的窗口中单击“下载 CA 证书、证书链或 CRL”超链接。

> **注意** 若客户端为 Windows Server 2016 计算机，则先将其 IE 增强的安全配置关闭，否则系统会阻挡其连接 CA 网站：打开“服务器管理器”窗口，单击“本地服务器”选项，单击“IE 增强的安全配置”右方的“启用”超链接，选中“管理员”处的“关闭”单选按钮，如图 13-21 所示。

**STEP 3** 在图 13-22 所示的窗口中单击“下载 CA 证书链”超链接，然后单击“保存”按钮右侧的下拉按钮，选择“另存为”命令，将证书下载到本地 C:\cert 文件夹中。默认的文件名为 certnew.p7b。

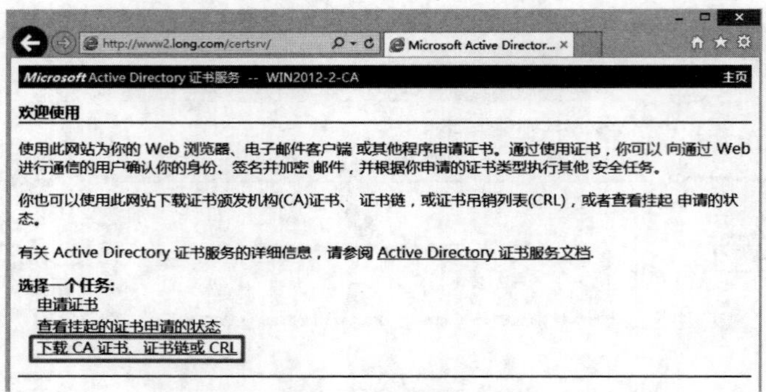


图 13-20　下载 CA 证书

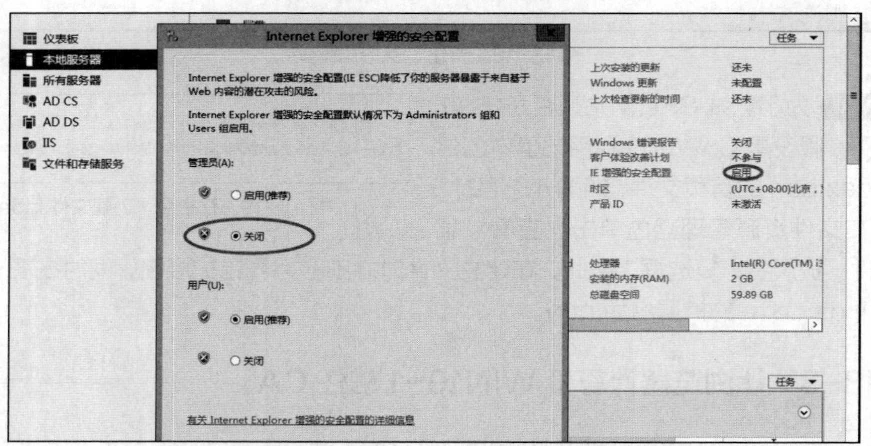


图 13-21　关闭 IE 增强的安全配置

**STEP 4** 用鼠标右键单击“开始”菜单，在弹出的快捷菜单中选择“运行”命令，在打开的“运行”对话框中的“打开”栏下输入“mmc”，然后单击“确定”按钮。选择“文件”→“添加/删除管理单元”命令，然后从可用的管理单元列表中选择“证书”后单击“添加”按钮，在图 13-23 所示的对话框中选中“计算机账户”单选按钮，之后依次单击“下一步”→“完成”→“确定”按钮。

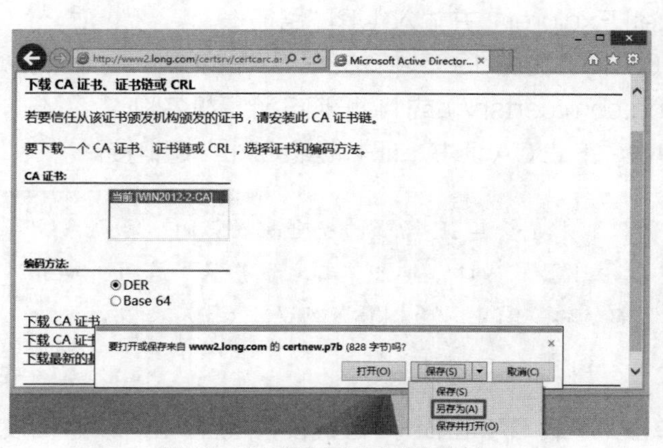


图 13-22　保存证书文件到本地

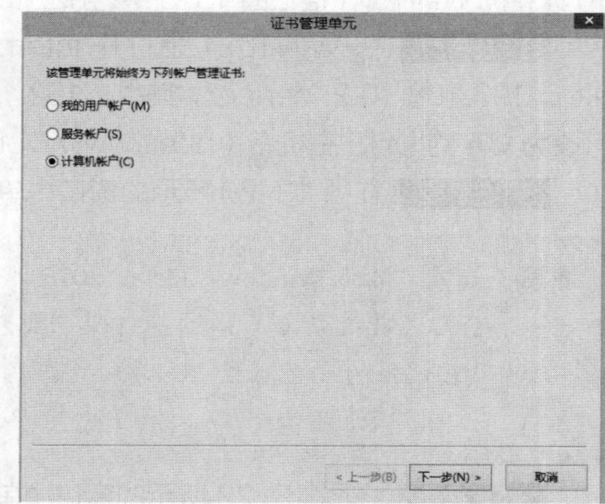


图 13-23　选择计算机账户

**STEP 5** 展开“受信任的根证书颁发机构”节点，选中“证书”选项，单击鼠标右键，在弹出的快捷菜单中选择“所有任务”→“导入”命令，如图 13-24 所示。

**STEP 6** 单击“下一步”按钮。在图 13-25 所示的对话框中选择之前下载的 CA 证书文件后，单击“下一步”按钮。

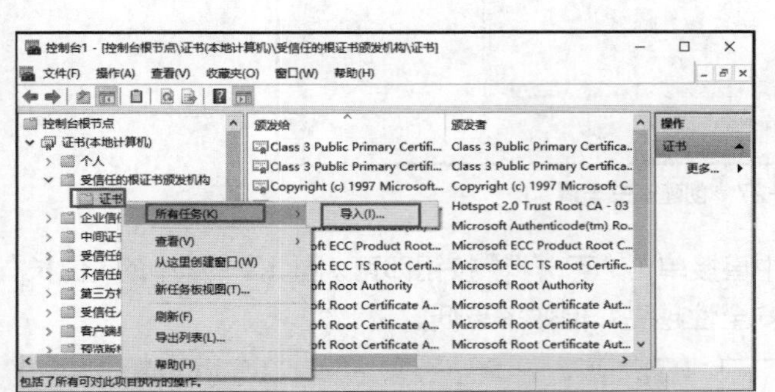

图 13-24　选择“所有任务”→“导入”命令

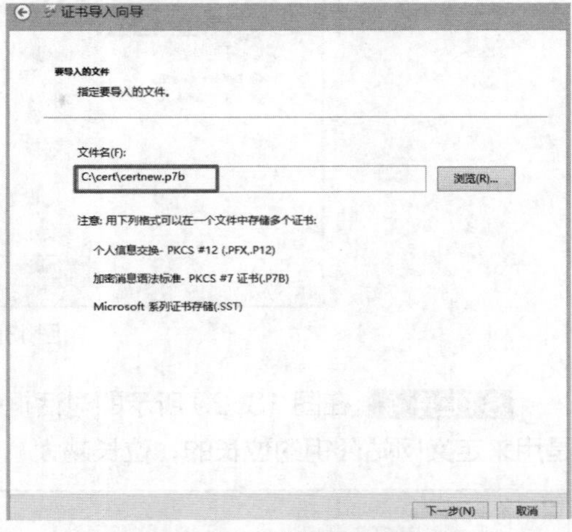

图 13-25　选择要导入的文件

**STEP 7** 依次单击“下一步”→“完成”→“确定”按钮，图 13-26 所示为完成后的界面。

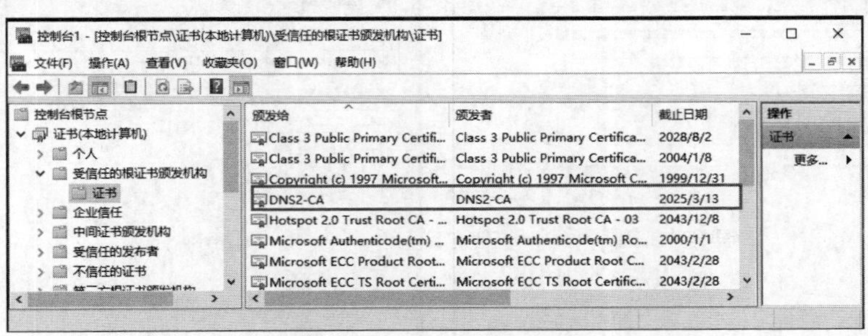

图 13-26　完成后的界面

## 任务 13-4　在 Web 服务器上配置证书服务

在扮演网站 www.long.com 角色的 Web 计算机 DNS1 上执行以下操作。

微课 13-5　在 Web 服务器上配置证书服务

### 1. 在网站上创建证书申请文件

**STEP 1** 选择“开始”→“Windows 管理工具”→“Internet Information Services（IIS）管理器”命令。

**STEP 2** 选中“DNS1”选项，双击“服务器证书”链接，选择“创建证书申请”命令，如图 13-27 所示。

**STEP 3** 在图 13-28 所示的对话框中输入网站的相关数据后，单击“下一步”按钮。

**特别注意**　因为在通用名称处输入的网址被定义为 www.long.com，故客户端需使用此网址来连接 SSL 网站。

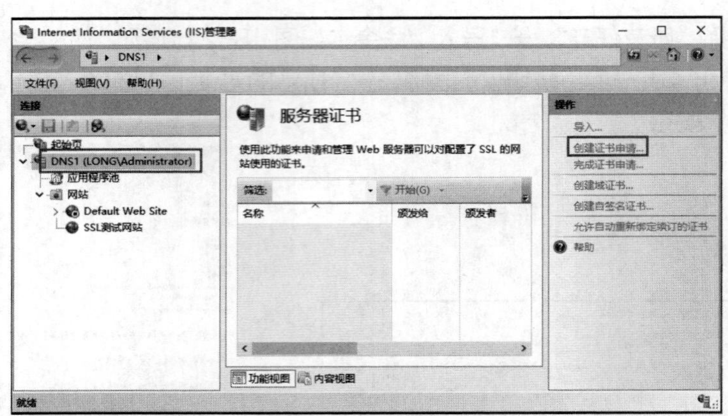

图 13-27　创建证书申请

**STEP 4** 在图 13-29 所示的对话框中直接单击“下一步”按钮即可。图 13-29 中的“位长”是用来定义网站公钥的位长的，位长越大，安全性越高，但效率越低。

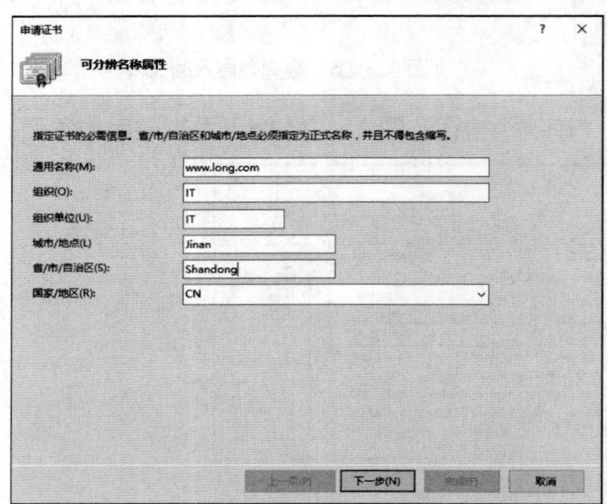

图 13-28　可分辨名称属性

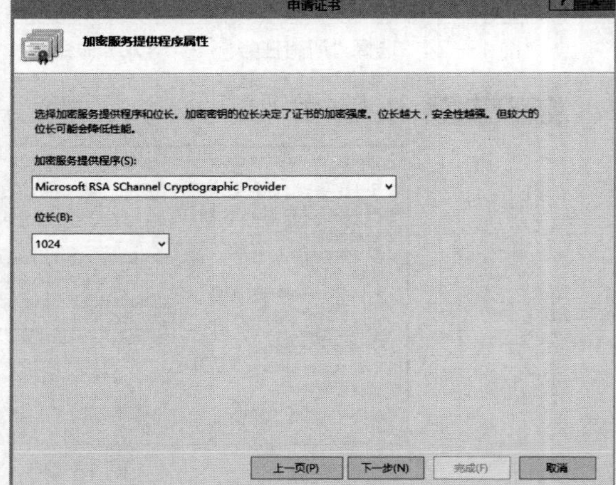

图 13-29　加密服务提供程序属性

**STEP 5** 在图 13-30 所示的对话框中指定证书申请文件名与存储位置（本例为 C:\WebCert）后，单击“完成”按钮。

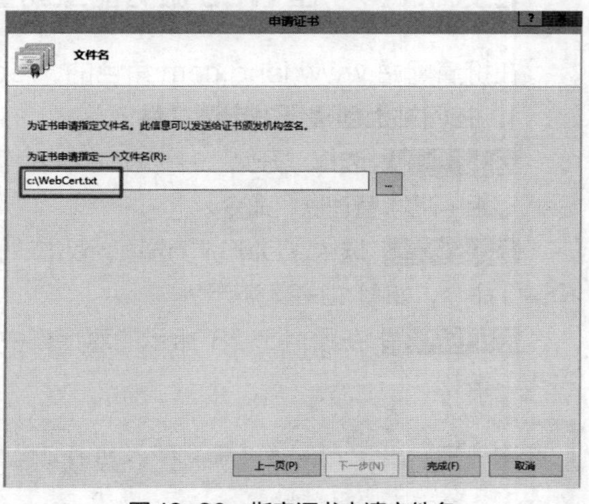

图 13-30　指定证书申请文件名

### 2. 申请证书与下载证书

请继续在扮演网站角色的计算机 DNS1 上执行以下操作（以下是针对独立根 CA 的，但会附带说明企业 CA 的操作）。

**STEP 1** 将 IE 增强的安全配置关闭，否则系统会阻挡其连接 CA 网站：打开“服务器管理器”窗口，单击“本地服务器”选项，单击“IE 增强的安全配置”右方的“启用”超链接，选中“管理员”处的“关闭”单选按钮。

**STEP 2** 打开 Internet Explorer，并输入 URL 路径：http://192.168.10.2/certsrv。其中，192.168.10.2 为图 13-5 中独立根 CA 的 IP 地址，此处也可改为 CA 的 DNS 主机名 www.long.com 或 NetBIOS 计算机名称。

**STEP 3** 在图 13-31 所示的窗口中单击“申请证书”→“高级证书申请”超链接。

> **注意** 若是向企业 CA 申请证书，则系统会先要求输入用户账户与密码，此时请输入域系统管理员账户（如 long\administrator）与密码。

**STEP 4** 单击第二个选项，如图 13-32 所示。

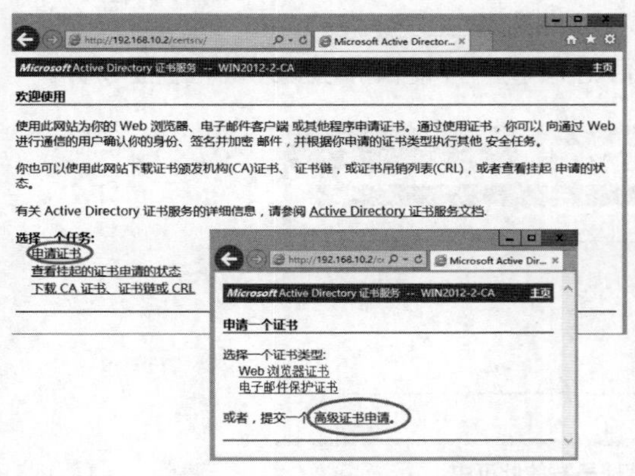


图 13-31　申请一个证书

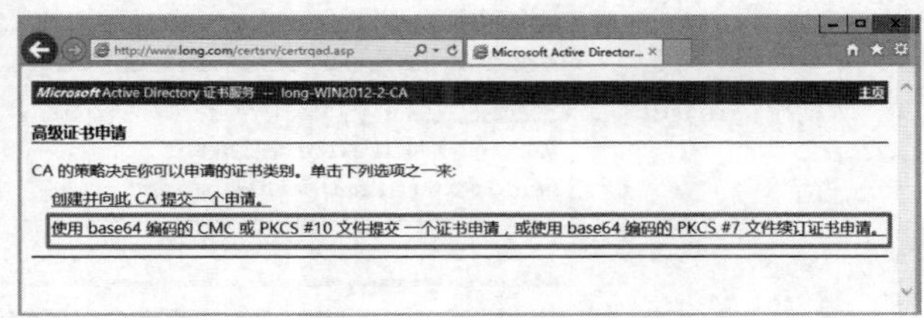


图 13-32　高级证书申请

**STEP 5** 在开始下一个步骤之前，请先利用记事本打开前面的证书申请文件 C:\webcert.txt，然后复制整个文件的内容，如图 13-33 所示。

**STEP 6** 将复制下来的内容粘贴到图 13-34 所示的界面中的“Base-64 编码的证书申请”文本框中，完成后单击“提交”按钮。

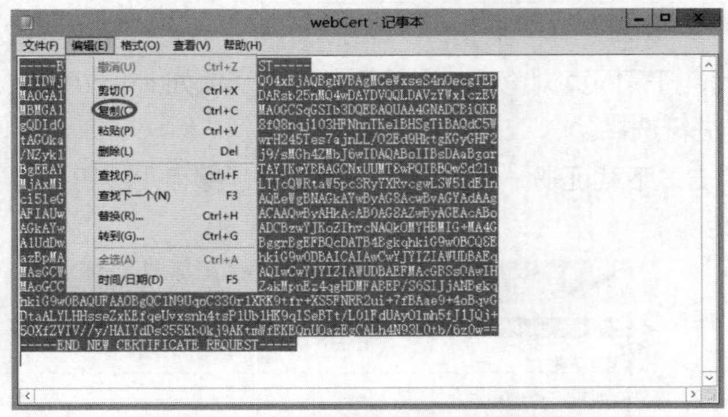


图 13-33　复制整个证书申请文件

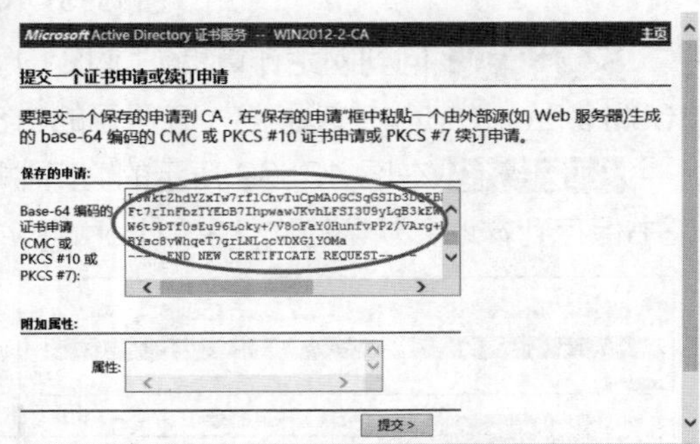


图 13-34　提交一个证书申请或续订申请

> **注意** 若是企业 CA，则将复制下来的内容粘贴到图 13-35 中的“Base-64 编码的证书申请”文本框中，在“证书模板”下拉列表中选择“Web 服务器”并单击“提交”按钮，然后直接跳到 **STEP 10**。

**STEP 7** 因为独立根 CA 默认并不会自动颁发证书，故按图 13-36 的要求，等 CA 系统管理员发放此证书后，再来连接 CA 与下载证书。该证书 ID 为 2。

**STEP 8** 到 CA 计算机（DNS2）上按 Windows 键切换到“开始”菜单，选择“Windows 管理工具”→“证书颁发机构”→“挂起的申请”命令，选中图 13-37 中的证书请求，并单击鼠标右键，在弹出的快捷菜单中选择“所有任务”→“颁发”命令。颁发完成后，该证书由挂起的申请移到颁发的证书。

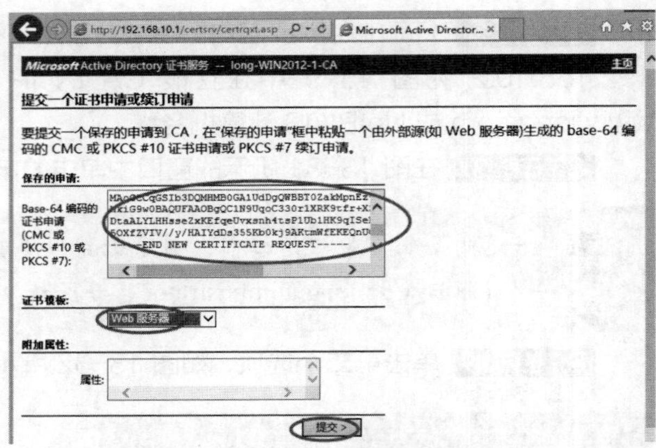

图 13-35 提交一个证书申请或续订申请（企业 CA）

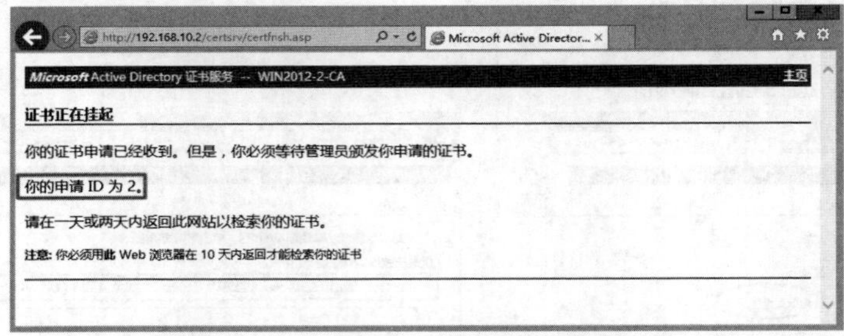

图 13-36 等待 CA 系统管理员发放此证书

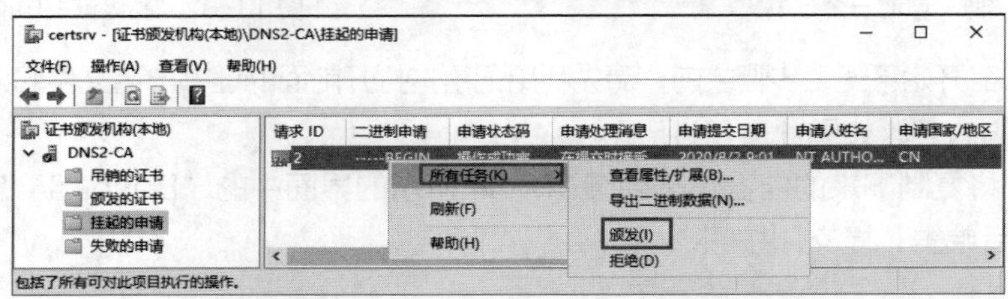

图 13-37 CA 系统管理员发放此证书

**STEP 9** 回到网站计算机（DNS1）上，打开网页浏览器，连接到 CA 网页（如 http://192.168.10.2/certsrv），按图 13-38 所示的内容进行选择。

**STEP 10** 在图 13-39 所示的窗口中单击“下载证书”超链接，然后单击“保存”按钮，将证书保存到本地，默认的文件名为 certnew.cer。

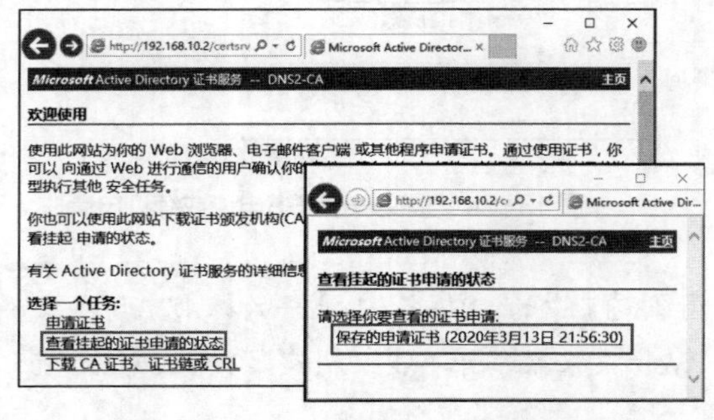

图 13-38 查看挂起的证书申请的状态

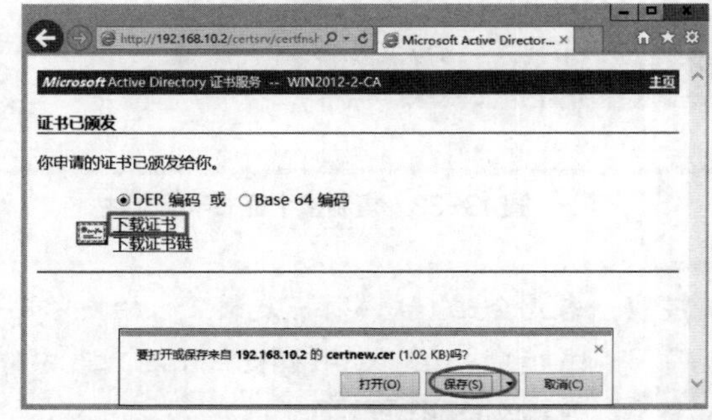

图 13-39 下载证书并保存在本地

**注意** 该证书默认保存在用户的 downloads 文件夹下，如 C:\users\administrator\downloads\certnew.cer。如果单击“另存为”按钮，则可以更改此默认文件夹。

### 3. 安装证书（DNS1）

将从 CA 下载的证书安装到 IIS 计算机（DNS1）上。

**STEP 1** 单击“DNS1”选项，双击“服务器证书”链接，单击“完成证书申请”链接，如图 13-40 所示。

图 13-40　完成证书申请

**STEP 2** 在图 13-41 所示的对话框中选择前面下载的证书文件，为其设置好记名称（如 SSL 测试网站 Certificate）。将证书存储到“个人”证书存储区，单击“确定”按钮。

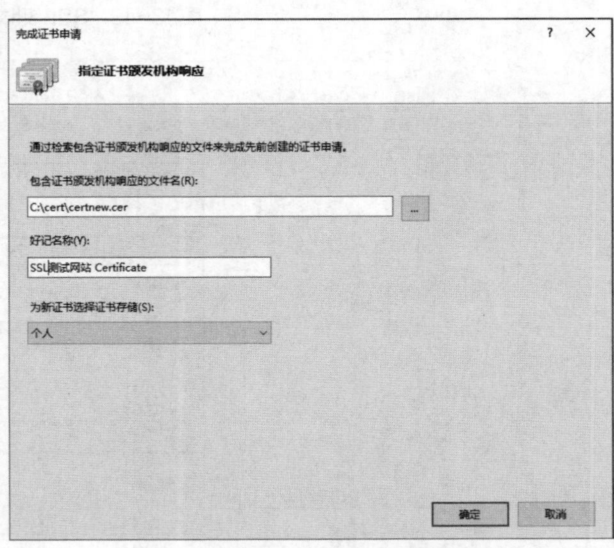

图 13-41　指定证书颁发机构响应的文件名

**STEP 3** 图 13-42 所示为完成后的界面。

### 4. 绑定 https 通信协议

**STEP 1** 将 https 通信协议绑定到“SSL 测试网站”，在控制台面板中选择“SSL 测试网站”选项右方的“绑定”命令，如图 13-43 所示。

**STEP 2** 打开“网站绑定”对话框，单击“添加”按钮，在“类型”下拉列表中选择“https”，在“SSL 证书”下拉列表中选择“Web Test Site Certificate”后单击“确定”按钮，再单击“关闭”按钮，如图 13-44 所示。

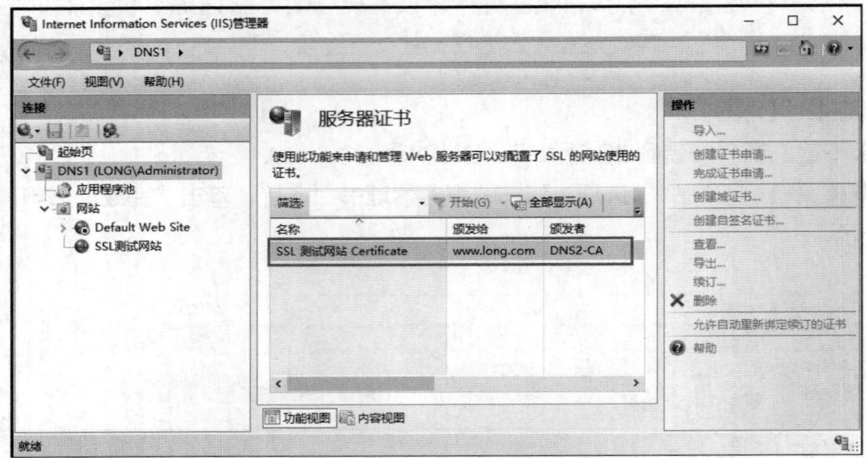

图 13-42　完成后的界面

图 13-43　SSL 测试网站主页设置

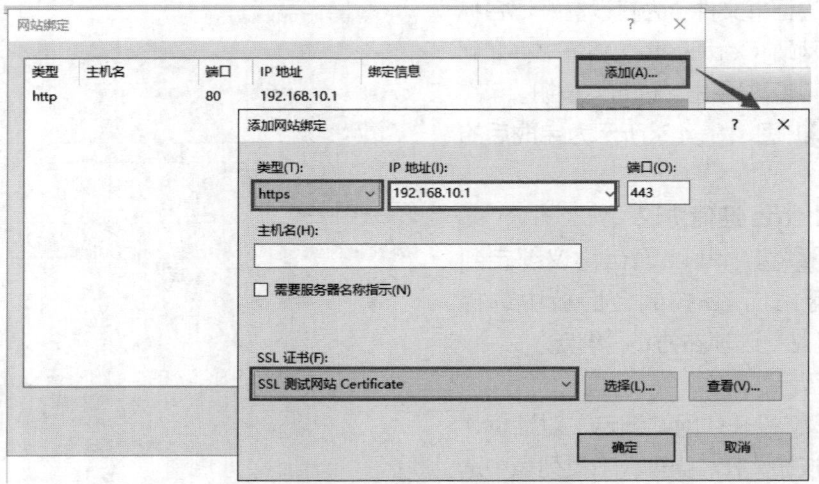

图 13-44　添加网站绑定

**STEP 3** 图 13-45 所示为完成后的界面。

图 13-45 完成后的界面

## 任务 13-5 测试 SSL 安全连接（WIN10-1）

**STEP 1** 利用图 13-5 中的 WIN10-1 计算机，来尝试与 SSL 网站建立 SSL 安全连接。打开桌面版 Internet Explorer，然后利用一般连接方式 http://192.168.10.1 来连接网站，此时应该会看到图 13-46 所示的界面。

微课 13-6 测试 SSL 安全连接

**STEP 2** 利用 SSL 安全连接方式 https://192.168.10.1 来连接网站，此时应该会看到图 13-47 所示的警告界面，表示这台 WIN10-1 计算机并未信任发放 SSL 证书的 CA，此时仍然可以单击下方的“转到此网页（不推荐）”按钮来打开网页或先执行信任的操作后再来测试。

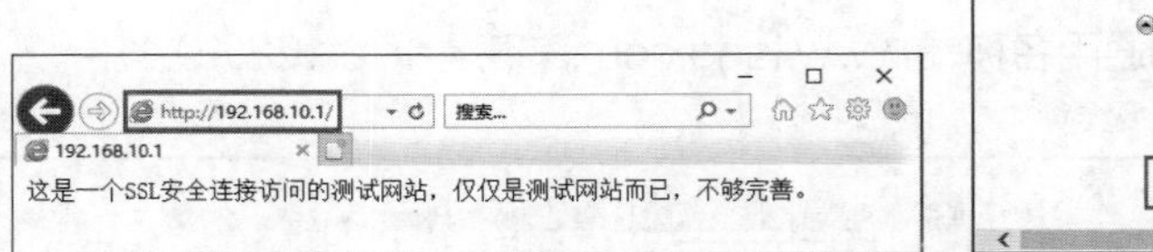


图 13-46 测试网站正常运行

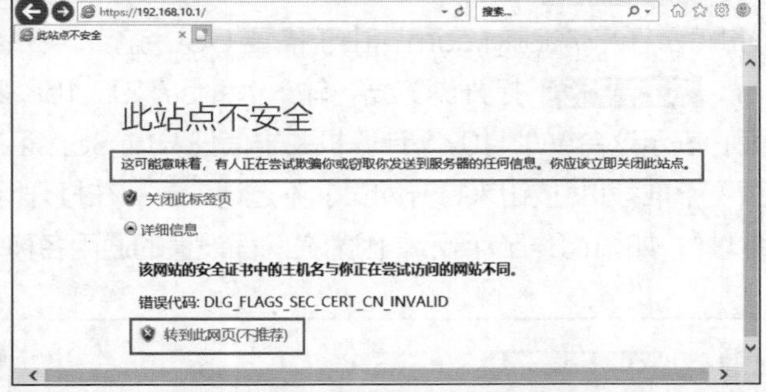


图 13-47 利用 SSL 安全连接方式 https://192.168.10.1 来连接网络

**注意** 如果确定所有的设置都正确，但是在这台 Windows 10 计算机的浏览器界面上却没有出现应该有的结果，则将 Internet 临时文件删除后再试试看，方法为：按 Alt 键，单击“工具”菜单，选择“Internet 选项”，单击“浏览历史记录”处的“删除”按钮，确认“Internet 临时文件”复选框已勾选后单击“删除”按钮，或是按 Ctrl+F5 组合键要求它不要读取临时文件，而是直接连接网站。

**STEP 3** 系统默认并未强制客户端需要利用 https 的 SSL 方式来连接网站，因此也可以通过 http 方式来连接。若要采取强制方式，可以针对整个网站、单一文件夹或单一文件来设置，以整个网站为例，其设置方法为：单击“SSL 测试网站”选项，双击“SSL 设置”选项，勾选“要求 SSL”复选框后单击“应用”按钮，如图 13-48 所示。

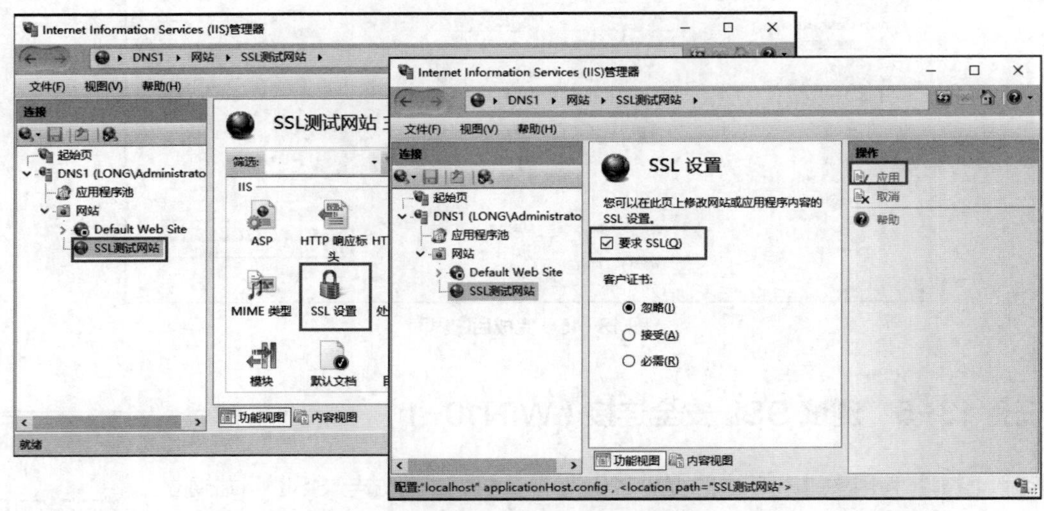


图 13-48　设置整个网站的 SSL

**注意**　① 如果仅针对某个文件夹设置，那么选中要设置的文件夹而不是整个 Web Site。②若要针对单一文件设置，则先单击文件所在的文件夹，单击中间下方的“内容视图”，再单击右方的“切换至功能视图”，通过中间的“SSL 设置”来设置。

**STEP 4** 在客户端 WIN10-1 上再次进行测试。打开浏览器，输入 http://192.168.10.1 或者 http://www.long.com，由于需要 SSL 链接，所以出现错误，如图 13-49 所示。

**STEP 5** 打开浏览器，输入 https://192.168.10.1，此时应该会看到图 13-46 所示的警告界面，表示这台 WIN10-1 计算机并未信任发放 SSL 证书的 CA，此时仍然可以单击下方的“转到此网页（不推荐）”按钮来打开网页。不过请注意：在打开网站的同时，也会出现证书错误信息：“不匹配的地址”，如图 13-50 所示。因为在前面设置的通用名称是 www.long.com，不是 192.168.10.1。

图 13-49　非 SSL 连接被禁止访问

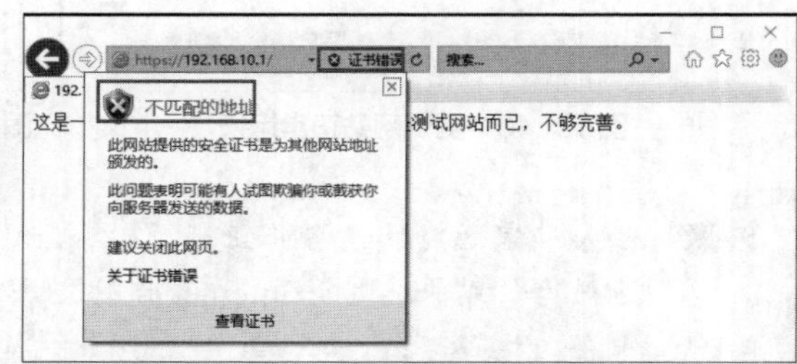


图 13-50　证书错误：不匹配的地址

**STEP 6** 在浏览器地址栏中输入 https://www.long.com，正常运行，如图 13-51 所示。

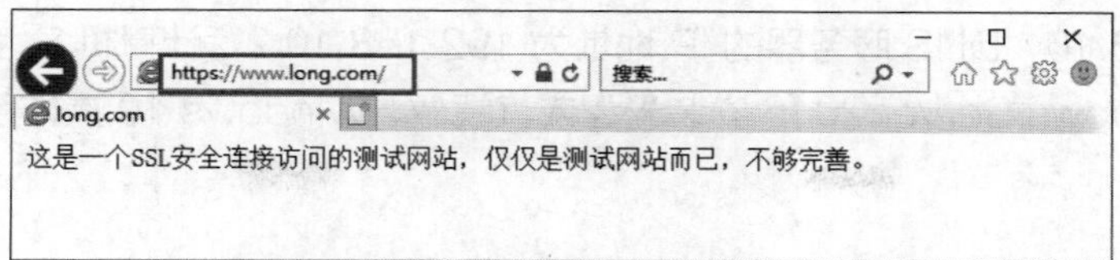


图 13-51 成功访问 SSL 网站

## 13.4 习题

**一、填空题**

1. 数字签名通常利用公钥加密方法实现，其中发送者签名使用的密钥为发送者的________。

2. 身份验证机构的________可以确保证书信息的真实性，用户的________可以保证数字信息传输的完整性，用户的________可以保证数字信息的不可否认性。

3. 认证中心颁发的数字证书均遵循________标准。

4. PKI 的中文名称是________，英文全称是________。

5. ________专门负责数字证书的发放和管理，以保证数字证书的真实可靠，也称________。

6. Windows Server 2016 支持两类认证中心：________和________，每类 CA 中都包含根 CA 和从属 CA。

7. 申请独立 CA 证书时，只能通过________方式。

8. 独立 CA 在收到申请信息后，不能自动核准与发放证书，需要________证书，然后客户端才能安装证书。

**二、简答题**

1. 对称密钥和非对称密钥的特点各是什么？

2. 什么是数字证书？

3. 证书的用途是什么？

4. 企业根 CA 和独立根 CA 有什么不同？

5. 安装 Windows Server 2016 网络操作系统认证服务的核心步骤是什么？

6. 证书与 IIS 结合实现 Web 站点的安全性的核心步骤是什么？

7. 简述证书的颁发过程。

## 13.5 项目实训 实现网站的 SSL 连接访问

**一、实训目的**

- 掌握企业 CA 的安装与证书申请。
- 掌握数字证书的管理方法及技巧。

**二、实训环境**

本项目实训需要计算机 2 台，DNS 域为 long.com。一台安装 Windows Server 2016 企业版，用作 CA 服务器、DNS 服务器和 Web 服务器，IP 地址为 192.168.10.2/24，DNS 服务器的 IP 地址为 192.168.10.2，计算机名为 DNS2。一台安装 Windows 10 操作系统作为客户端进行测试，IP

地址为 192.168.10.10，DNS 服务器的 IP 地址为 192.168.10.2，计算机名为 WIN10-1。

另外需要 Windows Server 2016 安装光盘或其镜像、Windows 10 操作系统安装光盘或其镜像文件。

**三、实训要求**

在默认情况下，IIS 使用 HTTP 以明文形式传输数据，没有采取任何加密措施，用户的重要数据很容易被窃取，如何才能保护局域网中的重要数据呢？可以利用 CA 证书使用 SSL 增强 IIS 服务器的通信安全。

SSL 网站不同于一般的 Web 站点，它使用的是 HTTPS，而不是普通的 HTTP，因此它的 URL（统一资源定位器）格式为"https://网站域名"。

具体实现方法如下。

1. 在 DNS2 网络中安装证书服务

安装独立根 CA，设置证书的有效期限为 5 年，指定证书数据库和证书数据库日志采用默认位置。

2. 在 DNS2 中利用 IIS 创建 Web 站点

利用 IIS 创建一个 Web 站点。具体方法详见"项目 9　配置与管理 Web 服务器"的相关内容，在此不再赘述。注意创建 www1.long.com（IP 地址为 192.168.10.2）的主机记录。

3. 让浏览器计算机 WIN10-1 信任 CA

4. 在服务端（Web 站点）中安装证书

（1）在网站上创建证书申请文件。

设置参数如下。

① 此网站使用的方法是"新建证书"，并且立即请求证书。

② 新证书的名称是 smile,加密密钥的位长是 512。

③ 单位信息：组织名 jn（济南）和部门名称 × × ×（数字工程学院）。

④ 站点的公用名称：www1.long.com。

⑤ 证书的地理信息：中国，山东省，济南市。

（2）安装证书。

（3）绑定 https 通信协议。强制客户端需要利用 https 的 SSL 方式来连接网站。

5. 进行安全通信（即验证实验结果）

（1）利用普通的 HTTP 浏览，将会得到错误信息"该网页必须通过安全频道查看"。

（2）利用 https://192.168.10.2 浏览，系统将通过 IE 浏览器提示客户 Web 站点的安全证书问题，单击"确定"按钮，可以浏览到站点。

（3）利用 https://www1.long.com 浏览，可以浏览到站点。

**提示**  客户端将向 Web 站点提供自己从 CA 申请的证书给 Web 站点，此后客户端（IE 浏览器）和 Web 站点之间的通信就被加密了。

**四、做一做**

根据实训项目视频进行项目的实训，检查学习效果。